U0169845

高职高专国家“双高计划”建设校企合作课改教材

单片机应用技术项目化教程

主　编　杨志帮

副主编　韩　华　王　倩　王立涛　李明国

参　编　刘珍珍　杨振威

西安电子科技大学出版社

内 容 简 介

本书包括闪烁的 LED 灯设计、交通信号灯模拟系统设计、中断控制的花样彩灯设计、定时器控制的报警灯设计、单片机的串口通信设计、单片机存储器的扩展设计、简单数字电压表的设计、简易信号发生器的设计、话机的拨号键盘与显示系统设计、智能小车的设计与制作、51 单片指令系统与汇编、单片机开发工具使用等十二个项目，涵盖了51单片机的引脚功能、内部资源、常见的接口电路、中断、定时器/计数器、串行口的结构及使用、存储器扩展技术、A/D 转换及 D/A 转换技术、键盘接口技术、显示控制技术、电机控制技术等单片机基础知识。

为了方便教学，本书配有立体化教学资源。

本书可作为应用型本科和高职高专院校电子信息类、通信类、自动化类、机电类、机械制造类、汽车类等专业学生学习单片机技术课程的教材，也可作为成人教育、自学考试和单片机工程师培训教材以及电子工程技术人员的参考书。

图书在版编目(CIP)数据

单片机应用技术项目化教程/杨志帮主编. —西安：西安电子科技大学出版社，2022.9(2025.2 重印)

ISBN 978-7-5606-6573-3

Ⅰ. ①单… Ⅱ. ①杨… Ⅲ. ①微控制器—教材 Ⅳ. ①TP368.1

中国版本图书馆 CIP 数据核字(2022)第 132449 号

策　　划　秦志峰

责任编辑　秦志峰

出版发行　西安电子科技大学出版社(西安市太白南路 2 号)

电　　话　(029)88202421　88201467　　邮　　编　710071

网　　址　www.xduph.com　　电子邮箱　xdupfxb001@163.com

经　　销　新华书店

印刷单位　广东虎彩云印刷有限公司

版　　次　2022 年 9 月第 1 版　2025 年 2 月第 2 次印刷

开　　本　787 毫米×1092 毫米　1/16　印　张　20

字　　数　473 千字

定　　价　46.00 元

ISBN　978-7-5606-6573-3

XDUP　6875001-2

前　言

本书是结合行业的新技术发展和单片机课程近年来取得的教学改革成果，同时吸取了其他高职院校教学改革的成果和经验编写而成的，在设计思路上体现了教、学、做一体化的项目化教学。本书以 51 系列单片机为背景，以项目为载体，结合 Keil C51、Proteus 等单片机系统开发软件，从实用的角度出发，以项目的实施为主线，系统介绍了 51 系列单片机的结构、C 语言编程、接口电路及其控制系统的应用技术。

本书的主要特点如下：

(1) 按项目组织相关内容，首先介绍项目设计中所要掌握的基础知识，然后介绍项目的具体实施过程。每个项目的设计都通过综合仿真与调试，力图将理论和实践有机地结合起来，便于实现单片机教、学、做一体化教学。

(2) 书中融入了思政元素，采用“三全育人”的方式培养新一代高素质技术技能人才。

(3) 本书属于校企合作建设教材，紧跟企业的实际需求和技术发展，根据企业人员提供的意见对部分内容进行了更新。

(4) 本书注重职业教育的教学规律。

(5) 为了方便教学，本书配有立体化教学资源。

(6) 书中所选项目均通过仿真软件的调试，而且便于动手制作。

本书编者都是从事单片机教学和单片机技术开发的一线教师和企业工程技术人员，他们不仅具有丰富的教学经验，而且具有在企业进行技术开发的经历。开封大学杨志帮担任本书主编，开封大学韩华、王倩，陕西工业职业技术学院王立涛，郑州科技学院李明国担任副主编，参与本书编写的还有三门峡社会管理职业学院刘珍珍和南京航空航天大学杨振威。全书由杨志帮统稿。具体编写分工如下：杨志帮编写项目 1、项目 2 和项目 9 的内容，韩华、王倩编写项目 3～5、项目 11 的内容，李明国编写项目 6，刘珍珍编写项目 7，王立涛编写项目 8、项目 10 以及项目 12，杨振威编写附录。

本书在编写过程中得到了比亚迪公司电气工程师韩东波、宇通客车公司电气工程师贾京广、万方电子科技公司工程师郭东卫、辉煌城轨科技有限公司电气工程师周非等企业工程技术人员的技术支持，他们对本书的编写提供了宝贵的意见和建议，在此一并表示感谢。

由于本书涉及内容多，加之编者水平有限，书中不当之处在所难免，敬请广大读者指正。

编　者

2022 年 6 月

目　　录

项目1　闪烁的LED灯设计

【项目导入】

现今是一个科技迅猛发展的时代，我们生活中的各个领域几乎都有单片机的踪迹。比如，冰箱、空调、洗衣机、微波炉、电饭煲等家用电器，以及智能仪表、机器人、无人机和导弹的导航装置都离不开单片机。在此，我们通过一个项目——闪烁的LED灯设计，让同学们走进单片机的学习乐园，了解单片机的应用领域与发展趋势，理解单片机的开发过程，体验学习单片机的无限乐趣。

【项目目标】

1. 知识目标

(1) 了解单片机的概念、发展历史以及常见产品型号；
(2) 理解单片机的外部引脚功能；
(3) 理解单片机的存储器地址分配；
(4) 掌握单片机最小系统的搭建；
(5) 熟悉单片机系统设计的开发过程。

2. 能力目标

(1) 能正确区分和使用单片机的RAM和ROM；
(2) 能正确区分单片机的4个并行口；
(3) 能独立搭建简单的单片机最小系统；
(4) 能利用Keil C51和Proteus软件对系统进行仿真调试。

1.1　项目描述

单片机在控制与测量领域有着广泛的应用。单片机的应用系统设计一般包括硬件设计和软件设计两大部分，这两部分通过调试才能实现完整的系统功能。本项目通过搭建一个简单的单片机最小系统来实现对LED灯的闪烁频率的控制。通过该项目的学习，学生可掌握单片机的硬件组成、芯片各引脚的功能和它的复位电路等基本知识，理解单片机系统的开发过程，学会搭建一个简单的单片机最小系统。

1.2　项目目的与要求

本项目的目的是搭建一个单片机系统，并通过C语言编程来点亮一个LED灯。本项目在实施过程中需要了解及解决下面几个关键问题：

(1) 什么是单片机最小系统？怎样构建？

(2) LED 灯与单片机的输入/输出口怎样连接？如何控制？

(3) 发光二极管如何进行 0.2 s 闪烁？

(4) 如何使用 Keil C51 和 Proteus 软件进行系统的仿真？

在对本项目进行详细分析后，为了顺利完成此项目的任务，我们首先必须学习与此项目相关的基本知识。

1.3　项目支撑知识链接

什么是单片机

1.3.1　认识单片机

1. 单片机的基本概念

单片机(Single Chip Microcomputer，SCM)实际上是集成在一块芯片上的微型计算机，在这块芯片内部集成了中央处理器(Central Processing Unit，CPU)、随机存储器(Random Access Memory，RAM)、只读存储器(Read-Only Memory，ROM)、定时器/计算器(Time/Count)、输入/输出(Input/Output，I/O)接口等功能部件。虽然单片机只是一个芯片，但从组成和功能上看，它已具有微型计算机系统的含义。图 1-1 是不同封装形式的单片机示意图，其中黑色的是塑料外壳，保护着里面的半导体芯片，针状部分是它的引脚。

(a) PDIP

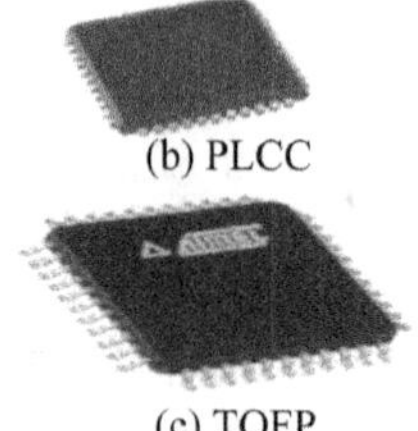

(b) PLCC　(c) TQFP

图 1-1　不同封装形式的单片机芯片

单片机的 CPU 没有 PC 的 CPU 功能强大，但单片机的体积小，通过将微型计算机的各主要部分集成在一块芯片上，大大缩短了系统内信号的传送距离，从而提高了系统的可靠性及运行速度，因而在工业测控领域中单片机系统是最理想的控制系统。另外，由于单片机的体积小，常常被嵌入各种现代设备中作为控制器使用，因此单片机又被称为微控制器(Micro Controller Unit，MCU)，它的这种使用方式是嵌入式系统低端应用的最佳选择。

单片机的设计目标主要是增强控制能力，满足实时控制方面的需要。它在硬件结构、指令系统、I/O 端口、功率消耗及可靠性等方面均有独特之处，其最显著的特点之一就是具有非常有效的控制功能。单片机比专用处理器更适合应用于嵌入式系统，因此它得到了更广泛的应用。现代人类生活中所用的几乎每件电子和机械产品都会集成单片机：手机、电话、计算器、家用电器、电子玩具、掌上电脑等都配有 1 或 2 块单片机；个人电脑中也有不少单片机在工作；汽车上的电控设备一般配备有 40 多块单片机；复杂的工业控制系统上可能有数百块单片机在同时工作。

2. 单片机技术的发展过程

单片机诞生于 20 世纪 70 年代末，其发展经历了探索、完善、微控制器、全面发展等四个阶段。

单片机的发展史

(1) 探索阶段(1976—1978)：本阶段主要是以 Intel 公司的 MCS-48

为代表。

(2) 完善阶段(1978—1982)：本阶段以Intel公司推出的单片机系列MCS-51为典型代表。

(3) 微控制器阶段(1982—1990)：该阶段的主要技术方向是不断扩展满足系统要求的各种外围电路与接口电路，使其具有智能化的控制能力，其特点如下：

① 满足嵌入式应用要求的外围扩展，如WDT、PWM、ADC、DAC、高速I/O口等。

② 集成计算机众多的外围功能，如提供串行扩展总线 SPI、I^2C、BUS、Microwire，配置现场总线接口CAN BUS。

③ CMOS化，提供功耗管理功能。

④ 提供OTP供应状态，有利于进行大规模批量生产。

(4) 全面发展阶段(1990—)：单片机发展到这一阶段，已成为工业控制领域中普遍采用的智能化控制工具，其应用遍及计量测试、工业过程控制、机械电子、金融电子、商用电子、办公自动化、工业机器人、军事和航空航天等领域。为满足不同的要求，出现了高速的具有大寻址范围、强运算能力和多机通信能力的8位、16位、32位通用型单片机、小型廉价单片机、外围系统集成的专用型单片机以及形形色色、各具特色的现代单片机。可以说，单片机的发展进入了百花齐放的时代，为用户的选择提供了广阔的空间。

3．单片机的分类

单片机按不同方式分类如下：

(1) 按应用领域可分为家电类、工控类、通信类等。

(2) 按总线结构可分为总线型与非总线型。

(3) 按结构体系可分为冯·诺依曼结构和哈佛结构。

(4) 按字长、位数可分为4位机、8位机、16位机、32位机。

(5) 按指令体系可分为复杂指令体系(Complex Instruction Set Computer，CISC)和精简指令体系(Reduced Instruction Set Computer，RISC)。

4．单片机的特点与适用领域

单片机的结构形式及其采用的半导体工艺使得单片机具有以下特点与适用范围：

1) 特点

(1) 优异的性价比。一块单片机芯片的价格在几元至几十元之间，比较便宜。

(2) 集成度高，体积小，可靠性高。

(3) 控制能力强。为了满足工业控制的要求，单片机的指令系统均具有丰富的转移指令，且具有I/O口的逻辑操作和位处理功能。

(4) 低功耗、低电压，便于生产便携式产品。

(5) 增加了I^2C等串行总线方式，进一步缩小了体积，简化了结构。

2) 适用领域

由于单片机具有极高的可靠性、微型性和智能性(只要编写不同的程序就能够完成不同的控制工作)，因此其成为工业控制领域普遍采用的智能化控制工具，并深深地渗入人们的日常生活当中。以下是单片机的一些应用举例。

(1) 工业控制领域：单片机广泛用于工业生产过程的自动控制、物理量的自动检测与处理、工业机器人、电机控制、数据传输等领域。

(2) 智能仪表：仪表中引入单片机，可使仪表智能化，从而提高测试的精度和自动化水平。

(3) 电信领域：单片机在程控交换机、手机、电话机、智能调制/解调器等方面的使用也很广泛。

(4) 导航领域：单片机也应用在电子干扰、导弹控制、鱼雷制导控制、航天航空导航等领域。

(5) 日常生活中的应用：目前家用电器已普遍采用单片机代替传统的控制电路。比如，单片机广泛用于洗衣机、电冰箱、空调、微波炉等产品中。

5．单片机的产品介绍

单片机品种繁多，有8位、16位、32位等，其中8位单片机仍以价格低、品种全、应用软件丰富、开发方便等优点占据主流位置。下面简单介绍一些著名厂商生产的8位单片机。

1) Intel公司的单片机

Intel 公司是单片机厂商的领跑者，MCS-51 系列单片机是该公司单片机产品的总称。该系列有8031、80C51、8751、8032、8052、8752等，其中80C51是典型代表，因此人们常以80C51来称呼MCS-51系列单片机。此外，该公司将MCS-51核心技术授权给多家公司，市场上陆续出现了与80C51兼容的各厂家生产的单片机。

2) Atmel公司的单片机

Atmel公司的8位单片机有AT89和AT90系列。AT89系列与MCS-51系列完全兼容，具有8 KB的闪速存储器(Flash Memory)，采用静态时钟方式；AT90系列采用了增强精简指令体系(RISC)结构，运行大多数指令仅需一个晶振周期，运行速度快。

3) Microchip公司的单片机

Microchip公司推出的是8位PIC系列单片机，该系列单片机采用的是RISC结构。其中主要产品系列如下：

(1) PIC16C5x：低端产品，价位低，常在家电产品中使用。

(2) PIC12C6xx：中端产品，性能相对较高，内部带有A/D转换器和PWM输出等。

(3) PIC17Cxx：高端产品，运算速度快，可外接扩展存储器RAM或EPROM，控制功能丰富。

4) Motorola公司的单片机

Motorola 公司在单片机生产上多采用内部倍频技术或锁相环技术，从而使得相同时钟频率下单片机内部总线速度大大提高。该公司生产的单片机系列有 M6805、M68HC05、M68HC11、M68HC12等，其中M68HC12是该公司8位单片机的典型代表。

由于STC系列单片机不仅完全与MCS-51系列单片机兼容，而且加密技术高，因此，目前国内有很多用户使用 STC 系列单片机芯片来开发控制系统。STC 系列单片机由STMicroelectronics公司生产，由深圳宏晶公司代理。此外，其他单片机生产厂商，如Zilog公司、Philips公司、Siemens公司、NEC公司、EMC公司等，其产品型号可在网上查询，此处不再一一介绍。

1.3.2　单片机中的数制与编码

1．单片机中的数制

数制在日常生活中被人们经常使用，最常见的有十进制、八进制、十六进制等。在单片机中，一切信息(包括数值、字符、指令等)的存储、处理与传送均采用二进制的形式。

二进制数只有“0”和“1”两个数字符号，利用二进制数进行操作和运算比较容易在电路中实现，符合单片机的特点，但阅读和书写比较复杂。由于十六进制数与二进制数间有着非常简单的对应关系，因此在阅读与书写时常常采用十六进制。常用的这三种计数法的表示及其相互关系见表 1-1 和表 1-2。

表 1-1　三种常用数制的表示

计数法	二进制	十进制	十六进制
进位规则	逢二进一	逢十进一	逢十六进一
基数 R	2	10	16
所用数符	0，1	0，1，2，…，9	0，1，2，…，9，A，B，…，F
权	2^i	10^i	16^i
数字标识	B	D	H

表 1-2　三种数制表示数的对应关系

十进制数	0	1	2	…	8	9	10	11	12	13	14	15	16
二进制数	0000	0001	0010	…	1000	1001	1010	1011	1100	1101	1110	1111	10000
十六进制数	0H	1H	2H	…	8H	9H	0AH	0BH	0CH	0DH	0EH	0FH	10H

2．不同进制数的相互转换

不同数制的转换

1) 二进制数与十进制数的相互转换

(1) 二进制数转换为十进制数。

方法：直接按位权展开求和。

【例 1-1】 把二进制数$(11011)_B$转换为十进制数。

解　$(11011)_B = 1\times2^4+1\times2^3+0\times2^2+1\times2^1+1\times2^0=16+8+2+1=27$

【例 1-2】 把二进制数$(111.011)_B$转换为十进制数。

解　$(111.011)_B=1\times2^2+1\times2^1+1\times2^0+1\times2^{-2}+1\times2^{-3}=4+2+1+0.25+0.125=7.375$

(2) 十进制数转换为二进制数。

方法：整数采用“除以 2 取余法”，小数采用“乘以 2 取整法”。

【例 1-3】 将十进制数 37.375 转换为二进制数。

解　将整数和小数部分分别转换如下：

整数部分

除数	被除数/商	余数	
2	37		
2	18	………… 1	低位 ↑
2	9	………… 0	
2	4	………… 1	
2	2	………… 0	
2	1	………… 0	
	0	………… 1	高位

小数部分

运算	取整	
0.375		
× 2		高位 ↓
0.750	………… 0	
× 2		
1.500	………… 1	
× 2		
1.000	………… 1	低位

故　$(37.375)_D=(100101.011)_B$

2) 二进制数与十六进制数的相互转换

(1) 二进制数转换为十六进制数。

方法：从小数点开始，分别向左、向右每4位数字划分为一段，不足4位者填0补足，每段二进制数用1位十六进制数替代即可。

【例 1-4】 将$(11111011001.011)_B$转换成十六进制数。

解　　0111　1101　1001　.　0110

　　　　7　　D　　9　　.　　6

故
$$(11111011001.011)_B=(7D9.6)_H$$

(2) 十六进制数转换成二进制数。

方法：将十六进制数的整数部分和小数部分分别用相应的4位二进制数替代即可。

【例 1-5】 将$(AE7.D2)_H$转换成二进制数。

解　　A　　E　　7.　　D　　2

　　　　1010　1110　0111.　1101　0010

故
$$(AE7.D2)_H=(101011100111.1101001)_B$$

3. 单片机中数的表示

在实际计算中，数有正负之分，而单片机只识别以二进制形式来存储的数据，那么怎样让单片机来识别数的正负呢？

1) 机器数与真值

机器数是指机器中数的表示。它将数值连同符号位放在一起，其长度一般是8的整数倍。机器数通常有两种：有符号数和无符号数。有符号数的最高位是符号位，其余各位用来表示数的大小；无符号数的所有位都用来表示数的大小。真值是指机器数所代表的实际数值。有符号数通常是用一位二进制数表示符号，称为“符号位”，放在有效数字的前面，用“0”表示正，用“1”表示负。

2) 有符号数的表示方法

有符号数的表示方法有原码、反码和补码三种形式，下面分别加以介绍。

(1) 原码表示法：在数值的前面直接加一符号位的表示法。

例如，数+7和−7的原码分别为

	符号位	数值位
[+7]原码	0	0000111
[−7]原码	1	0000111

【注意】 在原码表示法中，数0的原码有两种形式，即

$$[+0]_{原码}=00000000，[-0]_{原码}=10000000$$

(2) 反码表示法：正数的反码与原码相同；负数的反码则是符号位仍为“1”，数值部分“按位取反”。

例如，+7和−7的反码分别为

$$[+7]_{反}=00000111B=07H，[-7]_{反}=11111000B=F8H$$

【注意】 数0的反码也有两种形式，即

$$[+0]_{反}=00000000=00H，[-0]_{反}=11111111=FFH$$

(3) 补码表示法：正数的补码与原码相同；负数的补码则是符号位为“1”，数值部分按位取反后再在末位(最低位)加 1。

例如，+7 和 −7 的补码分别为

$$[+7]_{补} = 00000111B = 07H，[-7]_{补} = 11111001B = F9H$$

由于补码表示数的形式是唯一的，因此在计算机中，有符号数必须以补码形式来存放和参与运算。在使用补码时要注意以下几点：

① 采用补码后，可以方便地将减法运算转化为加法运算，运算过程得到简化。

【例 1-6】 计算 35−28。

解　可将之转化为 35+(−28)，分别求出 35 与−28 的补码后，按其补码做加法运算：

$$\begin{array}{rl} & [35]_{补} = 00100011 \\ + & [-28]_{补} = 11100100 \\ \hline & [+7]_{补} = 00000111 \end{array}$$

② 采用补码进行运算，所得结果仍为补码。为了得到结果的真值，还得进行转换(还原)。转换前应先判断符号位，若符号为 0，则所得结果为正数，其值与真值相同；若符号位为 1，则应将它转换成原码，然后才能得到它的真值。

③ 补码与原码、反码不同，数值 0 的补码只有一个，即 $[0]_{补} = 00000000B = 00H$。

④ 若字长为 8 位，则补码所表示的范围为 −128～+127；若字长为 16 位，则补码所表示的范围为 −32 768～+32 767。

⑤ 进行补码运算时，应注意所得结果不应超过上述补码所能表示数的范围，否则会产生溢出而导致错误。采用其他码制进行运算时同样应注意这一问题。

4. 信息编码

由于单片机所有的信息都是以二进制形式存储的，因此各种非数值型数据，如字符或符号，都采用二进制数码的组合来表示，称为二进制编码。最常见的编码形式有 BCD 码编码和 ASCII 码编码。

1) BCD 码编码

用二进制数来直接表示十进制数，保留各数位之间“逢十进一”的关系，这就是二-十进制编码，也称为 BCD(Binary Coded Decimal)码。这种编码将一位十进制数用 4 位二进制数表示，通常以 8、4、2、1 为权进行编制。它有十个不同的数字符号，按“逢十进一”的原则进位。表 1-3 是十进制数 0～14 的 BCD 码对应表。

表 1-3　十进制与 BCD 码对照表

十进制数	0	1	…	8	9	10	11	12	13	14
BCD 码	0000	0001	…	1000	1001	00010000	00010001	00010010	00010011	00010100

BCD(8421)码用 0000B～1001B 代表十进制数 0～9，运算法则是逢十进一。例如，158 的 BCD 码表示为 000101011000B。

BCD 码的运算结果也必须是 BCD 码，因此 BCD 码在进行加法运算时，必须对二进制加法的结果进行修正，其修正原则是：若各位的和均在 0～9 之间，则不需要修正；若和的低 4 位大于 9 或低 4 位向高 4 位有进位(和大于 15)，则低 4 位加 6 修正；若高 4 位大于 9

或高 4 位的最高位有进位，则高 4 位加 6 修正。

2) ASCII 码编码

ASCII 码是国际标准化组织 ISO 规定采用的美国标准信息交换码(American Standard Code for Information Interchange)。标准的 ASCII 码的高位为 0，用 7 位二进制码对字符进行编码，所以总共有 $2^7=128$ 个(从 0 到 127)，见附录 A。

ASCII 码主要用于微机与外设的通信，当微机与 ASCII 码制的键盘、打印机及 CRT 等连用时，均以 ASCII 码形式传输数据。

5．单片机常用术语

1) 位(Bit)

Binary digit 的简写，是单片机或计算机所表示的最基本、最小的数据单位，用小写字母 b 表示，位只有“0”和“1”。

2) 字节(Byte)

一个字节就是相邻的 8 位二进制数，常用大写字母 B 表示，1B = 8b，比如：一个字节的 8 个位用“D7D6D5D4D3D2D1D0”表示，其值是“101 100 11”，其中 D0 是“1”，D6 是“0”。

3) 字(word)

在计算机处理数据时一次存取、加工和传送的数据长度就叫字长。一个字通常由一个或若干个字节组成，字长越长计算机处理速度就越快，比如平常所说的 64 位机就比 32 位字长多一倍，因此运算速度就更快。通常 MCS51 单片机一个字长是 8b，因此又叫 8 位机。

4) K、KB、M 和 G

用来计算存储器存储容量的单位，$1\ \text{K} = 2^{10} = 1024$，因此，1 KB = 1024 B，1 MB = 1024 KB，1 GB = 1024 MB。

5) 波特率

波特率表示数据传送速率的单位，即位/秒(b/s)。波特率可以被理解为一个设备在一秒钟内发送(或接收)了多少码元的数据，它是对符号传输速率的一种度量，表示单位时间内传输符号的个数(传符号率)。

6) 指令

指令是规定计算机进行某种操作的命令。

7) 程序

程序是指令的有序集合，是为完成特定任务而编写的代码，比如 C 语言程序、汇编语言程序、机器代码程序等。

8) 地址

地址是指存储器的单元编号，每个存储单元都有唯一的地址编号。比如某存储器的容量为 64 KB($64 \times 1024 = 65\,536$ B)，则存储器单元的编号从 0～65 535，共 65 536 个字节单元，每一个字节单元是 8 个 b 的内容。

1.3.3　MCS-51 系列单片机的基本结构

89C51 单片机有 40 个引脚，采用 HMOS 或 CHMOS 工艺制造，通常采用双列直插式封装(DIP)。下面以AT89C51为例介绍51系列兼容单片机的引脚功能。89C51的引脚和封装如图1-2所示，其中图(a)为双列直插封装DIP方式，图(b)为方形封装方式。

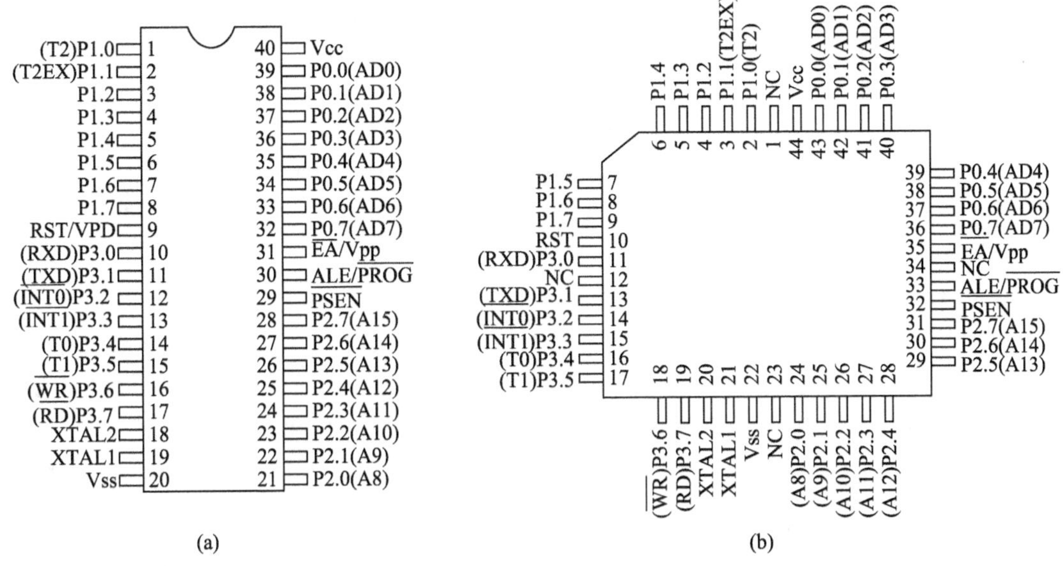

图1-2　AT89C51的封装和引脚分配图

1. 89C51引脚功能

单片机引脚介绍

1) 主电源引脚Vcc和GND

Vcc(40脚)：主电源+5 V，正常操作和对EPROM编程及验证时均接+5 V电源。

Vss(20脚)：电源的接地端。

2) 外接晶振引脚：XTAL1(19脚)和XTAL2(18脚)

XTAL1和XTAL2为接外部晶振的两个引脚。当使用内部时钟时，这两个引脚端外接石英晶体和微调电容；当使用外部时钟时，XTAL1引脚接地，XTAL2作为外部振荡信号的输入端。

3) 控制信号引脚RST/VPD、ALE/$\overline{\text{PROG}}$、$\overline{\text{PSEN}}$、$\overline{\text{EA}}$/Vpp

(1) RST/VPD(9脚)：单片机复位/备用电源引脚，具有单片机复位和备用电源引入双重功能。当该引脚作为RST时，该引脚要连续保持两个机器周期以上的高电平，单片机才完成复位；当作为VPD时，单片机掉电或电源发生波动导致电源电压下降到一定值，备用电源给内部RAM供电以保持其中的信息，直到单片机工作电压恢复正常为止。

(2) ALE/$\overline{\text{PROG}}$(30脚)：地址锁存允许信号输出/编程脉冲输入双重功能引脚。当访问片外存储器时，该引脚是地址锁存信号；当不访问外部存储器时，ALE引脚周期性地输出固定频率脉冲信号(1/6振荡器频率)，因此，它可用作外部时钟或外部定时脉冲使用。应注意的是，当访问片外数据存储器时，将跳过一个ALE脉冲；ALE端可以驱动(吸收或输出电流)8个LSTTL负载。对含有EPROM的单片机(8751)，在片内EPROM编程期间，此引脚用于输入专门的编程脉冲和编程电源($\overline{\text{PROG}}$)。

(3) $\overline{\text{PSEN}}$(29 脚)：输出访问片外程序存储器的读选通信号。在访问外部 ROM 时，$\overline{\text{PSEN}}$(信号定时输出脉冲)作为外部 ROM 的选通信号。CPU 从片外程序存储器取指令(或常数)期间，每个机器两次周期有效。每当访问片外数据存储器时，这两次有效的$\overline{\text{PSEN}}$信号将不会出现。该端有效(低电平)时，实现外部 ROM 单元的读操作，同样可驱动 8 个 LSTTL 负载。

(4) $\overline{\text{EA}}$/Vpp(31 脚)：片内片外程序存储器选择/片内固化编程电压输入双重功能引脚。当$\overline{\text{EA}}$输入高电平时，CPU 可先访问片内 ROM 4 KB 的地址范围，若超出 4 KB 地址，将自动转向执行片外 ROM；当$\overline{\text{EA}}$输入低电平时，不论片内是否有程序存储器，CPU 只能访问片外程序存储器。

4) 输入/输出引脚 P0、P1、P2、P3

89C51 有 32 条 I/O 端口，构成四个 8 位双向端口。P0、P1、P2、P3 为 8 位双向口线，P0.0～P0.7 对应 39～32 脚；P1.0～P1.7 对应 1～8 脚；P2.0～P2.7 对应 21～28 脚；P3.0～P3.7 对应 10～17 脚，P3 具有双重功能，这些引脚的使用将在后续部分进行介绍。

2．89C51 的内部结构

51 系列单片机在内部结构上基本相同，其中不同型号的单片机只不过在个别模块和功能方面有些区别。89C51 单片机内部硬件结构框图如图 1-3 所示。它由一个 8 位中央处理器(CPU)、1 个 256 B 片内 RAM 及 4 KB Flash ROM、21 个特殊功能寄存器、4 个 8 位并行 I/O 口、2 个 16 位定时器/计数器、1 个串行 I/O 口以及中断系统等部分组成，各功能部件通过片内单一总线连成一个整体，集成在一块芯片上。

单片机内部结构

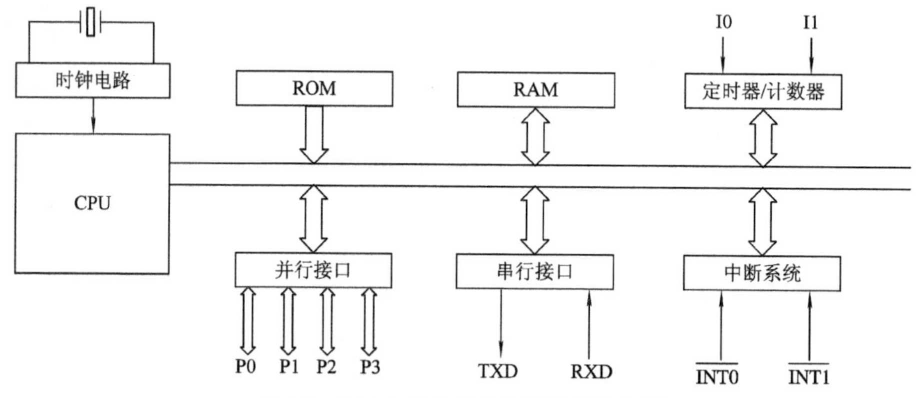

图 1-3　89C51 单片机内部硬件结构框图

在图 1-3 中，对其结构按功能进行详细划分，可以得到 89C51 单片机内部结构图，如图 1-4 所示。

CPU 是单片机内部的核心部件，完成运算和控制功能，CPU 从功能上可分为运算器和控制器两部分。

1) 运算器

运算器主要由算术逻辑运算部件 ALU、累加器 ACC、寄存器 B、暂存器、程序状态字寄存器 PSW 及专门用于位操作的布尔处理机等组成，它能实现数据的算术逻辑运算、位变

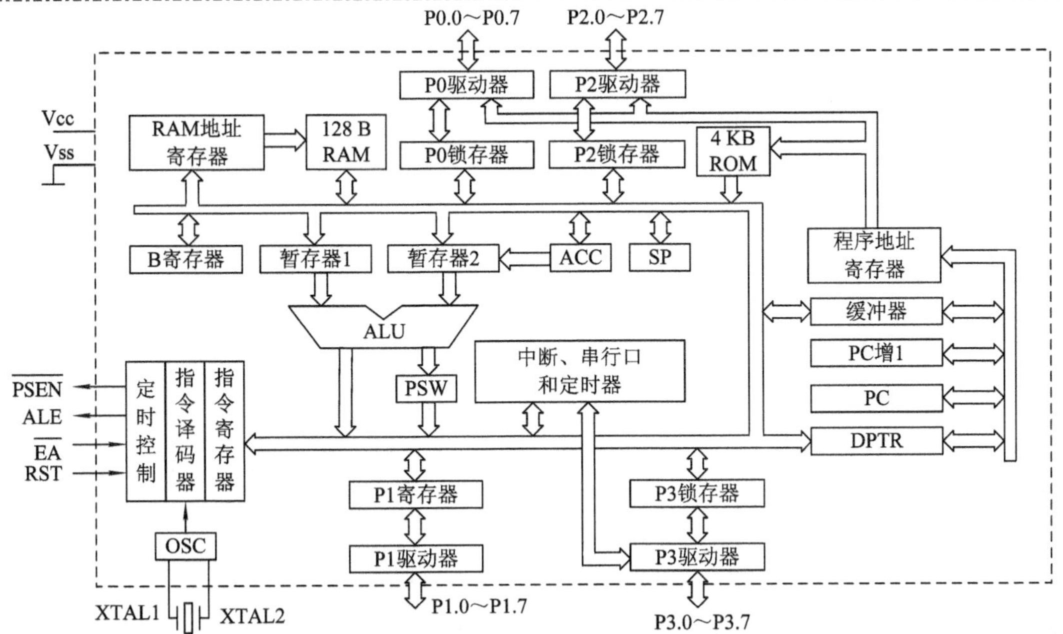

图1-4　89C51单片机内部结构图

量处理和数据的传送操作。ALU主要用于对8位二进制数据进行加、减、乘、除四则运算和与、或、非、异或等逻辑运算，此外还具有置位、移位、测试转移等功能。布尔处理器是具有位处理逻辑功能的电路，专门用于位操作。暂存器专门用来存放参与算术运算和逻辑运算的另一个操作数，对用户不开放。此外，累加器A、寄存器B和程序状态字寄存器PSW的介绍见后续存储器部分。

2) 控制器

控制器是单片机内部按一定时序协调工作的控制核心，是分析和执行指令的部件。控制器主要由程序计数器(Program Counter，PC)、指令寄存器IR、指令译码器ID、数据指针DPTR、堆栈指针SP、振荡器与定时控制电路、中断控制器、串行口控制器和定时器等构成。

(1) 程序计数器PC。PC是一个16位专用寄存器，用来存放下一条指令的地址，它具有自动加1的功能。当CPU要取指令时，PC的内容首先送至地址总线上，然后再从存储器中取出指令，从该地址的存储单元中取指令后，PC的内容自动加1，指向下一条指令的地址，以保证程序按顺序执行。在执行转移、子程序调用指令和中断响应时例外，PC的内容不再加1，而是由指令或中断响应过程自动给PC置入新的地址。单片机复位时，PC自动清零，即装入地址0000H，从而保证了复位后，程序从0000H地址开始执行。

(2) 指令寄存器IR。指令寄存器是一个8位寄存器，用于暂存待执行的指令，等待译码。

(3) 指令译码器ID。指令译码器对指令寄存器中的指令进行译码，将指令转变为执行此指令所需要的电信号。根据译码器输出的信号，再经定时控制电路定时地产生执行该指令所需要的各种控制信号，完成指令的功能。

(4) 数据指针DPTR。DPTR是一个16位专用地址指针寄存器，通常在访问外部数据存储器时作地址指针使用，是单片机中唯一一个供用户使用的16位寄存器，具体介绍见后续存储器部分。

(5) 堆栈指针SP。堆栈指针SP是一个8位特殊功能寄存器，用于指出堆栈栈顶的地址，在调用子程序或进入中断程序前保存一些重要数据及程序返回地址，具体介绍见后续存储器部分。

此外，对于中断控制器、串行口控制器、定时器和振荡器与定时控制电路等，我们会在后续项目中作具体介绍。

3. 89C51单片机存储器的配置

普通微型计算机中广泛采用将程序和数据合用一个存储器的空间结构，这种结构称为普林斯顿结构(Princeton)；而大部分单片机采用的是把程序存储器和数据存储器空间截然分开(即ROM和RAM独立编址并分别寻址的结构)，相互空间不会冲突，这种结构就是哈佛结构(Harvard)。

1) *程序存储器*(ROM)

ROM存储器结构

51系列单片机的程序存储器用于存放编好的应用程序、表格和常数。由于其采用16位的地址总线，因而其可扩展的地址空间为64 KB，且这64 KB地址是连续、统一的。不同型号的机型，片内的程序存储器结构和空间也不同，如89C51有4 KB的FLASH ROM，80C51片内有4 KB的ROM，地址为0000H～0FFFH，8751片内有4 KB的EPROM，8031片内无程序存储器。

CPU如何访问ROM呢？当$\overline{EA}$为高电平时，CPU从片内存储器的0000H单元开始读取指令，若指令地址超过0FFFH(4 KB)，CPU会自动转向片外读取指令；当该引脚为低电平时，CPU只能从片外读取指令。

89C51单片机中，程序存储器的某些单元已被保留作为特定的程序入口地址(中断服务程序入口地址)，这些单元具有特殊功能，特殊单元为0000H～0002BH。系统复位后的PC值为0000H，故系统从0000H单元开始取指令并执行程序，它是系统的启动地址。若程序不从0000H单元开始，则必须在这三个单元中存放一条无条件转移指令，以便直接去执行指定的程序。另外，还有几个特殊的地址：外部中断0入口地址0003H，定时器0中断入口地址000BH；外部中断1入口地址0013H，定时器1中断入口地址001BH；串行口中断入口地址0023H，定时器2溢出中断入口地址002BH。在编程使用时，用户程序的存放位置选取在0030H之后比较安全。

2) *数据存储器*(RAM)

RAM存储器结构

51系列单片机的数据存储器用于存放运算中间结果、数据暂存和缓冲、标志位等。数据存储器在物理上和逻辑上都分为两个地址空间：一个是片内256字节的RAM；另一个是片外最大可扩充64 KB的RAM。片内数据存储器由通用工作寄存器区、可位寻址区、通用RAM区和特殊功能寄存器区等四个部分组成，其结构如图1-5所示。其中，图(a)表示低128 B的RAM区，图(b)表示RAM的特殊功能寄存器区，即地址从80H开始至FFH的高128 B的空间区域。

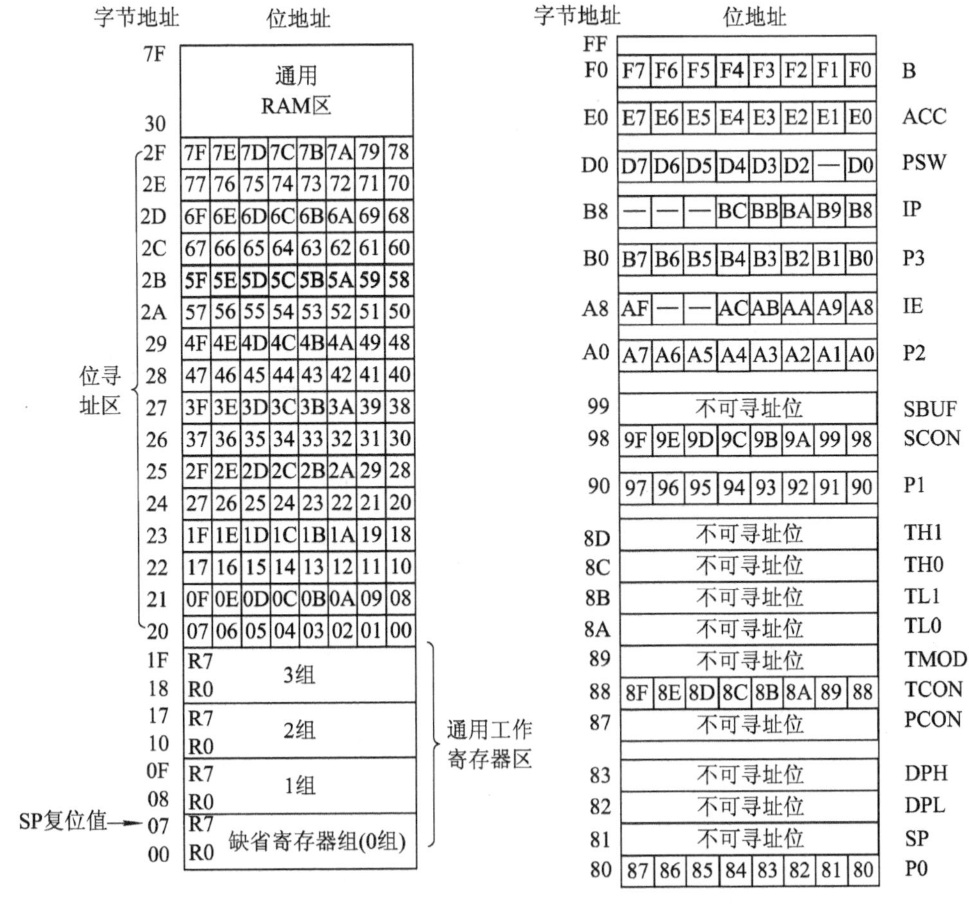

(a) 低128 B RAM区　　(b) 特殊功能寄存器区

图 1-5　片内数据存储器的结构

(1) 通用工作寄存器区(00H～1FH)。51 系列单片机的通用工作寄存区共有 32 个单元，分为四组，每组由 8 个通用寄存器 R0～R7 组成。由于通用寄存器常用于存放操作数和中间结果等，它们的功能及使用不作预先规定，因此称为通用工作寄存器。在任何一个时刻，CPU 只能使用其中的一组寄存器，正在使用的寄存器称为当前寄存器。由程序状态寄存器 PSW 中 RS1、RS0 位的状态组合决定到底是哪一组。工作区的设置与工作寄存器的地址见表 1-4。单片机上电或复位后，RS1=0H，RS0=0H，CPU 默认选中的是第 0 区的 8 个单元为当前工作寄存器。

表 1-4　工作寄存器地址表

区号	RS1(PSW.4)	RS0(PSW.3)	R0	R1	R2	R3	R4	R5	R6	R7
0	0	0	00H	01H	02H	03H	04H	05H	06H	07H
1	0	1	08H	09H	0AH	0BH	0CH	0DH	0EH	0FH
2	1	0	10H	11H	12H	13H	14H	15H	16H	17H
3	1	1	18H	19H	1AH	1BH	1CH	1DH	1EH	1FH

(2) 可位寻址区(20H～2FH)。位寻址区作为一般的 RAM 单元，共 16 个字节，既可以作为一般 RAM 单元使用，进行字节操作，又可以用位寻址方式访问这 16 个字节的 128 个位，因此，该区称为位寻址区。位寻址区分布如表 1-5 所示。

表 1-5　位寻址区与位地址

字节地址	D7	D6	D5	D4	D3	D2	D1	D0
2FH	7FH	7EH	7DH	7CH	7BH	7AH	79H	78H
2EH	77H	76H	75H	74H	73H	72H	71H	70H
2DH	6FH	6EH	6DH	6CH	6BH	6AH	69H	68H
2CH	67H	66H	65H	64H	63H	62H	61H	60H
2BH	5FH	5EH	5DH	5CH	5BH	5AH	59H	58H
2AH	57H	56H	55H	54H	53H	52H	51H	50H
29H	4FH	4EH	4DH	4CH	4BH	4AH	49H	48H
28H	47H	46H	45H	44H	43H	42H	41H	40H
27H	3FH	3EH	3DH	3CH	3BH	3AH	39H	38H
26H	37H	36H	35H	34H	33H	32H	31H	30H
25H	2FH	2EH	2DH	2CH	2BH	2AH	29H	28H
24H	27H	26H	25H	24H	23H	22H	21H	20H
23H	1FH	1EH	1DH	1CH	1BH	1AH	19H	18H
22H	17H	16H	15H	14H	13H	12H	11H	10H
21H	0FH	0EH	0DH	0CH	0BH	0AH	09H	08H
20H	07H	06H	05H	04H	03H	02H	01H	00H

(3) 通用 RAM 区(30H～7FH)。通用 RAM 区共有 80 个单元，其单元地址为 30H～7FH。对通用 RAM 区的使用没有任何规定或限制，但在一般应用中常存放用户数据或作为堆栈区使用。

(4) 特殊功能寄存器区(80～FFH)。特殊功能寄存器区共 128 个单元，其单元地址范围为 80～FFH，其中仅有 21 个地址单元可用，它们主要用于存放控制指令、状态信息或数据。由于这 21 个寄存器的功能已作专门规定，故称之为特殊功能寄存器(Special Function Register，SFR)。其地址分布以及对应的位地址如表 1-6 所示。专用寄存器并未占满 80H～FFH 整个地址空间，对空闲的地址，用户是不能使用的。对专用寄存器操作，只能使用直接寻址方式，书写时，既可以使用寄存器符号，也可以使用寄存器单元地址。另外，表 1-6 中凡字节地址不带括号的寄存器都是可进行位寻址的寄存器，带括号的是不可进行位寻址的寄存器。

表 1-6　89C51 特殊功能寄存器地址表

SFR	MSB			位地址/位定义				LSB	字节地址
B	F7H	F6H	F5H	F4H	F3H	F2H	F1H	F0H	F0H
Acc	E7H	E6H	E5H	E4H	E3H	E2H	E1H	E0H	E0H
PSW	D7H	D6H	D5H	D4H	D3H	D2H	D1H	D0H	D0H
	Cy	AC	F0	RS1	RS0	OV	F1	P	
IP	BFH	BEH	BDH	BCH	BBH	BAH	B9H	B8H	B8H
	/	/	/	PS	PT1	PX1	PT0	PX0	
P3	B7H	B6H	B5H	B4H	B3H	B2H	B1H	B0H	B0H
	P3.7	P3.6	P3.5	P3.4	P3.3	P3.2	P3.1	P3.0	
IE	AFH	AEH	ADH	ACH	ABH	AAH	A9H	A8H	A8H
	EA	/	/	ES	ET1	EX1	ET0	EX0	
P2	A7H	A6H	A5H	A4H	A3H	A2H	A1H	A0H	A0H
	P2.7	P2.6	P2.5	P2.4	P2.3	P2.2	P2.1	P2.0	
SBUF									(99H)
SCON	9FH	9EH	9DH	9CH	9BH	9AH	99H	98H	98H
	SM0	SM1	SM2	REN	TB8	RB8	TI	RI	
P1	97H	96H	95H	94H	93H	92H	91H	90H	90H
	P1.7	P1.6	P1.5	P1.4	P1.3	P1.2	P1.1	P1.0	
TH1									(8DH)
TH0									(8CH)
TL1									(8BH)
TL0									(8AH)
TMOD	GATE	$C/\overline{T}$	M1	M0	GATE	$C/\overline{T}$	M1	M0	(89H)
TCON	8FH	8EH	8DH	8CH	8BH	8AH	89H	88H	88H
	TF1	TR1	TF0	TR0	IE1	IT1	IE0	IT0	
PCON	SMOD	/	/	/	GF1	GF0	PD	IDL	(87H)
DPH									(83H)
DPL									(82H)
SP									(81H)
P0	87H	86H	85H	84H	83H	82H	81H	80H	80H
	P0.7	P0.6	P0.5	P0.4	P0.3	P0.2	P0.1	P0.0	

① 累加器(Accumulator，ACC)。ACC 是一个 8 位的寄存器，简称 A。它通过暂存器与 ALU 相连，是 CPU 工作中使用最频繁的寄存器，用来存放一个操作数或中间结果。在一般指令中，累加器用“A”表示，在位操作和堆栈操作指令中用“ACC”表示。

② B 寄存器。B 寄存器是一个 8 位的寄存器，主要用于乘除运算。在乘除法指令中用于暂存数据，用来存放一个操作数和存放运算后的一部分结果。乘法指令的两个操作数分别取自累加器 A 和寄存器 B，其中 B 为乘数，乘积的高 8 位存放于寄存器 B 中。除法指令中，被除数取自 A，除数取自 B，除法的结果商数存放于 A，余数存放于 B。在其他指令中，B 可以作为 RAM 中的一个单元来使用。

③ 数据指针 DPTR。DPTR 是一个 16 位的专用地址指针寄存器。编程时 DPTR 既可以作 16 位寄存器使用，也可以拆成两个独立的 8 位寄存器，即 DPH(高 8 位字节)和 DPL(低 8 位字节)，其分别占据 83H 和 82H 两个地址。DPTR 通常在访问外部数据存储器时作地址指针使用，用于存放外部数据存储器的存储单元地址。由于外部数据存储器的寻址范围为 64 KB(0000H～FFFFH)，故把 DPTR 设计为 16 位，通过 DPTR 寄存器间接寻址方式可以访问 0000H～FFFFH 全部 64 KB 的外部数据存储器空间。89C51 单片机可以外接 64 KB 的数据存储器和 I/O 端口，可以使用 DPTR 来间接寻址。

④ 堆栈指针(Stack Pointer，SP)。堆栈是 RAM 中一个特殊的存储区，用来暂存数据和地址，它是按先进后出、后进先出的原则存取数据的。堆栈共有两种操作：进栈和出栈。为了正确存取堆栈区的数据，需要一个寄存器来指示最后进入堆栈的数据所在存储单元的地址，堆栈指针就是为此而设计的。SP 总是指向堆栈顶端的存储单元。

89C51 单片机的堆栈是向上生成的，即进栈时，SP 的内容是增加的，出栈时，SP 的内容是减少的(数据的进栈和出栈的操作过程如图 1-6 所示)。系统复位后，SP 初始化为 07H，使得堆栈实际上从 08H 单元开始。由于 08H～1FH 单元分属于工作寄存器的 1～3 区，因此若程序中要用到这些区，则最好把 SP 值改为 1FH 或更大的值。一般在内部 RAM 的 30H～7FH 单元中开辟堆栈区间。SP 的内容一旦确定，堆栈的位置也就跟着确定了。由于可初始化为不同值，因此堆栈位置是浮动的。

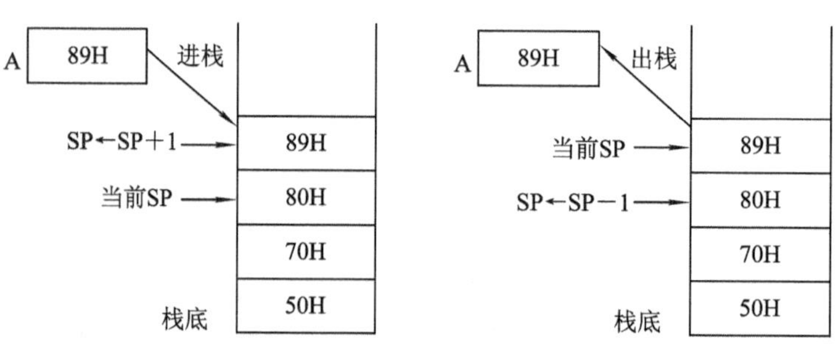

数据的进栈与出栈

图 1-6　数据进栈和出栈操作过程

⑤ 程序状态字寄存器(Program Status Word，PSW)。PSW 是一个 8 位的专用寄存器，用于存放程序运行中的各种状态信息，它可以进行位寻址。PSW 中一些位的状态是根据程序运行结果由硬件自动设置的，而另外一些位则使用软件方法设定。PSW 的位状态可以用专门指令进行测试，也可以用指令读出。一些条件转移指令将根据 PSW 有些位的状态进行程序转移。PSW 各位的定义如表 1-7 所示。

表 1-7　程序状态寄存器的各位的定义

D7(PSW.7)	D6(PSW.6)	D5(PSW.5)	D4(PSW.4)	D3(PSW.3)	D2(PSW.2)	D1(PSW.1)	D0(PSW.0)
Cy	Ac	F0	RS1	RS0	OV	F1	P

Cy(PSW.7)进位标志：Cy 是 PSW 中最常见的标志位。其功能有二：一是存放算术运算的进位标志，在进行加法或减法运算时，如果操作结果最高位有进位或借位，Cy 由硬件置“1”，否则清“0”；二是在进行位操作时，Cy 又可以被认为是位累加器，它的作用相当于 CPU 中的累加器 A。

Ac(PSW.6)辅助进位标志：在进行加法或减法运算时，如果低四位数向高位有进位或借位，硬件会自动将 Ac 置“1”，否则清“0”；在进行十进制调整指令时，将借助 Ac 状态进行判断。Ac 位可用于 BCD 码调整时的判断位。

F0(PSW.5)用户标志位：它可作为用户自行定义的状态标记位，由用户根据需要用软件方法置位或复位，用以控制程序的转向。

RS1、RS0(PSW.4、PSW.3)工作寄存器区选择位：这两位通过软件置“0”或“1”来选择当前工作寄存器区。被选中的寄存器即为当前通用寄存器组，但单片机上电或复位后，RS1RS0=00。通用寄存器共有 4 组，RS0 与 RS1 的取值及其对应关系如下：RS1RS0 为 00，选中第 0 组，地址为 00H～07H；RS1RS0 为 01，选中第 1 组，地址为 08H～0FH；RS1RS0 为 10，选中第 2 组，地址为 10H～17H；RS1RS0 为 11，选中第 3 组，地址为 18H～1FH。

OV(PSW.2)溢出标志位：当进行算术运算时，如果产生溢出，则由硬件将 OV 位置 1，否则清“0”。当执行有符号数的加法指令或减法指令时，溢出标志 OV 的逻辑表达式为 $OV = Cy6 \oplus Cy7$。式中，Cy6 表示 D6 位有否向 D7 位的进位或借位，有为“1”，否则为“0”；Cy7 表示 D7 位有否向 Cy 位的进位或借位，有为“1”，否则为“0”。因此溢出标志位在硬件上可以通过一个异或门获得。

F1(PSW.1)用户标志位：其作用同 F0。

P(PSW.0)奇偶标志位：该位始终跟踪累加器 A 内容的奇偶性，每个指令周期由硬件来置位或清零，用以表示累加器 A 中 1 的个数的奇偶性。如果 A 中有奇数个“1”，则 P 置“1”，否则置“0”。

1.3.4　单片机最小系统的搭建

单片机本身只是一块芯片，只有和其他一些电路器件或设备有机结合才能构成一个真正的单片机系统，在此只介绍简单的最小系统的搭建。一个单片机最小系统至少应由电源电路、时钟电路、复位电路、输入/输出接口电路四部分组成，具体结构如图 1-7 所示。

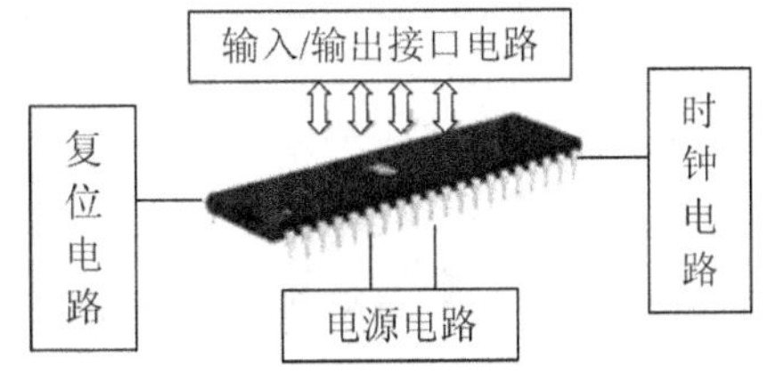

图 1-7　单片机最小系统框图

1．电源电路

单片机要工作，必须要有电源提供能量，89C51 单片机一般使用 5 V 直流电源。单片机芯片中有 2 个引脚分别为 Vcc 和 GND，Vcc 外接 5 V 直流电源，GND 接地。

2. 时钟电路

时钟电路用于产生单片机工作所需要的时钟信号。时序所研究的是指令执行中各信号之间的相互关系。单片机本身如同一个复杂的同步时序逻辑电路，为了保证同步工作方式的实现，电路应在唯一的时钟信号控制下严格地按时序进行工作，因此时钟电路对于单片机而言是必需的。

1) 时钟产生的方式

单片机的时钟产生方式通常有两种，如图 1-8 所示。

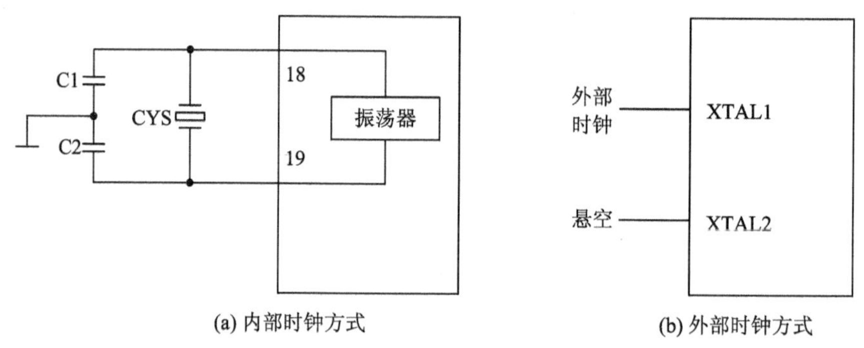

(a) 内部时钟方式　　(b) 外部时钟方式

图 1-8　89C51 的时钟产生方式

在内部时钟方式中，石英晶体的振荡器频率一般选择 4～12 MHz，起振电容一般选用 20～30 pF 的瓷片电容；外部时钟方式是把外部已有的时钟信号引入单片机，一般要求外部信号的高电平持续 20 ns，且为频率低于 12 MHz 的方波。

2) 时钟信号

CPU 执行指令的一系列动作都是在定时控制部件的控制下按照一定的时序一拍一拍进行的。指令字节数不同，操作数的寻址方式也不同，故执行不同指令所需的时间差异也较大，工作时序也有区别。为了便于说明，通常按指令的执行过程将时序划为几种周期，即振荡周期、状态周期、机器周期和指令周期。

(1) 振荡周期。振荡周期是单片机中最基本的时间单位，是为单片机提供时钟脉冲信号的振荡源的周期。在一个时钟周期内，CPU 仅完成一个最基本的动作。51 系列单片机中，把一个振荡周期定义为一个节拍 P。

(2) 状态周期。状态周期是振荡周期经二分频后得到的，它是单片机的时钟信号的周期，用 S 来表示。状态周期由两个节拍 P1、P2 组成，其前半周期对应的节拍是 P1，其后半周期对应的节拍是 P2，即两个振荡周期为一个状态周期。

(3) 机器周期。单片机把执行一条指令的过程划分为若干个阶段，每一阶段完成一项规定操作，完成某一个规定操作所需的时间称为一个机器周期。一般情况下，一个机器周期由若干个状态周期组成。51 系列单片机采用定时控制方式，有固定的机器周期，规定一个机器周期为 6 个状态周期，依次表示为 S1～S6。在一个机器周期内，CPU 可以完成一个独立的操作。

(4) 指令周期。指令周期是 CPU 执行一条指令所需要的时间，一般由若干个机器周期组成。89C51 指令系统中有单周期指令、双周期指令和四周期指令，四周期指令只有乘法和除法指令两条，其余均为单周期和双周期指令。

3) 89C51 单片机的时序

89C51 单片机的每个机器周期包含 6 个状态周期 S，每个状态 S 包含 2 个振荡周期，即分为 2 个节拍，对应于 2 个节拍时钟有效时间。因此一个机器周期包含 12 个振荡周期，依次表示为 S1P1，S1P2，S2P1，S2P2，S3P1，S3P2，…，S6P1，S6P2，每个节拍持续一个振荡周期，每个状态周期持续 2 个振荡周期。若采用 12 MHz 的晶振频率，则每个机器周期为 1/12 个振荡周期，等于 1 μs。

单片机执行任何一条指令时都可以分为取指令阶段和执行指令阶段。图 1-9 列举了几种指令的取指令时序。由于用户看不到内部时序信号，故我们可以通过观察 XTAL2 和 ALE 引脚的信号，分析 CPU 取指令时序。通常每个机器周期中 ALE 出现两次有效高电平：第一次出现在 S1P2 和 S2P1 期间，第二次出现在 S4P2 和 S5P1 期间。ALE 信号每出现一次，CPU 就进行一次取指令操作，但由于每种指令的字节数和机器周期数不同，因此取指令操作也随之不同，但差异不大。

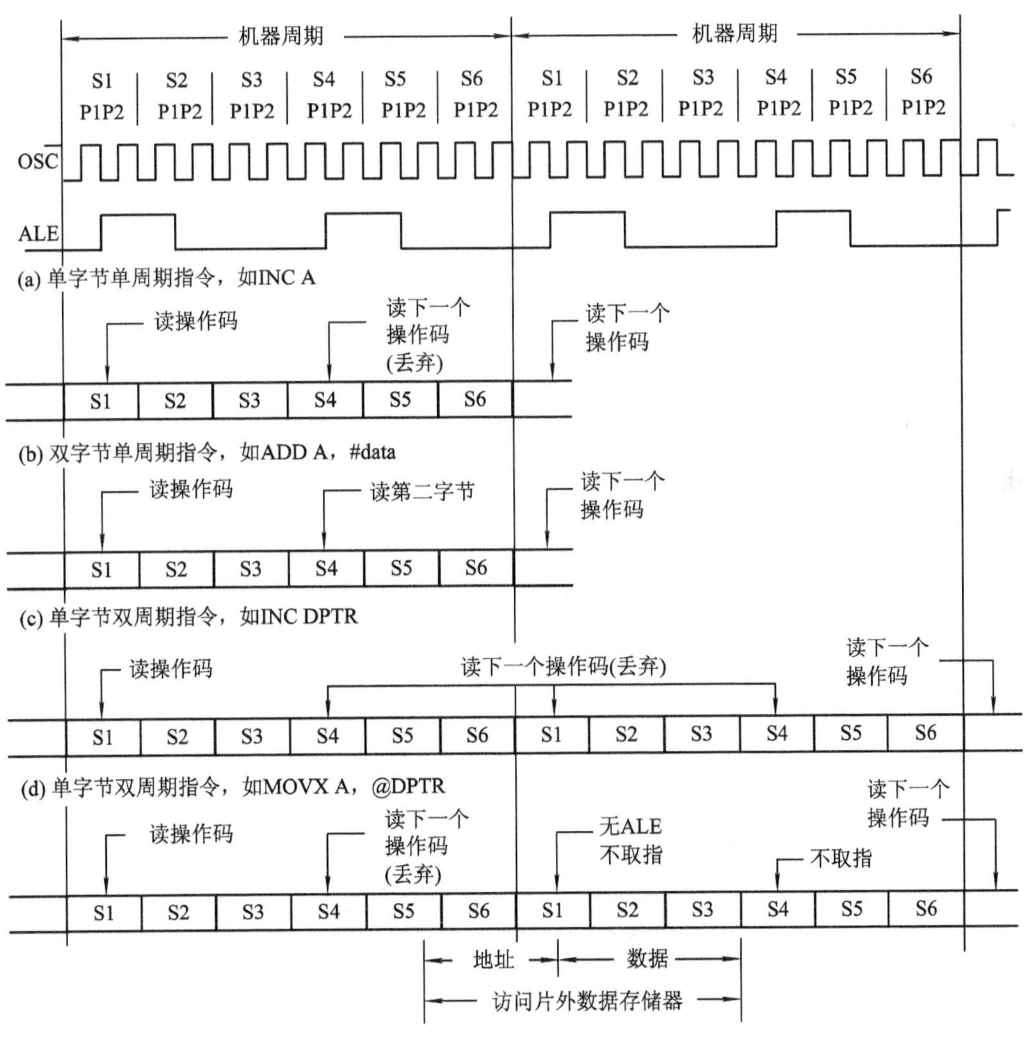

图 1-9　89C51 的取指令执行时序

3. 复位电路

89C51 单片机通常采用上电自动复位、按键复位两种方式，如图 1-10 所示。

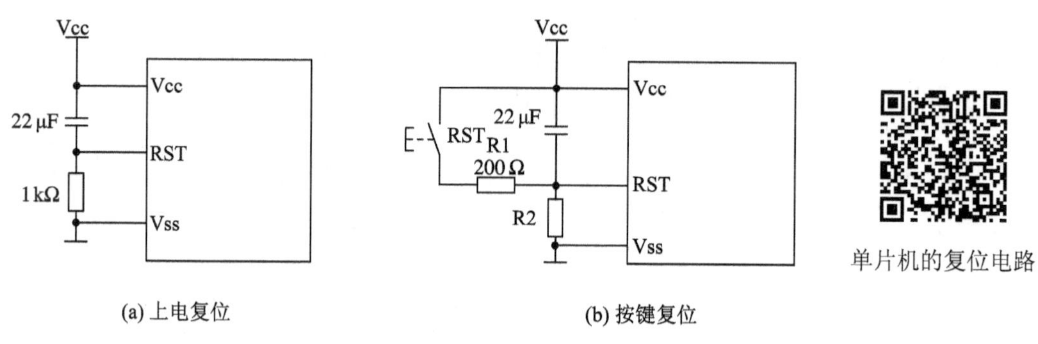

(a) 上电复位　　(b) 按键复位

图 1-10　单片机的复位电路

上电复位是利用电容充电来实现的，由于电容两端的电压不能突变，因此上电瞬间 RST/VPD 端的电位与 Vcc 相同，随着充电的进行，RST/VPD 的电位下降，最后被钳位在 0 V。只要保证加在 RST 引脚上的高电平持续时间大于 2 个机器周期，便能正常复位，如图 1-10(a)所示。

按键复位电路如图 1-10(b)所示。若要复位，只需将按钮按下，此时电源 Vcc 经电阻 R1、R2 分压，在 RST 端产生一个复位高电平。

设计复位电路时应注意以下几点：

(1) 要保证加在 RST 引脚上的高电平持续 2 个机器周期以上，才能使单片机有效地复位。

(2) 在实际的应用系统中，有些外围芯片也需要复位。如果这些复位端的复位电平要求与单片机复位一致，则可以与之相连。

(3) 在图 1-10 所示的简单复位电路中，干扰容易串入复位端，在大多数情况下不会造成单片机的错误复位，但会引起内部某些寄存器错误复位。这时，可在 RST 引脚上接一个去耦电容。

(4) 在应用系统中，为了保证复位电路可靠地工作，常将 RC 电路先接施密特电路，然后再接入单片机复位端和外围电路复位端。这样，当系统有多个复位端时，能保证可靠地同步复位，且具有抗干扰作用。

4. 输入/输出接口电路

89C51 单片机有 4 个 I/O 端口，共 32 根 I/O 线，4 个端口都是双向口，分别为 P0～P3。在访问片外扩展存储器时，低 8 位地址和数据由 P0 口分时传送，高 8 位地址由 P2 口传送。在无片外扩展存储器的系统中，这 4 个口的每一位均可作为双向的 I/O 端口使用。

1) P0 口

P0 口是一个 8 位漏极开路型准双向 I/O 端口。图 1-11 是 P0 口的位结构图，它由 1 个输出锁存器、2 个三态数据输入缓冲器、1 个输出驱动电路和 1 个输出控制电路组成。输出驱动电路由一对 FET(场效应管)组成，其工作状态受输出控制电路的控制；输出控制电路由一个与门电路、1 个反相器和 1 个多路开关 MUX 组成。

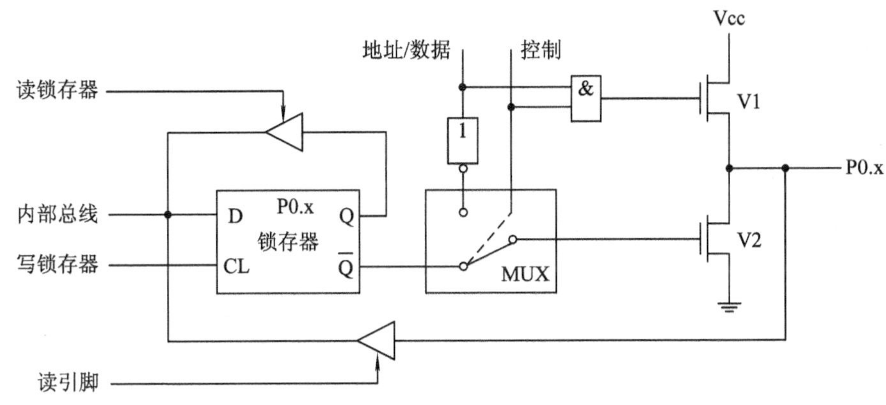

图 1-11　P0 口的位结构图

P0 口可作为一般 I/O 口用，但当应用系统采用外部总线结构时，它分时用作低 8 位地址线和 8 位双向数据总线。其工作状态由 CPU 发出的控制信号决定：当 P0 口作 I/O 端口使用时，CPU 内部发出控制电平“0”信号；当 P0 口作地址/数据总线使用时，CPU 内部发出控制电平“1”信号。

P0 口作一般 I/O 端口使用时，CPU 内部发出控制电平“0”信号封锁与门，使输出上拉场效管 V1 截止，同时把图 1-11 中的多路开关拨到下方，将输出锁存器 $\overline{Q}$ 端与输出场效应管 V2 的栅极接通。此时，P0 口即作一般 I/O 端口使用。

当 P0 口作输出口输出数据时，内部数据总线上的信息由写脉冲锁存至输出锁存器，并通过 MUX、下拉场效应管 V2 输出到 P0 口的引脚。当输入 D = 0 时，Q = 0，V2 导通，P0 口的引脚输出 0；当输入 D = 1 时，Q = 1，V2 截止，P0 口的引脚输出 1。由此可见，内部数据总线与 P0 口是同相位的。应注意的是，作为输出口时，由于输出级为漏极开路电路，引脚上只有外接上拉电阻(一般为 5～10 Ω)，才有高电平输出，才可以驱动 NMOS 或其他拉电流负载。P0 口的输出可以驱动 8 个 LSTTL 负载。

当 P0 口作输入口输入数据时，端口中有 2 个三态输入缓冲器用于读操作，实现读引脚和读锁存器(读端口)两种操作。

应注意的是，作为输入口时，如果下拉场效应管 V2 导通，则会将输入的高电平拉为低电平，从而造成误读，所以在进行输入操作前，应先向端口输出锁存器写入“1”，以避免锁存器为 0 状态时，对引脚读入的干扰。

在扩展系统中，P0 端口分时作为地址/数据总线使用，此时可分为两种情况：一种是以 P0 口引脚输出地址/数据信息，这时 CPU 内部发出高电平的控制信号，打开与门，同时使多路开关 MUX 把 CPU 内部地址/数据总线反相后与输出驱动场效应管 V2 的栅极接通，V1 和 V2 两个 FET 管处于反相，共同构成了推拉式的输出电路，其负载能力大大增强；另一种情况由 P0 口输入数据，此时输入的数据直接从引脚通过下面的一个三态输入缓冲器进入内部总线。实际应用中，P0 口绝大多数情况下都作为单片机系统的地址/数据总线使用，比一般 I/O 端口的使用简单。

P0 口的输出级与 P1～P3 口的输出级在结构上是不相同的，因此它们的负载能力和接口要求也不相同。P0 口的每一位输出可驱动 8 个 LSTTL 负载。P0 口既可作通用 I/O 使用，也可作地址/数据总线使用。当作为通用 I/O 口输出时，输出级是开漏电路，当它驱动 NMOS 或其他拉电流负载时，需要外接上拉电阻才有高电平输出；当作为地址/数据总线时，无须外接上拉电阻，此时不能作通用 I/O 口使用。

2) P1 口

P1 口是一个带内部上拉电阻的 8 位准双向 I/O 口，其位结构如图 1-12 所示。P1 口在结构上与 P0 口的区别是：没有多路开关 MUX 和控制电路部分，输出驱动电路部分与 P0 也不相同，只有一个 FET 场效应管，同时内部带上拉电阻，此电阻与电源相连。上拉电阻是一个作为电阻性元件使用的场效应管 FET，称为负载场效应管。

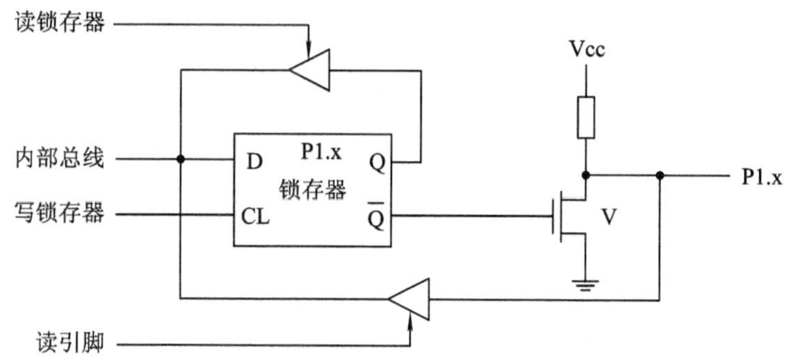

图 1-12　P1 口的位结构图

Pl 口可作通用双向 I/O 口用，每 1 位均可独立作为 I/O 口。当 P1 口输出高电平时，能向外部提供拉电流负载，因此不必再外接上拉电阻。当端口用作输入时，和 P0 口一样，为了避免误读，必须先向对应的输出锁存器写入“1”，使 FET 截止，然后再读端口引脚。由于片内输入电阻较大，约为 20～40 kΩ，所以不会对输入的数据产生影响。

3) P2 口

图 1-13 是 P2 口的位结构图。P2 口的位结构中上拉电阻的结构与 P1 口相同，但比 P1 口多了一个输出转换多路控制部分。当多路开关 MUX 倒向锁存器输出 Q 端时，构成了一个准双向 I/O 口，此时 P2 口作通用 I/O 使用。P2 引脚的数据与内部总线相同，MUX 与 Q 端连通，P2.x = D。

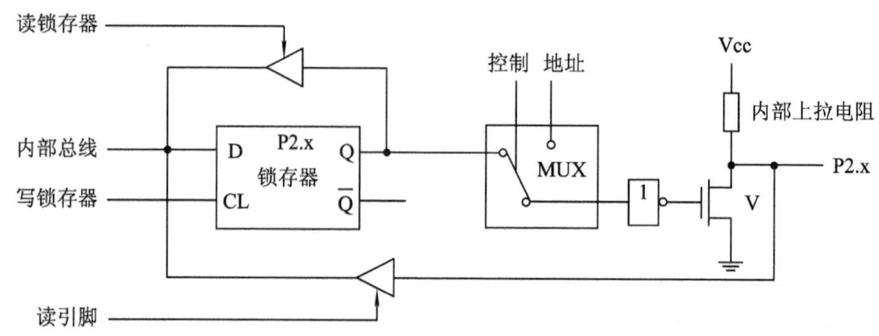

图 1-13　P2 口的位结构图

当系统扩展片外程序存储器时，多路开关 MUX 在 CPU 的控制下，倒向内部地址线一端，此时 P2 口仅可用于输出高 8 位地址。

在使用 P2 口时应注意以下几点：

(1) 在不接外部存储器或片外存储器容量小于 256 B 的系统中，可以使用“MOVX @Ri”类指令访问片外存储器，仅由 P0 口输出低 8 位地址，而 P2 口引脚上的内容在整个访问期间不会变化，此时 P2 口仍可作通用 I/O 口使用。

(2) 当应用系统扩展有大于 256 B 而小于 64 KB 的外部存储器，且 P2 口用于输出高 8 位地址时，由于访问外部存储器的操作是连续不断的，P2 口要不断输出高 8 位地址，因此此时 P2 口不能再作通用 I/O 口使用。

(3) 在外部扩充的存储器容量大于 256 B 而小于 64 KB 时，可以采用软件方法利用 P1～P3 中的某几位口线输出高 8 位地址，而保留 P2 口中的部分或全部口线作通用 I/O 口使用。

4) P3 口

P3 口的位结构见图 1-14。它是一个多功能的端口。P3 口的输出驱动电路部分及内部上拉电阻结构与 P1 口相同，比 P1 口多了一个第二功能控制电路(由一个与非门和一个输入缓冲器组成)。P3 口是一个多功能口。当“第二输出功能”端保持高电平时，与非门打开，P3 口作为通用 I/O 口使用。输出数据时，锁存器输出的信号可以通过与非门经 V 输出到 P3 口的引脚。输入时，引脚上的数据将通过两个相串的三态缓冲器在读引脚选通信号控制下进入内部数据总线。这就是第一功能，此功能同 P1 口，每 1 位均可独立作为 I/O 口。

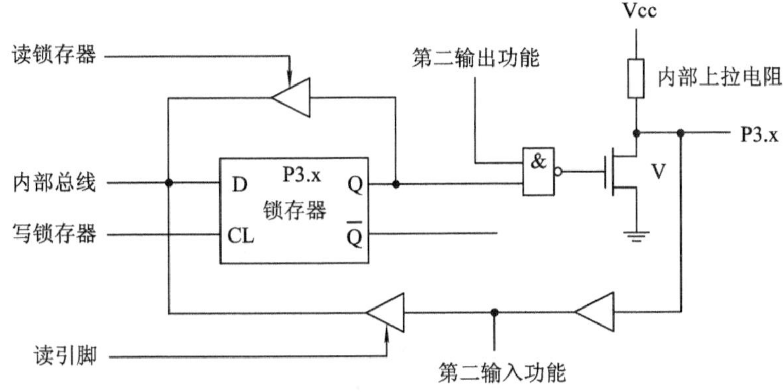

图 1-14　P3 口的位结构图

P3 口除了作通用 I/O 使用外，它的各位还具有第二功能，第二功能详见表 1-8。当 P3 口某一位用于第二功能作输出时，该位的锁存器应置“1”，打开与非门，第二功能端上的内容通过“与非门”和 V 送至端口引脚。当作第二功能输入时，端口引脚的第二功能信号通过第一个缓冲器送到第二输入功能线上。

使用时注意：无论 P3 口用作通用输入口还是第二功能输入口，相应位的输出锁存器和第二输出功能端都应置“1”，使 V 截止。另外，每 1 位具有的两个功能不能同时使用。

表 1-8　P3 口各位与第二功能表

P3 口引脚	第二功能	P3 口引脚	第二功能
P3.0	RXD(串行口输入)	P3.4	T0(定时器 0 的外部输入)
P3.1	TXD(串行口输出)	P3.5	T1(定时器 1 的外部输入)
P3.2	$\overline{\text{INT0}}$ (外部中断 0 输入)	P3.6	$\overline{\text{WR}}$ (片外数据存储器写选通)
P3.3	$\overline{\text{INT1}}$ (外部中断 1 输入)	P3.7	$\overline{\text{RD}}$ (片外数据存储器读选通)

【小提示】

P1 ~ P3 口的输出级均接有内部上拉电阻，它们的输出均可以驱动 4 个 LSTTL(低功耗肖特基 TTL)负载。对 HMOS 型单片机，当 P1 和 P3 口作输入时，任何 TTL 或 NMOS 电路都能以正常的方法驱动这些口。无论是 HMOS 型还是 CHMOS 型单片机，它们的 P1 ~ P3 口的输入端都可以被集电极开路或漏极开路电路所驱动，而无须再外接上拉电阻。P0 ~ P3 口都是准双向 I/O 口。作输入时，必须先向相应端口的锁存器写入“1”，使下拉场效应管截止，呈高阻态。当系统复位时，P0 ~ P3 端口锁存器全为“1”。

1.3.5　单片机应用系统的开发过程

单片机并行口使用

单片机应用系统是以单片机为核心的智能控制系统，由于应用目标不同，因此其构成、规模、功能、复杂程度等均不相同。但不管怎么变化，其设计方法和开发过程是一样的。单片机应用系统的开发过程一般要经历如图 1-15 所示的开发过程。

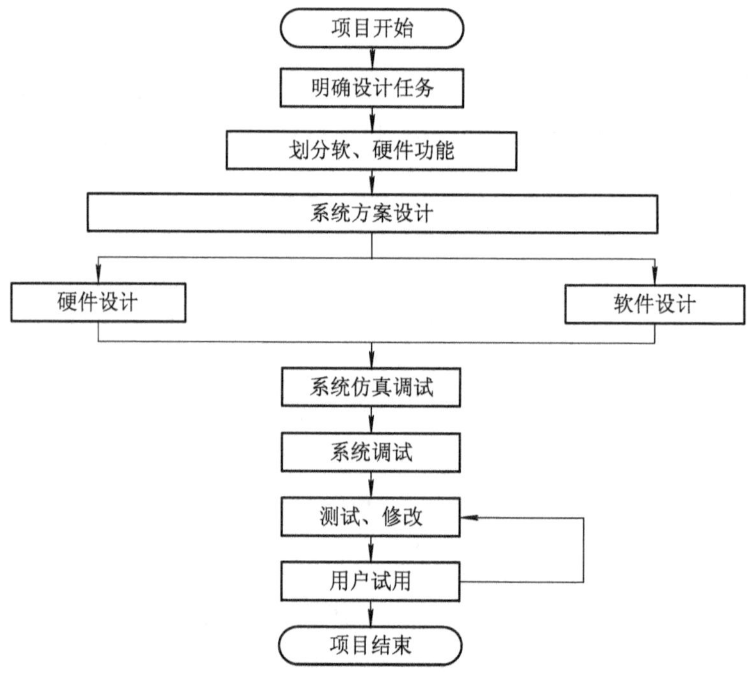

图 1-15　单片机系统的开发过程

1. 明确设计任务

明确设计任务是系统设计的第一步，应详细了解控制对象的结构、性能、特点和控制要求，深入认真地进行分析，根据适用场合、工作环境、具体用途考虑系统的可靠性、通用性、可维护性以及成本等，再根据用户的具体要求，分析并提出符合要求的性能技术指标。

2. 软件和硬件的功能划分

单片机系统由软件和硬件两部分组成。有些功能既可以用软件来实现，也可以用硬件来实现。多用硬件虽可以提高系统的实时性和可靠性，但同时会带来成本的增加。相反，多用软件的优点是可以降低成本，但会带来系统的复杂性。因此，必须综合分析，根据实际要求来确定哪些功能用硬件实现，哪些功能用软件实现，根据系统要求画出单片机要实现控制的系统功能框图。

3. 总体设计

总体设计包括系统方案设计、硬件设计和软件设计。

1) *系统方案设计*

方案设计就是为系统建立一个框架结构，主要包括以下几点：

(1) 进行必要的分析计算，确定合适的控制方案和算法。

(2) 确定系统的硬件配置，即根据功能的划分，确定外围电路的配置和接口电路方案，画出各部分的功能框图。同时根据设计要求，选择性价比合适的单片机芯片和其他电子元器件。选择时要考虑精度、速度、容量、可靠性、货源和成本等。

2) *硬件设计*

硬件设计是根据总体设计的要求，设计系统的硬件电路原理图，并初步设计印制电路板等。其主要内容包括单片机系统的扩展及系统配置两部分。在系统扩展及配置时一定要注意以下几个原则：

(1) 尽量选择通用电路。

(2) 系统的扩展及配置要留一定的余地。

(3) 硬件结构要结合软件考虑。

(4) 适当考虑 CPU 的总线驱动能力和抗干扰设计。

3) *软件设计*

软件设计的任务是在总体设计和硬件设计的基础上确定程序的结构，分配内部存储器的资源，并进行主程序及各模块程序的设计，最终完成整个系统的控制程序。软件设计的内容包括系统定义和软件结构设计。系统定义就是在定义各输入/输出端口地址及工作方式后，分配主程序、中断程序、表格、堆栈等的存储空间。在软件结构设计方法上通常采用模块化程序设计与自顶向下逐步求精的程序设计方法。

4. 系统仿真调试

系统的仿真调试可分为硬件仿真调试和软件仿真调试。在软件设计时可以利用 Keil 软件进行汇编、连接执行来发现程序中存在的语法错误和逻辑错误并加以排除和纠正。在软件设计完成后，可以利用 Proteus 软件进行仿真来观察系统执行的效果，找出设计中存在的问题。

5. 系统调试

完成系统仿真后，把用 Protel 绘制的 PCB 印制电路板图交给电路板生产商进行制板。完成制板后，把所有的电子元器件在电路板上进行组装和焊接，然后使用编程器把程序烧录到单片机芯片中进行系统联调，直到调试结果符合设计要求。

为了学习方便和节约成本，在单片机教学中通常采用一些仿真软件进行试验。学生也可以通过单片机多功能仿真开发板进行一些实验。

1.4 项目实施

前面我们已经介绍了单片机系统的开发过程，现在我们通过制作一个简单的单片机小系统——闪烁的 LED 灯，让大家体验一下学习单片机的乐趣。

系统整体设计要求：在单片机的 P0.0 口上接一个发黄色光的 LED 灯，编写程序让 LED 灯不停地闪烁，时间间隔为 0.2 秒。

1.4.1 项目硬件设计

LED 灯闪烁控制系统的结构比较简单，其硬件电路模块包括电源电路、时钟电路、按键复位电路和 LED 灯接口电路，硬件原理图如图 1-16 所示。

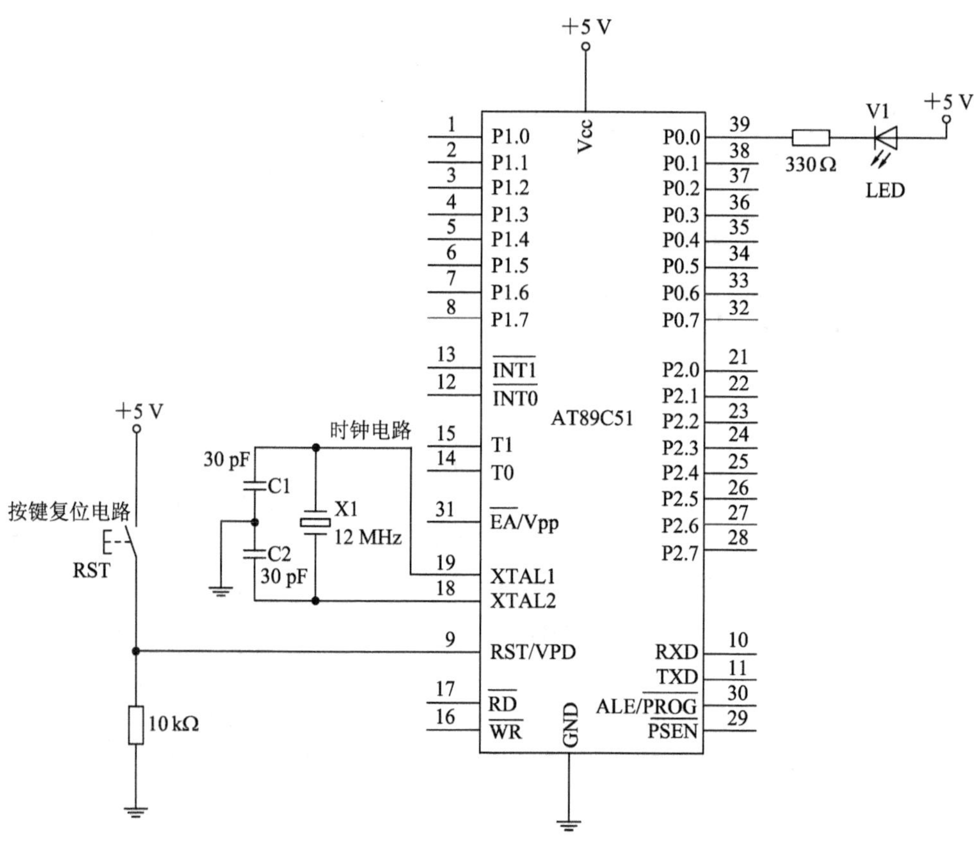

图 1-16　闪烁 LED 灯电路原理图

1.4.2 项目软件设计

由硬件电路可知，要实现 LED 灯的点亮，必须要求 P0.0 引脚输出低电平才能实现；要让 LED 灯熄灭，必须使 P0.0 引脚输出高电平才能实现。因此，可以用 L1 = 0 指令实现对该引脚输出低电平，用 L1 = 1 指令实现对该引脚输出高电平。那么又如何实现闪烁间隔 0.2 s 呢？这里采用延时程序实现。把系统要实现的功能搞清楚后，就可以编写程序了。编写程序的思路如程序流程图 1-17 所示。

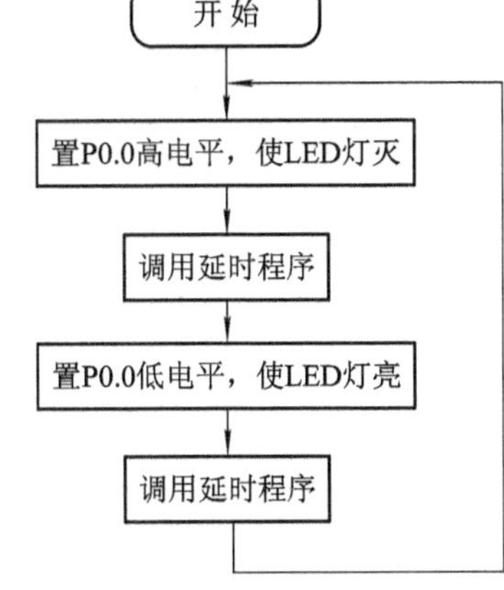

图 1-17　LED 灯闪烁流程图

根据程序流程图，写出单片机 C 语言的源程序：

```
#include<reg51.h>
sbit L1=P0^0;
void delay02s(void)                          //延时 0.2 s 子程序
{   unsigned char i,j,k;
   for(i=20; i>0; i--)
        for(j=20; j>0; j--)
           for(k=248; k>0; k--)
              ;
}
void main(void)
{ while(1)
        {   L1=0;                 //P0.0 置低电平
            delay02s();
             L1=1;                //P0.0 置高电平
            delay02s();
        }
}
```

闪烁的 LED 灯程序

1.4.3　项目综合仿真与调试

1．使用 Keil C51 编译源程序

Keil C51 是 51 系列单片机的开发系统，利用它可以编辑、编译、汇编、连接 C 程序和汇编程序，从而可以生成在单片机中进行烧录的 .hex 文件。

本项目的软件编译过程如下：

【步骤 1】 打开 μVision2，开发界面如图 1-18 所示。该界面包括文件工具栏、编译工具栏、工程窗口以及输出窗口等。

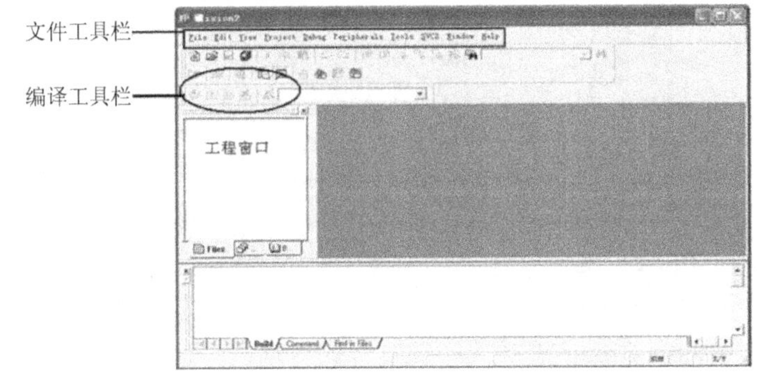

图 1-18　Keil 软件界面

Keil C51 使用

【步骤 2】 新建一个工程，如图 1-19 所示，选择“Project”→“New Project”菜单，在弹出的保存窗口中选择工程文件的保存位置，填写文件名，单击“保存”按钮。

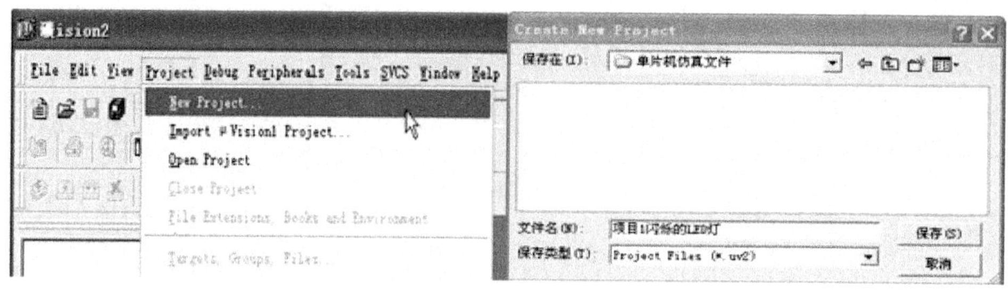

图 1-19　建立工程项目

【步骤 3】 在弹出的 CPU 选择对话框中选择单片机芯片型号(此处选 AT89C51)，如图 1-20 所示，然后单击“确定”按钮。

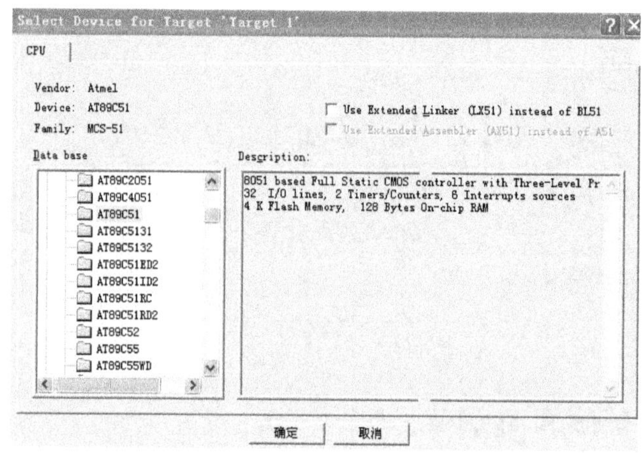

图 1-20　选择单片机芯片

【步骤 4】 单击文件工具栏中的新建文件按钮，在编辑区域编辑 C 语言源程序，编辑完成后，单击文件工具栏中的保存文件按钮，将源程序保存为“.c”形式的文件，如图 1-21 所示。

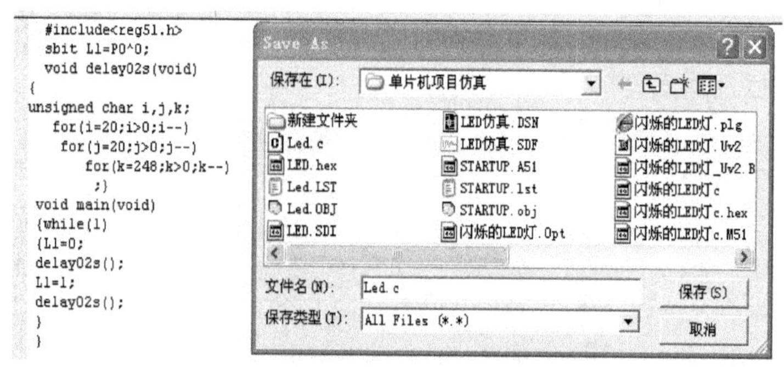

图 1-21　建立编辑与保存文件

【步骤 5】 在工程窗口的“Source Group 1”文件夹上单击鼠标右键，在弹出的快捷菜单中选择“Add Files to Group 'Source Group 1'”选项，在打开的对话框中选择 Led.c 源文件，并单击“Add”按钮将其加入，整个过程如图 1-22 所示。

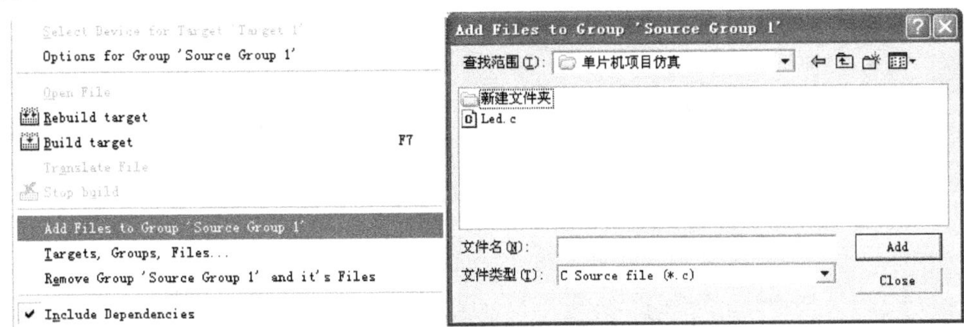

图 1-22　在工程中添加源文件

【步骤6】 选择“Project”→“Options for Target ‘Target 1’”菜单，在弹出的对话框中打开“Target Output”选项卡，参照图 1-23 在 Create Hex Fi 选项前画“√”来设置输出选项，然后单击“确定”按钮。

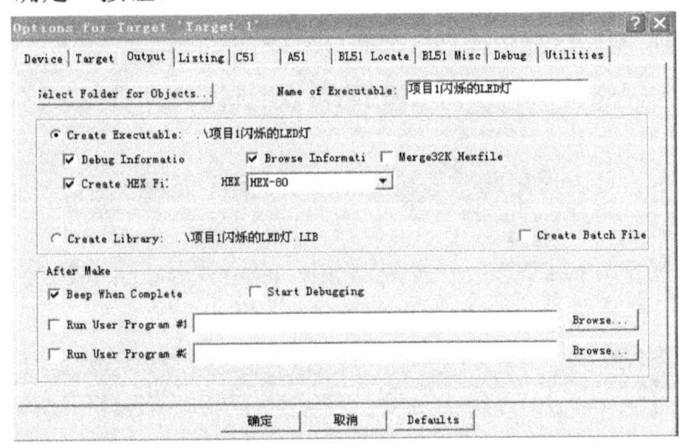

图 1-23　设置创建 LED.Hex 文件的输出选项

【步骤7】 单击编译工具栏的按钮，对汇编源文件进行编译、链接、运行，如图 1-24 所示。若运行不成功，则在输出窗口将看到错误信息提示，再继续修改程序直到完全正确；若运行成功，则会在保存工程的文件夹中生成“.hex”文件，如图 1-25 所示。

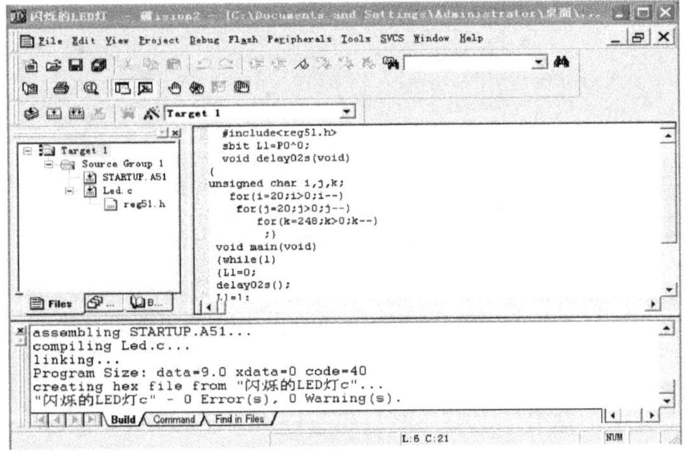

图 1-24　编辑成功的程序文件

图 1-25　编辑成功后生成可烧录的 .hex 文件

2．使用 Proteus 系统仿真软件调试并验证系统运行的结果

Proteus 是一款优秀的 EDA 软件，使用它可以绘制电路原理图、PCB 图，进行交互式电路仿真。

在单片机开发中，可以使用此软件检查系统仿真运行的结果。

本项目的 Proteus 仿真过程如下：

【步骤 1】 打开 Proteus ISIS，开发界面如图 1-26 所示。图 1-26 中，除了常见的菜单栏和工具栏外，还包括预览窗口、对象选择器窗口、图形编辑窗口、仿真过程控制按钮等。

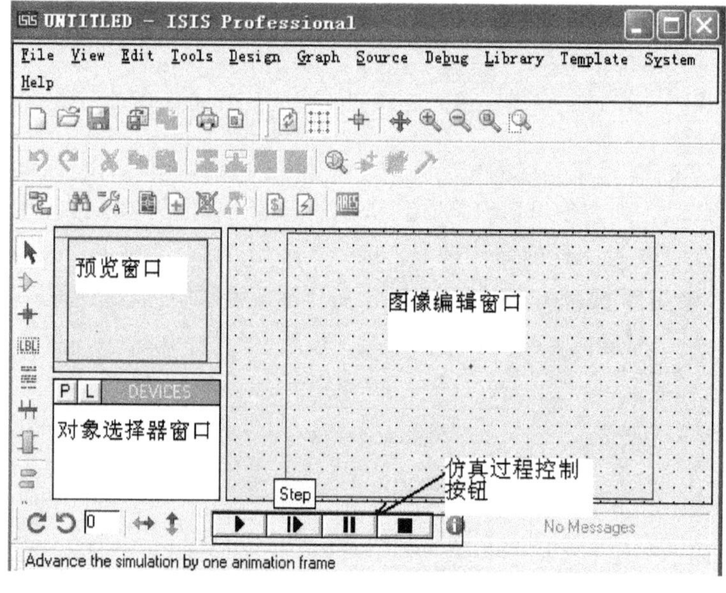

图 1-26　Proteus ISIS 界面

【步骤 2】 单击对象选择器窗口上方的P按钮，弹出如图 1-27 所示的设备选择对话框，在“Keywords”文本编辑框中输入芯片型号的关键字，在右侧出现的结果中选中需要的芯片，然后单击“OK”按钮。再回到开发主界面，鼠标移入图形编辑窗口中会变成笔状，选择合适位置并双击鼠标，芯片就出现了。

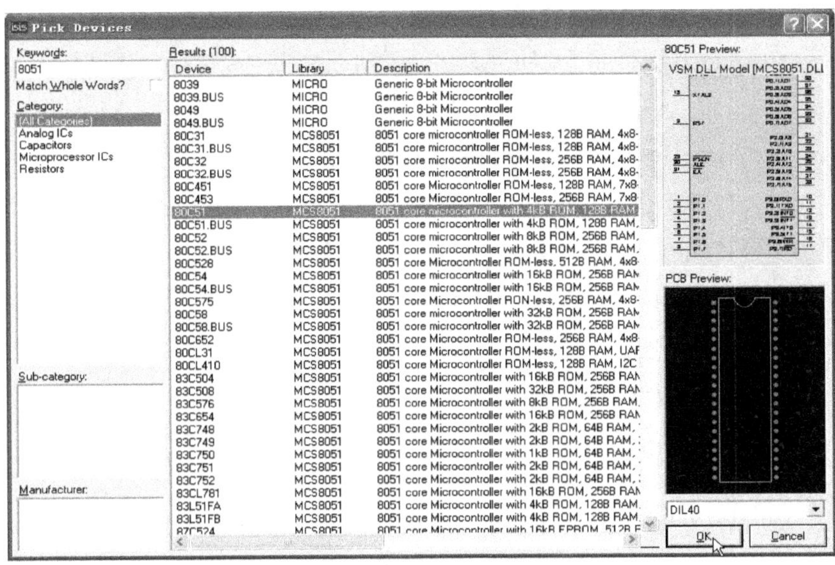

图 1-27　选择单片机芯片

【步骤 3】 参照添加芯片的方法添加发光二极管和电阻。器件添加完成后，再进行导线连接，具体过程可以参阅 Proteus 软件使用等方面的书籍和资料，在此不再详细介绍。导线连接后可得到该项目的硬件系统图，如图 1-28 所示。

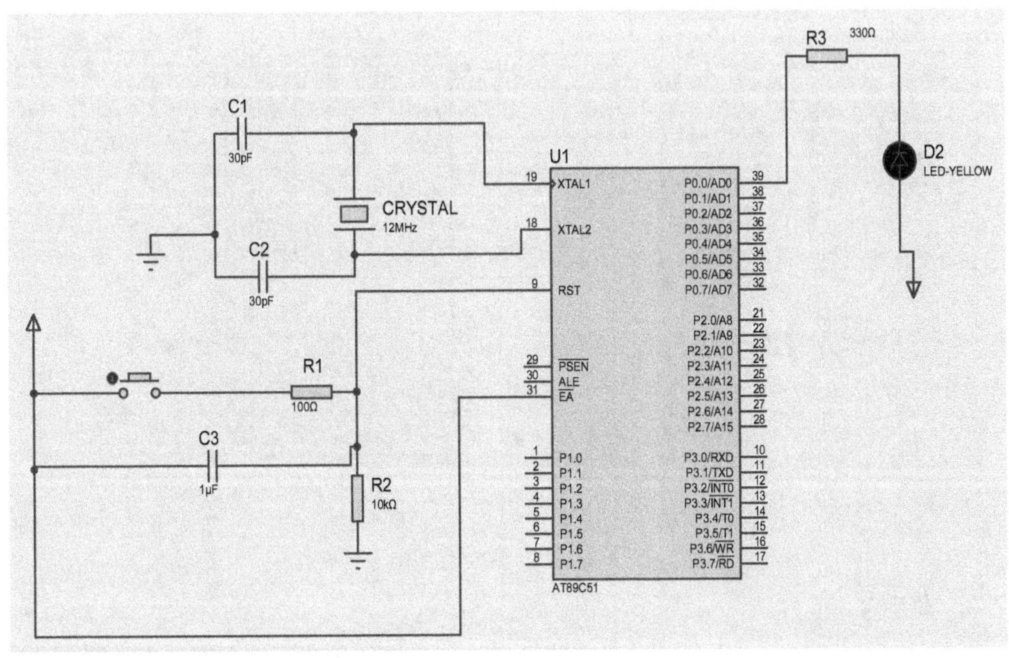

图 1-28　Proteus 下的硬件系统图

【步骤 4】 至此系统硬件电路连接已经结束，把鼠标拖到单片机芯片 AT89C51 内，单击鼠标右键后出现一个文件菜单，在其中选中“Add/Remove source files”选项并单击鼠标，就会出现如图 1-29 所示的对话框。在对话框中加载“闪烁的 LED 灯 c.hex”文件，加载完成后，点击按钮“OK”，文件至此已经添加成功。

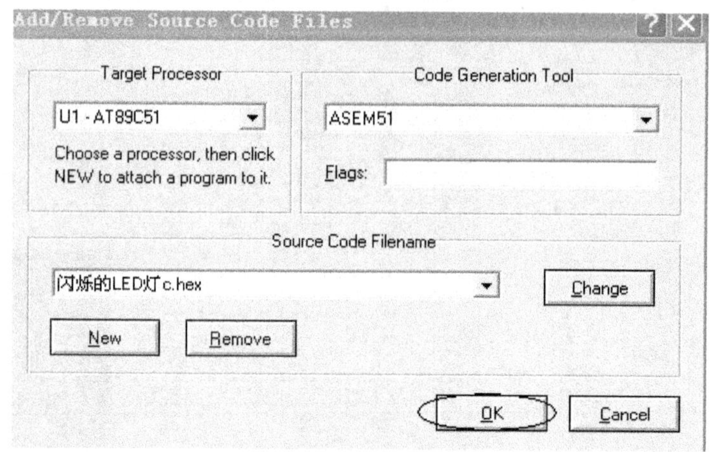

图 1-29　Proteus 下单片机芯片加载“.hex”文件图

【步骤 5】 加载“闪烁的 LED 灯 c.hex”文件成功后，点击下面仿真控制按钮的第一个“三角形”箭头(play)，按下按键就能运行信号灯闪烁系统了。此时可以看到 LED 开始以 0.2 s 的时间间隔一亮一灭地闪烁，如图 1-30 所示。

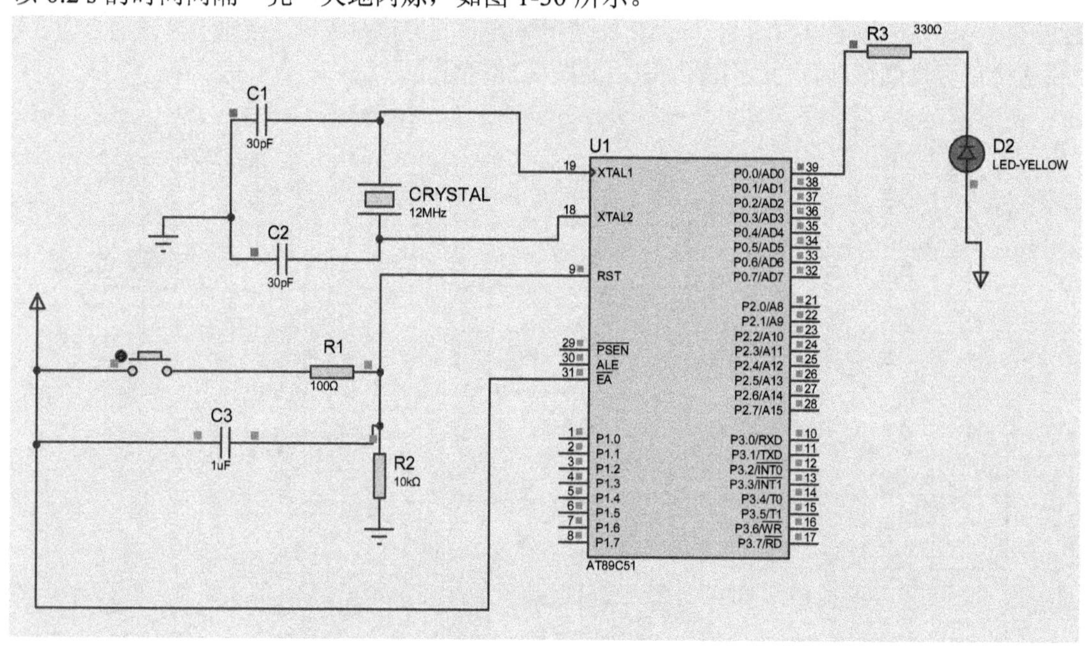

图 1-30　Proteus 下 LED 灯的闪烁效果图

3. 动手做

在完成系统仿真后，按照本系统硬件设计部分给出的原理图，在万能板上进行电子元器件的连接。在连接过程中，单片机芯片一定不能直接焊接在万能板上，可以在万能板上通过焊接一块单片机芯片的插座，再将芯片插入，这样做是为了调试方便。

1) 准备元器件

本系统所需的元件清单如表 1-9 所示。

表 1-9　闪烁的 LED 灯实验元件清单

名　称	规　格	数　量	主要功能或用途
单片机	AT89C51	1	控制 LED 灯亮
晶体振荡器	12 MHz	1	晶振电路
瓷片电容	30 pF	2	晶振电路
电阻	330 Ω	1	上拉电阻
电阻	10 kΩ	1	复位电路
单片机芯片插座	DIP40	1	插入单片机芯片
发光二极管	3 mm	1	发光
按键		1	测试按键
USB 电源插座	USB	1	插入 USB 线
USB 电源线	135 cm	1	连接电脑的 USB 口
导线		若干	连接电路
万能板	7 cm × 9 cm	1	在板上组装与焊接元件

2) 焊接

在万能板上按电路图焊接元件，完成制作，然后把烧录好的单片机器件插入插座中，再接通电源，LED 灯就会亮起来。

【小提示】

(1) 焊接电路板时，单片机插座要放置在万能板的一侧，避免连接仿真插头时遮挡其他器件。

(2) 元器件位置布局应留部分空间，有利于项目扩展时不断增加其他器件。

项 目 小 结

本项目是一个非常简单的单片机控制系统，在单片机最小系统的基础上，在 P0.0 引脚接入一个 LED 灯，根据硬件电路的形式和任务的需要编写相关程序并烧录到单片机芯片中，就能实现智能控制。通过本项目的学习，可初步认识单片机的用途，理解单片机的内部结构和引脚功能，熟悉单片机系统开发的过程，为后续进一步学习单片机奠定基础。

项目拓展技能与练习

拓展技能资料

【拓展技能训练】

在项目 1 的基础上扩展一个单片机控制系统，要求控制四个 LED 灯同时亮灭，闪烁时间为 0.4 s。

【项目练习】

(1) 什么是单片机？主要用在哪些领域？

(2) 单片机采取什么数制存储程序和数据？51 系列单片机有哪些型号？

(3) AT89C51 单片机在片内集成了哪些主要逻辑功能部件？各个逻辑部件的最主要功能是什么？

(4) 程序计数器(PC)作为不可寻址寄存器，它有哪些特点？数据地址指针 DPTR 有哪些特点？

(5) AT89C51 单片机的时钟周期与振荡周期之间有什么关系？一个机器周期的时序如何划分？当主频为 12 MHz 时，一个机器周期等于多少微秒(μs)？执行一条最长的指令需多少微秒(μs)？

(6) AT89C51 单片机的 P0～P3 四个 I/O 端口在结构上有何异同？使用时应注意哪些事项？

(7) 什么是准双向口？使用准双向口时，要注意什么？

(8) 叙述 AT89C51 单片机的控制引脚的功能。

(9) AT89C51 片内数据存储器 80H～FFH 分为哪两个物理空间？如何区别这两个物理空间？

(10) AT89C51 单片机片内 256 B 的数据存储器可分为几个区？其作用分别是什么？

(11) AT89C51 设有 4 个通用工作寄存器组，如何选用？如何实现工作寄存器现场保护？

(12) 内部数据存储器中有几个具有特殊功能的单元？其作用分别是什么？

(13) 程序状态寄存器 PSW 的作用是什么？常用状态有哪些位？作用是什么？

项目练习答案

项目 2 交通信号灯模拟系统设计

【项目导入】

89C51 单片机的常用编程语言有两种：一种是汇编语言，另一种是 C51 语言。汇编语言虽然生成机器代码的效率高，但用它编写程序不仅复杂而且难懂。更重要的是，不同系列单片机的汇编语言指令系统不兼容，不适合开发较大的程序。随着单片机开发应用的发展，逐渐引入了高级语言，其中 C51 语言应用最为广泛。C51 语言在大多数情况下生成机器代码的效率和汇编语言差不多，使用它开发的源程序不仅可读性好，而且易于移植。因此，单片机系统软件的开发往往选择 C51 语言。

【项目目标】

1. 知识目标

(1) 掌握 C 语言的基本组成和语句功能；

(2) 能够使用 C 语言进行编程；

(3) 掌握 C51 程序控制语句；

(4) 熟悉 C51 函数。

2. 能力目标

(1) 掌握 C 语言的程序设计思想和编程技巧；

(2) 能够运用 C 语言对单片机控制系统进行编程。

2.1 项 目 描 述

随着我国经济的高速发展，越来越多的私家车和公交车给道路交通系统带来了沉重的压力，许多城市都不同程度地承受着交通堵塞问题的干扰。本项目将设计一个以单片机为核心的人性化、智能化的交通信号灯模拟系统，该系统可以根据实际情况设置车辆的通行时间，为车辆安全行驶带来方便。

2.2 项目目的与要求

本项目拟设计一个工作在十字路口的交通信号灯模拟系统，设东西方向为主干道 A，南北方向为辅助干道 B。要完成本系统的设计，应注意以下要求：

(1) 用发光二极管模拟交通信号灯。

(2) 灵活控制主、辅干道交通指示灯的显示时间。

(3) 设计交通信号灯模拟系统的硬件电路。

(4) 运用 C51 语言完成对模拟系统的软件编程。

2.3　项目支撑知识链接

2.3.1　C51 程序组成与数据结构

在进行单片机应用系统的程序设计时，汇编语言虽然执行速度快，但其指令系统复杂，程序不易理解，且难以调试和移植。在目前的单片机开发应用中，较多使用 C 语言作为程序开发语言。采用 C 语言编写的 51 系列单片机应用程序习惯上简称为 C51 程序。C51 程序对标准 C 程序的扩展主要是根据 51 系列单片机的硬件功能来实现的，大致有存储模式、存储器类型声明、变量类型声明、位变量和位寻址、特殊功能寄存器、C51 指针、函数属性等。在学习时，应注意这些功能的使用。另外，C51 程序和标准 C 程序在以下方面是不同的：① 库函数不同，标准 C 是按照计算机来定义的，C51 是按照 51 系列单片机的结构来定义的；② 数据类型不一样，C51 中增加了单片机特有的数据类型；③ 变量的存储模式不同，C51 的存储模式与 MCS-51 单片机的存储器的结构紧密相关；④ 输入和输出方式不一样，C51 的输入/输出是通过单片机的串行口完成的，输入/输出指令执行前必须对串口进行初始化；⑤ C51 有专门的中断函数。

1．C51 程序的组成

下面以项目 1 的程序为例介绍 C51 程序的组成(语句前的数字代表行号)。

```
1       #include<reg51.h>
2       sbit L1=P0^0;
3       void delay02s(void)                    //延时 0.2 s 子程序
4           {
5         unsigned char i,j,k;
6         for(i=20; i>0; i--)
7           for(j=20; j>0; j--)
8             for(k=248; k>0; k--)
9               ;
10              }
11        void main(void)
12        {
13            while(1)
14            {
15                L1=0;              //P0.0 置低电平
16                delay02s();
17                L1=1;              //P0.0 置高电平
18                delay02s();
```

C51 的组成与基本结构

```
19              }
20      }
```

C51 语言程序的组成如下：

(1) 预处理命令：1 行，用于编译预处理。

(2) 语句：以分号作为结束标志。

C51 语言的语句可分为以下几种

① 函数定义语句：第 3～10、11～20 行。

② 变量定义语句：第 5 行。

③ 函数调用语句：第 16、18 行。

④ 控制语句：第 6、7、8、13 行。

⑤ 赋值和运算语句：第 2、15、17 行。

⑥ 空语句："；"。

⑦ 函数体：第 4～10、12～20 行。

(3) 函数：用于确定程序或函数的功能，有主函数和子函数之分。void main(void){…}是主函数；void delay02s(void) {…}是子函数；{…}是函数体。

2．C51 的数据结构

使用 C51 语言编写程序的过程中，总离不开数据结构的应用，因此，掌握 C51 语言的数据结构与类型至关重要。

1) C51 的标识符和关键字

标识符就是由字母、下划线和数字构成的有序集合，是用户给源程序中的对象起的名字。C51 语言的标识符必须以字母或者下画线开头。在 C51 语言中，标识符的大小写其含义是不一样的。C51 编译器对标识符的前 32 位有效。变量所用标识符应该有一定的含义，使用户看到后能望文生义，这样更便于用户阅读源程序。关键字是 C51 语言的特殊标识符，具有固定的名称和含义。C51 语言程序中不允许标识符和关键字相同。Keil μVision2 中的关键字除了 C 语言的 32 个关键字外，还根据 51 单片机的特点扩展了相关的关键字。标准和扩展关键字见表 2-1。

表 2-1　Keil μVision2 中的标准关键字和扩展关键字

关键字	用　途	说　　明
标 准 关 键 字		
auto	存储种类说明	用以说明局部变量，是系统的默认变量类型
break	程序语句	退出最内层循环
case	程序语句	switch 语句中的选择项
char	数据类型说明	单字节整型数或字符型数据
const	存储类型说明	在程序执行过程中不可更改的常量值
continue	程序语句	转向下一次循环
default	程序语句	switch 语句中的失败选择项
do	程序语句	构成 do…while 循环结构
double	数据类型说明	双精度浮点数

续表

关键字	用　途	说　　明
else	程序语句	构成 if…else 选择结构
标 准 关 键 字		
enum	数据类型说明	枚举
extern	存储种类说明	在其他程序模块中说明了的全局变量
float	数据类型说明	单精度浮点数
for	程序语句	构成 for 循环结构
goto	程序语句	构成 goto 转移结构
if	程序语句	构成 if…else 选择结构
int	数据类型说明	基本整型数
long	数据类型说明	长整型数
register	存储种类说明	使用 CPU 内部寄存器的变量
return	程序语句	函数返回
short	数据类型说明	短整型数
signed	数据类型说明	有符号数，二进制数据的最高位为符号位
sizeof	运算符	计算表达式或数据类型的字节数
static	存储种类说明	静态变量
struct	数据类型说明	结构类型数据
switch	程序语句	构成 switch 选择结构
typedef	数据类型说明	重新进行数据类型定义
union	数据类型说明	联合类型数据
unsigned	数据类型说明	无符号型数据
void	数据类型说明	空类型数据
volatile	数据类型说明	该变量在程序执行中可被隐含地改变
while	程序语句	构成 while 和 do…while 循环结构
扩 展 关 键 字		
bit	位标量声明	声明一个位标量或位类型的函数
sbit	位标量声明	声明一个可位寻址变量
sfr	特殊功能寄存器声明	声明一个特殊功能寄存器
sfr16	特殊功能寄存器声明	声明一个 16 位的特殊功能寄存器
data	存储器类型说明	直接寻址的内部数据存储器(片内 RAM 的低 128 B)
bdata	存储器类型说明	可位寻址的内部数据存储器
idata	存储器类型说明	间接寻址的内部数据存储器
pdata	存储器类型说明	分页寻址的外部数据存储器
xdata	存储器类型说明	外部数据存储器
code	存储器类型说明	程序存储器
interrupt	中断函数说明	定义一个中断函数
reentrant	再入函数说明	定义一个再入函数
using	寄存器组定义	定义芯片的工作寄存器

2) C51 的数据类型

在标准 C 语言中，基本数据类型有 int、char、long、short、double、float；而在 C51 编译器中，int 和 short 相同，float 和 double 相同，在此不作说明。下面介绍它们的具体定义，见表 2-2。

表 2-2　Keil μVision2 单片机 C 语言编译器所支持的数据类型

数据类型	长 度	值 域
unsigned char	单字节	0～255
signed char	单字节	−128～+127
unsigned int	双字节	0～65 535
signed int	双字节	−32 768～+32 767
unsigned long	4 字节	0～4 294 967 295
signed long	4 字节	−2 147 483 648～+2 147 483 647
float	4 字节	±1.175 494E−38～±3.402 823E+38
*	1～3 字节	对象的地址
bit	位	0 或 1
sbit	位	0 或 1
sfr	单字节	0～255
sfr16	双字节	0～65 535

(1) char(字符类型)。char 类型的长度是 1 字节，通常用于定义处理字符数据的变量或常量。char 类型分为无符号字符类型 unsigned char 和有符号字符类型 signed char，默认为 signed char 类型。unsigned char 类型用字节中所有的位来表示数值，所能表达的数值范围是 0～255。signed char 类型用字节中最高位字节表示数据的符号，“0” 表示正数，“1” 表示负数，负数用补码表示，所能表示的数值范围是−128～+127。unsigned char 常用于处理 ASCII 字符和小于或等于 255 的整型数。

【小提示】

正数的补码与原码相同，负二进制数的补码等于它的绝对值按位取反后加 1。

(2) int(整型)。Int 的长度为 2 字节，用于存放一个双字节数据。int 类型分为有符号整型数 signed int 和无符号整型数 unsigned int，默认为 signed int 类型。signed int 表示的数值范围是 −32 768～+32 767，字节中最高位表示数据的符号，“0” 表示正数，“1” 表示负数。unsigned int 表示的数值范围是 0～65 535。

(3) long (长整型)。Long 的长度为 4 字节，用于存放一个 4 字节数据。long 类型分为有符号长整型 signed long 和无符号长整型 unsigned long，默认为 signed long 类型。signed int 表示的数值范围是 −2 147 483 648～+2 147 483 647，字节中最高位表示数据的符号，“0” 表示正数，“1” 表示负数。unsigned long 表示的数值范围是 0～4 294 967 295。

(4) float(浮点型)。float 在十进制中具有 7 位有效数字，是符合 IEEE−754 标准的单精度浮点型数据，其占用 4 字节。

(5) bit(位标量)。bit 是 C51 编译器的一种扩充数据类型，利用它可定义一个位标量，但不能定义位指针，也不能定义位数组。它的值是一个二进制位，不是 0 就是 1，类似于一些高级语言中的 Boolean 类型中的 True 和 False。

(6) sbit(可寻址位)。sbit 同样是单片机 C 语言中的一种扩充数据类型，利用它能访问芯片内部的 RAM 中的可寻址位。例如：

```
sbit P1_0=P1^0   //P1_0 为 P1 中的 P1.0 引脚
```

(7) sfr(特殊功能寄存器)。sfr 也是一种扩充数据类型，占用一个内存单元，值域为 0～255。利用它能访问 51 单片机内部的所有特殊功能寄存器。例如，用 sfr P0 = 0x80 这一句访问特殊功能寄存器 P0 口，在语句中用 P0 = 255(将 P0 端口的所有引脚置高电平)之类的语句来操作特殊功能寄存器。

(8) sfr16(16 位特殊功能寄存器)。sfr16 占用两个内存单元，值域为 0～65 535。sfr16 和 sfr 一样用于操作特殊功能寄存器，所不同的是它用于操作占 2 字节的寄存器，如 DPTR。

(9) *(指针)。指针本身就是一个变量，在这个变量中存放的是指向另一个数据的地址。这个指针变量要占据一定的内存单元，对不一样的处理器其长度也不尽相同，在 C51 中它的长度一般为 1～3 B。指针变量也有整型、实型、字符型等类型。

3) C51 中的常量

常量是在程序运行过程中不能改变值的量，而变量是可以在程序运行过程中不断变化的量。变量可以使用所有 C51 编译器支持的数据类型，而常量的数据类型只有整型、浮点型、字符型、字符串型和位标量。

(1) 整型常量。整型常量可以表示为十进制，如 123、0、−89 等。十六进制以 0x 开头，如 0x34、−0x3B 等。长整型就在数字后面加字母 L，如 104L、034L 等。

(2) 浮点型常量。浮点型常量可分为十进制和指数两种表示形式。十进制表示：由数字和小数点组成，如 0.888、3345.345、0.0 等。若整数或小数部分为 0，则可以省略，但必须有小数点。指数表示：[±]数字[.数字]e[±]数字。[]中的内容为可选项，其中的内容根据具体情况可有可无，但其余部分必须有，如 125e3、7e9、−3.0e−3。

(3) 字符型常量。字符型常量是单引号内的字符，如'a''d'等。对于不可以显示的控制字符，可以在该字符前面加一个反斜杠“\”组成专用转义字符。常用转义字符表见表 2-3。

表 2-3　常用的转义字符表

转义字符	含　义	ASCII 码(十六进制/十进制)
\o	空字符(NULL)	00H/0
\n	换行符(LF)	0AH/10
\r	回车符(CR)	0DH/13
\t	水平制表符(HT)	09H/9
\b	退格符(BS)	08H/8
\f	换页符(FF)	0CH/12
\'	单引号	27H/39
\"	双引号	22H/34
\\	反斜杠	5CH/92

(4) 字符串型常量。字符串型常量由双引号内的字符组成，如"test" "OK"等。当引号内没有字符时表示空字符串。在使用特殊字符时同样要使用转义字符，如双引号。在C语言中字符串常量是作为字符类型数组来处理的，在存储字符串时系统会在字符串尾部加上\0转义字符，作为该字符串的结束符。字符串常量"A"和字符常量 'A' 是不同的，前者是字符串，在存储时占2字节，后者是字符，在存储时占1字节。

(5) 位标量。位标量是 C51 编译器的一种扩充数据类型，它的值是一个二进制位，不是0就是1。

常量主要用在不必改变值的场合，如固定的数据表、字库等。常量的定义方式有几种，下面加以说明。

```
unsigned int code a=200;    //这一句用 code 把 a 定义在程序存储器中并赋值
const unsigned int c=300;   //用 const 定义 c 为无符号 int 常量并赋值
```

这两句的值都保存在程序存储器中，而程序存储器在运行中是不允许被修改的，所以如果在这两句后面用了类似 a=110，a++ 这样的赋值语句，编译时将会出错。

此外，还可以用预定义语句定义常量：

```
#define False 0x0;
#define True 0x1;
```

定义 False 为 0，True 为 1，在程序中用到 False 时自动用 0 替换，同理，用到 True 时替换为 1。

4) C51 中的变量

变量是指在程序运行中不断变化的量。Keil C51 中变量的使用与标准 C 有所不同。正确地使用变量有利于获得高效的目标代码。下面详细介绍 Keil C51 中变量的使用方法。

Keil C51 中变量的定义格式如下：

[存储类型] 数据类型 [存储器类型] 变量名表

(1) 存储类型。存储类型指的是变量的作用域。单片机程序中变量的存储类型可分为自动变量、全局变量、静态变量和寄存器变量。

① 自动变量(auto)：在函数内部或者复合语句中使用的变量。在C51中函数或复合语句内部定义自动变量时，关键字 auto 可以省略。在程序执行过程中，自动变量是动态分配空间的。当函数或者复合语句执行完毕后，该变量的存储空间立刻自动取消，此时自动变量失效。

Keil C51 存储器类型

② 全局变量：以关键字 extern 标识的变量类型。全局变量一般定义在所有函数的外部。全局变量有时又称为外部变量。在编译程序时，全局变量将被静态地分配适当的存储空间。该变量一旦分配空间，在整个程序运行过程中便不会消失，即全局变量对整个程序文件都有效。

③ 静态变量：关键字是 static。从变量的作用域来看，该变量定义在函数内部就是内部静态变量，定义在函数外部就是外部静态变量，静态变量始终占有内存空间。

④ 寄存器变量(register)：存放在单片机内部寄存器中，其处理速度快，无须声明，编译器可以自动识别。

(2) 存储器类型。存储器类型用于指定该变量在 C51 硬件系统中所使用的存储区域，它在标准 C 中是没有的。存储器类型共有 6 种，见表 2-4。

表 2-4　Keil C51 所能识别的存储器类型

存储器类型		描　　述
片内数据存储器	data	直接寻址的片内 RAM 低 128 B，访问速度快
	bdata	片内 RAM 的可位寻址区(20H～2FH)，允许字节和位混合访问
	idata	间接寻址访问的片内 RAM，允许访问全部片内 RAM
片外数据存储器	pdata	用 Ri 间接访问的片外 RAM 的低 256 B
	xdata	用 DPTR 间接访问的片外 RAM，允许访问全部 64 KB 片外 RAM
程序存储器	code	程序存储器 ROM 64 KB 空间

如果省略存储器类型，则系统会按存储模式 Small、Compact 或 Large 所规定的默认存储器类型去指定变量的存储区域。存储模式决定了没有明确指定存储类型的变量。

① Small 模式：所有缺省变量参数均装入内部 RAM。其优点是访问速度快，缺点是空间有限，只适用于小程序。

② Compact 模式：所有缺省变量均位于外部 RAM 区的一页(256 B)，具体哪一页可由 P2 口指定，在 STARTUP.A51 文件中说明，也可用 pdata 指定。其优点是空间比 Small 宽裕，缺点是速度比 Small 慢，但比 Large 快，是一种中间状态。

③ Large 模式：所有缺省变量可放在多达 64 KB 的外部 RAM 区。其优点是空间大，可存变量多，缺点是速度较慢。

(3) Keil C51 变量的使用方法。

① 全局变量和静态局部变量。全局变量一般会在多个函数中使用，并在整个程序运行期间有效；静态局部变量虽然只在一个函数中使用，但在整个程序运行期间有效。对于这些变量，应尽量选择 data 型，这样在目标代码中就可以用直接寻址指令访问，获得最高的访问速度，从而提高程序的工作效率。

② 数组(包括全局和局部)。定义数组一般用 idata 存储类型，如果因数组元素过多而在编译时报错，可以改用 pdata 和 xdata 存储类型。

③ 供查表用的数据。这类数据的特点是需要始终保持不变，且使用时只读，因此应定义为 code 型。全局或局部 code 型变量在存储时无区别。

④ 非静态局部变量。非静态局部变量仅在某一函数内使用，退出该函数时变量也被释放。若系统使用 Small 存储模式，则对于这些变量可以不加存储说明，由编译软件自行按最优原则决定，因为仅在函数内使用的非静态局部变量，有可能使用工作寄存器 R0～R7，这样会更快速，更节省存储空间。例如，unsigned char i，j;，系统尽可能会用 R0～R7 存储 i 和 j。若系统使用了 Compact 或 Large 存储模式，则应将这些变量定义为 data 存储模式，以防系统自行决定时被定义为 pdagta 或 xdata 模式而降低工作效率。

(4) C51 中新增变量。

① 特殊功能寄存器变量 sfr：存储在片内特殊功能寄存器中，用来对特殊功能寄存器进行读/写操作。其格式如下：

sfr　8 特殊功能寄存器名=特殊功能寄存器地址常数；

sfr　16 特殊功能寄存器名=特殊功能寄存器地址常数；

C51 新增变量

例如，sfr P1=0x90;定义 P1 口，其地址为 90H；sfr16 DPTR=0x82;定义 DPTR 口，其地址为 82H。

② 位变量 bit：存储在片内数据存储器的可位寻址字节(20H～2FH)的某个位上，这个变量在实时控制中具有很高的实用价值。它的定义格式如下：

```
bit  位变量;
```

例如：

```
bit data  a1;
```

③ 特殊功能寄存器位变量 sbit：存储在片内特殊功能寄存器的可位寻址字节(地址可以被 8 整除者)的某个位上，用来对特殊功能寄存器的可位寻址位进行读/写操作。sbit 在定义可位寻址对象时有三种形式：

- sbit 位变量名＝位地址常数。

例如：

```
sbit P1_1 = Ox91
```

- sbit 位变量名 = 特殊功能寄存器名+位的位置。

例如：

```
sft P1 = 0x90，sbit P1_1 = P1^1
```

先定义一个特殊功能寄存器名，然后指定位变量名所在的位置，只有当可寻址位位于特殊功能寄存器中时才可以采用这种方法。

- sbit 位变量名＝字节地址^位置。

例如：

```
sbit P1_1 = 0x90^1
```

④ 外部数据存储器变量：若设置成 pdata 和 xdata 存储类型，则将变量存储在片外数据存储器中。这两种存储类型的访问速度最慢，若非迫不得已不要使用。在使用这两种存储类型时，注意尽量只用它保存原始数据或最终结果，尽量减少对其访问的次数，需要频繁访问的中间结果不要用它保存。

⑤ 指针变量：单片机 C 语言支持一般指针(Generic Pointer)和存储器指针(Memory_Specific Pointer)。

- 一般指针：其声明和使用均与标准 C 相同，不过同时还能给出指针的存储类型。例如：

```
long * state          // 一个指向 long 型整数的指针，而 state 本身则依存储模式存放
char * xdata ptr      // 一个指向 char 数据的指针，而 ptr 本身存于外部 RAM 区
```

以上 long、char 型数据指针指向的数据可存放于任何存储器中，一般指针本身用 3 字节存放，分别为存储器类型、高位偏移、低位偏移量。

- 存储器指针：基于存储器的指针在说明时即指定了存储类型。例如：

```
char data * str;      // str 指向 data 区中的 char 型数据
int xdata * pow;      // pow 指向外部 RAM 的 int 型整数
```

这种指针存放时只需 1 字节或 2 字节就够了，因为只存放偏移量。

(5) 变量的赋值。

① 整型变量和浮点型变量的赋值。其格式如下：

变量名 = 表达式；

例如，一个复合语句{int a，m；float n；a=100；m=5；n=a*m*0.a；}。

② 字符型变量的赋值，如{char a0，a1，a2；a0='b'；a1=65；}。

③ 指针变量的赋值，如{int *i；char *str；*i=100；str="good"；}。

④ 数组的赋值，如{int m[2][2]；char s[10]；char *f[2]；m[0][0]=8；strcpy(s,"moring")；f[0]="thank you"；}。

3. C51 中绝对地址的访问

C51 对片外扩展硬件 I/O 的定义用包含语句#include<absacc.h>建立头文件 absacc.h，用#define 语句定义其硬件译码地址。例如：

```
#include<absacc.h>
#define PORA XBYTE[0x20f4]   // 将 PORA 定义为片外 I/O 端口，长度为 8 位，地址为 20F4H
```

头文件 absacc.h 中的函数有如下几种：

(1) CBYTE：访问 code 区，字符型，char。

(2) DBYTE：访问 data 区，字符型。

(3) PBYTE：访问 pdata 区或 I/O 口，字符型。

(4) XBYTE：访问 xdata 区或 I/O 口，字符型。

(5) CWORD：访问 code 区，整型，int。

(6) DWORD：访问 data 区，整型。

(7) PWORD：访问 pdata 区或 I/O 口，整型。

(8) XWORD：访问 xdata 区或 I/O 口，整型。

在 C51 程序中，可以使用存储单元的绝对地址来访问存储器。C51 提供了如下三种访问绝对地址的方法。

1) 绝对宏

在程序中用＃include<absacc.h>即可使用其中定义的宏来访问绝对地址，包括 CBYTE、XBYTE、PWORD、DBYTE、CWORD、XWORD、PBYTE、DWORD。

例如：

```
rval=CBYTE[0x0002];        // 指向程序存储器的 0002h 地址
rval=XWORD [0x0002];       // 指向外 RAM 的 0004h 地址
```

2) _at_关键字

直接在数据定义后加上_at_const 即可访问绝对地址，但是应注意以下两点：

(1) 绝对变量不能被初始化。

(2) bit 型函数及变量不能用_at_指定。

例如：

```
idata struct link list _at_ 0x40;        //指定 list 结构从 40h 开始
xdata char text[25b] _at_0xE000;         //指定 text 数组从 0E000H 开始
```

3) 通过指针访问

Keil C51 编译器允许使用规定的指针指向存储段，这种指针称为具体指针。使用具体指针的好处是能节省存储空间。

2.3.2　C51 的运算与构造数据类型

运算符与表达式

1. 运算符

运算符就是完成某种特定运算的符号。运算符按其表达式中运算对象与运算符的关系可分为单目运算符、双目运算符和三目运算符。单目就是指需要有一个运算对象，双目要求有两个运算对象，三目则要求有三个运算对象。表达式是由运算及运算对象所组成的具有特定含义的式子。根据运算符的不同可以生成四种表达式，它们分别是算数表达式、赋值表达式、关系表达式和逻辑表达式。

1) 赋值运算符

赋值语句格式如下：

变量 = 表达式;

例如：

```
a = 0xFF;          // 将常数十六进制数 FF 赋予变量 a
b = c = 33;        // 同时赋值给变量 b,c
f = a+b;           // 将变量 a+b 的值赋予变量 f
```

由上面的例子可以看出，赋值语句的意义就是先计算出“=”右边的表达式的值，然后将得到的值赋给左边的变量，而且右边的表达式也可以是一个赋值表达式。如果赋值运算符号两边的数据类型不一致，则系统将自动进行类型转换。转换方法是把赋值符号右边的类型转换成左边的类型，具体规定如下：

(1) 实型赋给整型：舍去小数部分。

(2) 整型赋给实型：数值不变，必须以浮点形式存放(增加小数部分，小数部分的值为 0)。

(3) 字符型赋给整型：由于字符型为一个字节，整型为两个字节，因此需将字符的 ASCII 码值放到整型量的低八位中，高八位补 0。

(4) 整型赋给字符型：只把低八位赋给字符量。

2) 算术运算符

C51 的算术运算符有如下几个：

\+　加或取正值运算符　　–　减或取负值运算符

*　乘运算符　　/　除运算符　　%　取余运算符

其中，只有取正值和取负值运算符是单目运算符，其他都是双目运算符。注意在除法运算中，如果两个浮点数相除，其结果为浮点数，如 8.0/4.0=2.0；而两个整数相除，结果为整数，如 8/3=2。

算术表达式的形式如下：

表达式 1　算术运算符　表达式 2

例如：a+b*(10–a), (x+9)/(y–a)。

3) ++(增量运算符)和 -- (减量运算符)

这两个运算符是 C 语言中特有的一种运算符。其作用就是对运算对象作加 1 和减 1 运算。要注意的是，运算对象在符号前和符号后，其含义都是不同的。

(1) i++ (或 i--)的含义是先使用 i 的值，再执行 i+1(或 i-1)。

(2) ++i (或 --i)的含义是先执行 i+1(或 i-1)，再使用 i 的值。

【小提示】

增减量运算符只允许用于变量的运算中，不能用于常数或表达式。

4) 关系运算符

对于关系运算符，在 C 中有六种关系运算符：> (大于)，< (小于)，>= (大于等于)，<= (小于等于)，== (等于)，!= (不等于)。

在关系运算中，关系运算符的优先级别前四个具有相同的优先级，后两个也具有相同的优先级，但是前面四个的优先级高于后两个。关系运算的结果只有 0 和 1 两种，也就是逻辑的真和假。

关系表达式的形式：

　　表达式 1 关系运算符 表达式 2

例如：(I=4)<(J+1)。

5) 逻辑运算符

逻辑运算符有三个：&& (逻辑与)，|| (逻辑或)，! (逻辑非)。

逻辑运算符是对逻辑量运算的表达，结果要么是真(非 0)，要么是假(0)。

逻辑表达式的一般形式有以下几种：

逻辑与：条件式 1 && 条件式 2。

逻辑或：条件式 1 || 条件式 2。

逻辑非：!条件式 2。

逻辑运算符也有优先级别：!(逻辑非)→&&(逻辑与)→||(逻辑或)。逻辑非的优先值最高。

【小提示】

逻辑与运算中，只要条件 1 为假(0)，条件 2 就不用判断了，结果肯定为假(0)。

6) 位运算符

位运算符的作用是按位对变量进行运算，但是并不改变参与运算的变量的值。如果要求按位改变变量的值，则要利用相应的赋值运算(注意：位运算符是不能用来对浮点型数据进行操作的。) C51 中共有 6 种位运算符。位运算一般的表达形式为，变量 1 位运算符变量 2。位运算符也有优先级，从高到低依次是：~ (按位取反) → << (左移) → >> (右移) → & (按位与) → ^ (按位异或) → | (按位或)。

7) 复合赋值运算符

复合赋值运算符就是在赋值运算符“=”的前面加上其他运算符。以下是 C 语言中的复合赋值运算符：+= 加法赋值，-= 减法赋值，×= 乘法赋值，/= 除法赋值，%= 取模赋值，&= 逻辑与赋值，|= 逻辑或赋值，^= 逻辑异或赋值，-= 逻辑非赋值，<<= 左移位赋值，>>= 右移位赋值。

复合运算的一般形式如下：

变量 复合赋值运算符 表达式

例如：a+=56 等价于 a=a+56，y/=x+9 等价于 y=y/(x+9)。

8) 逗号运算符

C 语言中逗号是一种特殊的运算符，可以用它将两个或多个表达式连接起来，形成逗号表达式。逗号表达式的一般形式如下：

表达式 1，表达式 2，表达式 3，…，表达式 n

逗号运算符组成的表达式在程序运行时从左到右计算出各个表达式的值，而整个用逗号运算符组成的表达式的值等于最右边表达式的值，就是“表达式 n”的值。例如：

```
void main()
{  int a=3,b=4,c=7,m,n;
   n=(m=(a+b)),(b+c);
   printf("n=%d,m=%d",n,m);
}
```

程序的结果为 n=11，m=7。

9) 条件运算符

C 语言中有一个三目运算符，即“?:”条件运算符，它要求有三个运算对象。

条件表达式的一般形式如下：

逻辑表达式? 表达式 1：表达式 2

条件运算符的作用就是根据逻辑表达式的值选择使用表达式的值。当逻辑表达式的值为真(非 0 值)时，整个表达式的值为表达式 1 的值；当逻辑表达式的值为假(值为 0)时，整个表达式的值为表达式 2 的值。例如，min=(a<b)? a:b，如果 a<b 成立，min=a；否则，min=b。

10) 指针和地址运算符

C 语言中提供了以下两个专门用于指针和地址的运算符：

(1) *：取内容。

(2) &：取地址。

取内容和地址的一般形式如下：

变量=*指针变量

指针变量=&目标变量

取内容运算是将指针变量所指向的目标变量的值赋予左边的变量；取地址运算是把目标变量的地址赋予左边的变量。

2. C51 的构造数据类型

除了基本数据类型外，C51 还有构造数据类型。构造数据类型其实就是对基本数据类型的扩展。C51 语言构造数据类型包括数组、指针、结构体、共用体等。下面分别简单作一介绍。

1) 数组

数组就是一组具有相同数据类型的数的有序集合。其特点是数组中的数必须是同一种类型，这些数必须按照一定次序存放，数组的下标就表示数的存放次序。数组可分为一维、二维、三维和多维数组。

例如，数组 a[10] 的元数分别是：a[0]，a[1]，a[2]，…，a[9]。

一维数组的定义

(1) 一维数组。一维数组的定义方式如下：

数据类型　数组名[常量表达式];

数据类型说明数组中各个元素的类型；数组名是整个数组的标识符，它的定名方法与变量一样；常量表达式说明了该数组的长度，必须用[]括起来，且不能含有变量。

数组必须先定义，后使用。C 语言规定只能逐个引用数组元素，而不能一次引用整个数组。

一维数组在计算机内是怎样存储的呢？在编译时，系统就根据数组的定义为数组分配一个连续的存储区域，数组中的元素按照下标由小到大的次序连续存放，下标为 0 的元素排在前面，每个元素占据的存储空间大小与同类型的简单变量相同。

例如：

```
int a[5];
```

数组 a 中每个元素在内存中占 2 个字节的存储空间，其示意图如下：

a[0]	a[1]	a[2]	a[3]	a[4]

可以对数组进行如下初始化：

将各数组元素的初值写在花括号中，用逗号隔开，并从数组的 0 号元素开始依次赋值给数组的各个元素。例如，int a[10]={0,1,2,3,4,5,6,7,8,9}，经过定义和初始化之后，a[0]=0,a[1]=1,a[2]=2,a[3]=3,a[4]=4,a[5]=5,a[6]=6,a[7]=7,a[8]=8,a[9]=9。

(2) 二维组。二维数组定义的一般形式如下：

类型说明符　数组名[常量表达式 1] [常量表达式 2];

例如：

```
int a[3][4],b[5][5];
```

二维数组的定义

其中，定义 a 为 3 × 4(3 行 4 列)的数组，b 为 5 × 5(5 行 5 列)的数组。注意不要写成如下形式：

```
int a[3,4],b[5,5];
```

在 C 语言中，我们可以把二维数组看作是一种特殊的一维数组，它的元素又是一个一维数组。例如，int a[3][4];，可以把 a 看作是一个一维数组，它有三个元素 a[0]、a[1]、a[2]，每个元素又是一个包含 4 个元素的一维数组，即

```
    ┌ a[0]———— a[0][0]   a[0][1]   a[0][2]   a[0][3]
a  <  a[1]———— a[1][0]   a[1][1]   a[1][2]   a[1][3]
    └ a[2]———— a[2][0]   a[2][1]   a[2][2]   a[2][3]
```

在内存中，二维数组元素的存放顺序是按行存放，即在内存中先顺序存放第一行的元素，再存放第二行的元素，依次类推。例如，int a[3][4];，数组 a 中每个元素在内存中占 2 个字节的存储空间，即

a[0][0]	a[0][1]	a[0][2]	a[0][3]	a[1][0]	a[1][1]	a[1][2]	a[1][3]	a[2][0]	a[2][1]	a[2][2]	a[2][3]

(3) 字符数组。字符数组的定义和其他数组的定义相类似。类型说明符为 char。

定义格式如下：

char　数组名[下标];

例如：

```
char b[10];
b[0]='T'; b[1]= 'h'; b[2]= 'a'; b[3]= 'n'; b[4]= 'k'; b[5]= ' '; b[6]= 'y'; b[7]= 'o'; b[8]= 'u'; b[9]= '! ';
```

此例中用赋值语句给字符数组赋初值。

字符数组的每一个元素只能存放一个字符(包括转义字符)。数组在内存中的存储状态如下：

b[0]	b[1]	b[2]	b[3]	b[4]	b[5]	b[6]	b[7]	b[8]	b[9]
T	h	a	n	k		y	o	u	!

字符是以 ASCII 码的形式存储在内存中的，字符数组的任一元素相当于一个字符变量。

在 C 语言中，不提供字符串数据类型，字符串是存放在字符数组中的。C 语言规定：以“\0”作为字符串结束标志。因此，在用字符数组存放字符串时，系统自动在最后一个字符后加上结束标志“\0”，表示字符串到此结束。这样在定义字符数组时，数组长度至少要比字符串中字符个数多 1，以便保存字符“\0”。

查表是数组的一个常用的功能。例如，摄氏温度转换成华氏温度：

```
#define uchar unsigned char
uchar code tempt[ ] = {32, 34, 36, 37, 39, 41};
/*数组，设置在 EPRPM 中，长度为实际输入的数值数*/
uchar ftoc( uchar   degc)
{
    return   tempt[ degc ];                    /*返回华氏温度值*/
}
main( ){
   x = ftoc (5);                               /*返回华氏温度值*/
}
```

2) 指针

指针变量的定义与一般变量的定义类似，其形式如下：

数据类型 [存储器类型 1] * [存储器类型 2] 标识符;

[存储器类型 1]表示被定义为基于存储器的指针，无此选项时，被定义为一般指针。这两种指针的区别在于它们的存储字节不同。一般指针在内存中占用三个字节，第一个字节存放该指针存储器类型的编码(在编译时由编译模式的默认值确定)，第二和第三字节分别存放该指针的高位和低位地址偏移量。[存储器类型 2]用于指定指针本身的存储器空间。存储器类型的编码值如下：

存储类型 I	Idata/data/bdata	xdata	pdata	Code
编码值	0x00	0x01	0xFE	0xFF

C51 支持一般指针和存储器指针。

(1) 一般指针。一般指针的声明和标准 C 一样，不过声明的同时可以说明指针的存储类型。例如：

```
long * state;        // 指向 long 型整数的指针，而 state 本身依存储模式存放
char *xdata  ptr;    // 指向 char 型数据的指针，而 ptr 本身存放于外部 RAM
```

上述定义的是一般指针，ptr 指向的是一个 char 型变量，那么这个 char 型变量位于哪里呢？这和编译时由编译模式的默认值有关，如果是 Memory Model—Variable—Large:XDATA，那么这个 char 型变量位于 xdata 区；如果是 Memory Model—Variable—Compact:PDATA，那么这个 char 型变量位于 pdata 区；如果是 Memory Model—Variable—Small:DATA，那么这个 char 型变量位于 data 区。指针 state 变量本身位于片内数据存储区中。

(2) 存储器指针。存储器指针在说明时就指定了存储类型。例如：

```
char data *str;         // str 指向 data 区中的 char 型数据
int  xdata *p;          // p 指向外部 RAM 的 int 型整数
```

指针的定义与使用

这种指针存放时，因为只需要存放偏移量，所以 1 或 2 个字节就够了。

下面介绍指针与数组存在的关系。例如：

```
{int arr[10]; int * pr; pr=arr; }
```

由于 pr=arr 等价于 pr＝&arr[0]，那么就有 *(pr+1)==arr[1]，*(pr+2)==arr[2]，*(arr+3)==arr[3]，*(arr+4)==arr[4]，或者 pr[0]，pr[1]，…代表 arr[0]，arr[1]，…。

可以用 *pr++ (等价于*(pr++))来访问所有数组元素，而用 *arr++ 是不行的。因为 arr 是常量，所以不能进行 ++ 运算。

下面介绍指针的应用。

指针变量的初始化如下：

```
main()
{ int *i=7899;                //定义整型指针变量并初始化
  float *a=3.14;              //定义浮点数指针变量并初始化
  char  *s="happy";           //定义字符型指针变量并初始化
}
```

指针变量的赋值如下：

```
main()
{ int a=100;
  int *i;
  char  *s;
  *i=a;
  s="happy"}
```

3) 结构体

由于结构体类型描述的是类型不相同的数据，因而描述无法像数组一样统一进行，只能对各数据成员逐一进行描述。结构体类型定义用关键字 struct 标识。定义一个结构体的一般形式如下：

```
struct 结构名
{结构元素列表};
```

其中，结构名是结构体类型名的主体，定义的结构体类型由“struct 结构名”标识；结构元素列表又称域表、字段表，由若干个结构元素组成，每个结构元素都是该结构的一个组成部分。对每个结构元素也必须作类型说明，其形式如下：

类型说明符　结构元素名

例如，定义一个 student 的结构体：

```
struct student
{   int id;
    char name[20];
    char sex;
float score;
};
```

注意：结构元素名的命名应符合标识符的书写规定。

(1) 结构体变量的定义。结构体变量的定义就是在结构体定义之后加上变量名。例如：

```
struct student
{   int id;
    char name[20];
    char sex;
float score;
}stu1, stu2, stu3;
```

如果结构体变量超过 3 个，则可采用数组的形式，比如 stu[5]。

(2) 结构体变量的初始化。当结构体变量为全局变量或静态变量时，可以在定义结构体类型时给它赋值，但不能给自动存储种类的动态局部结构变量赋值。例如：

```
struct mepoint
{   unsigned char name[11];
    unsigned char pressure;
unsigned char temperature; }po1={"firstpoint",0x99,0x66};
```

自动结构变量不能在定义时赋初值，只能在程序中用赋值语句为各结构元素分别赋值。结构体变量初值的个数必须小于或等于结构体变量中元素的个数。

(3) 结构体变量的引用。结构体变量的引用是通过所属的结构元素的引用来实现的。格式如下：

结构体变量名.结构元素

例如，stu1.score=(stu2.score+stu3.score)/2。

(4) 结构型指针。结构型指针的定义格式如下：

struct 结构类型标识符　* 结构指针标识符

其中，结构指针标识符就是所定义的结构型指针变量的名字，结构类型标识符就是该指针所指向的结构变量的具体名称。例如：

```
struct    mepoint    *mp;
```

用结构型指针可以引用结构元素，格式如下：

结构指针->结构元素

例如，mp->pressure 等价于(*mp).pressure。

指针和结构体有什么关系呢？我们通过一个例子来看指针和结构体的关系。例如：

```
typedef struct _data_str
{ unsigned int DATA1[10]; unsigned int DATA2[10];
  unsigned int DATA3[10]; unsigned int DATA4[10];
  unsigned int DATA5[10]; unsigned int DATA6[10];
  unsigned int DATA7[10]; unsigned int DATA8[10];
}DATA_STR;
```

开辟一个外 RAM 空间，确保这个空间够装下所需要的内容，程序如下：

```
xdata uchar my_data[MAX_STR] _at_ 0x0000;
DATA_STR *My_Str;
My_Str=(DATA_STR*)my_data;
```

此时，结构体指针指向这个数组的开头，以后的操作如下：

```
My_Str->DATA1[0]=xxx;
My_Str->DATA1[1]=xxx;
```

操作后变量就自然放到 XDATA 中去了。(注意：定义的 my_data[MAX_STR]不能随便被操作，它只是开始的时候用来开辟内存用的。)

4) 共用体

共用体与结构体的定义相类似，只是定义时把关键词 struct 换成 union。共用体类型变量的定义形式如下：

union 共用体名　{元素列表}；

例如：

```
union data
{ int i;
  char ch;
  float f; };
```

(1) 共用体变量的定义。共用体变量的定义为在共用体定义后面直接给出变量。例如：

```
union data
{ int i;
  char ch;
  float f;
} data1, data2, data3;
```

(2) 共用体变量的引用。共用体变量的引用格式如下：

共用体变量名.共用体元素

例如：data1.i、data2.ch、data3.f 等。

2.3.3　C51 程序控制语句

1. C51 语句的分类

C51 语言的语句分为以下五类。

1) 控制语句

控制语句用于完成一定的控制功能。C51 语言有以下 9 种控制语句：

(1) if( )…else…：条件语句；

(2) for( )…：循环语句；

(3) while( )…：循环语句；

(4) do…while( )：循环语句；

(5) continue：结束本次循环语句；

(6) break：中止执行 switch 或循环语句；

(7) switch：多分支选择语句；

(8) goto：转向语句；

(9) return：从函数返回语句。

上面 9 种语句表示形式中的括号“( )”表示括号中是一个“判断条件”，“…”表示内嵌的语句。例如，“do…while( )”的具体语句可以写成：do y=x；While(x<y);。

2) 函数调用语句

函数调用语句由一个函数调用加一个分号构成，如项目 1 程序中的 delay02s()。

3) 表达式语句

表达式语句由一个表达式加一个分号构成。表达式能构成语句是 C51 语言的一大特色。最典型的是由赋值表达式构成一个赋值语句。例如，x=6。

4) 空语句

只有一个分号的语句为空语句，空语句不执行任何操作。空语句可用作流程的转向点(流程从程序其他地方转到此语句处)，也可用作循环语句中的循环体(循环体是空语句，表示循环体什么也不做)。

5) 复合语句

用{ }把一些语句括起来就构成了复合语句。例如，下面是一个复合语句：

```
{   a=b;
    b=c;
    c=a+b;
}
```

注意：复合语句中最后一个语句中最后的分号不能忽略不写。

2. C51 程序的基本结构

C51 程序的结构有三种，分别是顺序结构、选择结构和循环结构。

1) 顺序结构

顺序结构是最基本、最简单的结构。在这种结构中，程序由低地址到高地址依次执行。其执行过程如图 2-1 所示。

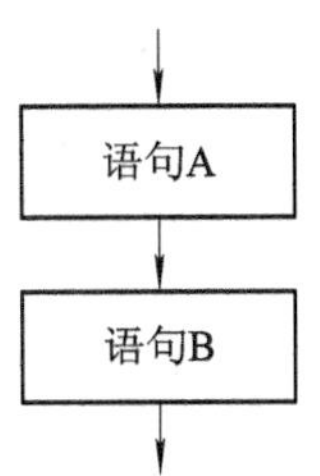

图 2-1　顺序结构

2) 选择结构

选择结构可使程序根据不同的情况，选择执行不同的分支。在选择结构中，程序先对一个条件进行判断。当条件成立，即条件语句为“真”时，执行语句 A；当条件不成立，即条件语句为“假”时，执行语句 B，如图 2-2 所示。

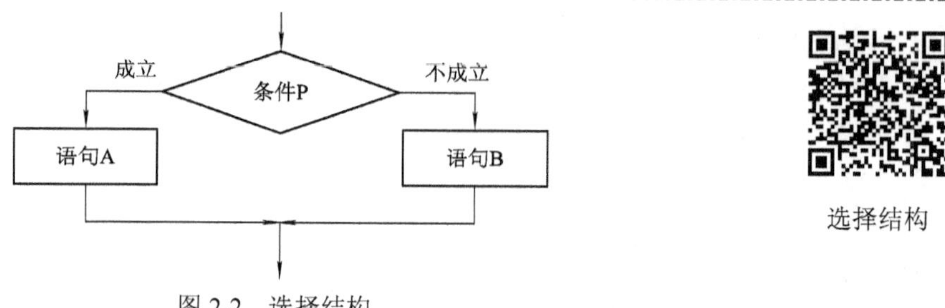

图 2-2　选择结构

在 C51 中，实现选择结构的语句为 if…else、if…else if 语句。另外，在 C51 中还支持多分支结构。多分支结构既可以通过 if 和 else if 语句嵌套实现，也可用 switch…case 语句实现。

3) 循环结构

在程序处理过程中，有时需要某一段程序重复执行多次，这时就需要循环结构来实现。循环结构就是能够使程序段重复执行的结构。循环结构又分为 3 种：当(while)型循环结构、直到(do…while)型循环结构和 for 循环结构。

(1) 当型循环结构。当型循环结构如图 2-3 所示。当条件 P 成立(为“真”)时，重复执行语句 A；当条件不成立(为“假”)时停止重复，执行后面的程序。

(2) 直到型循环结构。直到型循环结构如图 2-4 所示。先执行语句 A，再判断条件 P，当条件成立(为“真”)时，再重复执行语句 A，直到条件不成立(为“假”)时停止重复执行 A，接着执行后面的程序。

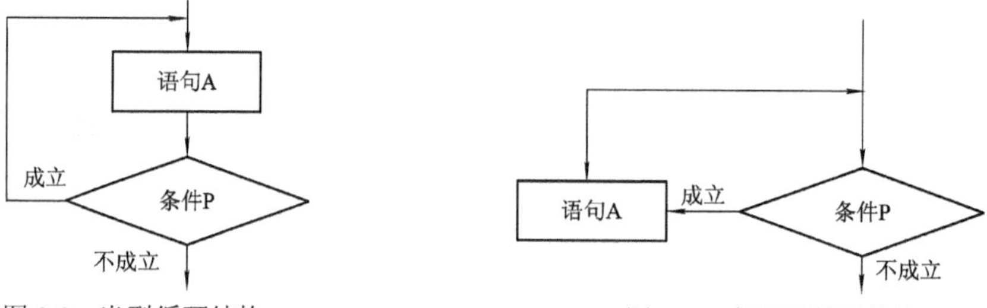

图 2-3　当型循环结构　　　图 2-4　直到型循环结构

(3) for 循环结构。for 循环结构比较灵活，可以用于循环次数不确定，但给出了循环条件的情况，所以 for 语句也是最为常用的循环语句。for 语句的一般格式如下：

```
for(表达式 1；表达式 2；表达式 3)
{
  循环体语句组
}
```

for 循环语句的执行过程如图 2-5 所示。

① 求解表达式 1 的值。

② 求解表达式 2 的值，若其值为“假”(即值为 0)，则结束循环，转到第④步；若其值为“真”(即值为非 0)，则执行 for 语句内嵌的循环体语句组。

③ 求解表达式 3，然后转回第②步。

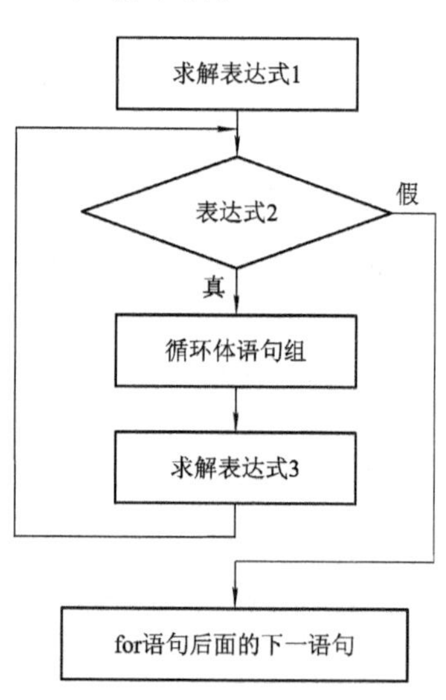

图 2-5　for 循环语句的执行过程

④ 执行 for 语句后面的下一语句。

在实际应用中，一般用下面 for 语句最简单、最易理解的形式：

for(循环变量赋初值；循环条件；循环变量增值)

循环体语句组；

说明：

① “表达式 1”可以是任何类型，一般为赋值表达式，用于给控制循环次数的变量赋初值。

② “表达式 2”可以是任何类型，一般为关系或逻辑表达式，用于控制循环是否继续执行。

③ “表达式 3”可以是任何类型，一般为赋值表达式，用于修改循环控制变量的值，以便使得某次循环后，表达式 2 的值为 0(假)，从而退出循环。

④ “循环体语句组”可以是任何语句，既可以是单独的一条语句，也可以是复合语句。

⑤ “表达式 1”“表达式 2”“表达式 3”这三个表达式可以省略其中的 1 个、2 个或 3 个，但相应表达式后面的分号不能省略。

3. C51 的主要语句介绍

if 语句

1) if 语句

if 语句是 C51 中的一个基本条件选择语句，它通常有三种格式：

```
(1) if (表达式) {    语句；}
(2) if (表达式) {  语句 1；  }    else   {  语句 2；}
(3) if (表达式 1)    { 语句 1；}
      else   if (表达式 2) {语句 2；}
        else   if (表达式 3) {语句 3；}
            …
          else   if (表达式 n-1) {语句 n-1；}
                else   {语句 n；}
```

【例 2-1】 if 语句的用法。

```
(1) if  (x!=y)       printf("x=%d,y=%d\n",x,y);
```

执行上面语句时，如果 x 不等于 y，则输出 x 的值和 y 的值。

```
(2) if  (x>y)    max=x;       else   max=y;
```

执行上面语句时，如 x 大于 y 成立，则把 x 送给最大值变量 max；如 x 大于 y 不成立，则把 y 送给最大值变量 max，使 max 变量得到 x、y 中的大数。

```
(3) if  (score>=90)  printf("Your result is an A\n");
      else  if  (score>=80)  printf("Your result is an B\n");
            else  if  (score>=70)  printf("Your result is an C\n");
                  else  if  (score>=60)  printf("Your result is an D\n");
                        else  printf("Your result is an E\n");
```

执行上面语句后，能够根据分数 score 分别打出 A、B、C、D、E 五个等级。

2) switch…case 语句

if 语句通过嵌套可以实现多分支结构，但其结构复杂。switch 是 C51 中提供的专门处理多分支结构的多分支选择语句。它的格式如下：

```
switch (表达式)
{   case   常量表达式 1：{语句 1；}   break；
    case   常量表达式 2：{语句 2；}   break；
    …
    case   常量表达式 n：{语句 n；}   break；
    default：{语句 n+1；}
```

switch 语句

说明：

(1) switch 后面括号内的表达式，可以是整型或字符型表达式。

(2) 当该表达式的值与某一“case”后面的常量表达式的值相等时，就执行该“case”后面的语句，然后遇到 break 语句退出 switch 语句；若表达式的值与所有 case 后的常量表达式的值都不相同，则执行 default 后面的语句，然后退出 switch 结构。

(3) 每一个 case 常量表达式的值必须不同，否则会出现自相矛盾的现象。

(4) case 语句和 default 语句的出现次序对执行过程没有影响。

(5) 每个 case 语句后面可以有“break”，也可以没有。若有 break 语句，则执行到 break 退出 switch 结构；若没有，则会顺次执行后面的语句，直到遇到 break 或结束。

(6) 每一个 case 语句后面可以带一个语句，也可以带多个语句，还可以不带。语句可以用花括号括起，也可以不括。

(7) 多个 case 可以共用一组执行语句。

【例 2-2】 对学生成绩划分为 A～D，对应不同的百分制分数，要求根据不同的等级打印出它的对应百分数。可以通过下面的 switch…case 语句实现。

```
…
switch(grade)
{
case   'A':    printf("90~100\n")；break；
case   'B':    printf("80~90\n")；break；
case   'C':    printf("70~80\n")；break；
case   'D':    printf("60~70\n")；break；
case   'E':    printf("<60\n")；break；
default:    printf("error"\n)
}
```

3) while 语句

while 语句在 C51 中用于实现当型循环结构，它的格式如下：

```
while(表达式)
{   语句；}   /*循环体*/
```

while 语句后面的表达式是能否循环的条件，后面的语句是循环体。当表达式为非 0(真)

时，就重复执行循环体内的语句；当表达式为 0(假)时，中止 while 循环，程序将执行循环结构之外的下一条语句。while 语句的特点是：先判断条件，后执行循环体。在循环体中首先对条件进行改变，然后再判断条件，如条件成立，则再执行循环体；如条件不成立，则退出循环。如条件第一次就不成立，则循环体一次也不执行。

【例 2-3】 通过 while 语句实现计算并输出 1～100 的累加和。

```
#include   <reg51.h>         //包含特殊功能寄存器库
#include   <stdio.h>         //包含 I/O 函数库
void main(void)              //主函数
{
      int   i,s=0;           //定义整型变量 x 和 y
      i=1;
     SCON=0x52;              //串口初始化
     TMOD=0x20;
     TH1=0xF3;
     TR1=1;
     while   (i<=100)        //累加 1～100 之和在 s 中
         {
              s=s+i;
              i++;
         }
     printf("1+2+3+…+100=%d\n",s);
     while(1);
}
```

程序执行的结果如下：

1+2+3+…+100=5050

4) do…while 语句

```
do
   {   语句; }        /*循环体*/
while(表达式);
```

该语句的特点是：先执行循环体中的语句，后判断表达式。如果表达式成立(真)，则再执行循环体，然后判断，直到有表达式不成立(假)时，退出循环，执行 do…while 结构的下一条语句。do…while 语句在执行时，循环体内的语句至少会被执行一次。

【例 2-4】 通过 do…while 语句实现计算并输出 1～100 的累加和。

```
#include   <reg51.h>              //包含特殊功能寄存器库
#include   <stdio.h>              //包含 I/O 函数库
void main(void)                   //主函数
{
    int   i,s=0;                  //定义整型变量 x 和 y
    i=1;
   SCON=0x52;                     //串口初始化
```

```
    TMOD=0x20;
    TH1=0xF3;
    TR1=1;
    do                              //累加 1～100 之和在 s 中
        {
            s=s+i;
            i++;
        }
    while   (i<=100);
    printf("1+2+3+…+100=%d\n",s);
    while(1);
}
```

程序执行的结果：

1+2+3+…+100=5050

5) for 语句

在 C51 语言中，for 语句是使用最灵活、用得最多的循环控制语句，同时也是最为复杂的循环控制语句。for 语句可以用于循环次数已经确定的情况，也可以用于循环次数不确定的情况。for 语句功能强大，完全可以代替 while 语句。for 语句的格式如下：

for(表达式 1；表达式 2；表达式 3){ 语句；}　　/*循环体*/

在 for 循环中，一般表达式 1 为初值表达式，用于给循环变量赋初值；表达式 2 为条件表达式，对循环变量进行判断；表达式 3 为循环变量更新表达式，用于对循环变量的值进行更新，使循环变量不满足条件而退出循环。

for 语句

【例 2-5】 用 for 语句实现计算并输出 1～100 的累加和。

```
#include   <reg52.h>            //包含特殊功能寄存器库
#include   <stdio.h>            //包含 I/O 函数库
void main(void)                 //主函数
{
    int   i,s=0;                //定义整型变量 x 和 y
    SCON=0x52;                  //串口初始化
    TMOD=0x20;
    TH1=0xF3;
    TR1=1;
    for (i=1;i<=100;i++) s=s+i;         //累加 1～100 之和在 s 中
    printf("1+2+3+…+100=%d\n",s);
    while(1);
}
```

程序执行的结果：

1+2+3+…+100=5050

6) 循环的嵌套

在一个循环的循环体中允许包含一个完整的循环结构，这种结构称为循环的嵌套。外面的循环称为外循环，里面的循环称为内循环，如果在内循环的循环体内又包含循环结构，就构成了多重循环。

在 C51 中，允许三种循环结构相互嵌套。

【例 2-6】 用嵌套结构构造一个延时程序。

```
void delay(unsigned int x)
{
unsigned char j;
while(x--)
  {
    for (j=0;j<125;j++);
  }
}
```

这里用内循环构造一个基准的延时，调用时通过参数设置外循环的次数就可以形成各种延时关系。

7) break 和 continue 语句

break 和 continue 语句通常用于循环结构中，用来跳出循环结构。但是二者又有所不同，下面分别作一介绍。

(1) break 语句。前面已介绍过用 break 语句可以跳出 switch 结构，使程序继续执行 switch 结构后面的一个语句。使用 break 语句还可以从循环体中跳出循环，提前结束循环而接着执行循环结构下面的语句。break 语句不能用在除了循环语句和 switch 语句之外的任何其他语句中。

【例 2-7】 下面程序用于计算圆的面积，当计算到面积大于 100 时，由 break 语句跳出循环。

```
for (r=1； r<=10； r++)
{
  area=pi*r*r；
  if (area>100)
  break；
  printf( "%f\n", area)；
}
```

(2) continue 语句。continue 语句用在循环结构中，用于结束本次循环，跳过循环体中 continue 下面尚未执行的语句，直接进行下一次是否执行循环的判定。

continue 语句和 break 语句的区别在于：continue 语句只是结束本次循环，而不是终止整个循环；break 语句则是结束循环，不再进行条件判断。

【例 2-8】 输出 100～200 间不能被 3 整除的数。

```
for (i=100； i<=200； i++)
```

```
{
   if  (i%3= =0)
   continue;
   printf( "%d  ", i);
}
```

在程序中，当 i 能被 3 整除时，执行 continue 语句，结束本次循环，跳过 printf()函数。只有能被 3 整除时才执行 printf()函数。

2.3.4 C51 函数

1. 函数的概念

函数是能够实现特定功能的代码段。一个 C51 程序通常由一个主函数和若干个子函数构成。其中，主函数即 main()函数。C51 程序的执行总是从 main 函数开始，完成对其他函数的调用后再返回到主函数，最后由 main 函数结束整个程序。一个 C51 源程序必须有且只能有一个主函数 main()。除了主函数外，C51 还提供了极为丰富的库函数，而且还允许用户自定义函数。在 C51 程序中，由主函数调用其他函数，其他函数之间也可以相互调用。同一个函数可以被一个或多个函数调用任意次。在使用 C51 函数时，需要注意如下几点：

(1) C51 的源程序的函数数目是不限的。

(2) 在一个函数的函数体内，不能再定义另一个函数，即不能嵌套定义。

(3) 函数之间允许相互调用，也允许嵌套调用。

(4) 函数还可以自己调用自己，称为递归调用。

2. 函数的分类

从用户使用的角度看，C51 语言的函数分为库函数和用户自定义函数两种。库函数由 C 系统提供，用户不需要定义而直接使用它们，也不必在程序中作类型说明，只需在程序前注明包含该函数原型的头文件，便可以在程序中直接调用；用户自定义函数是由用户根据需要编写的函数，对于用户自定义函数，不仅要在程序中定义函数本身，而且在主调函数模块中还必须对被调用函数进行类型说明，然后才能使用(即必须先定义后使用)。

从有无返回值角度来划分，又可把 C51 函数分为有返回值函数和无返回值函数两种。有返回值函数就是此类函数被调用执行完后，将向调用者返回一个执行结果，称为函数返回值。库函数中包含多个带有返回值的函数。另外，由用户定义的这种有返回函数值的函数，必须在函数定义和函数说明中明确返回值的类型。无返回值函数相当于其他高级语言中的过程。此类函数用于完成某项特定的任务，执行完成后不向调用者返回函数值。库函数中包含多个不带有返回值的函数。对于用户自定义的无返回值函数，可指定它的返回为“无值型”，其类型说明符为“void”。

从主调函数和被调函数之间数据传送的角度来划分，又可把 C51 函数分为无参函数和有参函数两种。无参函数是指主调函数和被调函数之间不进行参数传送，因此在函数定义、函数说明及函数调用中也就可以不带参数。此类函数通常用来完成一组指定的功能，可以带有返回值，也可以没有返回函数值。有参函数是指主调函数和被调函数之间存在参数传送，因此在函数定义及函数说明时都需要有参数，称为“形式参数”(简称为“形参”)。

在主调函数中进行函数调用时也必须给出参数，称为“实际参数”(简称为“实参”)。在函数调用时，主调函数将把实参的值传送给形参，供被调函数使用。有参函数可以带有返回值，也可以没有返回函数值。

3. 函数的定义

函数定义的一般格式如下：

```
函数类型　函数名 (形式参数表列) [reentrant] [interrupt m] [using n]
{　声明部分；
        执行部分；}
```

前面部分是函数的首部，后面是函数体。

(1) 函数类型和函数名为函数首部。函数类型指明了本函数的类型，它实际上是函数返回值的类型。如果不要求函数有返回值，此时函数类型可以写为 void。

(2) 函数名是由用户定义的标识符，规定同变量名，应简单好记，见名知义。函数名后有一对圆括号，其中若无参数，括号也不可少，在 C51 语言中“()”一般是函数的标志。

(3) “{}”中的内容称为函数体。函数体由两部分组成：一是类型说明，即声明部分，是对函数体内部所用到的变量的类型说明；二是语句，即执行部分。

(4) reentrant 修饰符。该修饰符用于把函数定义为可重入函数，就是允许被递归调用。函数的递归调用实际上是函数嵌套调用的一种特殊情况。一个函数直接或间接地调用了它本身，就被称为函数的递归调用。

(5) interrupt m 修饰符。interrupt m 是 C51 函数中非常重要的一个修饰符，这是因为中断函数必须通过它进行修饰。C51 的中断过程通过使用 interrupt 关键字和中断 m(0～31)来实现，中断号对应 51 单片机的入口地址见表 2-5。

表 2-5　中断号与中断源的对应关系

中断号 m	中断源	中断号 m	中断源
0	外部中断 0	4	串行口中断
1	定时器/计数器 T0	5	定时器/计数器 T2
2	外部中断 1	6～31	预留值
3	定时器/计数器 T1		

(6) using n 修饰符。修饰符 using n 用于指定中断服务程序使用的工作寄存器组，其中 n 的值为 1～3，表示寄存器号。对于 using n 的使用，要注意两点：一是加入 using n 后，所有被中断调用的过程必须使用同一个寄存器组；二是 using n 修饰符不能用于有返回值的函数，因为 C51 函数的返回值是放在寄存器中的。

4. 函数调用与返回函数值

1) 函数调用

函数的调用是指函数在主调函数中的调用形式。在 C51 语言中，函数调用的一般形式如下：

函数名(实参列表)

其中，函数名即被调用的函数，实参列表是主调函数传递给被调函数的数据。通常函数可以有以下 3 种调用方式。

(1) 函数语句：把函数作为一个语句，主要用于无返回值的函数。例如：

```
delay();
```

(2) 函数表达式：函数出现在表达式中，主要用于有返回值的函数，将返回值赋值给变量。例如：

```
c=min(x,y);        //函数 min 求 x、y 中的最小值
```

(3) 函数参数：函数作为另一个函数的实参，主要用于函数的嵌套调用。例如：

```
c=min(x,min(y,z));          //函数 min 求 x、y、z 中的最小值
```

赋值调用与引用调用是 C51 语言中最常用的参数传递方式，下面分别进行介绍。

(1) 赋值调用(call by value)：这种方法中函数的形参是数值变量，函数调用时把参数的值复制到函数的形式参数中，赋值调用不会影响主调函数中的变量的数值。

(2) 引用调用(call by reference)：这种方法中函数的形参是指针，函数调用时把参数的地址复制给形式参数。在函数中，这个地址用来访问调用中所使用的实际参数，引用调用将会影响主调函数中变量的数值。

递归调用是一个函数在它的函数体内调用它自身的函数的调用方式。这种函数也称为递归函数。在递归函数中，主调函数又是被调函数。执行递归函数将反复调用其自身。每调用一次就进入新的一层。

2) 返回函数值(return)

return 语句一般放在函数的最后位置，用于终止函数的执行，并控制程序返回调用该函数时所处的位置。返回时还可以通过 return 语句带回返回值。return 语句格式有以下两种：

(1) return;

(2) return (表达式);

如果 return 语句后面带有表达式，则要计算表达式的值，并将表达式的值作为函数的返回值；若不带表达式，则函数返回时将返回一个不确定的值。通常我们用 return 语句把调用函数取得的值返回给主调用函数。

【小提示】

C51 常用库函数见附录 B，51 头文件 reg.51 的相关寄存器及位的定义见附录 C。

【知识拓展】

一般循环延时使用 12 MHz 的晶振要方便一些，如果是定时器，则用 11.0592 MHz 更方便和精确一些。关于单片机 C 语言的精确延时，很多都是大约给出延时值，并没有准确值，而 51 核给出的延时函数克服了以上缺点，能够精确计算出要延时值且精确达到 1 μs。

例如：

```
void delay()
{ uchar i,j;
   for(i=2;i>0;i--)
   {for(j=250;j>0;j--);}
}
```

i=100，j=250，T=1 μs 时，延时时间=50.301 ms，通过示波器验证。

下面给出几种常见的 C 语言延时程序。

(1) 10 ms 延时子程序(12 MHz)：

```
void delay10ms(void)
{       unsigned char i,j,k;
        for(i=5;i>0;i--)
        for(j=4;j>0;j--)
        for(k=248;k>0;k--);
}
```

(2) 1 s 延时子程序(12 MHz)：

```
void delay1s(void)
{
        unsigned char h,i,j,k;
        for(h=5;h>0;h--)
        for(i=4;i>0;i--)
        for(j=116;j>0;j--)
        for(k=214;k>0;k--);
}
```

(3) 200 ms 延时子程序(12 MHz)：

```
void delay200ms(void)
{
        unsigned char i,j,k;
        for(i=5;i>0;i--)
        for(j=132;j>0;j--)
        for(k=150;k>0;k--);
}
```

(4) 500 ms 延时子程序(12 MHz)：

```
void delay500ms(void)
{
        unsigned char i,j,k;
        for(i=15;i>0;i--)
        for(j=202;j>0;j--)
        for(k=81;k>0;k--);
}
```

2.4 项目实施

2.4.1 项目硬件设计

交通灯模拟控制系统结构设计比较简单，其硬件电路原理图见图 2-6。

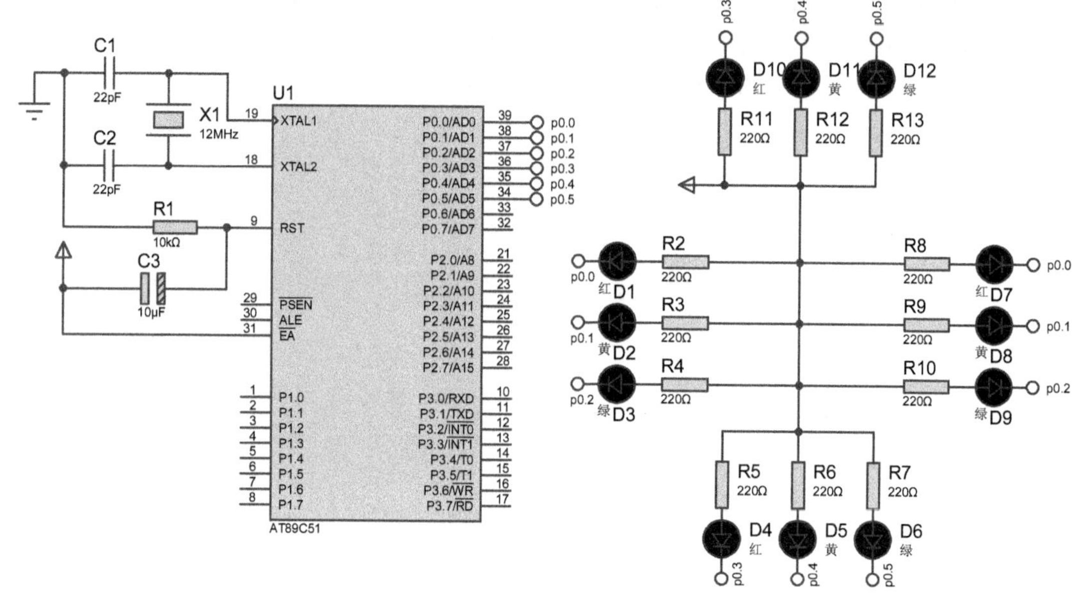

图 2-6　模拟交通灯电路原理图

2.4.2　项目软件设计

由硬件电路可知，要实现交通灯的亮，必须要求 P0.0 引脚输出低电平。LED 模拟交通灯的要求：东西向绿灯亮若干秒，黄灯闪烁 5 次后红灯亮，红灯亮后，南北向由红灯变为绿灯，若干秒后南北向黄灯闪烁 5 次后变红灯，东西向变绿灯。如此重复。其编程思路见流程图 2-7。

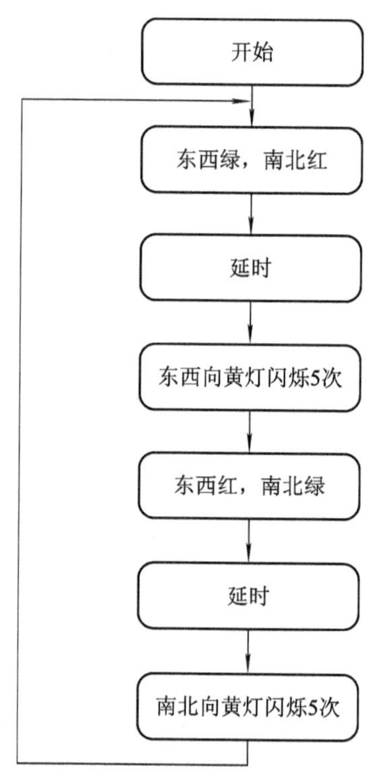

图 2-7　模拟交通灯设计的流程图

```
#include<reg51.h>
#define uchar unsigned char
#define uint unsigned int
sbit RED_A=P0^0;          //东西向灯
sbit YELLOW_A=P0^1;
sbit GREEN_A=P0^2;
sbit RED_B=P0^3;          //南北向灯
sbit YELLOW_B=P0^4;
sbit GREEN_B=P0^5;
uchar Flash_Count=0,Operation_Type=1;     //闪烁次数，操作类型变量
/*******延时函数*************/
void DelayMS(uint x)
{     uchar i;
      while(x--) for(i=0;i<120;i++);
}
```

交通灯源程序

```
/********交通灯切换函数*************/
void Traffic_Light()
{
    switch(Operation_Type)
    {
        case 1:  //东西向绿灯与南北向红灯亮
                 RED_A=1;YELLOW_A=1;GREEN_A=0;
                 RED_B=0;YELLOW_B=1;GREEN_B=1;
                 DelayMS(6000);
                 Operation_Type=2;
                 break;
        case 2:  //东西向黄灯闪烁，绿灯关闭
                 DelayMS(300);
                 YELLOW_A=~YELLOW_A;GREEN_A=1;
                 if(++Flash_Count!=10) return; //闪烁 5 次
                 Flash_Count=0;
                 Operation_Type=3;
                 break;
        case 3:  //东西向红灯，南北向绿灯亮
                 RED_A=0;YELLOW_A=1;GREEN_A=1;
                 RED_B=1;YELLOW_B=1;GREEN_B=0;
                 DelayMS(4000);
                 Operation_Type=4;
                 break;
        case 4:  //南北向黄灯闪烁 5 次
                 DelayMS(300);
                 YELLOW_B=~YELLOW_B;GREEN_B=1;
                 if(++Flash_Count!=10) return;
                 Flash_Count=0;
                 Operation_Type=1;
    }
}
/********主函数*************/
void main()
{
    while(1) Traffic_Light();
}
```

2.4.3　项目综合仿真与调试

1. 使用 Keil C51 编译源程序

Keil C51 是 51 系列单片机的开发系统，利用它可以编辑、编译、汇编、连接 C 程序和汇编程序，从而可以生成在单片机中进行烧录的 .hex 文件。软件编译的详细过程在项目 1 中已作介绍。本项目编译成功后生成的文件见图 2-8。

图 2-8　本项目编译成功后生成的文件

2. 使用 Proteus 系统仿真软件调试并验证系统运行的结果

Proteus 是一款优秀的 EDA 软件，使用它可以绘制电路原理图、PCB 图，进行交互式电路仿真。

在单片机开发中可以使用此软件检查系统仿真运行的结果。其仿真的详细步骤见项目 1。本项目在 Proteus 下的仿真结果如图 2-9 所示。

交通灯仿真

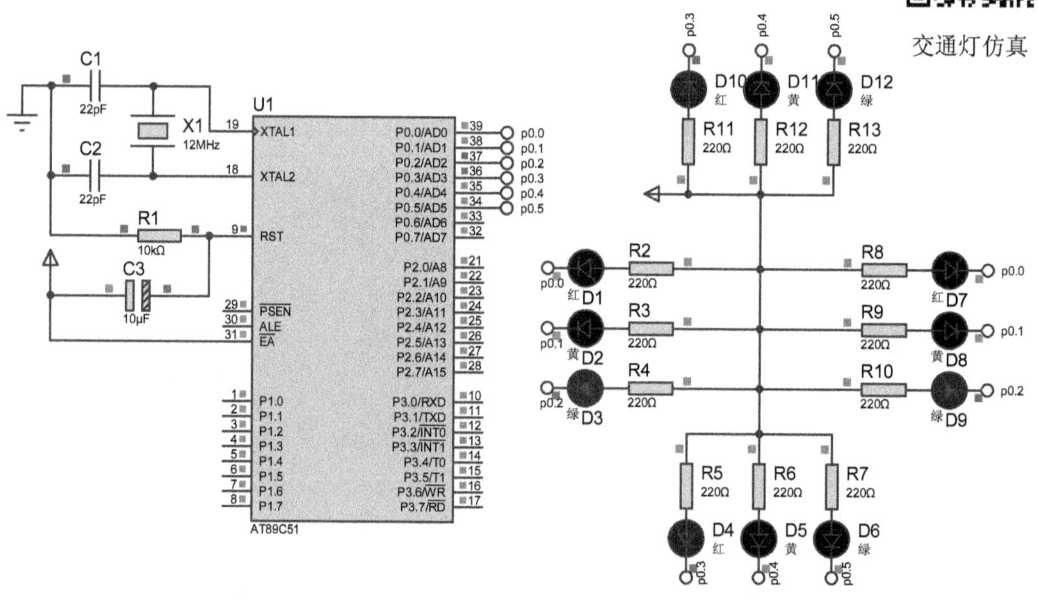

图 2-9　模拟交通灯在 Proteus 下的仿真结果

项 目 小 结

本项目通过对模拟交通灯的设计，详细介绍了 C51 语言的数据结构、数据类型、运算符、表达式、控制语句、函数和程序的结构等。在介绍这些基础知识的时候，重点介绍了 C51 和标准 C 的区别。通过该项目的学习，读者可以掌握 C51 语言的语法基础，领会单片机开发中 C51 语言的编程技巧。

项目拓展技能与练习

【拓展技能训练】

拓展技能资料

(1) 设计在 P0 口上连接 8 个 LED 灯，要求：接在 P0 口的 8 个 LED 从左到右循环依次点亮，产生走马灯效果，并用 Proteus 进行仿真。

(2) 设计在 P2 口上连接 8 只 LED，要求：程序利用循环移位函数 _crol_和_cror_形成来回滚动的效果，并用 Proteus 进行仿真。

【项目练习】

(1) 在 C51 中对 I/O 口进行重新定义的是什么指令？举例说明。

(2) C51 的存储器的种类有哪些？如何定义？

(3) C51 新增了哪些数据类型？如何定义？

(4) 写出 C51 对特殊功能寄存器的定义。

(5) C51 中的 bit 和 sbit 有何区别？

(6) C51 的中断函数和一般函数有何区别？

(7) 在 C51 中，定义变量时如何指定它的存储类型？

(8) 在 C51 中，如何访问特殊功能寄存器的可寻址位？

(9) 试分析下面的程序结果。

①
```
void  main( )
{
   Unsigned char a,b,c,d;
   a=34;
   b=10;
   c=a/b;
   d=a%b;
   whilc (1);
}
```

程序执行后，c=(　　　　)，d=(　　　　　　)。

② 分析下面程序段的功能，其中 vl 为采集到的电压值，level 为挡位设置，当 vl 为 7、20 和 –5 时，level 值分别是多少？

```
if   (vl<1)
{
  level=1;
}
else   if (vl<10)
     {
       level=2;
     }
     Else
       {
         level=3;
       }
```

(10) 分别利用 for 和 while 循环实现求整型数组 b[10]的十个元素的平均数。

项目练习答案

项目 3　中断控制的花样彩灯设计

【项目导入】

早期的单片机系统中并没有引入中断机制，随着工业技术的发展，要求在工业控制系统中能实时、快速、准确地处理一些突发事件，由此促使了中断技术的出现。如今中断技术在单片机中的应用越来越广泛。在此，我们通过设计一个项目——中断控制的花样彩灯，让同学们掌握中断技术在单片机中的使用。

【项目目标】

1. 知识目标

(1) 理解中断的概念；

(2) 熟悉单片机的中断结构和控制；

(3) 理解中断控制寄存器的各位含义；

(4) 掌握中断的处理过程；

(5) 掌握 C51 中断函数的定义。

2. 能力目标

(1) 编程中会使用中断各寄存器；

(2) 掌握中断的入口地址的安排；

(3) 能运用 C51 语言编写中断应用程序。

3.1　项 目 描 述

单片机的中断技术在工业控制与测量领域有着广泛的应用。本项目通过用一个按键产生的中断信号来控制花样彩灯的闪亮方式。通过该项目的学习，学生可掌握单片机中断的基本概念、中断的处理过程以及中断服务程序的编写，为以后单片机系统的开发奠定扎实的基础。

3.2　项目目的与要求

本项目采用外部中断方式控制彩灯的运行，通过按动按键产生中断，使得彩灯以三种方式闪亮。项目在实施过程中需要解决以下几个关键问题：

(1) 各中断控制寄存器的每一位的值如何确定？

(2) 采用何种中断信号？如何处理该中断过程？

(3) 按键按下后，中断如何响应？

(4) 中断服务程序如何编写？

3.3　项目支撑知识链接

3.3.1　中断系统概述

什么是中断

1. 中断的概念

在现实生活中，往往会遇到这样的事情：你在看书——电话响了——接电话——通话完毕——从刚才停止的地方继续看书。这是一个典型的中断现象，为什么会出现此现象呢？就是因为当你正做一件事情(看书)时，突然出现了一个重要的事情要处理(接电话)，而一个人又不能同时完成两项任务，这时就必须采取穿插着去做的方法来实现。

与生活中的中断现象相似，在单片机执行程序的过程中，由于内部或者外部发生某一突发事件去请求 CPU 处理(中断发生)；CPU 暂时中断当前程序的执行，转去处理所发生的事件(中断响应和中断服务)；待处理完毕后，再返回来执行原来被中断的程序(中断返回)。这一处理过程称为中断。

在中断系统中，常用到以下几个概念：CPU 正常情况下运行的程序称为主程序；向 CPU 提出中断申请的设备称为中断源；中断源向 CPU 所发出的请求中断的信号称为中断请求；CPU 在满足条件的情况下，接受中断申请，终止现行的执行转而为申请中断的对象服务称为中断响应；为服务对象服务的程序称为中断服务程序；现行程序被中断的地址称为断点；中断服务程序结束后，返回到原来的程序称为中断返回。单片机中断过程示意图如图 3-1 所示。

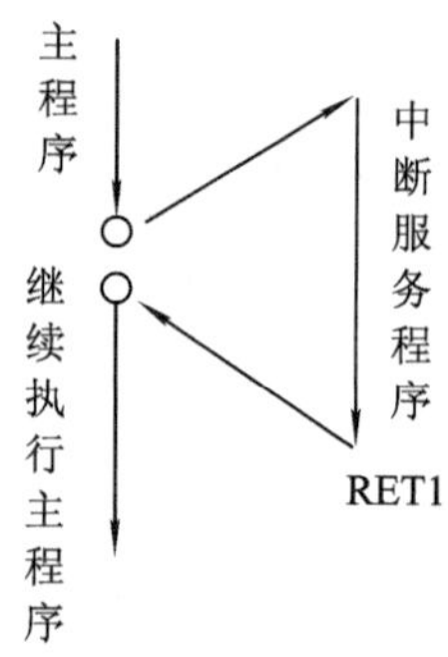

图 3-1　单片机中断过程示意图

此处需要注意两点：保护断点和保护现场。

保护断点指的是当 CPU 响应外设提出的中断请求时，在转入中断服务程序之前，把主程序断点(程序计数器 PC 的当前值)保存起来，以便中断服务程序执行结束返回到主程序后，从断点处又开始继续执行主程序。

保护现场指的是 CPU 执行中断处理程序时，可能要使用主程序中使用过的累加器、寄存器或标志位，为了使这些单元的值在中断服务程序中不被冲掉，在进入中断服务程序前，要将有关寄存器保护起来。中断服务程序执行完时，还必须恢复原寄存器的内容及原程序中断处的地址，即恢复现场和恢复断点。

2. 89C51 中断系统的结构

89C51 系列单片机的中断系统有 5 个中断源，分别是 $\overline{\text{INT0}}$、$\overline{\text{INT1}}$、T0、T1 和串行端口。4 个中断控制寄存器 TCON、SCON、IE、IP 用于控制中断类型、锁存中断标志以及控制中断的开/关和中断源的优先级别。5 个中断源有两个优先级，可实现二级中断服务嵌套，由片内特殊功能寄存器中的中断允许寄存器 IE 控制 CPU 是否响应中断请求，由中断优先级寄存器 IP 安排各中断源的优先级，同一优先级内各中断同时提出中断请求时，由内部的查询逻辑确定其响应次序。

89C51 单片机的中断系统包括中断请求标志位(在相关的特殊功能寄存器中)、中断允许寄存器 IE、中断优先级寄存器 IP 及内部硬件查询电路，如图 3-2 所示，图中反映出了 89C51 单片机中断系统的功能和控制情况。

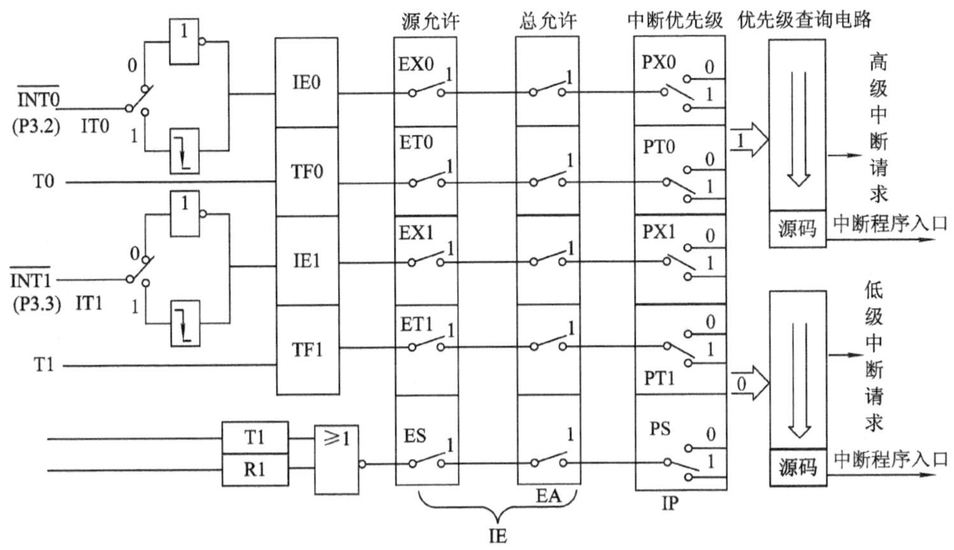

图 3-2　89C51 中断系统内部结构图

3. 中断的功能

随着计算机技术的应用，人们发现中断技术不仅解决了快速主机与慢速 I/O 设备的数据传送问题，而且还具有如下功能：

(1) 提高 CPU 的工作效率。中断请求发生于时间不确定的事件(如定时时间到的处理)中，在中断请求发生时需要 CPU 暂停当前的工作。因此采用中断技术使 CPU 避免了不必要的等待和查询，大大提高了 CPU 的工作效率，实现了 CPU 与外围部件或外部设备的并行工作。

(2) 处理故障。把那些可以预知的故障(如除数为 0、掉电等)作为中断源，编制相应的故障处理中断服务程序，这样当故障发生时，CPU 就能及时发现并自动进行处理。

(3) 实现实时控制。在实时测控系统中，要求单片机能对现场的许多随机参数、信息进行快速分析、运算并及时处理，而中断机制正好满足了这种在任何时刻提出处理请求的实时控制要求。

(4) 实现人机交互。用户需要对单片机的工作进行干预时，可以通过按键请求使单片机按照用户的意图进行工作。

3.3.2　中断的处理过程

1. 中断源

89C51 系列单片机有 5 个中断源：$\overline{\text{INT0}}$(P3.2)，$\overline{\text{INT1}}$(P3.3)，定时器/计数器 T0、T1 的溢出中断，串行端口的发送(TXD)和接收(RXD)中断(只占一个中断源)。下面分别作一介绍。

(1) $\overline{\text{INT0}}$(P3.2)：外部中断 0 请求信号输入引脚。可由 IT0(TCON.0)选择其为低电平有效还是下降沿有效。当 CPU 检测到 P3.2 引脚上出现有效的中断信号时，中断标志

IE0(TCON.1)置 1，开始向 CPU 申请中断。

(2) $\overline{\text{INT1}}$(P3.3)：外部中断 1 请求信号输入引脚。可由 IT1(TCON.2)选择其为低电平有效还是下降沿有效。当 CPU 检测到 P3.3 引脚上出现有效的中断信号时，中断标志 IE1(TCON.3)置 1，开始向 CPU 申请中断。

(3) T0(P3.4)：内部中断，片内定时器/计数器 T0 溢出时发出中断请求。当定时器/计数器 T0 发生溢出时，置位 TF0，向 CPU 申请中断。

(4) T1(P3.5)：内部中断，片内定时器/计数器 T1 溢出时发出中断请求。当定时器/计数器 T1 发生溢出时，置位 TF1，向 CPU 申请中断。

(5) 串行端口：内部中断，包括串行接收中断 RI 和串行发送中断 TI。当接口接收完一帧串行数据时置位 RI，当串行接口发送完一帧串行数据时置位 TI，向 CPU 申请中断。

2. 中断申请标志(TCON 和 SCON)

在中断系统中，应用何种中断，采用何种触发方式，是由定时器/计数器控制寄存器 TCON 和串行端口控制寄存器 SCON 的相应位规定的。TCON 和 SCON 均属于特殊功能寄存器，字节地址分别为 88H 和 98H，两者都可以进行位寻址。

中断控制寄存器 TCON

1) 定时器/计数器控制寄存器 TCON

TCON 是定时器/计数器控制寄存器，其字节地址为 88H，可进行位寻址。这个寄存器有两个作用，即除了控制定时器/计数器 T0、T1 的溢出中断和锁存 T0、T1 的溢出中断标志位外，还控制外部中断的触发方式和锁存外部中断请求标志。其格式如下：

TCON	8FH	8EH	8DH	8CH	8BH	8AH	89H	88H
(88H)	TF1	TR1	TF0	TR0	IE1	IT1	IE0	IT0

TCON 寄存器各控制位的含义如下：

IT0(TCON.0)：选择外部中断 $\overline{\text{INT0}}$ 的中断触发方式。当 IT0=0 时，为电平触发方式，低电平有效；当 IT0=1 时，为边沿触发方式，下降沿有效(即 P3.2 引脚信号出现负跳变时有效)。

IT1(TCON.2)：选择外部中断 $\overline{\text{INT1}}$ 的中断触发方式。当 IT1=0 时，外部中断 $\overline{\text{INT1}}$ 的中断触发方式为电平触发方式，低电平有效；当 IT1=1 时，外部中断 $\overline{\text{INT1}}$ 的中断触发方式为边沿触发方式，负跳变有效(1→0)。

IE0(TCON.1)：外部中断 $\overline{\text{INT0}}$ 的中断请求标志。当 IE0=1 时，表示外部中断 $\overline{\text{INT0}}$ 向 CPU 请求中断。

IE1(TCON.3)：外部中断 $\overline{\text{INT1}}$ 的中断请求标志。当 IE1=1 时，表示外部中断 $\overline{\text{INT1}}$ 向 CPU 请求中断。

TF0(TCON.5)：片内定时器/计数器 T0 溢出中断请求标志。定时器/计数器的核心为加法器，当定时器/计数器 T0 发生定时或计数溢出时，由硬件置位 TF0，向 CPU 申请中断，CPU 响应中断后，会自动对 TF0 清零。

TF1(TCON.7)：片内定时器/计数器 T1 溢出中断请求标志。其功能与 TF0 类同。

TR0(TCON.4)：定时器/计数器 T0 的启动/停止控制位，由软件进行设定。TR0=0，停止 T0 定时(或者计数)；TR0=1，启动 T0 定时(或者计数)。

TR1(TCON.6)：定时器/计数器 T1 的启动/停止控制位，由软件进行设定。TR1=0，停止 T1 定时(或者计数)；TR1=1，启动 T1 定时(或者计数)。

2) 串行端口控制寄存器 SCON

SCON 为串行端口控制寄存器，其字节地址为 98H，也可以进行位寻址。串行端口的接收和发送数据中断请求标志位(RI、TI)被锁存在端口控制寄存器 SCON 中，其格式如下：

SCON	9FH	9EH	9DH	9CH	9BH	9AH	99H	98H
(98H)	SM0	SM1	SM2	REN	TB8	RB8	TI	RI

SCON 寄存器各位的含义如下：

RI(SCON.0)：串行端口接收中断请求标志位。在串行端口允许接收时，每接收完一帧数据，由硬件自动将 RI 位置 1。同样，CPU 响应中断时不会清除 RI，RI 位的清 0 必须由用户用指令来完成。

TI(SCON.1)：串行端口发送中断请求标志位。CPU 将一个数据写入发送缓冲器 SBUF 时，就启动发送，每发送完一帧串行数据后，硬件置位 TI。但 CPU 响应中断时，并不清除 TI，必须在中断服务程序中由软件对 TI 清 0。

在中断系统中，将串行端口的接收中断 RI 和发送中断 TI 经逻辑或运算后作为内部的一个中断源。当 CPU 响应串行端口中断请求时，CPU 并不清楚是接收中断请求还是发送中断请求，所以用户在编写串行端口中断服务程序时，在程序中必须识别是 RI 还是 TI 产生的中断请求，从而执行相应的中断服务程序。SCON 其他各位的功能和作用与串行通信有关，将在项目 5 中介绍。

通过对 TCON 和 SCON 的介绍可知，单片机复位后，TCON 和 SCON 各位清 0。另外，所有能产生中断的标志位均可由软件置 1 或清 0，由此可以达到与硬件使之置 1 或清 0 同样的效果。

3. 中断允许控制

中断允许寄存器 IE

89C51 对中断源的开放或屏蔽是由中断允许寄存器 IE 控制的，IE 的字节地址为 A8H，既可以按字节寻址，也可以按位寻址。当单片机复位时，IE 被清为 0。通过对 IE 各位的置 1 或清 0 操作，可实现打开或屏蔽某个中断。IE 的格式如下：

IE	AFH	AEH	ADH	ACH	ABH	AAH	A9H	A8H
(A8H)	EA	—	—	ES	ET1	EX1	ET0	EX0

IE 寄存器各位的含义如下：

EA(IE.7)：中断允许总控制位，其状态由用户通过程序进行控制。EA=0，中断禁止，即关中断；EA=1，中断总允许，即开中断。对各中断源的中断请求是否允许取决于各中断源的中断允许控制位的状态。

EX0(IE.0)：外中断 0(即 $\overline{\text{INT0}}$)的中断允许控制位。EX0=0，禁止 $\overline{\text{INT0}}$ 中断；EX0=1，允许 $\overline{\text{INT0}}$ 中断。

ET0(IE.1)：定时器 T0 的中断允许控制位。ET0=0，禁止 T0 中断；ET0=1，允许 T0 中断。

EX1(IE.2)：外中断 1(即 $\overline{\text{INT1}}$)的中断允许控制位。EX1=0，禁止 $\overline{\text{INT1}}$ 中断；EX1=1，

允许 $\overline{INT1}$ 中断。

ET1(IE.3)：定时器 T1 的中断允许控制位。中断总允许时，ET1=0，禁止 T1 中断；ET1=1，允许 T1 中断。

ES(IE.4)：串行口中断允许控制位。中断总允许时，ES=0，禁止串行口中断；ES=1，允许串行口中断。

89C51 系统复位后，IE 寄存器中各位均被清 0，禁止所有的中断。在应用时，由软件进行设定，既可以使用位操作，也可以使用字节操作来实现对 IE 的设置。

4. 中断优先级控制及中断嵌套

1) 中断优先级

中断优先级寄存器 IP

89C51 单片机有两个中断优先级，即可实现二级中断服务程序嵌套。每个中断源的中断优先级都是由中断优先级寄存器 IP 中的相应位的状态来控制的。IP 的状态也由软件设定，某位设定为 1 时，相应的中断源为高优先级中断；某位设定为 0 时，相应的中断源为低优先级中断。IP 寄存器的字节地址为 B8H，既可以按字节访问，又可以按位访问。其格式如下：

IP				BCH	BBH	BAH	B9H	B8H
(B8H)	—	—	—	PS	PT1	PX1	PT0	PX0

IP 寄存器的各位的含义如下：

PX0(IP.0)：外中断 0 的中断优先级控制位。PX0=0 时，外中断 0 为低中断优先级；PX0=1 时，外中断 0 为高中断优先级。

PT0(IP.1)：定时器 T0 的中断优先级控制位。PT0=0 时，T0 为低中断优先级；PT0=1 时，T0 为高中断优先级。

PX1(IP.2)：外中断 1 的中断优先级控制位。PX1=0 时，外中断 1 为低中断优先级；PX1=1 时，外中断 1 为高中断优先级。

PT1(IP.3)：定时器 T1 的中断优先级控制位。PT1=0 时，T1 为低中断优先级；PT1=1 时，T1 为高中断优先级。

PS(IP.4)：串行中断源的中断优先级控制位。PS=0 时，串行中断为低中断优先级；PS=1 时，串行中断为高中断优先级。

若某几个控制位为 1，则相应的中断源就规定为高级中断；反之，若某几个控制位为 0，则相应的中断源就规定为低级中断。

对同时到来的优先级中断请求，将按照自然优先级来确定中断响应次序，如表 3-1 所示。

表 3-1　各中断源响应优先级及中断服务程序入口表

中　断　源	中断标志	中断服务程序入口	优先级顺序
外中断 0	IE0	0003H	高
定时器/计数器 0(T0)	TF0	000BH	↓
外中断 1	IE1	0013H	↓
定时器/计数器 1(T1)	TF1	001BH	↓
串行口中断	RI 或 TI	0023H	低

【小提示】

单片机复位时，IE 各位清 0，禁止所有中断；单片机复位时，IP 各位清 0，各中断源处于低优先级中断。

2) 中断嵌套

当 CPU 正在执行中断服务程序时，如果出现了另一个优先级比它高的中断请求，则 CPU 就暂时中止执行原来优先级较低的中断源的服务程序，保护当前的断点，转去响应优先级更高的中断请求并为其服务。待服务结束后，再去执行优先级别较低的原中断服务程序。该过程被称为中断嵌套(类似于子程序的嵌套)，该中断系统称为多级中断系统。中断嵌套的过程如图 3-3 所示。

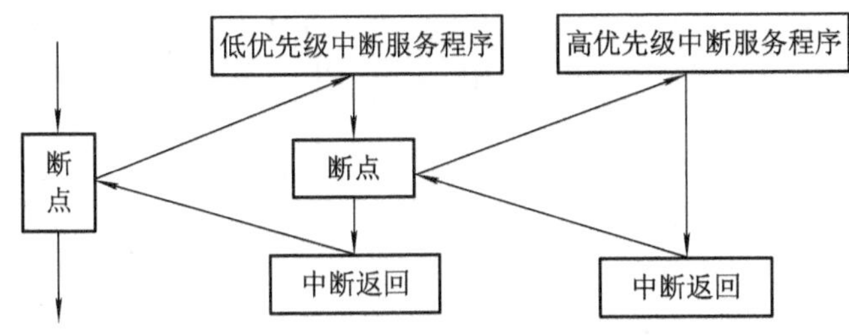

图 3-3　中断嵌套示意图

5. 中断处理过程

89C51 单片机的中断处理过程可分为三个阶段，即中断响应、中断处理和中断返回，如图 3-4 所示。单片机工作时，在每个机器周期中都去查询各个中断标记位，如果是“1”，

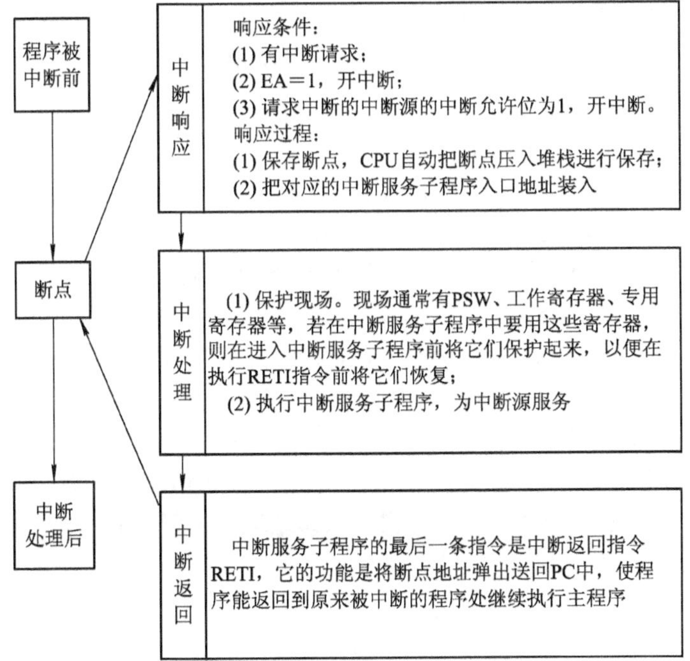

图 3-4　中断处理过程的三个阶段

中断处理过程

就说明有中断请求；接下来判断中断请求是否满足响应条件，若满足响应条件，就进入中断处理；中断处理完毕，进行中断返回，继续执行指令。

1) 中断响应

中断响应的条件是：① 中断源有中断请求；② 此中断源的中断允许位为 1；③ CPU 开中断(即 EA = 1)。同时满足这三个条件时，CPU 才有可能响应中断。

图 3-5 所示为某中断的响应时序。从中断源提出中断申请，到 CPU 响应中断(如果满足了中断响应的条件)，需要经历一定的时间。

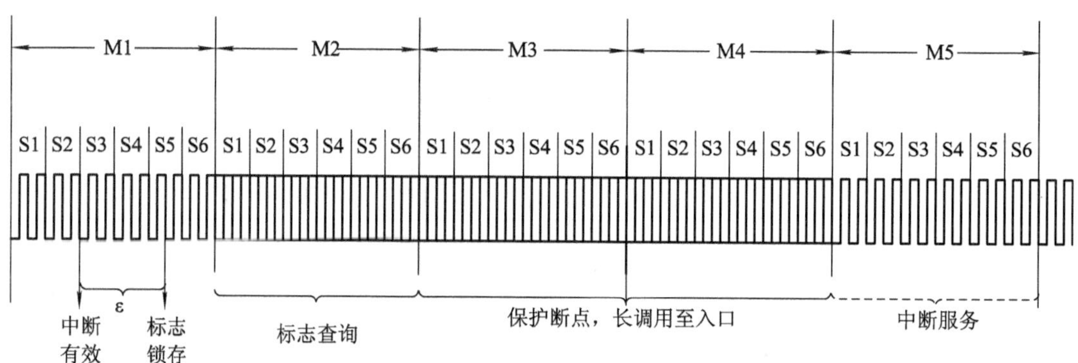

图 3-5　中断的响应时序

89C51 的中断响应时间(从标志置 1 到进入相应的中断服务)至少有 3 个完整的机器周期。中断控制系统对各中断标志进行查询需要 1 个机器周期，如果响应条件具备，则 CPU 执行中断系统提供的相应向量地址的硬件长调用指令要占用 2 个机器周期。

此外，如果中断响应过程受阻，则要增加等待时间。若同级或高级中断正在进行，则所需要的附加等待时间取决于正在执行的中断服务程序的长短，等待的时间不确定。若没有同级或高级中断正在进行，则所需要的附加时间在 3～5 个机器周期之间。

2) 中断处理

如果一个中断被响应，则按下列过程进行处理：

(1) 给相应的优先级触发器状态置 1，指明 CPU 正在响应的中断优先级的级别，同时屏蔽所有同级或更低级的中断请求，允许更高级的中断请求。

(2) 执行一个硬件生成子程序调用指令，使控制转到相应的中断入口向量地址，并清除中断源的中断请求标志(TI 和 RI 除外)。

(3) 在执行中断服务程序之前，CPU 只保护一个地址(PC 的值)，如果主程序和中断服务子程序都用到一些公共存储空间(如 A、PSW、DPTR 等)，那么执行中断服务子程序前将这些数据保存起来，以免返回主程序时出现错误。

(4) 转入相应的中断服务程序入口，即将被响应的中断入口向量地址送入 PC 中，执行中断服务程序。89C51 单片机的五个中断源都有各自的入口地址，见表 3-1。

3) 中断返回

中断服务程序的最后一条指令必须是中断返回指令 RETI。RETI 指令能使 CPU 结束中断服务程序的执行，返回到曾经被中断过的程序处，继续执行主程序。

6. 中断的应用

1) 具体的中断服务程序

CPU 响应中断结束后即转至中断服务程序的入口，从中断服务程序的第一条指令开始到返回指令为止。不同的中断服务的内容及要求各不相同，其处理过程也有所区别。一般情况下，中断处理包括两部分内容：一是保护现场，二是为中断源服务。

C51 编译器支持在 C 源程序中直接开发中断过程。在中断服务程序中，必须指定对应的中断号，用中断号确定该中断服务程序是哪个中断所对应的中断服务程序。

中断服务程序格式如下：

```
Void  函数名(参数)    interrupt n using m
{     函数体语句；}
```

其中，interrupt 后面的 n 是中断号；关键字 using 后面的 m 是所选择的寄存器组，取值范围为 0～3，定义中断时 using 是个选项，可以省略不用。

【小提示】

在使用中断函数时要注意以下几点：

(1) 设计中断时，要注意哪些功能应该放在中断中，哪些功能应该放在主程序中。

(2) 中断函数不能传递参数，也没有返回值。

(3) 中断函数在调用其他函数时，要保证使用相同的寄存器。

(4) 中断函数使用浮点运算，要保证浮点寄存器的状态。

2) 中断服务程序举例

【例 3-1】 利用单片机的外部中断 0 响应按键开关信号，当有按键按下时会触发 $\overline{\text{INT0}}$ 中断，中断发生时将 LED 状态取反，LED 的亮灭由按键(中断)控制。电路图如图 3-6 所示。

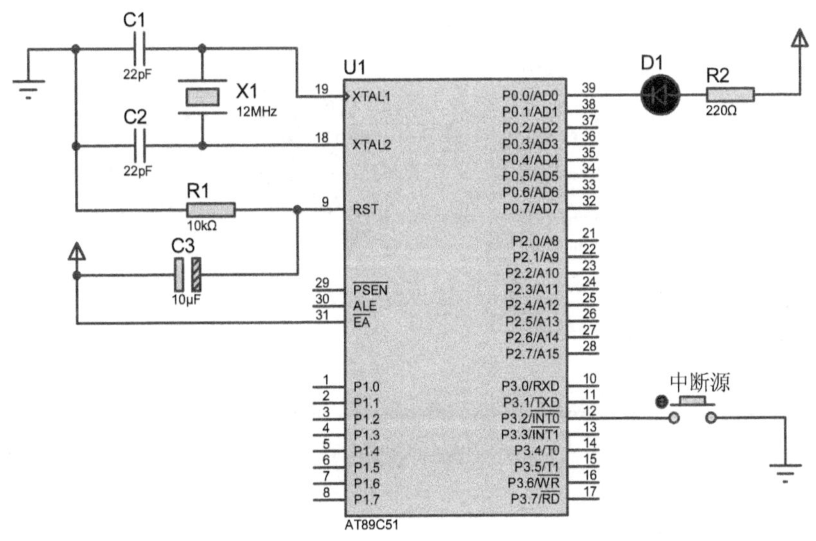

图 3-6　中断控制的单个 LED 灯

C51 程序如下：

```
#include<reg51.h>
#define uchar unsigned char
#define uint unsigned int
sbit LED=P0^0;
/*********主程序*************/
void main()
{ LED=1;
EA=1;                          //允许中断
EX0=1;                         //使用外部中断 0
IT0=1;                         //选择外部中断 INT0 的中断触发方式
 while(1);
}
/*********INT0 中断函数************/
void EX_INT0() interrupt 0
{       LED=~LED;              //控制 LED 亮灭
  }
```

【例 3-2】 设计 $\overline{\text{INT0}}$ 中断计数，要求每次按下按键时触发 $\overline{\text{INT0}}$ 中断，中断程序累加计数，计数值显示在 3 只数码管上，按下清零键时数码管清零。硬件电路如图 3-7 所示。

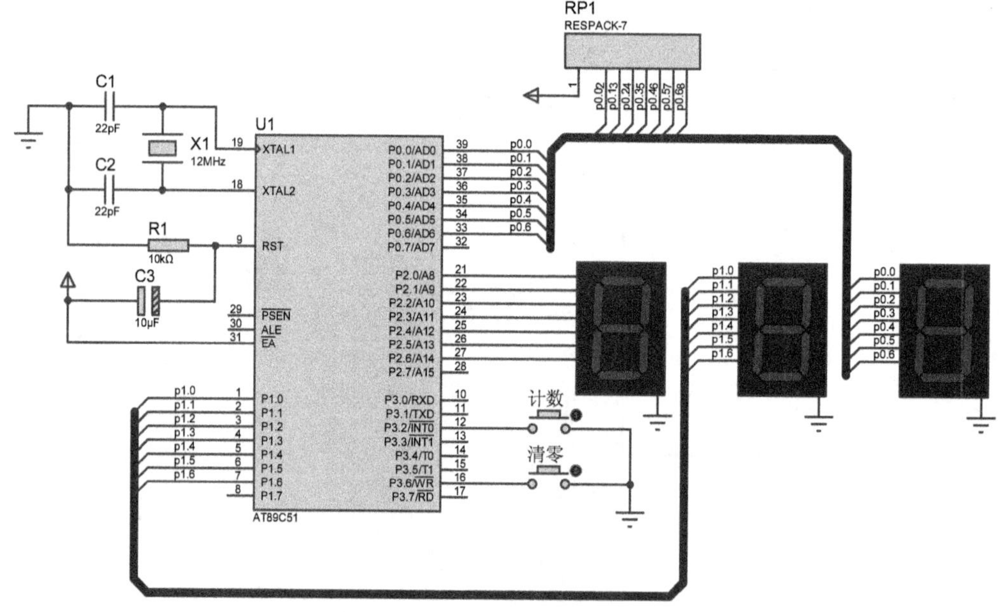

图 3-7　中断控制的计数电路

C51 程序如下：

```
#include<reg51.h>
#define uchar unsigned char
```

```
#define uint unsigned int
//0～9 的段码
uchar code DSY_CODE[]={0x3f,0x06,0x5b,0x4f,0x66,0x6d,0x7d,0x07,0x7f,0x6f,0x00};
//计数值分解后各个待显示的数位
uchar DSY_Buffer[]={0,0,0};
uchar Count=0;
sbit Clear_Key=P3^6;
//数码管上显示计数值
void Show_Count_ON_DSY()
{     DSY_Buffer[2]=Count/100;              // 获取 3 个数
      DSY_Buffer[1]=Count%100/10;
      DSY_Buffer[0]=Count%10;
      if(DSY_Buffer[2]==0)                  // 高位为 0 时不显示
      {     DSY_Buffer[2]=0x0a;
            if(DSY_Buffer[1]==0)            // 高位为 0，若第二位为 0 同样不显示
                  DSY_Buffer[1]=0x0a;
      }
      P0=DSY_CODE[DSY_Buffer[0]];
      P1=DSY_CODE[DSY_Buffer[1]];
      P2=DSY_CODE[DSY_Buffer[2]];
}
//主程序
void main()
{     P0=0x00;
      P1=0x00;
      P2=0x00;
      IE=0x81;                              // 允许 INT0 中断
      IT0=1;                                // 下降沿触发
      while(1)
      {
            if(Clear_Key==0) Count=0;       // 清 0
            Show_Count_ON_DSY();
      }
}
//INT0 中断函数
void EX_INT0() interrupt 0
{
      Count++;                              // 计数值递增
}
```

3.4 项 目 实 施

3.4.1 项目硬件设计

中断控制的花样彩灯系统的结构比较简单，其硬件电路模块包括电源电路、时钟电路、按键复位电路和LED灯接口电路，具体硬件电路如图3-8所示。

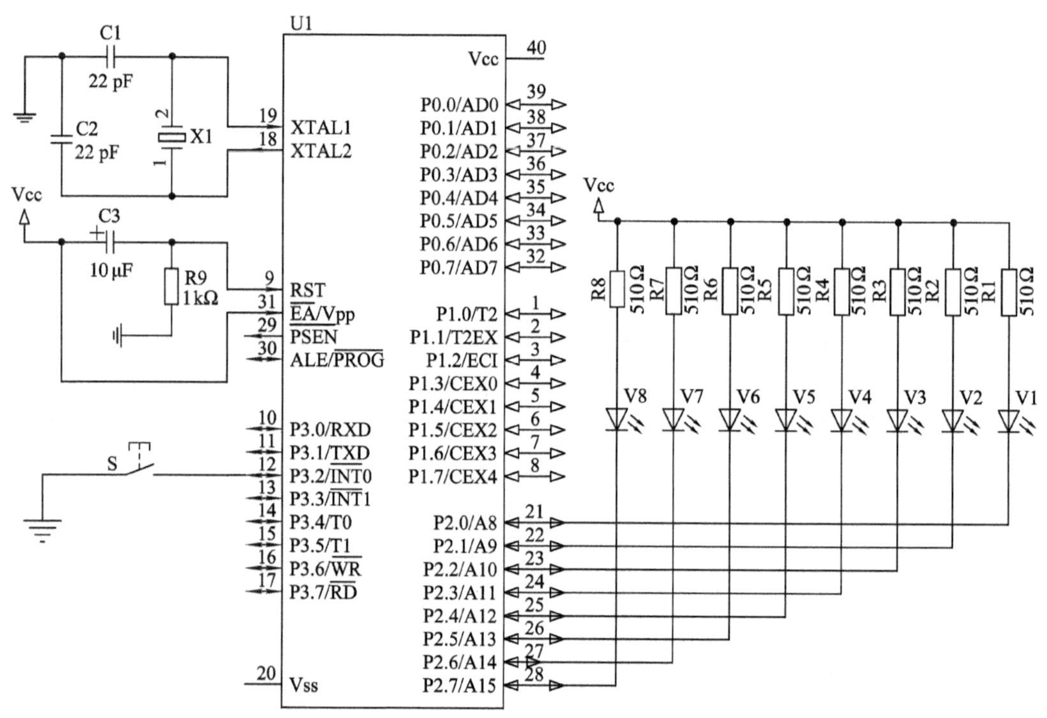

图3-8　中断控制的彩灯电路图

3.4.2 项目软件设计

设计中采用单片机的外部中断方式来实现对按键输入的处理。一般中断函数和主函数之间的运行相当于两个程序并行运行，在本项目中，用中断函数控制彩灯的显示。在本程序设计中，采用的主函数和中断函数流程图如图3-9所示。另外，设计中我们采用了一个判断变量f，当不发生中断时，f的值不变，程序保持运行，使彩灯按照其中的一种花样闪亮，当按下S键时，单片机终止原来的程序运行，调用中断子函数，则f的值发生一次改变，在中断返回后，主程序再次执行到判断变量f的值，由于f的值已改变，所以将执行一个彩灯控制的子程序，彩灯将按照另一种花样显示。按键时会有一定的延时，采用延时程序来消除按键产生的抖动。

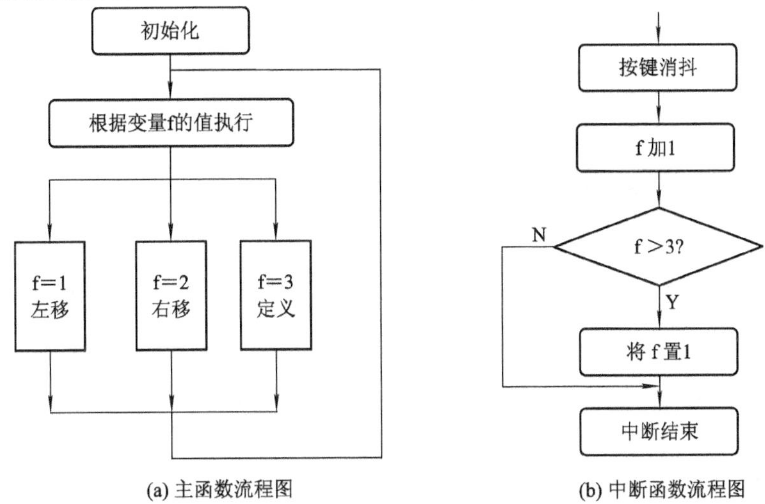

(a) 主函数流程图　(b) 中断函数流程图

图 3-9　彩灯设计的主函数和中断函数流程图

根据程序流程图，写出单片机 C51 语言程序：

花样彩灯源程序

```
#include<reg51.h>
#define uchar unsigned char
uchar light,f,b;
/********延时 0.5 s 的子函数*********/
void delay05s()
{   uchar i,j,k;
    for(i=5;i>0;i--)
    for(j=200;j>0;j--)
     for(k=250;k>0;k--);
}
/********延时 10 ms 的子函数*********/
void delay10ms()
{   uchar i,k;
    for(i=20;i>0;i--)
     for(k=250;k>0;k--);
}
/********左移点亮彩灯*********/
void left()
{   light=light<<1;
    if(light==0) light=0x01;
    P2=~light;
}
/********右移点亮彩灯*********/
void right()
```

```
{   light=light>>1;
    if(light==0) light=0x01;
    P2=~light;
}
/********用户自定义点亮彩灯*********/
void assum()
{   uchar code dispcode[8]={0xff,0x7e,0xbd,0xdb,0xe7,0xdb,0xbd,0x7e};
    if(b==7) b=0;
    else b++;
    P2=dispcode[b];
}
/********主函数*********/
void main()
{   IT0=1;              // 设置外部中断 0 下降沿触发
    EX0=1;              // 开外部中断 0
    EA=1;               // 开总中断
    f=1;
    light=0x01;
    b=0;
    while(1)
    {
      switch(f)
      {   case 1:left();break;
          case 2:right();break;
          case 3:assum();break;
      }
      delay05s();
    }
}
/********外部中断 0 子函数*********/
void int_0()interrupt 0
{
   delay10ms();
   if(INT0==0)
   {
      f++;
      if(f>3)   f=1;
   }
}
```

3.4.3　项目综合仿真与调试

1．使用 Keil C51 编译源程序

Keil C51 是 51 系列兼容单片机的开发系统，利用它可以编辑、编译、汇编、连接 C 程序和汇编程序，从而可以生成在单片机中进行烧录的 .hex 文件，项目 1 中对此已作详细介绍。本项目编译成功后生成的文件见图 3-10。

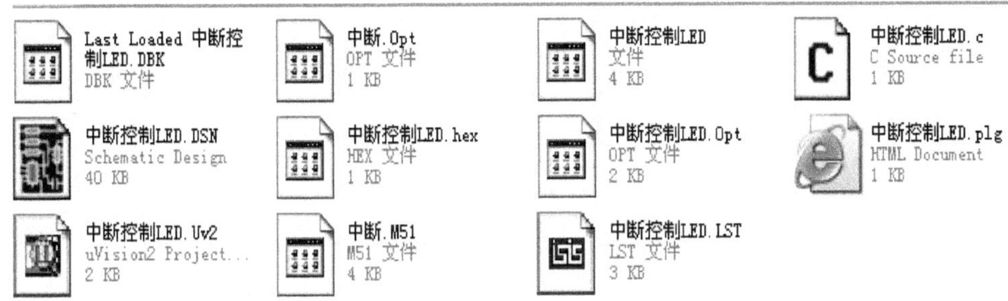

图 3-10　使用 Keil C51 编译源程序成功后生成的文件

2．使用 Proteus 系统仿真软件调试并验证系统运行的结果

Proteus 是一款优秀的 EDA 软件，使用它可以绘制电路原理图、PCB 图，进行交互式电路仿真。

在单片机开发中可以使用此软件检查系统仿真运行的结果。其仿真的详细步骤见项目 1。本项目在 Proteus 下的仿真结果如图 3-11 所示。

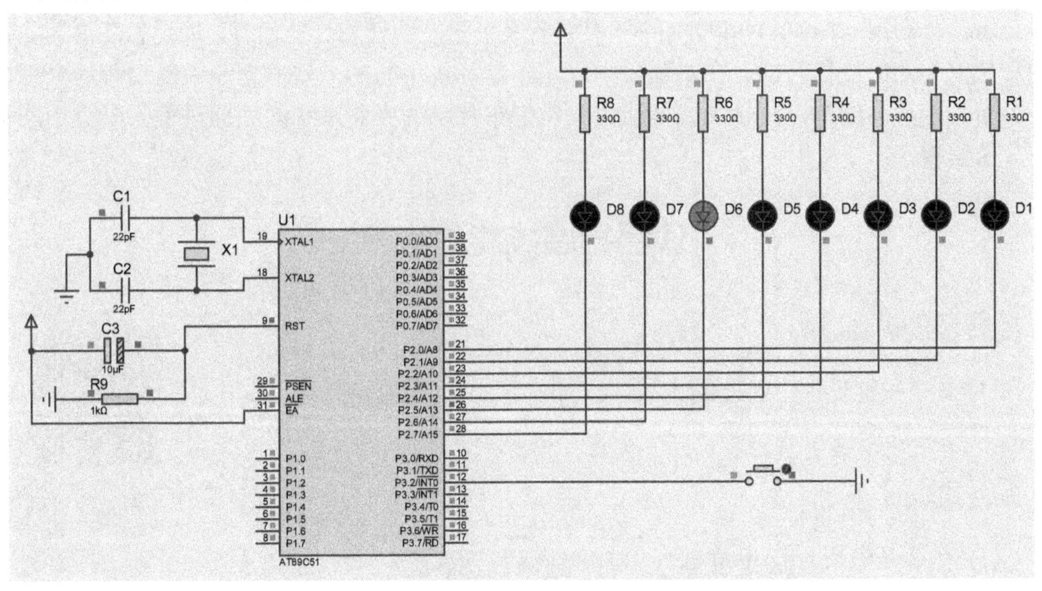

图 3-11　中断控制的彩灯 Proteus 仿真结果

3．动手做

在完成系统仿真后，可以按照本系统硬件设计部分给出的原理图，在万能板上进行电子元器件的连接。本项目所需的元件清单如表 3-2 所示。

表 3-2　中断控制的彩灯设计元件清单

名　　称	规　格	数　量	主要功能或用途
单片机	AT89C51	1	控制芯片
晶振	12 MHz	1	晶振电路
电容	22 pF	2	起振电容
电解电容	10 μF	1	复位电路
电阻	220 Ω	8	限流
电阻	10 kΩ	1	复位电路
单片机芯片插座	DIP40	1	插入单片机芯片
发光二极管	3 mm	8	发光
按键	DIPSW_4	1	提供中断信号
USB 电源插座	USB	1	插入 USB 线
USB 电源线	135 cm	1	连接电脑的 USB 口
导线		若干	连接电路
万能板(或印制电路板)	7 cm × 9 cm	1	在板上组装与焊接元件

项 目 小 结

本项目利用 AT89C51 单片机的外部中断 0 来控制花样彩灯的运行，通过按下 S 键，使得彩灯以不同的花样闪烁。在本项目中介绍了单片机中断的一些概念和中断过程的处理以及中断子函数的编写，其目的就是让大家掌握单片机的中断系统的处理过程，学会中断子函数的编程。

项目拓展技能与练习

【拓展技能训练】

试用 2 个按键设计中断控制流水灯，当按下 S1 时灯闪烁变慢，按下 S2 时灯闪烁加快。

拓展技能资料

【项目练习】

(1) 什么是中断？51 单片机有几个中断源？

(2) 叙述中断的执行过程。

(3) 51 单片机中断矢量地址分别是多少？

(4) 写出 C51 中断函数的定义形式。

(5) 叙述 IE 和 IP 各位的含义。

(6) 简述中断的嵌套过程。

项目练习答案

项目 4　定时器控制的报警灯设计

【项目导入】

在单片机的应用系统中，往往会遇到要求用定时器对某些控制系统(如定时检测系统、定时扫描系统等)进行设计。51 系列单片机中设置有两个 16 位定时器/计数器，分别是 T0 和 T1，要学会对定时器进行编程，必须掌握这两个定时器/计数器的工作方式和初值的计算。在此，我们通过一个项目设计，让读者掌握定时器/计数器在单片机控制技术中的使用。

【项目目标】

1. 知识目标

(1) 理解定时器/计数器的结构和工作原理；

(2) 理解寄存器 TMOD、TCON、TH0、TL0、TH1、TL1 的功能；

(3) 掌握定时器/计数器的工作方式；

(4) 掌握定时器/计数器的定时初值的计算。

2. 能力目标

(1) 根据需要会选择使用定时器/计数器的某种工作方式；

(2) 会计算定时器/计数器的初值；

(3) 能熟练使用定时器/计数器；

(4) 会运用 C51 语言对应用程序进行编程。

4.1　项目描述

单片机的定时器/计数器在工业控制与测量领域有着广泛的应用，比如定时检测、定时计数及定时扫描等。本项目通过设计一个由定时器控制的报警旋转灯，使学生掌握定时器/计数器的工作原理、工作方式和初值计算。

4.2　项目目的与要求

本项目的目的就是设计一个由定时器控制的报警旋转灯系统。通过控制 P2 口的 8 个 LED 灯，要求它们旋转闪烁红灯并发出报警声。项目在实施过程中需要解决以下关键问题：

(1) 与定时器/计数器相关的寄存器的各位的功能是怎样的？

(2) 选择哪种定时器？采用何种工作方式？如何计算定时初值？

(3) 怎么编写延时程序？

(4) 如何装入初值？

4.3　项目支撑知识链接

定时器工作原理演示稿

4.3.1　定时器/计数器的结构

1. 定时器的结构及工作原理

1) 定时器/计数器的组成框图

89C51 单片机内部有两个 16 位可编程定时器/计数器：定时器/计数器 0(T0)和定时器/计数器 1(T1)。其逻辑结构如图 4-1 所示。

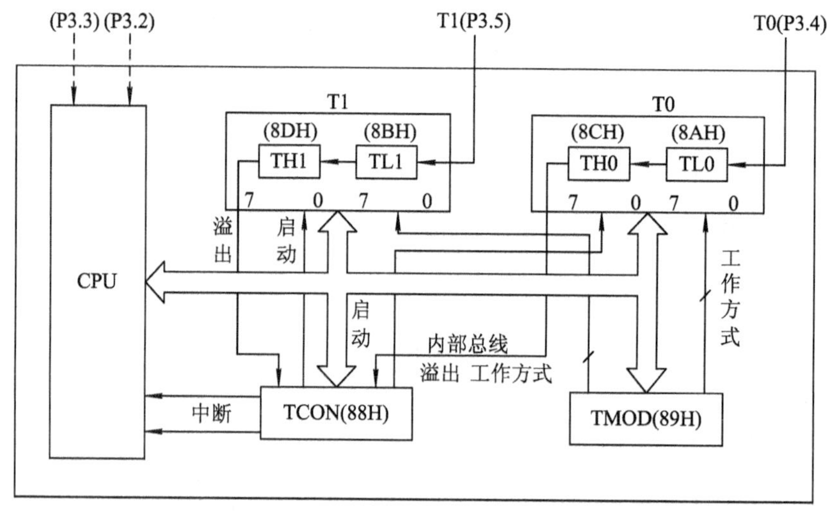

图 4-1　89C51 单片机定时器/计数器的内部结构图

由图 4-1 可知，定时器/计数器 0、定时器/计数器 1 是 16 位加法计数器，分别由两个 8 位专用寄存器组成：定时器/计数器 0 由 TH0 和 TL0 组成；定时器/计数器 1 由 TH1 和 TL1 组成。TL0、TL1、TH0、TH1 的访问地址依次为 8AH、8BH、8CH、8DH，每个寄存器均可单独访问。当 T0 或 T1 用作计数器时，对芯片引脚 T0(P3.4)或 T1(P3.5)上输入的脉冲计数，每输入一个脉冲，加法计数器加 1；当 T0 或 T1 用作定时器时，对内部机器周期脉冲计数，由于机器周期是定值，因此计数值确定时，时间也随之确定。TMOD、TCON 与 T0、T1 间通过内部总线及逻辑电路连接，TMOD 用于设置定时器的工作方式，TCON 用于控制定时器的启动与停止。

2) 定时器/计数器的工作原理

当定时器/计数器设置为定时工作方式时，计数器对内部机器周期计数，每经过一个机器周期，计数器增 1，直至计满溢出。定时器的定时时间与系统的振荡频率紧密相关，89C51 单片机的一个机器周期由 12 个振荡脉冲组成。当采用 12 MHz 晶振时，一个机器周期为 1 μs，计数频率为 1 MHz。因此，适当选择定时器的初值可获取各种定时时间。

当定时器/计数器设置为计数工作方式时，计数器对来自输入引脚 T0(P3.4)和 T1(P3.5)

的外部信号计数，外部脉冲的下降沿将触发计数。在每个机器周期的 S5P2 期间采样引脚输入电平，若前一个机器周期采样值为 1，后一个机器周期采样值为 0，则计数器加 1。新的计数值是在检测到输入引脚电平发生 1 到 0 的负跳变后，在下一个机器周期的 S3P1 期间装入计数器中的。可见，检测一个由 1 到 0 的负跳变需要两个机器周期。所以，最高检测频率为振荡频率的 1/24。计数器对外部输入信号的占空比没有特别的限制，但必须保证输入信号的高电平与低电平的持续时间在一个机器周期以上。当设置了定时器的工作方式并启动定时器工作后，定时器就按被设定的工作方式独立工作，不再占用 CPU 的操作时间，只有在计数器计满溢出时，才可能中断 CPU 当前的操作。

2．定时器/计数器的相关寄存器

如上所述，要使定时器/计数器按要求工作，得到所需的定时时间或计数值，必须通过编程进行控制才能实现。通过对工作方式控制寄存器(TMOD)和定时器/计数器控制寄存器(TCON)进行设置即可实现对定时器/计数器的控制。

51 单片机的定时器/计数器(T0、T1)主要由工作方式寄存器 TMOD 和控制寄存器 TCON 等组成。可以通过软件对这些寄存器进行设置来实现不同的控制目的。其中，TH0 和 TL0 用来存放 T0 的计数初值，TMOD 用来控制定时器的工作方式，TCON 用作中断溢出标志并控制定时器的启、停。

1) 工作方式寄存器 TMOD

工作方式寄存器

特殊功能寄存器 TMOD 用于控制 T0 和 T1 的工作方式，低 4 位用于控制 T0，高 4 位用于控制 T1。TMOD 的地址为 89H，其各位状态只能通过 CPU 的字节传送指令来设定，而不能用位寻址指令改变，复位时各位的状态为 0。其各位的定义如下：

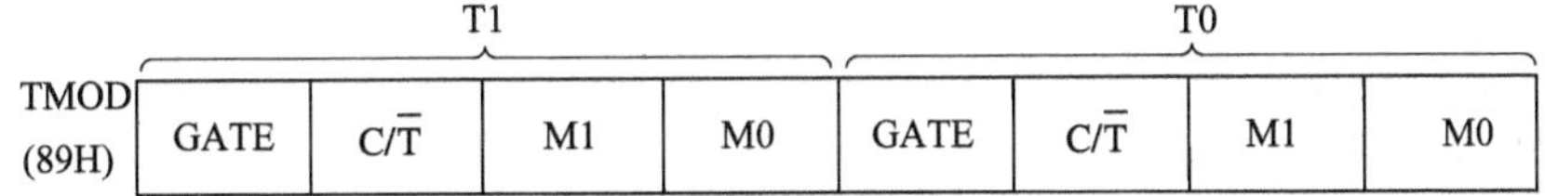

TMOD 各位的功能如下：

M1 和 M0：操作方式控制位。这两位可形成四种编程，对应于四种操作方式，如表 4-1 所示。

表 4-1　M1、M2 控制的四种工作方式

M1　M0	工作方式	功 能 说 明
0　0	方式 0	13 位定时器/计数器工作方式
0　1	方式 1	16 位定时器/计数器工作方式
1　0	方式 2	自动再装入的 8 位定时器/计数器工作方式
1　1	方式 3	T0 分为两个 8 位定时器/计数器，T1 停止计数

C/$\overline{T}$：功能选择位。当 C/$\overline{T}$ 为 0 时，选择定时方式。在定时方式下，以振荡器输出时钟脉冲的 12 分频信号作为计数信号，也就是每一个机器周期定时器加 1。若晶振频率为 12 MHz，则定时器的计数频率为 1 MHz。当 C/$\overline{T}$ 为 1 时，选择计数方式，采用外部引脚 T0(P3.4)、T1(P3.5)的输入脉冲作为计数脉冲，当外部输入脉冲发生 1 到 0 的负跳变时，计

数器加 1，最高计数频率为时钟频率的 1/24。

GATE：门控位。当 GATE 为 0 时，允许软件控制位 TR0 或 TR1 启动定时器；当 GATE 为 1 时，允许外部中断引脚 $\overline{\text{INT0}}$(或 $\overline{\text{INT1}}$)为高电平且由软件使 TR0(或 TR1)置 1，才能启动定时器工作。TMOD 不能进行位寻址，只能用字节指令设置定时器工作方式，复位时，TMOD 的所有位均为零。

2) 控制寄存器 TCON

TCON 是一个 8 位寄存器，用于控制定时器的启动/停止以及标志定时器的溢出中断申请。TCON 的地址为 88H，既可进行字节寻址，又可进行位寻址，复位时所有位被清零。TR0 和 TR1 分别用于控制 T0 和 T1 的启动与停止，TF0 和 TF1 用于标志 T0 和 T1 是否产生了溢出中断请求。控制寄存器 TCON 的高 4 位是定时器运行的控制位和溢出标志位，低 4 位是外部中断的中断标志和中断触发方式控制位。TCON 各位定义及格式如图 4-2 所示。

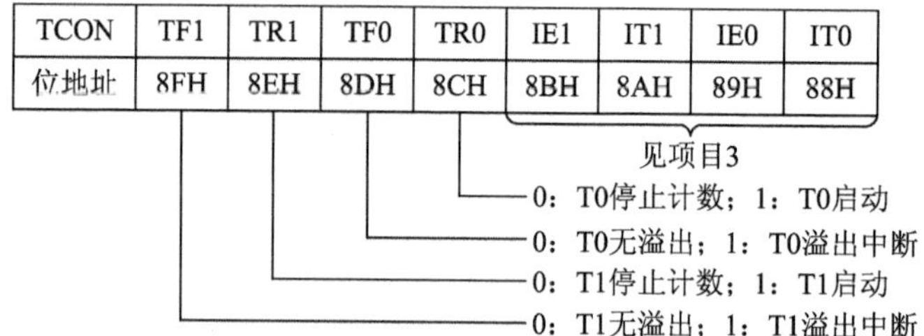

图 4-2　控制寄存器 TCON 的位定义及格式

TF1：T1 溢出标志位。当 T1 溢出时，由硬件自动使中断触发器 TF1 置 1，并向 CPU 申请中断，当 CPU 响应中断进入中断服务程序后，TF1 又被硬件自动清零，TF1 也可以由软件清零。

TF0：T0 溢出标志位。其功能和操作与 TF1 相同。

TR1：定时器 T1 运行控制位，可通过软件置 1 或清 0 来启动或关闭 T1。例如，SETB TR1，即启动 T1；CLR TR1，则关闭 T1。

TR0：定时器 T0 运行控制位。其功能及操作同 TR1。

IE1，IT1，IE0，IT0：外部中断 $\overline{\text{INT1}}$、$\overline{\text{INT0}}$ 的中断请求标志。其定义前面已经讲过。

T0 和 T1 是在 TMOD 和 TCON 的联合控制下进行定时或计数工作的，其输入时钟和控制逻辑可用图 4-3 综合表示。

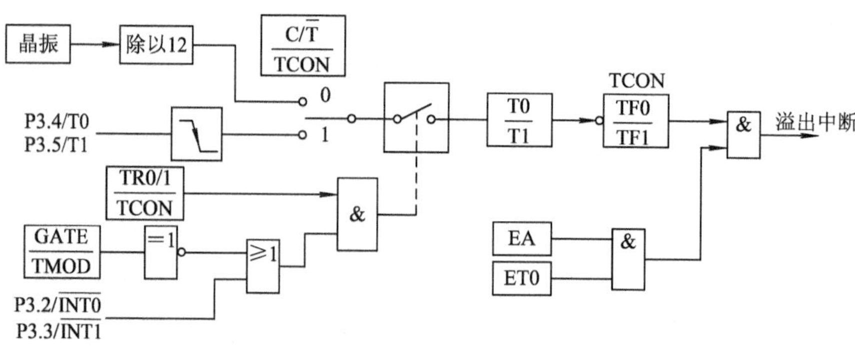

图 4-3　T0 和 T1 的输入时钟与控制逻辑图

3) 定时器/计数器的初始化

由于定时器/计数器的功能是由软件编程确定的，所以一般在使用定时器/计数器前都要对其进行初始化。初始化步骤如下：

(1) 确定工作方式：对 TMOD 赋值。赋值语句为 TMOD=0x00，设定 T0 为方式 0 定时。

(2) 预置定时或计数的初值：直接将初值写入 TH0、TL0 或 TH1、TL1，注意定时器/计数器的初值因工作方式的不同而不同。

(3) 根据需要开启定时器/计数器中断：直接对 IE 寄存器赋值。

(4) 启动定时器/计数器工作：将 TR0 或 TR1 置“1”。

当 GATE = 0 时，直接由软件置位启动；当 GATE = 1 时，除软件置位外，还必须在外中断引脚处加上相应的电平值才能启动。

至此，定时器/计数器的初始化过程已完毕。

4.3.2　定时器/计数器的工作方式

51 单片机定时器/计数器 0(T0)有 4 种工作方式(方式 0、1、2、3)，T1 有 3 种工作方式(方式 0、1、2)。前 3 种工作方式中，T0 和 T1 除了所使用的寄存器、有关控制位、标志位不同外，其他操作完全相同。为了简化叙述，下面以定时器/计数器 0 为例进行介绍。

1. 工作方式 0

当 TMOD 的 M1M0 为 00 时，定时器/计数器 0 工作于方式 0，如图 4-4 所示。方式 0 为 13 位计数，由 TL0 的低 5 位(高 3 位未用)和 TH0 的高 8 位组成。由图 4-4 可知：16 位加法计数器(TH0 和 TL0)只用了 13 位。其中，TH0 占高 8 位，TL0 占低 5 位。当 TL0 低 5 位溢出时自动向 TH0 进位，而 TH0 溢出时向中断位 TF0 进位(硬件自动置位)，并申请中断。

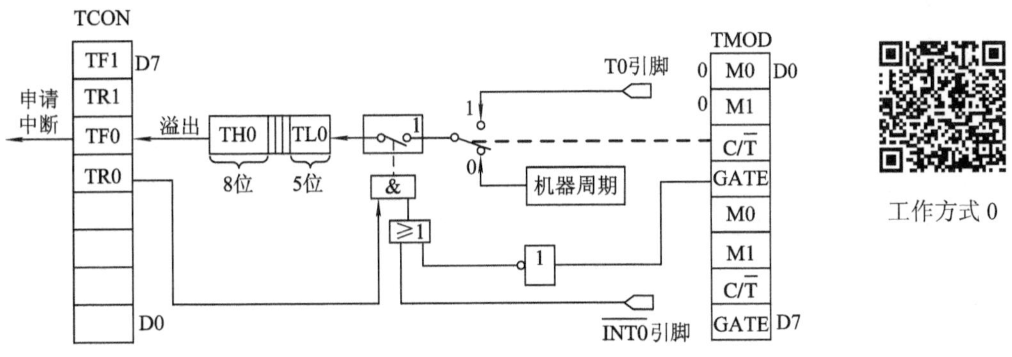

图 4-4　定时器/计数器 0 在方式 0 时的逻辑电路结构

当 C/$\overline{T}$ = 0 时，T0 选择为定时器模式，对 CPU 内部机器周期加 1 计数，其定时时间为 T = (2^{13}−T0 初值) × 机器周期。如果晶振频率为 12 MHz，则时钟周期为 1/12 μs，当初值为 0 时，最长的定时时间为 T_{MAX} = (2^{13} − 0) × 1/12 × 12 μs = 8.192 ms。

当 C/$\overline{T}$ = 1 时，控制开关与引脚 T0(P3.4)接通，计数器 T0 对来自外部引脚 T0 的输入脉冲计数，当外部信号电平发生由 1 到 0 的跳变时，计数器加 1，这时 T0 成为外部事件计数器。

当 GATE = 0 时，或门输出恒为 1，使外部中断输入引脚 $\overline{\text{INT0}}$ 信号失效，同时又打开与门，由 TR0 控制 T0 的开启和关断。若 TR0 = 1，接通控制开关，启动 T0 工作，计数器被控制为允许计数。若 TR0 = 0，则断开控制开关，停止计数。

当 GATE = 1 时，与门的输出由 $\overline{\text{INT0}}$ 的输入电平和 TR0 位的状态来确定。若 TR0 = 1，则打开与门，外部信号电平通过 $\overline{\text{INT0}}$ 引脚直接开启或关断 T0。当 $\overline{\text{INT0}}$ 为高电平时，允许计数，否则停止计数。这种工作方式可用来测量外部信号的脉冲宽度等。

同理，上述说明同样适合于定时器/计数器 T1。

2. 工作方式 1

当 M1M0 为 01 时，定时器/计数器 0 工作在方式 1，其电路结构和操作方法与方式 0 基本相同，它们的差别仅在于计数的位数不同，如图 4-5 所示。

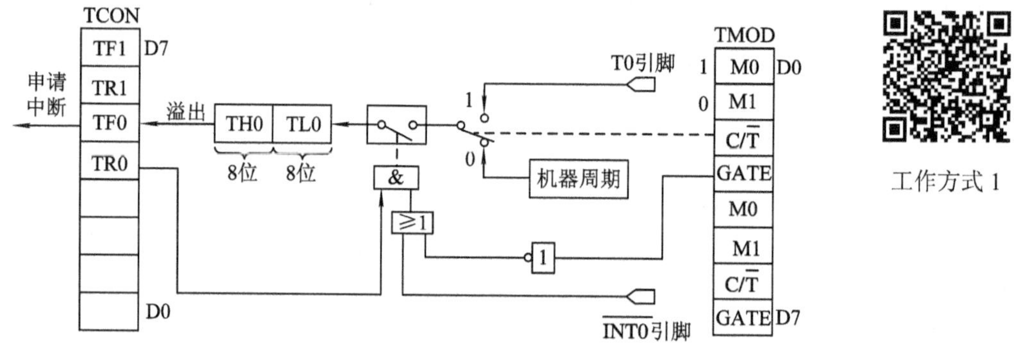

工作方式 1

图 4-5　定时器/计数器 0 在方式 1 时的逻辑电路结构

由图 4-5 可知，定时器/计数器 0 在方式 1 下构成一个 16 位定时器/计数器，其结构与操作几乎完全与方式 0 相同，唯一差别是二者计数位数不同。作定时器用时其定时时间为 (2^{16} – 定时器/计数器 0 的初值) × 机器周期；作计数用时其计数值为 2^{16} – 计数初值，计数范围为 1～65 536(2^{16})。

3. 工作方式 2

当 TMOD 的 M1M0 为 10 时，定时器/计数器 0 工作在方式 2，其逻辑结构如图 4-6 所示。

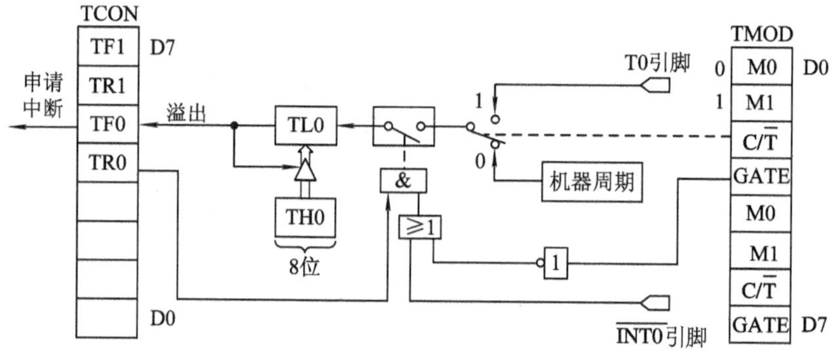

图 4-6　T0 方式 2 的逻辑结构

方式 2 为自动重装初值的 8 位计数方式，仅用 TL0 计数，最大计数值为 $2^8 = 256$，计满溢出后，一方面进位 TF0，使溢出标志 TF0 = 1，另一方面，使原来装在 TH0 中的初值装入 TL0。

方式 2 的优点是定时初值可自动恢复，TH0 中存放初值；缺点是计数范围小，只适用于需要重复定时而定时范围不大的应用场合。计数个数与计数初值的关系为 $X = 2^8 - N$。可见，计数个数为 1 时，初值为 255，计数个数为 256 时，初值 X 为 0，即初值在 255～0 范围时，计数范围为 1～256。由于工作方式 2 省去了用户软件中重装常数的程序，所以该方式特别适用于较精确的脉冲信号发生器。方式 2 中，16 位加法计数器的 TH0 和 TL0 具有不同功能。其中，TL0 是 8 位计数器，TH0 是重置初值的 8 位缓冲器。

4．方式 3

定时器/计数器 T0 和 T1 在前三种工作方式下，其功能是完全相同的，但在方式 3 下，T0 与 T1 的功能相差很大。当 T1 设置为方式 3 时，它将保持初始值不变，并停止计数，其状态相当于将启/停控制位设置成 TR1=0，因而 T1 不能工作在方式 3 下。当将 T0 设置为方式 3 时，T0 的两个寄存器 TH0 和 TL0 被分成两个互相独立的 8 位计数器，其逻辑结构如图 4-7 所示。由图 4-7 可知，在方式 3 下，T0 被分解成两个独立的 8 位计数器 TL0 和 TH0。其中，TL0 占用原 T0 的控制位、引脚和中断源，即 GATE、TR0、TF0 和 T0(P3.4)引脚和外部中断 0(P3.2 引脚)。方式 3 除计数位数不同于方式 0、方式 1 外，其功能、操作与方式 0、方式 1 完全相同，可定时，亦可计数。TH0 占用原 T1 的控制位 TF1 和 TR1，同时还占用了 T1 的中断源，其启动和关闭仅受 TR1 置 1 或清 0 控制。TH0 只能对机器周期进行计数，因此，TH0 只能用作简单的内部定时，不能对外部脉冲进行计数，是 T0 附加的一个 8 位定时器。

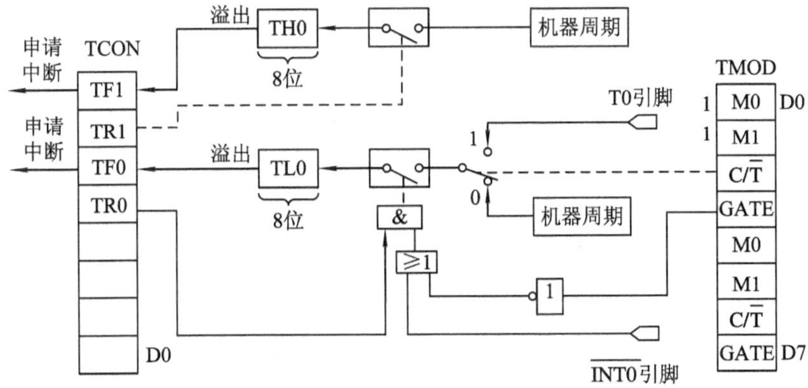

图 4-7　方式 3 的逻辑结构

4.3.3　定时器/计数器应用举例

51 单片机的计数器是可编程的。因此，在利用定时器/计数器进行定时或计数之前，先要通过软件对它进行初始化。其初始化应完成的工作如下：

(1) 对 TMOD 赋值，以确定 T0 和 T1 的工作方式。

(2) 计算初值，并将其写入 TH0、TL0 或 TH1、TL1。

(3) 设置 IE、IP 来规定中断的开放/禁止和优先级。

(4) 使 TR0 或 TR1 置位，启动定时器/计数器开始定时或计数。

1．方式 0 的应用

【例 4-1】 利用 T0 的方式 0 定时由 P1.0 输出频率为 500 Hz 的方波，设单片机的晶振频率为 12 MHz。

分析：选用 T0 作定时器，输出为 P1.0 引脚，500 Hz 的方波可由间隔 1 ms 的高低电平相间而形成，因而只要每隔 1 ms 对 P1.0 取反一次，就可得到这个方波。

因为

$$\text{机器周期} = \frac{12}{12\ \text{MHz}} = 1\ \mu\text{s}$$

所以

$$T = \frac{2^{13} - t}{T_{\text{机器}}} = \frac{8192 - 1000}{1} = 7192$$

$$\text{TH0} = \frac{7192}{32} = 0\text{xe0}$$

$$\text{TL0} = 7192\%32 = 0\text{x18}$$

C 程序清单如下：

```
#include <reg.51.h>                    // 头文件
main(  )
{    TMOD=0x00;                        // 设 T0 为方式 0
     TH0=0xe0;                         // 设定 1 ms 的定时初值
     TL0=0x18;
     TR0=1;                            // 启动 T0
     While (1)
     {    while(!TF0);                 // 等待定时器溢出
          TF0=0;                       // 清除溢出标志
          P1_0=! P1_0;                 // 取反
          TH0=0xe0;                    // 重装初值
          TL0=0x18;
     }
}
```

方式 0 的应用

2. 方式 1 的应用

方式 1 与方式 0 基本相同，只是方式 1 改用了 16 位计数器。当要求定时周期较长时，13 位计数器不够用，可改用 16 位计数器。

【例 4-2】 利用定时器/计数器 0 产生 10 Hz 的方波，由 P1.0 口输出，设单片机的晶振频率为 12 MHz。

分析：10 Hz 的方波，周期为 100 ms，定时时间为 50 ms，也就是每 50 ms 电平就取反一次，12 MHz 的机器周期为 1 μs，初值 $T0 = (2^{16} - t)/T = (65\ 536-50\ 000)/1 = 0\text{x3cb0}$，则 TH0=0x3c，TL0=0xb0。

C 语言的源程序如下：

```
#include <reg.51.h>                    // 头文件
     main(  )
```

```
{   TMOD=0x01;              // 设 T0 为方式 1
    TH0=0x3c;               // 设定 1 ms 的定时初值
    TL0=0xb0;
    TR0=1;                  // 启动 T0
    While (1)
      {   while(!TF0);      // 等待定时器溢出
          TF0=0;            // 清除溢出标志
          P1_0=! P1_0;      // 取反
          TH0=0x3c;         // 重装初值
          TL0=0xb0;
      }
}
```

3．方式 2 的应用

方式 2 是定时器自动重装载的操作方式。在这种方式下，定时器/计数器 0 和 1 的工作是相同的，它的工作过程与方式 0、方式 1 基本相同，只不过在溢出的同时将 8 位二进制初值自动重装载，即在中断服务子程序中不需要再进行重新送初值。T1 工作在方式 2 时，可直接用作串行口波特率发生器。

【例 4-3】 设计用 T0 控制 4 个 LED 滚动闪烁，要求闪烁时间为 200 μs，硬件电路如图 4-8 所示。

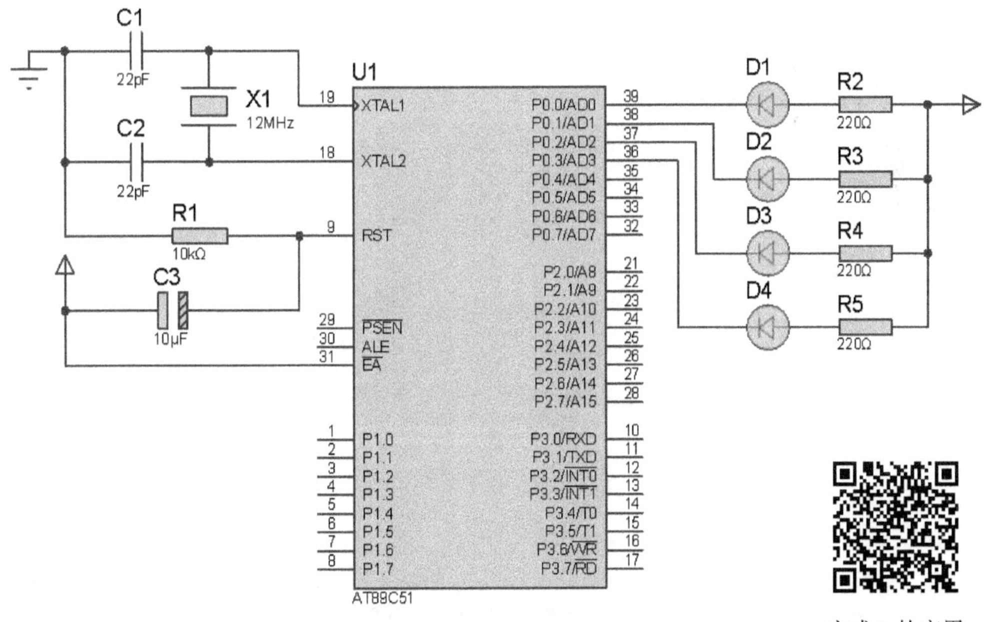

图 4-8　T0 控制 LED 灯闪烁

方式 2 的应用

分析：利用 T0 的方式 2 定时，根据要求，时间延时为 200 μs，则初值计算为 $2^8-200=$ 0x38，TMOD 的低四位是针对 T0 进行设置的，由于 T0 工作在方式 2 时作为定时器使用，因此 M1M0=10，$C/\overline{T}$=0，TMOD=0x02。

C51 语言源程序为

```
#include<reg51.h>
#define uchar unsigned char
#define uint unsigned int
sbit B1=P0^0;
sbit G1=P0^1;
sbit R1=P0^2;
sbit Y1=P0^3;
  uint i,j,k;
  //主程序
void main()
{
    i=j=k=0;
    P0=0xff;
    TMOD=0x02;              // T0 工作在方式 2 下
    TH0=256-200;            //  200 μs 定时
    TL0=256-200;
    IE=0x82;                // 开中断
    TR0=1;                  // 启动定时器
    while(1);
}
    //T0 中断函数
void LED_Flash_and_Scroll() interrupt 1
{
    if(++k<35) return;      // 定时中断若干次后执行闪烁
    k=0;
    switch(i)
    {   case 0:   B1=~B1;break;
        case 1:   G1=~G1;break;
        case 2:   R1=~R1;break;
        case 3:   Y1=~Y1;break;
        default:i=0;
    }
    if(++j<300) return;     // 每次闪烁持续一段时间
    j=0;
    P0=0xff;                // 关闭显示
    i++;                    // 切换到下一个 LED
}
```

4．方式 3 的应用

定时器/计数器工作在方式 3 只适用 T0，在方式 3 下，T0 是 2 个 8 位定时器/计数器，且 TH0 借用了定时器/计数器 T1 的溢出中断标志 TF1 和运行控制位 TR1。此方式使用较少，此处不再举例。

5．中断与定时器/计数器的综合应用

定时/计数功能与中断一样，都是单片机的常用功能，两者经常同时在一起使用，因此，在单片机的中断、定时综合应用实例的程序编制过程中，要注意以下几点：

(1) 选择合适的中断和定时/计数方式。例如，外部中断是采用电平触发还是脉冲下降沿触发，定时/计数方式是自动重装还是每次定时结束后用软件重装。

(2) 确定定时结束的判别方式，是用中断还是查询。如果采用中断，与其他中断的优先级如何确定，是否会影响系统的功能。

(3) 正确初始化和合理分配控制功能。

【例 4-4】 用计数器中断实现 100 以内的按键计数，要求采用 T0 计数，中断实现按键计数。

分析： 由于计数器的初值为 1，因此 P3.4 引脚的每次负跳变都会触发 T0 中断，从而实现计数值累加。计数器的清零用外部中断 0 控制。电路图如图 4-9 所示。

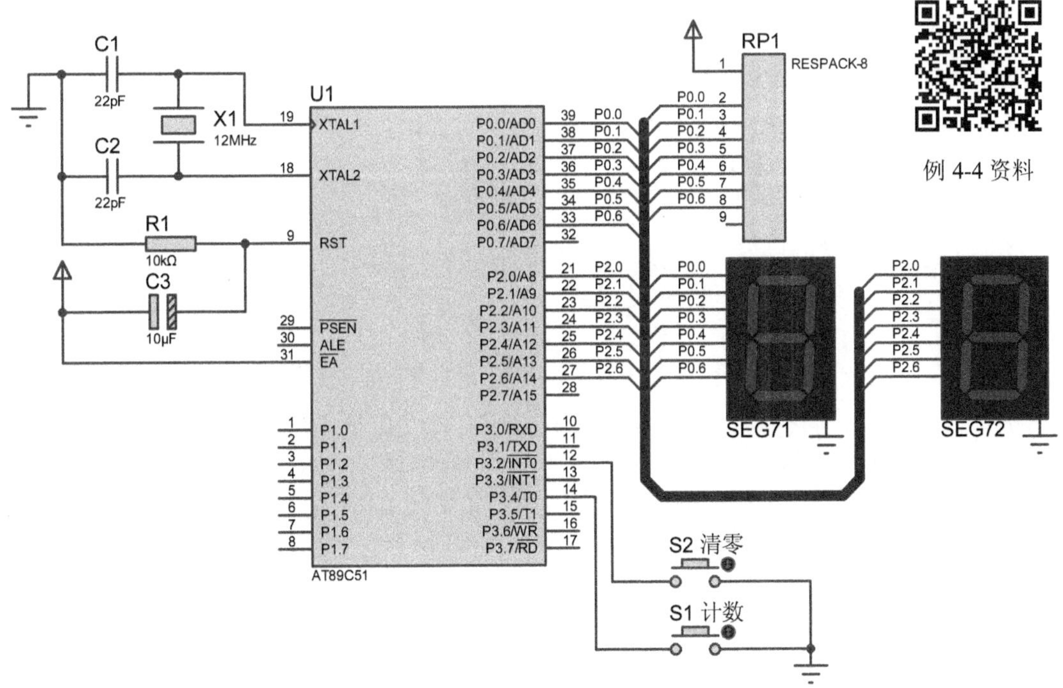

例 4-4 资料

图 4-9　按键计数电路图

C51 语言源程序如下：

```
#include<reg51.h>
#define uchar unsigned char
#define uint unsigned int
```

```
//段码
uchar code DSY_CODE[]={0x3f,0x06,0x5b,0x4f,0x66,0x6d,0x7d,0x07,0x7f,0x6f,0x00};
uchar Count=0;
//主程序
void main()
{
      P0=0x00;
      P2=0x00;
      TMOD=0x06;                    // T0 工作在方式 2 下
      TH0=TL0=256-1;                // 计数值为 1
      ET0=1;                        // 允许 T0 中断
      EX0=1;                        // 允许 INT0 中断
      EA=1;                         // 允许 CPU 中断
      IP=0x02;                      // 设置优先级，T0 高于 INT0
      IT0=1;                        // INT0 中断触发方式为下降沿触发
      TR0=1;                        // 启动 T0
      while(1)
      {
            P0=DSY_CODE[Count/10];
            P2=DSY_CODE[Count%10];
      }
}
//T0 中断函数
void Key_Counter() interrupt 1
{
      Count=(Count+1)%100;      //因为只有两位数码管，所以计数控制在 100 以内(00～99)
}
// INT0 中断函数
void Clear_Counter() interrupt 0
{
      Count=0;
}
```

4.4 项目实施

4.4.1 项目硬件设计

该控制系统结构比较简单，其硬件电路模块包括电源电路、时钟电路、按键复位电路和 LED 灯接口电路，硬件的设计电路图如图 4-10 所示。

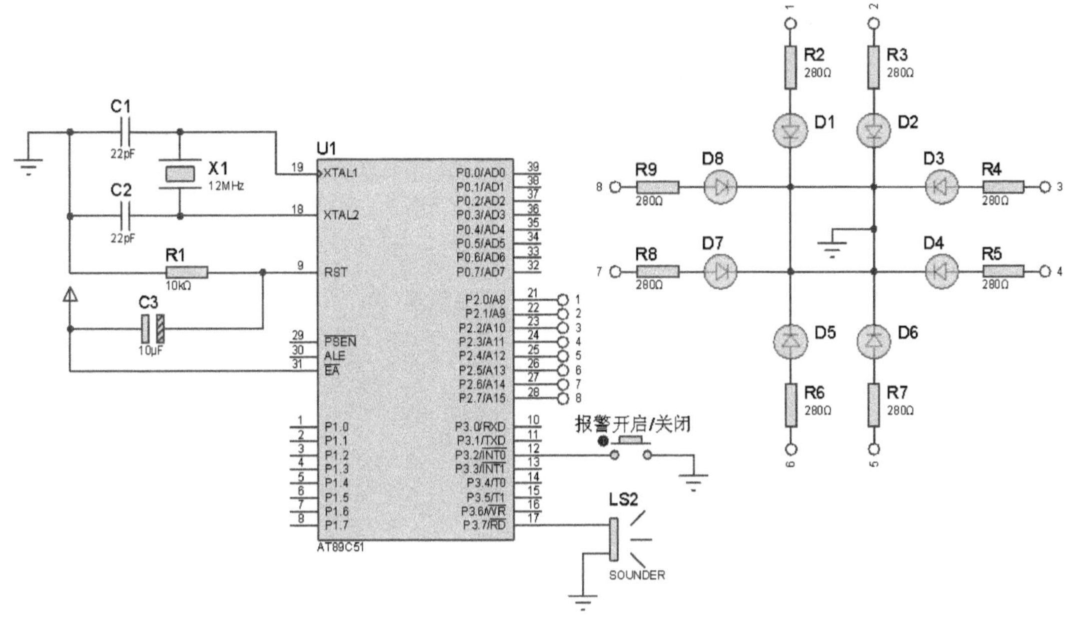

图 4-10　定时器控制的报警灯设计电路图

4.4.2　项目软件设计

由硬件电路可知，要实现报警灯旋转闪烁红灯，必须要求 P2 口依次输出高电平；在程序设计中需要开启两个定时器，即 T0 和 T1，定时器 T0 用于产生报警响声，定时器 T1 用于实现红灯的旋转。报警开关的实现是通过按下按钮产生的外部中断 0 信号形成的，当按下按键时，最高级别的中断就产生了($\overline{\text{INT0}}$=0，中断发生)，于是红灯旋转和报警声同时产生。把系统要实现的功能搞清楚后，就可以编写程序了。编写程序的具体思路如图 4-11 所示。

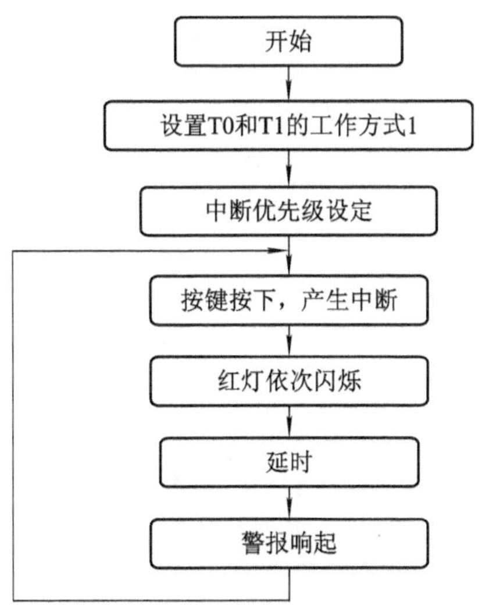

图 4-11　定时器控制的报警旋转灯设计流程图

根据程序流程图，写出如下所示的单片机 C51 语言程序：

```
/*****报警与旋转灯说明：定时器控制报警灯旋转显示，并发出仿真警报声*******/
#include<reg51.h>
#include<intrins.h>
#define uchar unsigned char
#define uint unsigned int
sbit SPK=P3^7;
uchar FRQ=0x00;
//延时
void DelayMS(uint ms)
{
    uchar i;
    while(ms--) for(i=0;i<120;i++);
}

//INT0 中断函数
void EX0_INT() interrupt 0
{
    TR0=~TR0;    // 开启或停止两定时器，分别控制报警器的声音和 LED 旋转
    TR1=~TR1;
    if(P2==0x00)
        P2=0xe0;  // 开 3 个旋转灯
    else
        P2=0x00;  // 关闭所有 LED
}
//定时器 0 中断
void T0_INT() interrupt 1
{
    TH0=0xfe;
    TL0=FRQ;
    SPK=~SPK;
}
//定时器 1 中断
void T1_INT() interrupt 3
{
    TH1=-45000/256;
    TL1=-45000%256;
    P2=_crol_(P2,1);
}
//主程序
```

报警灯源程序

```
void main()
{
    P2=0x00;
    SPK=0x00;
    TMOD=0x11;          // T0，T1 方式 1
    TH0=0x00;
    TL0=0xff;
    IT0=1;
    IE=0x8b;            // 开启 0，1，3 号中断
    IP=0x01;            // INT0 设为最高优先
    TR0=0;
    TR1=0;              // 定时器启停由 INT0 控制，初始关闭
    while(1)
    {
        FRQ++;
        DelayMS(1);
    }
}
```

4.4.3　项目综合仿真与调试

1．使用 Keil C51 编译源程序

Keil C51 是 51 系列单片机的开发系统，利用它可以编辑、编译、汇编、连接 C 程序和汇编程序，从而可以生成在单片机中进行烧录的 .hex 文件。项目 1 中已详细介绍了编译过程，在此不再介绍。本项目编译成功后生成的文件如图 4-12 所示。

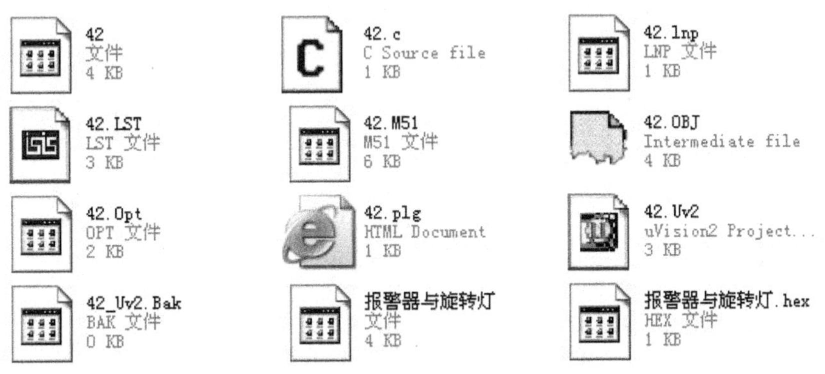

图 4-12　编译成功后生成的文件

2．使用 Proteus 系统仿真软件调试并验证系统运行的结果

在 Proteus 下画图、连线，加载.hex 文件的详细过程在项目 1 中已做了介绍，在此只给出仿真结果，如图 4-13 所示。当按下报警开关后，与 P2 口连接的 8 个 LED 灯就开始闪烁

红色的光，蜂鸣器响起。在仿真过程中，在电脑上插入喇叭接口，就能听到刺耳的报警声。当取消报警时，只需再次按下报警开关，警报就可解除。

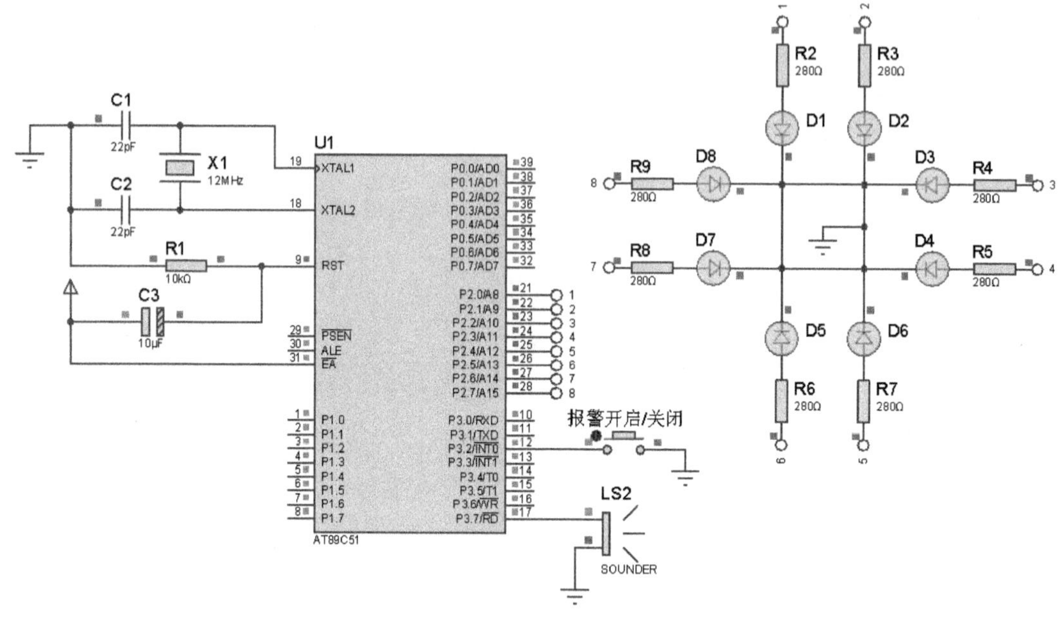

图 4-13　定时器控制的报警旋转灯仿真效果图

3．动手做

在完成系统仿真后，可以按照本系统硬件设计部分给出的原理图，在万能板(或印制电路板)上进行电子元器件的连接与调试。项目制作所需的元件清单如表 4-2 所示。

表 4-2　定时器控制的流水灯元件清单

名　称	规　格	数　量	主要功能或用途
单片机	AT89C51	1	控制核心
晶振	12 MHz	1	晶振电路
电容	22 pF	2	起振电容
电解电容	10 μF	1	复位电路
电阻	220 Ω	8	限流
电阻	10 kΩ	1	复位电路
单片机芯片插座	DIP40	1	插入单片机芯片
发光二极管	3 mm	8	发光
按键	DIPSW_4	1	提供中断信号
导线		若干	连接电路
USB 电源插座	USB	1	插入 USB 线
USB 电源线	135 cm	1	连接电脑的 USB 口
万能板	7 cm × 9 cm	1	在板上组装与焊接元件

项 目 小 结

本项目我们学习了单片机的两个可编程定时器/计数器 T0 和 T1。首先介绍了定时器/计数器的结构和工作原理，然后详细介绍了定时器/计数器的内部寄存器和工作方式。通过本项目的学习，必须掌握 T0、T1 的基本结构和工作方式，理解 T0 与 T1 都可以通过对 TMOD 中 $C/\overline{T}$ 位的设定来确定是定时还是计数，要学会计算定时器/计数器的初值，重点掌握通过编程来实现对定时器/计数器的控制。

项目拓展技能与练习

【拓展技能训练】

(1) 设计一个能计时 10 秒的秒表，要求首次按键计时开始，再次按键暂停，第三次按键清零。

(2) 对项目 2 中的交通灯的控制用定时器来实现。

拓展技能资料

【项目练习】

(1) 叙述定时器/计数器的结构和工作原理。

(2) 定时器/计数器有几种工作方式？各有何特点？

(3) 利用定时器 1 产生 10 Hz 的方波，由 P1.0 口输出，设单片机晶振频率为 12 MHz。

(4) 设计用定时器 T0 控制 4 个 LED 滚动闪烁，要求闪烁时间为 100 μs。

(5) 设计由 P1 口控制 8 个流水灯，利用定时器/计数器原理实现轮流闪烁。

项目练习答案

项目 5　单片机的串口通信设计

【项目导入】

由项目 1 可知，单片机的 I/O 端口中有一个可编程、全双工的串行口，它就是单片机与外界进行交换信息的端口，本项目将学习单片机串行通信的相关知识和串口的结构及应用。

【项目目标】

1. 知识目标

(1) 了解单片机串行通信的一些概念；

(2) 掌握单片机串行口的结构和工作原理；

(3) 理解单片机串行口的工作方式；

(4) 掌握串行通信的硬件设计。

2. 能力目标

(1) 能根据系统的功能要求，对串口进行设置；

(2) 能根据功能模块要求，对串口通信进行设计；

(3) 学会串行口的初始化编程。

5.1　项 目 描 述

单片机与外界进行信息的交换时必然要用到通信协议，比如单片机与单片机的通信、单片机与 PC 的通信等。本项目通过设计一个由甲单片机(简称甲机)通过串口通信去控制乙单片机(简称乙机)LED 灯的闪烁，从而让大家熟悉并掌握单片机的通信设计。

5.2　项目目的与要求

本项目的设计目的是通过甲单片机的端口控制乙单片机 I/O 端口 LED 灯的闪烁。具体要求：通过按下甲单片机的开关次数来发送控制命令字符，乙单片机根据接收的来自甲机传送的信息来完成 LED1 闪烁、LED2 闪烁、双闪烁或停止闪烁等。在实施项目过程中，要掌握以下基本知识点：

(1) 串行通信的基本概念和工作原理；

(2) 单片机的串行口结构；

(3) 串口寄存器的功能及串口的工作方式；

(4) 串口通信的应用。

5.3　项目支撑知识链接

5.3.1　串行通信

串行通信

1. 概述

在实际应用中，计算机与外部设备之间，计算机与计算机之间常常要进行信息交换，所有这些信息的交换均称为通信。通信的基本方式分为并行通信和串行通信两种。并行通信是构成数据信息的各位同时进行传送的通信方式，例如 8 位数据或 16 位数据并行传送。图 5-1(a)为并行通信方式的示意图，其特点是传输速度快，缺点是需要多条传输线，当距离较远、位数又多时，通信线路复杂且成本高。串行通信是数据一位接一位地顺序传送。图 5-1(b)为串行通信方式的示意图。其特点是通信线路简单，只要使用一对传输线就可以实现通信(如电话线)，从而大大降低了成本，特别适用于远距离通信，其缺点是传送速度慢。

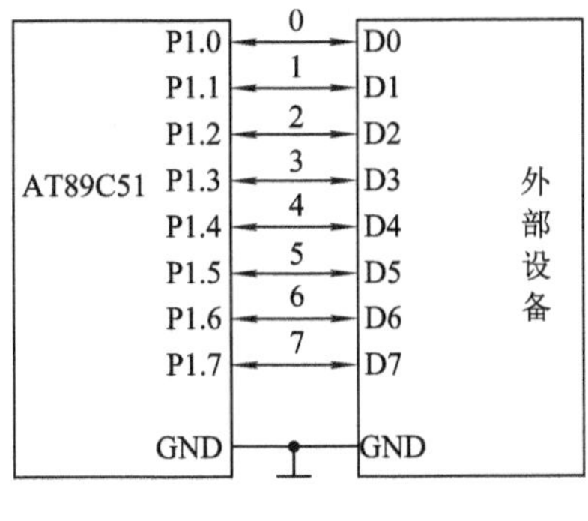

(a) 并行通信

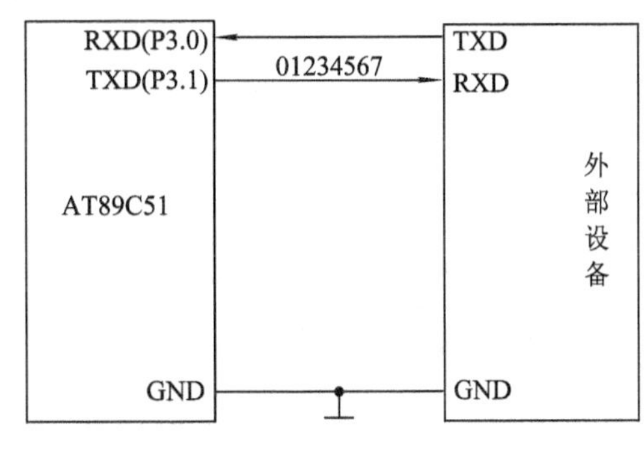

(b) 串行通信

图 5-1　通信的两种基本方式

由图 5-1 可知，假设并行传送 N 位数据所需时间为 T，那么串行传送的时间至少为 NT，实际上总是大于 NT。在串行通信中一个方向只有一根通信线，这根线既传输数据信息，又传输控制信息。为了加以区分，要对信息的格式进行约定。信息格式有异步信息和同步信息两种，与此对应，串行通信就分为异步通信和同步通信两种方式。

1) 异步通信方式

异步通信方式是一种常用的通信方式，以帧为发送单位。帧由四个部分组成：起始位、数据位、奇偶校验位和停止位。起始位占 1 位，数据位占 5～8 位，奇偶校验位占 1 位(也可以没有奇偶校验位)，停止位占 1 或 2 位，如图 5-2 所示。图 5-2 中给出的是有 8 位数据位的帧格式，帧中有 1 位起始位、8 位数据位、1 位奇偶校验位和 1 位停止位，共 11 位。其中，起始位标识数据发送开始，接下来是数据位和奇偶校验位，停止位标识数据发送结束。数据传送的基本过程是：传送开始后，接收设备不断检测传输线，若在接收到一系列的“1”之后，检测到一个“0”，说明接到一个帧的起始位，接着接收数据位和奇偶校验位，当接收到停止位时，说明帧传送结束。将数据位拼成一个字节，进行奇偶校验，验证无误后表明正确收到一个字符。

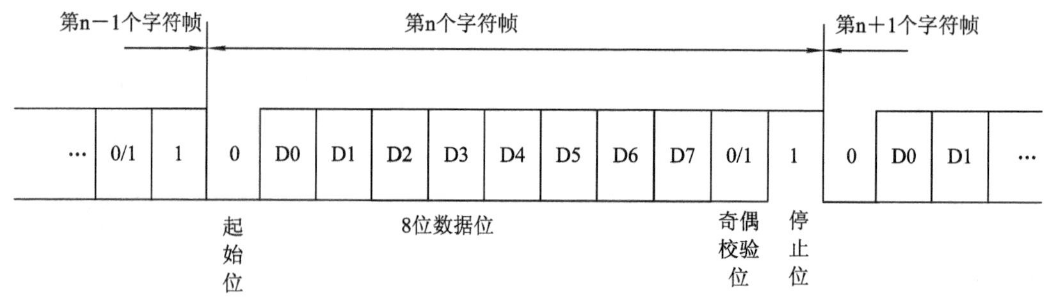

图 5-2　异步通信原理示意图

由上述过程可见，异步通信是按字符传输的。异步通信的特点是不需要传送同步脉冲，字符帧长度也不受限制，故硬件结构比同步通信方式简单；但因此种传送方式中包含起始位和停止位，故而降低了有效数据的传输速率。

异步通信与同步通信

2) 同步通信方式

同步通信是一种比特同步的通信方式，要求收发双方具有同频同相的同步时钟信号，用同步起始位作为发送或接收数据的开始，如图 5-3 所示。

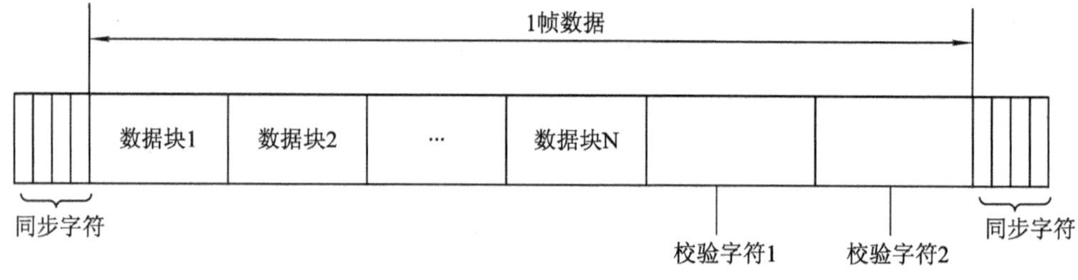

图 5-3　同步通信示意图

图 5-3 中给出的是同步通信示意图。数据传送的基本过程为：发送方先发送一个或两个特殊字符，该字符称为同步字符，当发送方和接收方达到同步后，就一个接一个地发送一大块数据。

采用同步通信方式可以实现高速度、大容量的数据传送，其缺点是要求发送时钟和接收时钟保持严格同步。故发送时钟除应和发送比特率保持一致外，还应把它同时传送到接收端。

2. 串行通信方式与波特率

1) 串行通信方式

在串行通信中，数据是在两个站之间进行传送的。按照数据传送方向，串行通信可分为单工(simplex)、半双工(half duplex)和全双工(full duplex)三种方式。图 5-4 为三种方式的示意图。

(1) 单工：指通信双方只能进行单方向传输。单工通信的通信线是单向的，发送端只有发送器，只能发送数据；接收端只有接收器，只能接收数据，如图 5-4(a)所示。

(2) 半双工：指通信双方都能进行数据传输，双方都设有发送器和接收器，都能发送数据和接收数据，但不能同时进行，即发送时不能接收，接收时不能发送，如图 5-4(b)所示。

(3) 全双工：是指通信双方能同时进行数据传输，双方都设有发送器和接收器，能同时发送数据和接收数据，如图 5-4(c)所示。

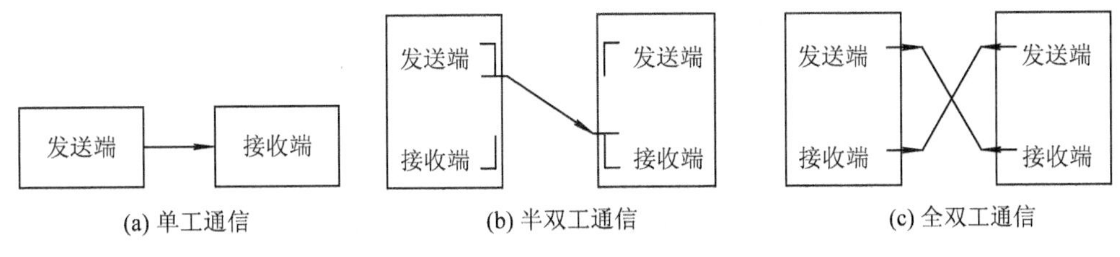

图 5-4　串行通信数据传送方式

2) 波特率

串行通信的快慢用波特率来表示。51 系列单片机串行口有 4 种工作方式，其波特率也随之不同。波特率和帧格式可以通过软件编程来设置。必须正确进行波特率的设置，才能进行可靠的数据通信。

波特率是数据的传送速率，指的是每秒钟传送二进制数码的位数，单位为波特/秒(baud/s)，也叫波特数，它是衡量异步通信的一个重要指标。但波特率与字符的实际传送速率不同，字符的实际传送速率(字符帧/秒)是每秒内所传送的字符帧数，和字符帧格式有关。

波特率与字符的传送速率(字符/秒)之间存在如下关系：波特率 = 位/字符 × 字符/秒 = 位/秒。每 1 位二进制位的传送时间 T_d 就是波特率的倒数。

例如：假设字符传送速度为 360 字符/s，每个字符又包含 10 位，试求此通信中的波特率及一位二进制数的传送时间。

波特率为

$$360\text{字符}/\text{s}\times 10\text{位}/\text{字符}=3600\text{位}/\text{s}$$

一位二进制数传送的时间即为波特率的倒数：

$$T_d=\frac{1}{3600}\text{s}=0.278\ \text{ms}$$

异步通信的传送速率在 50～19 200 位/s 之间，常用于计算机到 CRT 终端，以及双机和多机之间的通信。

3. 信号的调制和解调

当异步通信的距离在 30 m 以内时，计算机之间可以直接通信。而当传输距离较远时，通常用电话线进行传送。电话线的带宽限制以及信号传送中的衰减会使信号发生明显的畸变。所以，在这种情况下，发送时要用调制解调器(Modulator)把数字信号转换为模拟信号，并加以放大再传送，这个过程称为调制。在接收时，用解调器(Demodulator)检测此模拟信号，并把它转换成数字信号再送入计算机，这个过程称为解调。

4. RS-232C 串行通信协议

RS-232C 由美国电子工业协会制定，是目前使用最多的一种异步串行通信总线标准。RS-232C 定义了数据终端设备(DTE)和数据通信设备(DCE)之间的物理接口规范。采用标准接口后，能方便地把单片机和外设以及测量仪器等有机地连接起来构成一个控制系统。此串口协议适合短距离或调制解调的通信场合。

1) RS-232C 的电气特性

该标准采用负逻辑，电平值为 –3～–15 V 的低电平表示逻辑“1”，电平值为 +3～+15 V 的高电平表示逻辑“0”。RS-232C 不能直接与 TTL 电路连接，使用时必须加上适当的电平转换电路，否则会被烧坏。目前较常用的电平转换芯片有 MAX232、MC1488 和 MC1489 等。

2) RS-232C 引脚

RS-232C 接口采用的是 9 针连接和 25 针连接，具体如图 5-5 所示。RS-232C 的引脚功能见表 5-1 所示。

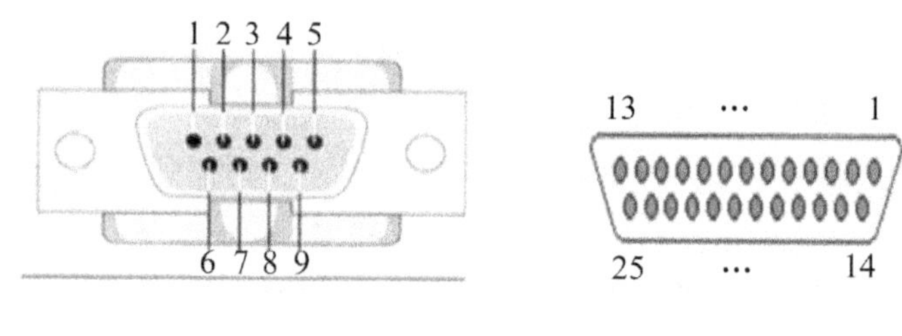

(a) 9 针串行口　　(b) 25 针串行口

图 5-5　串行口

表 5-1　RS-232C 引脚功能

9 针	25 针	简写	功　能
1	8	CD	载波侦测(Carrier Detect)
2	3	RXD	接收数据(Receive)
3	2	TXD	发送数据(Transmit)
4	20	DTR	数据终端设备(Data Terminal Ready)
5	7	GND	地线(Ground)
6	6	DSR	数据准备好(Data Set Ready)
7	4	RTS	请求发送(Request To Send)
8	5	CTS	消除发送(Clear To Send)
9	22	RI	振铃指示(Ring Indicator)

3) RS-232C 的通信距离和速度

RS-232C 规定的最大负载电容为 2500 pF，这个电容限制了它的传送距离和传送速率。在不使用调制解调器时，它的可靠最大通信距离为 15 m。另外，它的接口最大传输速率为 20 k/s，它还提供以下传输速率：1200 b/s、2400 b/s、4800 b/s、9600 b/s 和 19 200 b/s。在使用 RS-232C 时要根据情况选择传输速率。

5.3.2　单片机的串行口及工作方式

51 单片机内部含有一个可编程的全双工通信串行接口(简称串行口)，该接口电路不仅能同时进行数据的发送和接收，也可作为一个同步移位寄存器使用。该串行口通过引脚 RXD(P3.0，串行数据接收端)和引脚 TXD(P3.1，串行数据发送端)与外界进行通信。由三个特殊功能寄存器对串行口的接收和发送进行控制，它们分别是串行口缓冲寄存器 SBUF、串行口控制寄存器 SCON 和电源控制寄存器 PCON。51 系列单片机串行口内部简化结构示意图如图 5-6 所示。

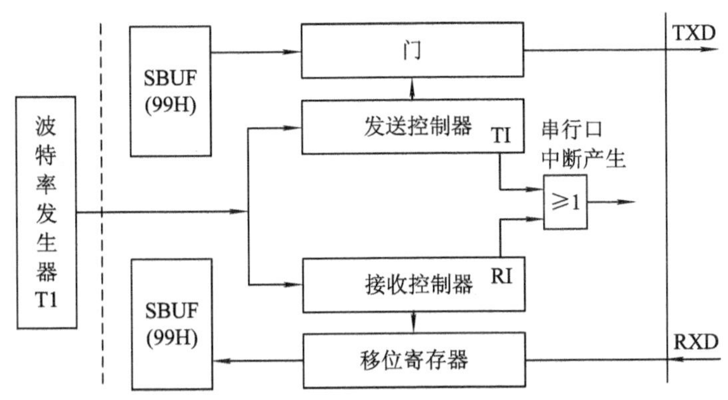

图 5-6　51 系列单片机串行口内部简化结构

串行发送和接收的速率与移位时钟同步，定时器/计数器 T1 作为串行通信的波特率发生器，其溢出率经 2 分频(或不分频)后又经 16 分频，作为串行发送或接收的移位时钟。移位时钟的速率即波特率。

(1) 发送数据过程：CPU 通过内部总线将并行数据写入发送 SBUF。在发送控制电路的控制下，按设定好的波特率，每来一次移位脉冲，通过引脚 TXD 向外输出一位。一帧数据发送结束后，向 CPU 发出中断请求，TI 位置 1；CPU 响应中断后，开始准备发送下一帧数据。

(2) 接收数据过程：CPU 不停地检测引脚 RXD 上的信号，当信号中出现低电平时，在接收控制电路的控制下，按设定好的波特率，每来一次移位脉冲，读取外部设备发送的一位数据到移位寄存器。一帧数据传输结束后，数据被存入接收 SBUF，同时向 CPU 发出中断请求，RI 位置 1。CPU 响应中断后，开始接收下一帧数据。

1. 与串行口有关的寄存器

51 系列单片机中有关串行通信的特殊功能寄存器有串行数据缓冲寄存器 SBUF、串行控制寄存器 SCON 和电源控制寄存器 PCON。

1) 串行数据缓冲寄存器 SBUF

串行数据缓冲寄存器 SBUF 是一个字节地址为 99H 的特殊功能寄存器，用来存放将要发送或接收到的数据。在物理结构上，它对应着发送缓冲寄存器和接收缓冲寄存器，它们共用同一个地址。CPU 通过读或写来区别究竟对哪一个缓冲寄存器进行操作，即发送缓冲寄存器只能写入不能读出，接收缓冲寄存器只能读出而不能写入。当 CPU 向 SBUF 发出“写”命令时，表示将 A 中数据写入发送缓冲寄存器，同时也启动数据按一定的波特率发送；而当执行读 SBUF 的命令时，则表示将接收到的数据从接收缓冲寄存器读出并送入 A 中。

2) 串行控制寄存器 SCON

串行控制寄存器

串行控制寄存器 SCON 用于设置串行口的工作方式，监视串行口的工作状态、发送与接收的状态控制等。它是一个既可进行字节寻址又可进行位寻址的特殊功能寄存器。

串行控制寄存器 SCON 的结构和各位名称、位地址如表 5-2 所示。

表 5-2　SCON 的结构和各位名称、位地址

SCON	D7	D6	D5	D4	D3	D2	D1	D0
位名称	SM0	SM1	SM2	REN	TB8	RB8	TI	RI
位地址	9FH	9EH	9DH	9CH	9BH	9AH	99H	98H
功能	工作方式选择		多机通信控制	接收允许	发送第 9 位	接收第 9 位	发送中断	接收中断

各位功能说明如下：

(1) SM0、SM1——串行口工作方式选择位：串行口的工作方式及功能选择由这两位确定，具体如表 5-3 所示。

表 5-3　串行口工作方式

SM0	SM1	工作方式	功 能 说 明
0	0	0	同步移位寄存器输入/输出，波特率固定为 $f_{osc}/12$
0	1	1	8 位 UART，波特率可变(T1 溢出率/n，n=32 或 16)
1	0	2	9 位 UART，波特率固定为 f_{osc}/n，(n=64 或 32)
1	1	3	9 位 UART，波特率可变(T1 溢出率/n，n=32 或 16)

(2) SM2——多机通信控制位。在方式 2 和方式 3 中，若 SM2=1，且 RB8(接收到的第九位数据)=1 时，将接收到的前 8 位数据送入 SBUF，并置位 RI 产生中断请求，否则将接收到的 8 位数据丢弃；若 SM2=0，则不论第九位数据为 0 还是为 1，都将前 8 位数据装入 SBUF 中，并产生中断请求。在方式 0 中，SM2 必须为 0。

(3) REN——允许接收控制位。REN 位用于对串行数据的接收进行控制：REN=0，禁止接收；REN=1，允许接收。该位由软件置位或复位。

(4) TB8——方式 2 和方式 3 中要发送的第 9 位数据。在方式 2 和方式 3 时，TB8 是发送的第 9 位数据。该位由软件置位或复位。TB8 还可用作奇偶校验位，也可在多机通信中作为地址帧或数据帧的标志位使用。

(5) RB8——在方式 2 或方式 3 中，RB8 存放已接收到的第 9 位数据，作为奇偶校验位或地址帧/数据帧的标志位；在方式 1 中，若 SM2=0，则 RB8 是接收到的停止位。

(6) TI——发送中断标志位。当采用方式 0 时，发送完第 8 位数据后，该位由硬件置位；在其他方式下，遇发送停止位时，该位由硬件置位。因此 TI=1，表示帧发送结束，可用软件查询 TI 位标志，也可以请示中断。TI 位必须由软件清 0。

(7) RI——接收中断标志位。当采用方式 0 时，接收完第 8 位数据后，该位由硬件置位；在其他方式下，当接收到停止位时，该位由硬件置位。因此，RI=1 表示帧接收结束，可用软件查询 RI 位标志，也可以请示中断。RI 位也必须由软件清 0。

3) 电源控制寄存器 PCON

PCON 主要是为 CHMOS 型单片机电源控制而设置的专用寄存器。其中，最高位 SMOD 是串行口波特率的倍增位，在串行口方式 1、方式 2、方式 3 时，波特率与 SMOD 有关，当 SMOD=1 时串行口波特率加倍。系统复位时，SMOD=0。PCON 寄存器不能进行位寻址，其各位名称如表 5-4 所示。

表 5-4　PCON 寄存器

PCON	D7	D6	D5	D4	D3	D2	D1	D0
位名称	SMOD	—	—	—	GF1	GF0	PD	IDL

2. 串行口的工作方式

89C51 单片机串行通信共有 4 种工作方式，可有 8 位、10 位、11 位帧格式，是由串行控制寄存器 SCON 中 SM0SM1 来决定的，如表 5-3 所示。

1) 串行工作方式 0

串行口工作方式 0

在方式 0 下，串行口作为同步移位寄存器使用。这时以 RXD 端作为数据移位的输入/输出端，而由 TXD 端输出移位脉冲。移位数据的发送和接收以 8 位为一帧，不设起始位和停止位，无论输入/输出，均低位在前，高位在后。其帧格式如下：

← 数据传送方向	D0	D1	D2	D3	D4	D5	D6	D7	…

在移位时钟脉冲(TXD)的控制下，将发送数据缓冲器的数据串行移到外接的移位寄存器，通过引脚 RXD 输出；8 位数据以 $f_{osc}/12$ 的固定频率输出，发送完一帧数据后，发送中断标志 TI 由硬件置位；接收数据时，复位接收请求标志 RI=0，置位允许接收控制位 REN=1，外接移位寄存器中的内容首先移入内部的输入寄存器，然后写入接收数据缓冲寄存器，此后 RI 置 1。

在方式 0 下，移位操作的波特率是固定的，为单片机晶振频率的 1/12。以 f_{osc} 表示晶振频率，则波特率=$f_{osc}/12$，也就是一个机器周期进行一次移位。若 f_{osc}=6 MHz，则波特率为 500 kb/s，即 2 μs 移位一次；若 f_{osc} = 12 MHz，则波特率为 1 Mb/s，即 1 μs 移位一次。

2) 串行工作方式 1

方式 1 是一帧 10 位的异步串行通信方式，包括 1 个起始位、8 个数据位和 1 个停止位，其帧格式如下：

起始位	D0	D1	D2	D3	D4	D5	D6	D7	停止位

数据发送是由一条写串行数据缓冲寄存器 SBUF 指令开始的。在串行口硬件自动加入起始位和停止位，构成一个完整的帧格式，然后在移位脉冲的作用下，由 TXD 端串行输出。一个字符帧发送完后，使 TXD 输出线维持在“1”(space)状态下，并将串行控制寄存器 SCON 中的 TI 位置 1，表示一帧数据发送完毕；接收数据时，SCON 中的 REN 位应处于允许接收

状态(REN=1)。在此前提下，串行口采样 RXD 端，当采样到从 1 向 0 状态的跳变时，就认定为已接收到起始位，随后在移位脉冲的控制下，接收数据位和停止位。

【小提示】

串行口工作方式 1

(1) 若 RI=0，SM2=0，则 8 位数据装入 SBUF，停止位装入 RB8，置 RI=1。

(2) 若 RI=0，SM2=1，且停止位为 1，则结果与 A 相同。

(3) 若 RI=0，SM2=1，且停止位为 0，则所接收数据丢失。

(4) 若 RI=1，则所接收数据丢失。

不论出现上述哪种情况，检测器都会重新检测 RXD 端的负跳变，以便接收下一帧。

方式 1 的波特率是可变的，其波特率由定时器/计数器 T1 的计数溢出率来决定，其公式为：波特率 = 2^{SMOD} × (T1 溢出率)/32。其中，SMOD 为 PCON 中最高位的值，SMOD=1 表示波特率倍增。当定时器/计数器 T1 用作波特率发生器时，通常选用定时初值自动重装的工作方式 2(注意：不要把定时器/计数器的工作方式与串行口的工作方式搞混淆)，从而避免了通过程序反复装入计数初值而引起的定时误差，使得波特率更加稳定。若 T1 不中断，则 T0 可设置为方式 3，借用 T1 的部分资源，拆成两个独立的 8 位定时器/计数器，以弥补 T1 被用作波特率发生器而少一个定时器/计数器的缺憾。若时钟频率为 f_{osc}，定时计数初值为 $T1_{初值}$，则波特率为

$$波特率 = \frac{2^{SMOD}}{32} \times \frac{f_{osc}}{12 \times (256 - T1_{初值})}$$

在实际应用中，通常是先确定波特率，后根据波特率求 T1 定时初值，因此上式又可写为

$$T1\text{ 的时间常数} = 256 - \frac{2^{SMOD}}{32} \times \frac{f_{osc}}{12 \times 波特率}$$

例如，89C51 单片机控制系统的晶振为 12 MHz，要求串口发送数据为 8 位，波特率为 1200 b/s，设 SMOD=1，则 T1 的时间常数的计算如下：

$$T1\text{ 的时间常数} = 256 - \frac{2^{SMOD}}{32} \times \frac{f_{osc}}{12 \times 波特率} = 256 - \frac{2 \times 12 \times 10^6}{384 \times 1200}$$

$$= 256 - 52.08 = 203.92 \approx 0CCH$$

3) 串行工作方式 2 和方式 3

方式 2 是一帧 11 位的串行通信方式，即 1 个起始位、8 个数据位、1 个可编程位 TB8/RB8 和 1 个停止位，其帧格式如下：

起始位	D0	D1	D2	D3	D4	D5	D6	D7	TB8/RB8	停止位

其中，可编程位 TB8/RB8 既可用作奇偶校验位，也可用作控制位(多机通信)，其功能由用户确定。

发送数据时，向 SBUF 写入一个数据就启动串口发送，同时将 TB8 写入输出移位寄存器的第 9 位。开始时，SEND 和 DATA 都是低电平，把起始位输出到 TXD。以后每次移位，

左边移入 0。当 TB8 移到输出位时，其左边是一个 1 和全 0。检测到此条件，再进行最后一次移位，SEND = 1，DATA = 0，输出停止位，置 TI = 1。

接收数据时，置 REN = 1。与方式 1 类似，起始位 0 移到输入寄存器的最左边时，进行最后一次移位。在 RI=0，SM2=0 或接收到的第 9 位为 1 时，收到的 1 字节数据装入 SBUF，第 9 位进入 RB8，置 RI = 1，然后又开始检测 RXD 端负跳变。

方式 3 同样是一帧 11 位的串行通信方式，其通信过程与方式 2 完全相同，所不同的仅在于波特率。方式 2 的波特率只有固定的两种，而方式 3 的波特率则与方式 1 相同，即通过设置 TI 的初值来设定波特率。

3. 串行口的工作方式应用

单片机串口初始化需完成单片机串口工作方式选择、波特率设置、波特率发生器设置等基本设置。例如，设置单片机晶振为 11.0592 MHz，串口波特率为 9600 baud/s，串口选择工作方式 1，定时器配置为工作方式 2。初始化程序如下：

```
void Uart Init(void)
{  TMOD=(TMOD & 0X0F)|0X20;          // 设置定时器/计数器 T1 为定时方式 2
   TH1=110592001/12/32/9600;         // 求波特率为 9600 baud/s 时定时器的初值
   TL1=TH1;                          // 启动 T1 定时器/计数器
   TR1=1;
   SCON=0x70;                        // 设置串行工作方式 1，允许接收
   PCON=0x80; }
```

【例 5-1】 用 89C51 的串行口外接一片 CD4094 扩展 8 位并行输出，并行口每位接一发光二极管，要求发光二极管循环轮流点亮，工作电路如图 5-7 所示，请编写程序。

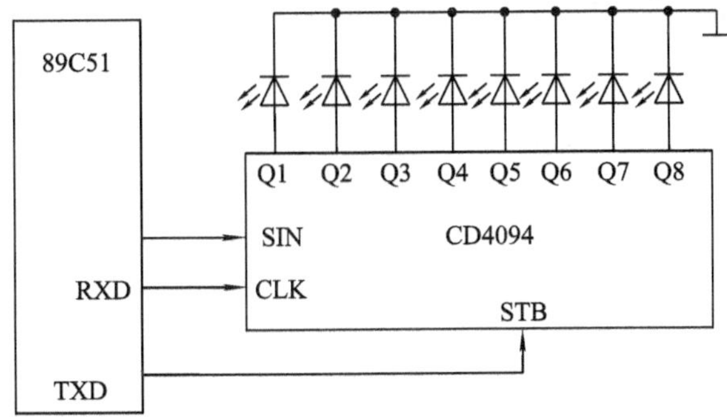

图 5-7　CD4094 扩展输出接口

分析： CD4094 是一片 8 位串行输入/并行输出的同步移位寄存器，CLK 为同步脉冲输入端，STB 为选通控制端。STB = 0 时，8 位数据 Q1～Q8 关闭，允许数据输入；STB = 1 时，8 位数据 Q1～Q8 输出。系统采用方式 0 通信，以中断方式工作。

C51 源程序如下：

```
#include <reg51.h>
#include <intrins.h>                 // 包含头文件
#define unit unsigned char
#define unit unsigned int
sbit P1_0=P1^0;
```

```
uchar SendData
  void DelayMs(uchar);                  // 延时 1 ms 程序
void serial_ISR(void)interrupt 4        // 串行中断处理程序
{
    P1_0=1;
    DelayMs(200);                       // 延时
    TI=0;
    P1_0=0;                             // 允许接收
    SendData=_crol_(SendData,1);        // 待发送的数据左移 1 位
    SBUF=SendData;                      // 发送数据
}
void main(void)                         // 主程序
{
  TMOD=0x00;                            // 设串行口为方式 0
  EA=1;                                 // 开总中断
  ES=1;                                 // 开串行中断
  SendData=0x01;                        // 发送数据初值
  P1_0=0;
  SBUF=SendData;                        // 发送数据
  While(1);                             // 等待一次数据发送完毕
}
void DelayMs(uchar no)                  // 延时毫秒程序
{
    uchar i,j;
    for(i=0;i<no;i++)
     {
        for(j=0;j<164;j++);
        for(j=0;j<164;j++);
     }
}
```

【例 5-2】 89C51 单片机按全双工方式收发数据。要求将内部 RAM 的 30H 单元开始的 20 个数据发送出去，同时接收到的 20 个数据保存到以 50H 单元为初始地址的内部 RAM 数据缓冲区。时钟振荡频率为 6 MHz，数据传送的波特率为 2400 baud/s，试编写通信程序。

分析：全双工通信要求能同时接收和发送数据，通过检测 RI 位还是 TI 位为 1 来判断是选择接收操作还是选择发送操作，系统采用串行方式 2 通信，以中断方式工作。

C51 程序如下：

```
#include<reg51.h>
#include<absacc.h>
unsigned char data sdata[20]_at_0x30;
```

```
unsigned char data rdata[20]_at_0x50;          // 定义变量绝对地址
main()
{
    TMOD=0x20;                   // T1 工作于方式 2
    TH1=0xfa;
    TL1=0xfa;                    // 设定波特率时间常数
    TR1=1;                       // 启动 T1
    SCON=0x50;                   // 设定串行口方式 1
    ES=1;                        // 开串口中断
    EA=1;                        // 开中断
    While(1);                    // 等待串行中断
}
void sbsi() interrupt 4;         // 中断处理程序
{
    if(RI==1)
        {send();}                // RI=1，调用接收子程序
    else
        {rces();}                //TI=1，调用发送子程序
}
//发送接收子程序
void rces()
{
    unsigned char I;
    RI=0;                        // 清 RI
    rdata[i]=SBUF;               // 存入指定数据缓冲区
    i++;                         // 指向下一数据存储单元
   if(i==20)
        {i=0;}
}
void send()
{
      unsigned char i;
    if(i==20)
       {;}                       // 判断数据是否发送完毕
    else{
          TI=0;                  // 清 TI
          SBUF=sdata[i];         // 启动发送
          }
   i++;                          // 指向下一数据
}
```

5.4 项目实施

5.4.1 项目硬件设计

本项目的设计要求是：单片机甲发送信息，单片机乙接收发来的信息。通过甲的按键来控制发送的字符信息，乙单片机根据所接收到的信息完成 LED1 闪烁、LED2 闪烁、LED1 和 LED2 双闪烁或同时停止闪烁，硬件设计如图 5-8 所示。

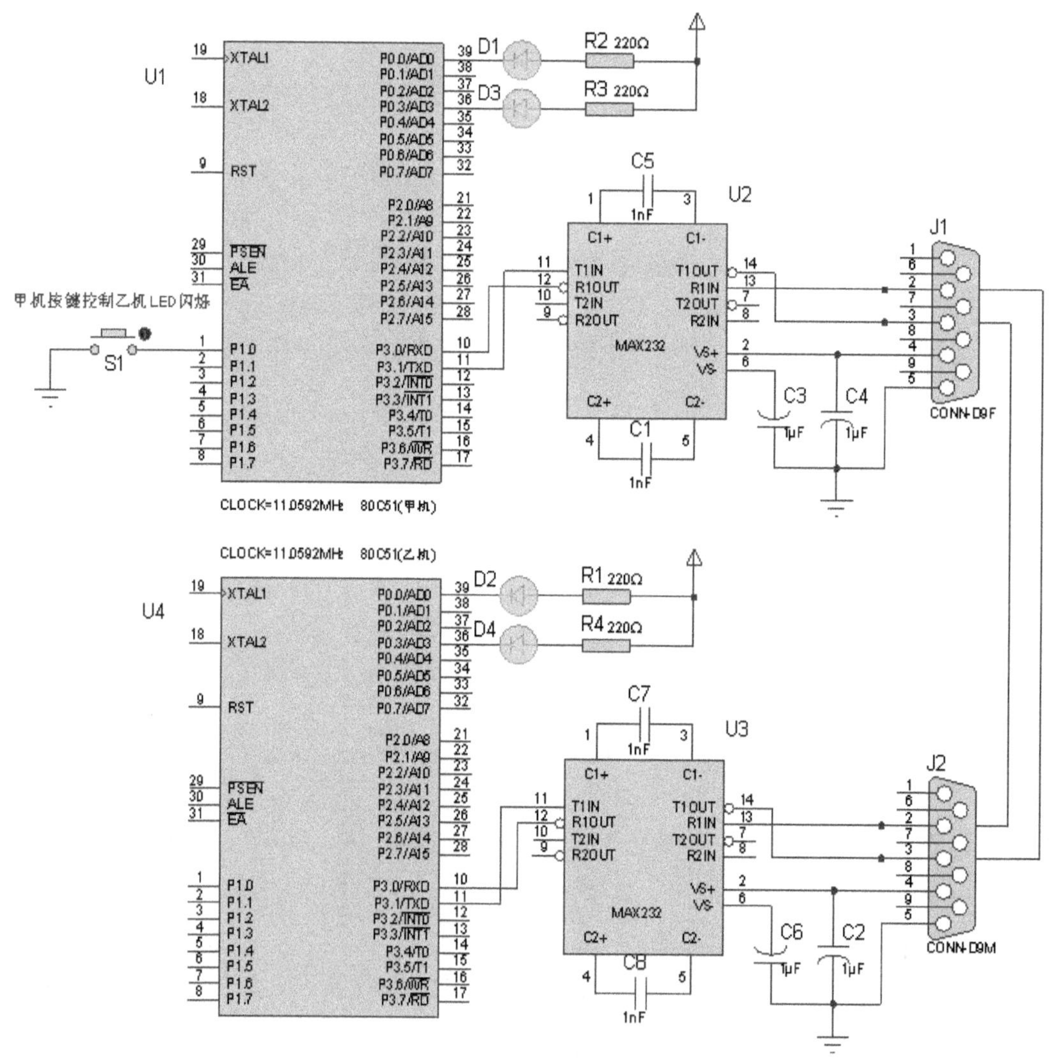

图 5-8　甲机控制乙机的通信设计

5.4.2 项目软件设计

甲单片机通过按键 S1 向乙单片机发送不同字符的控制信息，乙单片机再根据接收到的甲的字符信息来完成点亮 LED，其程序设计的思想见程序控制流程图 5-9。根据流程图的功能可写出 C51 的源程序。

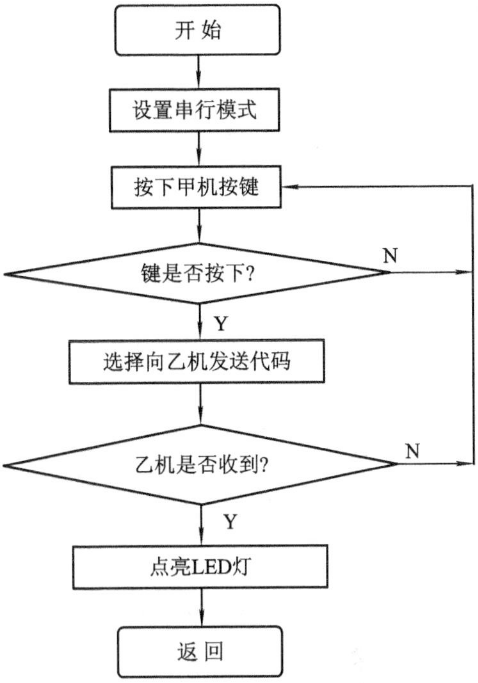

开 始
设置串行模式
按下甲机按键
键是否按下?
N
Y
选择向乙机发送代码
乙机是否收到?
N
Y
点亮LED灯
返 回

图 5-9　甲机和乙机通信流程图

双机通信程序

C51 源程序：

```
/*****甲机通过按键向乙机发送不同字符
******/
#include<reg51.h>
#define uchar unsigned char
#define uint unsigned int
sbit LED1=P0^0;
sbit LED2=P0^3;
sbit S1=P1^0;
void DelayMS(uint ms)              // 延时
{    uchar i;
     while(ms--) for(i=0;i<120;i++);
}
/********向串口发送字符********/
void Putc_to_SerialPort(uchar c)
{    SBUF=c;
while(TI==0);
     TI=0;
}
void main()                          //主程序
{
     uchar Operation_No=0;
     SCON=0x40;                      // 串口模式 1
     TMOD=0x20;                      // T1 工作模式 2
     PCON=0x00;                      // 波特率不倍增
     TH1=0xfd;
     TL1=0xfd;
     TI=0;
     TR1=1;
     while(1)
     {
          if(K1==0)                  // 按下 S1 时选择操作代码 0，1，2，3
          {
               while(S1==0);
               Operation_No=(Operation_No+1)%4;
          }
```

```
            switch(Operation_No)        /根据操作代码发送 A、B、C 或停止发送
            {
                case 0:     LED1=LED2=1;
                            break;
                case 1:     Putc_to_SerialPort('A');
                            LED1=~LED1;LED2=1;
                            break;
                case 2:     Putc_to_SerialPort('B');
                            LED2=~LED2;LED1=1;
                            break;
                case 3:     Putc_to_SerialPort('C');
                            LED1=~LED1;LED2=LED1;
                            break;
            }
            DelayMS(100);
        }
}
/*乙机程序接收甲机发送字符并完成相应动作，根据相应信号控制 LED 完成不同闪烁动作*/
#include<reg51.h>
#define uchar unsigned char
#define uint unsigned int
sbit LED1=P0^0;
sbit LED2=P0^3;
//延时
void DelayMS(uint ms)
{
    uchar i;
    while(ms--) for(i=0;i<120;i++);
}
//主程序
void main()
{
    SCON=0x50;                      // 串口模式 1，允许接收
    TMOD=0x20;                      // T1 工作模式 2
    PCON=0x00;                      // 波特率不倍增
    TH1=0xfd;                       // 波特率为 9600 baud/s
    TL1=0xfd;
    RI=0;
    TR1=1;
```

```
    LED1=LED2=1;
    while(1)
    {
        if(RI)                          // 如收到，则 LED 闪烁
        {
            RI=0;
            switch(SBUF)                // 根据所收到的不同命令字符完成不同动作
            {
                case 'A':   LED1=~LED1;LED2=1;break;        // LED1 闪烁
                case 'B':   LED2=~LED2;LED1=1;break;        // LED2 闪烁
                case 'C':   LED1=~LED1;LED2=LED1;           // 双闪烁
            }
        }
        else LED1=LED2=1;                                   // 关闭 LED
        DelayMS(100);
    }
}
```

5.4.3　项目综合仿真与调试

1. 使用 Keil C51 编译源程序

Keil C51 是 51 系列单片机的开发系统，利用它可以编辑、编译、汇编、连接 C 程序和汇编程序，从而可以生成在单片机中进行烧录的 .hex 文件。项目 1 已经详细介绍了程序的编译过程，本项目编写的程序最终生成的烧录文件如图 5-10 所示。

图 5-10　编辑成功后生成的烧录文件

2. 使用 Proteus 系统仿真软件调试并验证系统运行的结果

Proteus 是一款优秀的 EDA 软件，使用它可以绘制电路原理图、PCB 图，并进行交互式电路仿真。在单片机开发中可以使用此软件检查系统仿真运行的结果。在 Proteus 下把原理图按照图 5-8 画好后，点击单片机芯片在里面加载“.hex”文件，并点击下面仿真控制按钮的第一个“三角形”箭头后，系统就能对系统进行仿真，此时可以看到仿真结果，如图 5-11 所示。

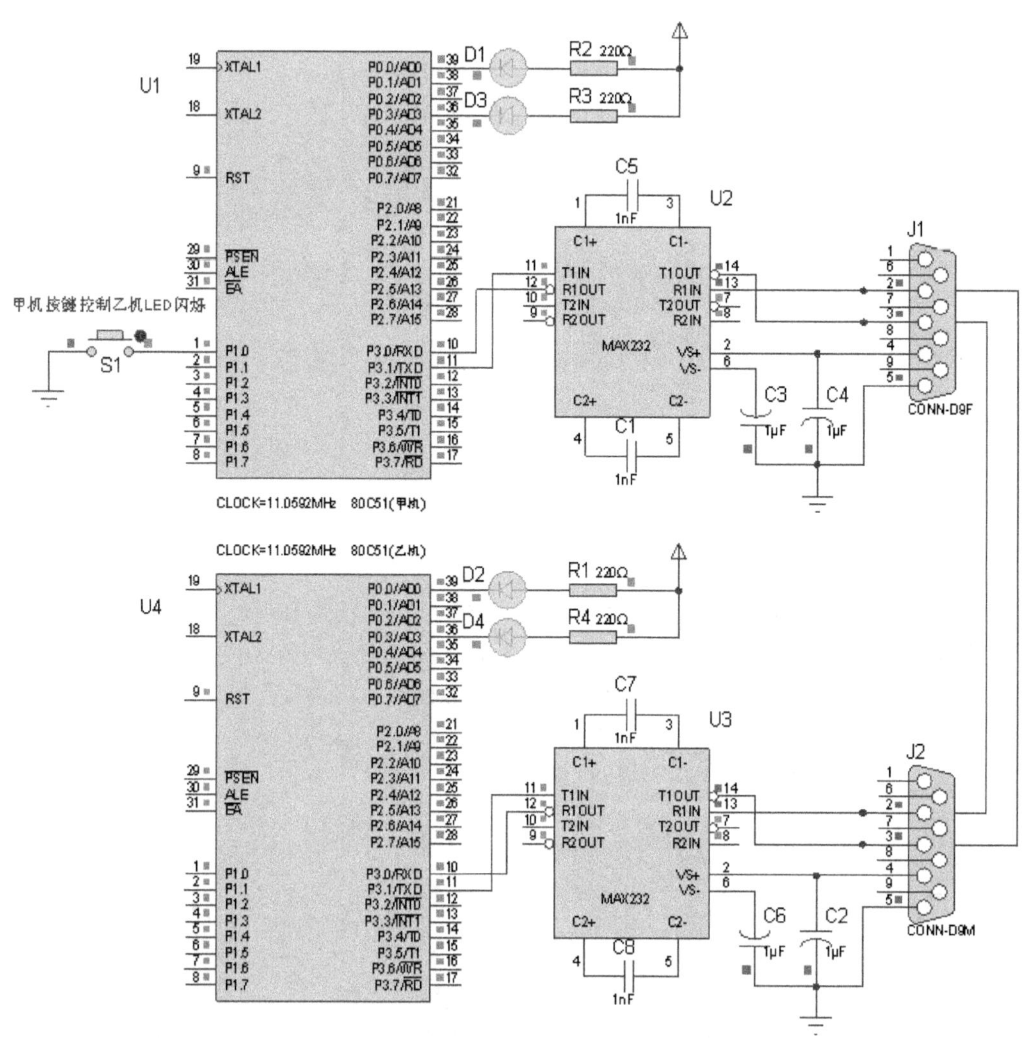

图 5-11　甲机通过通信控制乙机的仿真结果

【拓展技能训练】

设计：单片机与 PC 通信。

要求：单片机可接收 PC 发送的数字字符，按下单片机的 S1 键后，单片机可向 PC 发送字符串。

在 Proteus 环境下完成本实验时，需要安装 Virtual Serial Port Driver 和串口调试助手。本例缓冲 100 个数字字符，缓冲满后新数字从前面开始存放(环形缓冲)。

硬件设计原理图如图 5-12 所示。

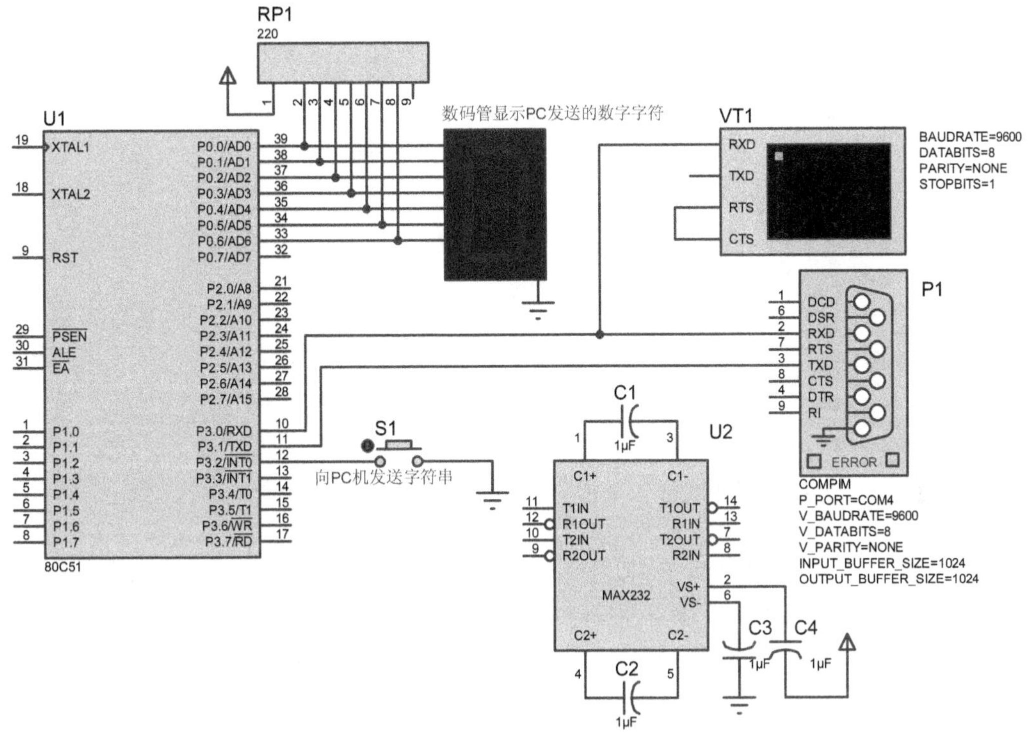

图 5-12　单片机与主机的通信硬件电路

C51 源程序如下：

```
#include<reg51.h>
#define uchar unsigned char
#define uint unsigned int
uchar Receive_Buffer[101];              // 接收缓冲
uchar Buf_Index=0;                      // 缓冲空间索引
//数码管编码
uchar code DSY_CODE[]={0x3f,0x06,0x5b,0x4f,0x66,0x6d,0x7d,0x07,0x7f,0x6f,0x00};
//延时
void DelayMS(uint ms)
{
    uchar i;
    while(ms--) for(i=0;i<120;i++);
}
//主程序
```

```
void main()
{
    uchar i;
    P0=0x00;
    Receive_Buffer[0]=-1;
    SCON=0x50;                  // 串口模式 1，允许接收
    TMOD=0x20;                  // T1 工作模式 2
    TH1=0xfd;                   // 波特率为 9600 baud/s
    TL1=0xfd;
    PCON=0x00;                  // 波特率不倍增
    EA=1;EX0=1;IT0=1;
    ES=1;IP=0x01;
    TR1=1;
    while(1)
    {
        for(i=0;i<100;i++)
        {   //收到-1 为一次显示结束
            if(Receive_Buffer[i]==-1) break;
            P0=DSY_CODE[Receive_Buffer[i]];
            DelayMS(200);
        }
        DelayMS(200);
    }
}
//串口接收中断函数
void Serial_INT() interrupt 4
{
    uchar c;
    if(RI==0) return;
    ES=0;                       // 关闭串口中断
    RI=0;                       // 清接收中断标志
    c=SBUF;
    if(c>='0'&&c<='9')
    {   // 缓存新接收的每个字符，并在其后放-1 为结束标志
        Receive_Buffer[Buf_Index]=c-'0';
        Receive_Buffer[Buf_Index+1]=-1;
        Buf_Index=(Buf_Index+1)%100;
    }
    ES=1;
```

```
}
void EX_INT0() interrupt 0                // 外部中断 0
{
    uchar *s="这是由 8051 发送的字符串！\r\n";
    uchar i=0;
    while(s[i]!='\0')
    {
        SBUF=s[i];
        while(TI==0);
        TI=0;
        i++;
    }
}
```

仿真结果如图 5-13 所示。

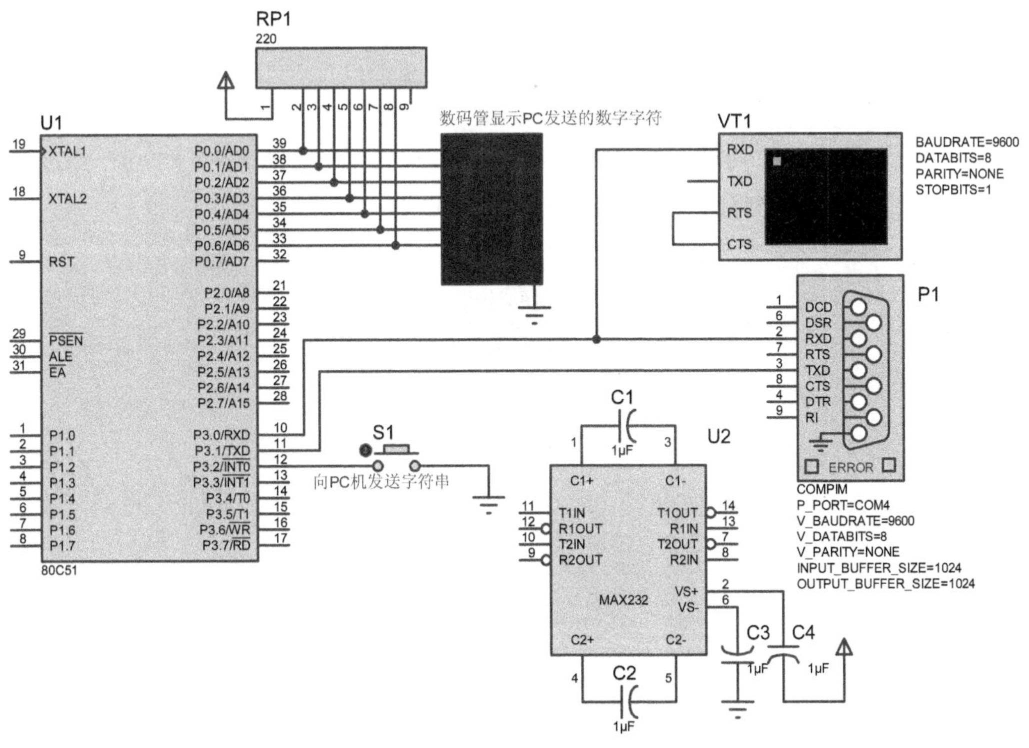

图 5-13　单片机与主机的通信仿真

项 目 小 结

单片机的串口通信是单片机学习中的难点，有时会让人望而却步。只要找到正确的学习方法，就能学会单片机的串口通信内容。本项目重点介绍了单片机的串口控制、串口的工作方式和异步通信的方式，希望大家通过对本项目相关知识的学习，熟练掌握串口的设置和编程，为以后从事单片串口应用技术的设计奠定良好的基础。

项目拓展技能与练习

【拓展技能训练】

设计单片机之间双向通信，要求甲机向乙机发送控制命令字符，甲机同时接收乙机发送的数字，并显示在数码管上。

【项目练习】

(1) 什么叫串行通信和并行通信？各有什么特点？

(2) 什么叫异步通信和同步通信？各有什么特点？

(3) 什么叫波特率？串行通信对波特率有什么基本要求？

(4) 串行口有哪几种工作方式？各有什么特点和功能？

(5) 单片机串行口的四种工作方式的波特率如何确定？

(6) 串行口控制寄存器 SCON 中 TB8、RB8 分别起什么作用？在什么方式下使用？

(7) 设计一个单片机的双机通信系统，并编写程序将甲机片外 RAM 8000H～9000H 的数据块通过串行口传送到乙机片外 RAM 3000H～4000H 单元中。

项目练习答案

项目 6　单片机存储器的扩展设计

【项目导入】

虽然 51 系列单片机具有较强的功能，单片机的芯片内集成了计算机的功能部件，但片内 ROM、RAM 的容量有限，在大多数实际应用场合中，ROM 和 RAM 需要扩展才能实现程序的执行。本项目通过扩展一片存储器来讲述单片机存储器的扩展技术。

【项目目标】

1. 知识目标

(1) 理解单片机的总线概念；

(2) 掌握程序存储器的扩展方法；

(3) 掌握数据存储器的扩展方法。

2. 能力目标

(1) 能根据功能要求，对程序存储器进行扩展；

(2) 能对单片机的存储器进行扩展。

6.1　项 目 描 述

51 单片机的片内程序存储器为 4 KB，片内数据存储器仅为 256 B，二者容量都较小，在稍微复杂的程序和大量的数据运算中就显得力不从心。本项目使用一片 6264(8 KB)来扩展单片机的数据存储器，通过该项目的设计让大家学习并掌握单片机存储器的扩展技术。

6.2　项目目的与要求

本项目使用一片 6264 来扩展 8 KB 的数据存储器，扩展时要注意 6264 与 51 单片机的地址线、数据线和控制线的连接。扩展完成后，会分析存储器芯片的地址范围。为了验证 6264 的地址范围，在本次设计中通过向 6264 写入整数 1～200，然后将其逆向复制到 0x0100 处。为了表示复制完毕，本项目用一个 LED 灯点亮来作为数据复制结束的标志。要完成本项目，必须掌握以下知识点：

(1) 单片机的外部扩展总线；

(2) 常用的程序存储器与数据存储器的芯片功能；

(3) 程序存储器与单片机的接口电路；

(4) 数据存储器与单片机的接口电路。

6.3 项目支撑知识链接

6.3.1 存储器扩展概述

从实际的存储介质来看，89C51 单片机有四个存储空间，它们分别是片内程序存储器、片外程序存储器、片内数据存储器(含特殊功能寄存器)和片外数据存储器。当内部数据存储器和程序存储器的容量不能满足要求时，就必须通过外接存储器芯片对单片机存储系统进行扩展。

1. 扩展总线

单片机总线扩展

用单片机组成应用系统时，首先要考虑单片机所具有的各种功能是否能满足应用系统的需要。如果能满足需要，则称这样的系统为最小系统；若不满足就必须进行扩展。在对系统进行扩展时，首先面对的是单片机如何与外围芯片进行连接。由于 51 系列单片机受引脚条数的限制，没有独立的外部三总线，因此要想进行扩展，就必须利用地址锁存器将单片机形成三总线结构。扩展的总线分别是：地址总线(Address Bus，AB)、数据总线(Data Bus，DB)和控制总线(Control Bus，CB)。

1) 三总线构成

51 系列单片机利用 P0 口、P2 口和 P3 口的部分口线的第二功能形成三总线结构。数据传输由数据总线 DB(D0～D7)实现。单元寻址由地址总线 AB(A0～A15)、控制总线 CB($\overline{PSEN}$、$\overline{EA}$、$\overline{WR}$、$\overline{RD}$)实现，如图 6-1 所示。

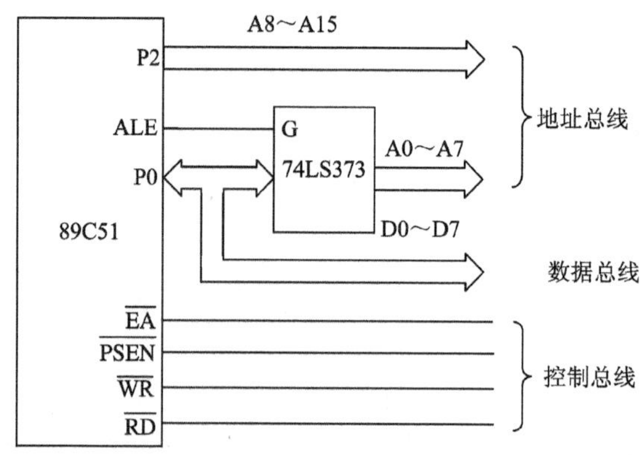

图 6-1　三总线片外扩展示意图

(1) 地址总线(AB)。地址总线用于传输单片机发出的地址信号，以便进行存储单元和 I/O 接口芯片中的寄存器选择。地址总线是单向传输的，由 P0 口提供的低 8 位地址线 A0～A7 和 P2 口提供的高 8 位地址线 A8～A15 组成。其中，低 8 位地址线通过地址锁存器锁存后输出，因为P0口还要分时传送数据信号，所以无法形成稳定的低8位地址。ALE信号(下降沿)用于控制锁存器锁存低8位地址，经锁存器锁存后从Q0～Q7输出，与P2口输出的高8位地址组成16位地址总线A0～A15。16位地址线的寻址范围为$2^{16}=65\,536=64$ KB。

(2) 数据总线(DB)。数据总线用于单片机与存储器之间或与I/O端口之间的数据传输。数据总线是双向的，可以进行两个方向的传输。数据总线由P0口提供，其宽度为8位。P0口为三态双向I/O口，是89C51单片机中使用最频繁的总线通道，所有并行扩展外围器件与89C51之间传送的信息均要通过P0口，因此所有并行扩展外围器件均挂在P0口上，但是在某一瞬时只能有一个器件一种信息在P0口传送，否则就要“撞车”。P0口是利用分时传送并通过控制线交互握手的方法来解决这一问题的。这就要求所有挂接在P0口总线上的并行扩展器件其数据总线具有三态结构，在与89C51传送信息时，开启其数据I/O口，其他时间则呈“高阻”态。

(3) 控制总线(CB)。控制总线主要负责对芯片的选通以及读/写等控制。

ALE：锁存信号，用于进行P0口地址线和数据线的隔离。

$\overline{\text{PSEN}}$：程序存储器读选通控制信号。

$\overline{\text{EA}}$：程序存储器的访问控制信号，当它为低电平时，对程序存储器的访问仅限于外部存储器；当它为高电平时，对程序存储器的访问从单片机的内部存储器开始延至外部存储器。

$\overline{\text{WR}}$、$\overline{\text{RD}}$：外部数据存储器的读/写选通控制信号。

2) 并行扩展容量

由于地址总线的宽度是16位，因此片外并行扩展存储单元的容量为64 KB。又由于51单片机的存储器采用哈佛结构，其中的数据存储器与程序存储器是分开的，因此51系列单片机可分别扩展64 KB ROM(包括片内ROM)和64 KB外RAM。ROM和外RAM地址是重叠的，都是0000H～FFFFH。

2. 51系列单片机的总线驱动能力

51系列单片机可以扩展程序存储器、数据存储器、输入/输出接口、模/数转换器和数/模转换器等外围接口芯片，其扩展结构如图6-2所示。在扩展时由于P0口作为地址/数据复用总线使用，因此其负载能力为8个LSTTL电路。当负载能力不够时需要增加总线驱动器，比如三态双向驱动器74LS245，当需要锁存时要用74LS373锁存器锁存P0口。由于扩展时P2口用作地址总线，其负载能力为4个LSTTL电路，并且是单向的，因此当超出P2口的驱动能力时，要增加单总线驱动器，比如74LS244。

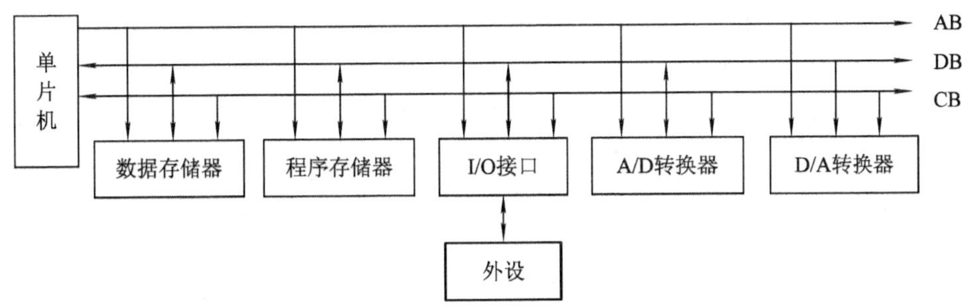

图6-2　单片机的并行扩展系统结构图

3．系统扩展常用芯片

1) 锁存器 74LS373

74LS373 与 74LS244

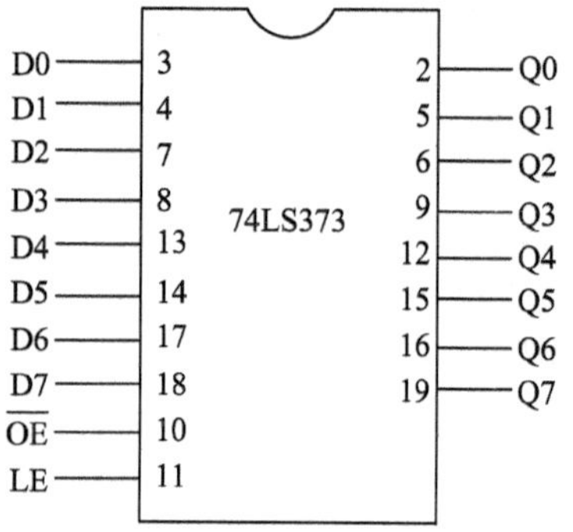

由于 89C51 单片机的 P0 口是分时复用的，因此在进行程序存储器扩展时，需要使用地址锁存器将地址信号从地址/数据总线中分离出来。单片机系统中常用的地址锁存器芯片是 74LS373，其引脚如图 6-3 所示。对 74LS373 来讲，当三态门使能信号 $\overline{OE}$ 为低电平时，三态门导通，允许 Q0～Q7 输出；当 $\overline{OE}$ 为高电平时，输出悬空。当 74LS373 用作锁存器时，应使 $\overline{OE}$ 为低电平导通输出，此时若锁存使能端 LE 为高电平，则输出端 Q0～Q7 状态与输入端 D0～D7 状态相同；当 CLK 发生负跳变时，输入端 D0～D7 数据锁入 Q0～Q7。

图 6-3　74LS373 引脚图

2) 驱动器 74LS244

74LS244 为三态输出的八组缓冲器和总线驱动器，它在并行扩展中的作用是实现数据缓冲隔离和总线驱动。74LS244 的输入阻抗较大，输出阻抗较小，最大实收电流为 24 mA。图 6-4 是其引脚图。74LS244 内部有 8 个三态门，分为 2 组，每组有 4 个三态门，1A1～1A4 为第一组三态门的数据输入线，1Y1～1Y4 为数据输出线，$\overline{1G}$ 是使能控制端，2A1～2A4 为第二组三态门的数据输入线，2Y1～2Y4 为数据输出线，$\overline{2G}$ 是使能控制端。当使能端为低电平时，三态门打开，处于送数状态；当使能端为高电平时，三态门处于高阻态，实现隔离作用。一般应用时将 74LS244 作为 8 线并行输入/输出接口器件，因此常将 $\overline{1G}$ 和 $\overline{2G}$ 连接在一起。

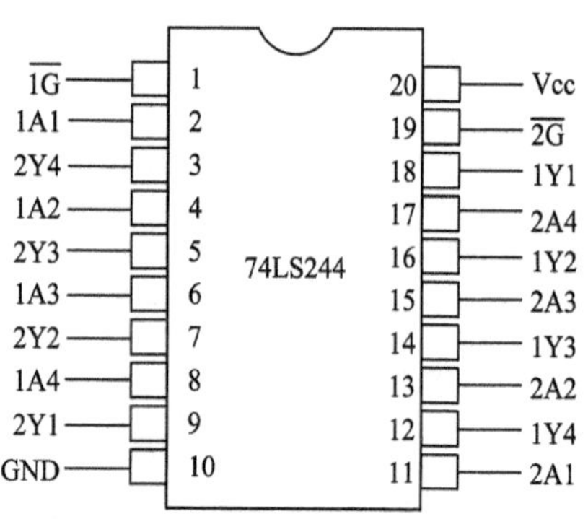

图 6-4　74LS244 引脚图

6.3.2　单片机程序存储器扩展

1．常用程序存储器芯片介绍

1) 常用程序存储器 EPROM 扩展芯片

常用的 EPROM 芯片是 Intel 公司的系列产品，其典型产品有 2716、2732、2732A、2764、2764A、27128、27128A、27256、27256A、27512、27512A 等，其主要性能见表 6-1。图 6-5 是部分 EPROM 芯片的引脚图。

表 6-1　EPROM 芯片的主要性能

性　能	型　　号				
	2716	2732	2764	27128	27256
容量/bit	2 KB × 8	4 KB × 8	8 KB × 8	16 KB × 8	32 KB × 8
读写时间/ns	350	250	250	250	250
封装	DIP24	DIP24	DIP28	DIP28	DIP28

27512	27256	27128	2764	2732	引脚	2764		引脚	2732	2764	27128	27256	27512
A15	Vpp	Vpp	Vpp		1	Vpp	Vcc	28		Vcc	Vcc	Vcc	V_{CC}
A12	A12	A12	A12		2	A12	$\overline{PGM}$	27		$\overline{PGM}$	$\overline{PGM}$	A14	A14
A7	A7	A7	A7	A7	3	A7	A13	26	Vcc	A13	A13	A13	A13
A6	A6	A6	A6	A6	4	A6	A8	25	A8	A8	A8	A8	A8
A5	A5	A5	A5	A5	5	A5	A9	24	A9	A9	A9	A9	A9
A4	A4	A4	A4	A4	6	A4	A11	23	A11	A11	A11	A11	A11
A3	A3	A3	A3	A3	7	A3	$\overline{OE}$	22	$\overline{OE}$/Vpp	$\overline{OE}$	$\overline{OE}$	$\overline{OE}$	$\overline{OE}$/Vpp
A2	A2	A2	A2	A2	8	A2 2764	A10	21	A10	A10	A10	A10	A10
A1	A1	A1	A1	A1	9	A1	$\overline{CE}$	20	$\overline{CE}$	$\overline{CE}$	$\overline{CE}$	$\overline{CE}$	$\overline{CE}$
A0	A0	A0	A0	A0	10	A0	D7	19	D7	D7	D7	D7	D7
D0	D0	D0	D0	D0	11	D0	D6	18	D6	D6	D6	D6	D6
D1	D1	D1	D1	D1	12	D1	D5	17	D5	D5	D5	D5	D5
D2	D2	D2	D2	D2	13	D2	D4	16	D4	D4	D4	D4	D4
GND	GND	GND	GND	GND	14	地	D3	15	D3	D3	D3	D3	D3

图 6-5　EPROM 芯片引脚图

图 6-5 中，2764、27128 和 27256 的主电源和接地线分别为 Vcc(+5 V)和 GND(地)；Vpp 为编程电源线；2764 的地址信号线为 A0～A12，共 13 根，27128 的地址信号线为 A0～A13，共 14 根，27256 的地址信号线为 A0～A14，共 15 根；D0～D7 是数据信号线，共 8 根；$\overline{CE}$ 为片选信号线，$\overline{CE}=0$ 时，该片被选通；$\overline{OE}$ 为数据输出选通信号线，低电平有效；$\overline{PGM}$ 为编程脉冲输入线，此引脚仅在编程时接编程脉冲。

2716～27512 等紫外线电擦除可编程只读存储器的技术性能和使用方法基本相同，现以 2764 EPROM 芯片为例加以说明。

(1) 在读出方式下，电源电压为 5 V，最大功耗为 500 mV，信号电平与 TTL 电平兼容，最大读出时间为 250 ns。

(2) 推荐的擦除过程是波长为 0.1～380 nm 的短波紫外线曝光，擦除的总曝光量不小于 15 (W · s)/cm^2。当使用功率为 12 mW /cm^2 的紫外线灯时，擦除时间约为 15～20 min。写好的芯片窗口应贴上一层不透光的胶纸，以防止在强光照射下片内信息被破坏。

(3) 2764 的工作方式如表 6-2 所示。表中，Vcc = 5 V ± 0.05 V，Vpp = 21 V ± 0.5 V。

表 6-2　2764 工作方式选择

工作方式	$\overline{CE}$ (20)	$\overline{OE}$ (22)	$\overline{PGM}$ (27)	Vpp (1)	Vcc (28)	输出 (11～13，15～19)
读出	V_{IL}	V_{IL}	V_{IH}	Vcc	Vcc	D_{OUT}
维持	V_{IH}	任意	任意	Vcc	Vcc	高阻
编程	V_{IL}	V_{IH}	V_{IL}	Vpp	Vcc	D_{IN}
程序检验	V_{IL}	V_{IL}	V_{IH}	Vpp	Vcc	D_{OUT}
禁止编程	V_{IH}	任意	任意	Vpp	Vcc	高阻

① 读出。当片选信号 $\overline{CE}$ 和输出允许信号 $\overline{OE}$ 都为低电平时有效；当编程信号 $\overline{PGM}$ 为高电平时，芯片处于被选中状态且可以读出数据。

② 维持。$\overline{CE}$ 为高电平时无效，使芯片进入维持方式。此时数据线处于高阻状态，

芯片功耗降为 200 mW。

③ 编程。$\overline{CE}$ 有效，$\overline{OE}$ 无效，Vpp 端外接 21 V ± 0.5 V(或 12.5 V ± 0.5 V)电压，$\overline{PGM}$ 端加宽度为 45～55 ms 的 TTL 低电平编程脉冲。必须注意：Vpp 不得超过允许值，否则会损坏芯片。

④ 程序检验。程序检验工作在编程完成之后，用于检验编程结果是否正确。各信号状态类似于读出方式，但 Vpp 接编程电压。

⑤ 禁止编程。Vpp 接编程电压，但 $\overline{CE}$ 无效，故不能进行编程操作。

前面所述的 EPROM 芯片所用的编程电压 Vpp 有 25 V、21 V、12.5 V 等值。此电压值与芯片型号和生产厂家有关，同一种型号芯片的 Vpp 也可能不同，使用时应注意。还应注意，2716 的编程信号 $\overline{PGM}$ 是正脉冲，而 2764、26128 的编程信号 $\overline{PGM}$ 是负脉冲，脉冲宽度都是 50 ms 左右。

2) E^2PROM 扩展芯片介绍

E^2PROM 是一种电擦除可编程只读存储器，其主要特点是能在计算机系统中进行在线修改和擦除，并能在断电的情况下保持修改的结果，其功能相当于磁盘。较新的 E^2PROM 产品在写入时还能自动完成擦除，且不需要专用的编程电源，可以直接使用单片机系统的 5 V 电源。因而在智能化仪器仪表、控制装置等领域得到了普遍应用。

E^2PROM 既具有 ROM 的非易失性的优点，又能像随机存储器 RAM 一样随机进行读/写，每个单元可重复进行 1 万次改写，保留信息的时间长达 20 年，不存在 EPROM 在日光下信息缓慢丢失的问题。在芯片的引脚设计上，2 KB 的 E^2PROM 2816 与相同容量的 EPROM 2716 和静态 RAM 6116 是兼容的，8 KB 的 E^2PROM 2864A 与相同容量的 EPROM 2764A 和静态 RAM6264 是兼容的。上述这些特点使单片机硬件线路系统的设计和调试更为方便和灵活。E^2PROM 的缺点在于写操作速度慢。另外，它的擦除/写入是有寿命限制的。

常用的 E^2PROM 芯片主要有 2816、2816A、2817、2817A、2864A 等，型号不带“A”的是早期产品。表 6-3 是部分 E^2PROM 芯片产品的主要性能。图 6-6(a)、(b)分别是 2817A 和 2864A 的引脚图。

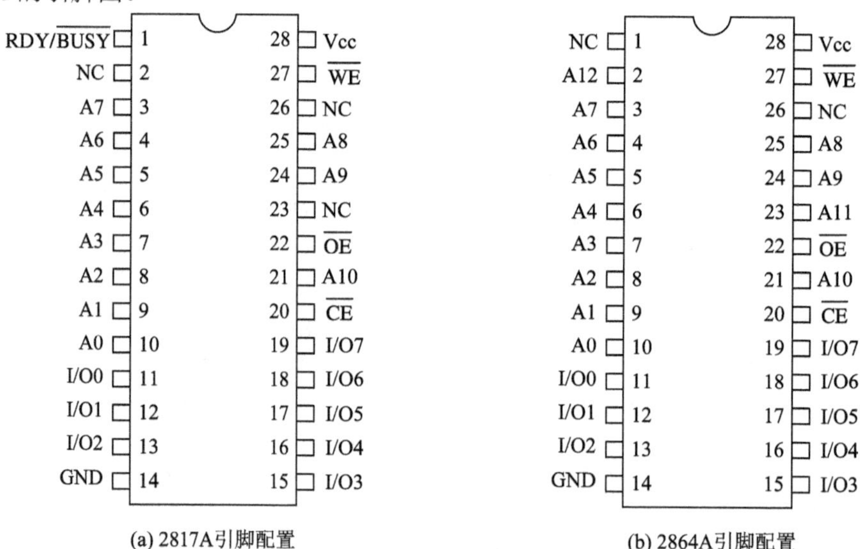

图 6-6　E^2PROM 的引脚图

图 6-6 中引脚的功能如下：

A0～Ai：地址输入线，i=10(2817A)或 12(2864A)。

I/O0～I/O7：双向三态数据线。

$\overline{CE}$：片选信号输入线，低电平有效。

$\overline{OE}$：读选通信号输入线，低电平有效。

$\overline{WE}$：写允许信号输入线，低电平有效。

RDY/$\overline{BUSY}$：空/忙信号，由芯片输出，当芯片进行擦/写操作时为低电平，擦/写完毕，该信号为高阻状态。

Vcc：主电源，电压为 5 V。

GND：接地端。

表 6-3　E²PROM 的主要性能

性　能	型　　号			
	2816A	2817	2817A	2864A
存储容量/ bit	2×8	2×8	2×8	8×8
读出时间/ns	200/250	250	200/250	250
读操作电压/V	5	5	5	5
(擦/写操作电压)/V	5	21	5	5
字节擦除时间/ms	9～15	10	10	10
写入时间/ms	9～15	10	10	10
封装	DIP24	DIP28	DIP28	DIP28

2．程序存储器扩展方法——片选和地址分配

一个存储器芯片(或 I/O 口)具有一定的地址空间。例如，12 根地址线的芯片其地址空间为 4 KB(2^{12}=4096 个单元)。这 4 KB 地址空间在微处理器的内存空间(如 8 位微处理器有 16 根地址线，能寻址 2^{16}=64 KB)中被分配在什么位置，由高位地址线 A12～A15 产生的片选信号来决定。当存储器芯片(或 I/O 口)多于一片时，为避免误操作，必须利用片选信号来分别确定各芯片的地址分配。产生片选信号的方式不同，存储器(或 I/O 口)的地址分配也就不同。片选方法有线选法、译码法、非线性译码法和虚拟译码法等，在此仅介绍线选法与译码法。

1) 线选法

所谓线选法，就是利用单片机高地址总线(一般为 P2 口)作为存储器(或 I/O 口)的片选信号，即将 P2 口的某一根地址线与存储器(或 I/O 口)的片选信号直接相连，该地址线为低电平时，选中该芯片，如图 6-7 所示。

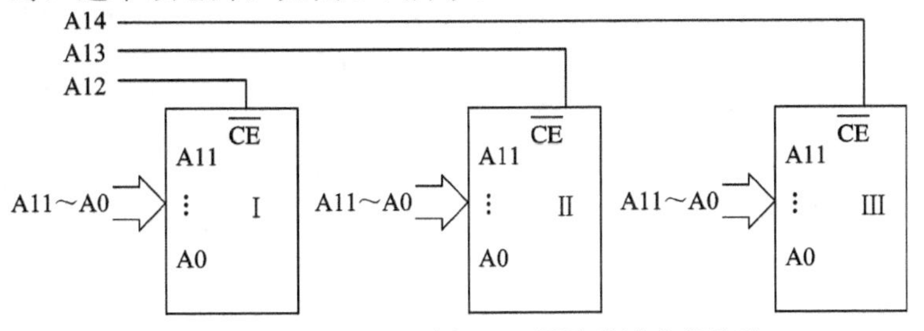

图 6-7　用线选法实现片选

线选法扩展

图 6-7 中，Ⅰ、Ⅱ、Ⅲ 都是 4 KB×8 位存储器芯片，地址线 A11～A0 实现片内寻址，地址空间为 4 KB。现用 3 根高位地址线 A14、A13、A12 实现片选，均为低电平有效。为了不出现寻址错误，当 A12、A13、A14 中有一根地址线为低电平时，其余两根地址线必须为高电平。也就是说，每次存储器操作只能选中一个芯片。现假设剩下的 A15 为高电平，这样可得到 3 个芯片的地址分配，如表 6-4 所示。

表 6-4　线选法地址分配表

芯片	二 进 制 表 示		十六进制表示
	A15 A14 A13 A12	A11 … A0	
Ⅰ	1 1 1 0	0 … 0 1 … 1	E000H～EFFFH
Ⅱ	1 1 0 1	0 … 0 1 … 1	D000H～DFFFH
Ⅲ	1 0 1 1	0 … 0 1 … 1	B000H～BFFFH

从表 6-4 中可看出，3 个芯片的内部寻址 A11～A0 都是 0～0(共 12 位)到 1～1(共 12 位)，为 4 KB，而依靠不同的片选信号高位地址线 A14、A13、A12 之中某一根为 0 来区分这 3 个芯片的地址空间。如果对两片存储器实现片选，可以用一根高位地址线加一“非门”实现，如图 6-8 所示。图 6-8 中，当 A12 为低电平时选通Ⅰ，当 A12 为高电平时选通Ⅱ，可得两芯片的地址空间分别为

芯片Ⅰ：E000H～EFFFH；

芯片Ⅱ：F000H～FFFFH。

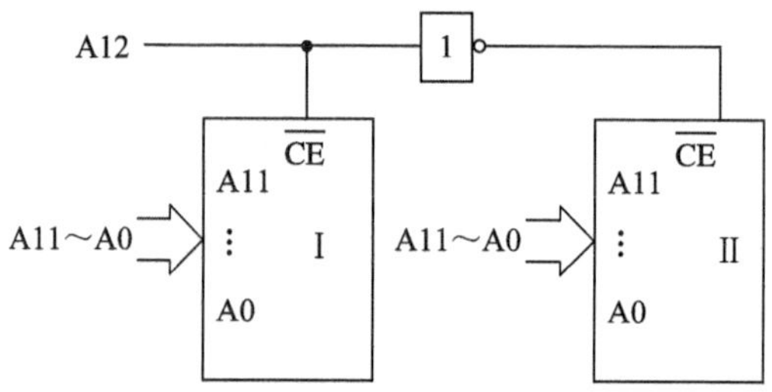

图 6-8　用一条高位地址线对两片 ROM 实现片选

线选法简单，适用于不太复杂的系统。但每占用一根地址线，就占用了一段地址空间，且各地址空间不连续，不能充分利用存储空间或者存在地址重叠现象。

2) *译码法*

片选法扩展

当线选法所需地址选择线多于可用地址线时，一般采用译码法。译码法就是利用译码器对单片机的某些高位地址线进行译码，其译码输出作为存储器(或 I/O 口)的片选信号。这种方法存储空间连续，能有效地利用存储空间，适用于多存储器、多 I/O 口的扩展。地址译码法必须采用地址译码器，常用的地址译码器有 74LS138、74LS139、74LS154 等。例如，用译码法实现扩展容量 4 KB × 8 的存储器芯片Ⅰ、Ⅱ、Ⅲ 的接口电路，接线图如图 6-9 所示。地址线 A11～A0 用于片内寻址，高位地址线 A14、A13、A12 分别接到 74LS138 译码器的选择输入端 C、B、A。74LS138 译码器的 $\overline{Y2}$、$\overline{Y1}$、$\overline{Y0}$ 分别作为 3 个芯片的片选信号。这 3 块

芯片的地址空间如表 6-5 所示。

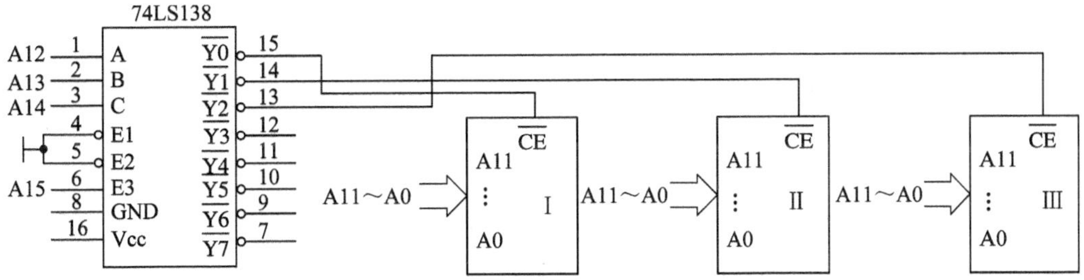

图 6-9　用译码法实现片选

表 6-5　译码法实现片选的地址分配表

芯片	二进制表示								十六进制表示
	A15	A14	A13	A12	A11	A10	…	A0	
芯片 I	1	0	0	0	0	0	…	0	8000H～8FFFH
	～1	0	0	0	1	1	…	1	
芯片 II	1	0	0	1	0	0	…	0	9000H～9FFFH
	～1	0	0	1	1	1	…	1	
芯片 III	1	0	1	0	0	0	…	0	A000H～AFFFH
	～1	0	1	0	1	1	…	1	

从硬件连接图 6-9 中可看出，单片机除了扩展存储器所需的地址线外，剩余的全部地址线都参加译码，这种译码方式称为全译码。全译码的优点是存储器芯片的地址空间连续，且唯一确定，不存在地址重叠现象，能够充分利用内存空间。利用剩余地址线中的一部分地址线参加译码称为部分译码方式。部分译码有地址重叠现象，它兼有线选和全译码的某些特点，读者可自行分析。

3．程序存储器典型扩展电路

1) 2764 与 89C51 的典型连接电路(见图 6-10)

(1) 地址线。

低 8 位地址线：由 89C51 的 P0.0～P0.7 与 74LS373 的 D0～D7 端连接，ALE 有效时 74LS373 锁存该低 8 位地址，并从 Q0～Q7 输出，与 EPROM 芯片低 8 位地址 A0～A7 相连接。

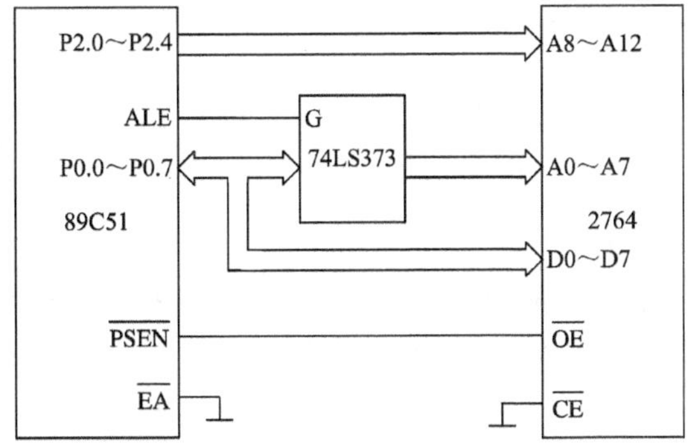

图 6-10　2764 与 89C51 的典型连接电路

高 8 位地址线：视 EPROM 芯片容量大小而定。2764 需 5 位，P2.0～P2.4 与 2764 的 A8～A12 相连；27128 需 6 位，P2.0～P2.5 与 27128 的 A8～A13 相连。

(2) 数据线。

数据线：由 89C51 地址/数据复用总线 P0.0～P.7 直接与 EPROM 数据线 D0～D7 相连。

(3) 控制线。

ALE：89C51 ALE 端与 74LS373 门控端 G 相连，专用于锁存低 8 位地址。

片选端：由于只扩展一片 EPROM，因此一般不用片选，EPROM 片选端直接接地。

输出允许端：EPROM 的输出允许端 $\overline{\text{OE}}$ 直接与 89C51 $\overline{\text{PSEN}}$ 相连，89C51 的 $\overline{\text{PSEN}}$ 信号正好用于控制 EPROM 的 $\overline{\text{OE}}$ 端。

$\overline{\text{EA}}$：有内 ROM 并且使用内 ROM 时，$\overline{\text{EA}}$ 接 Vcc；无内 ROM 或仅使用外 ROM 时，$\overline{\text{EA}}$ 接地。

2) 27128 与 8051 的典型连接电路

27128 与 8051 的典型连接电路见图 6-11。具体连线分析与 2764 相似，请读者自行分析。

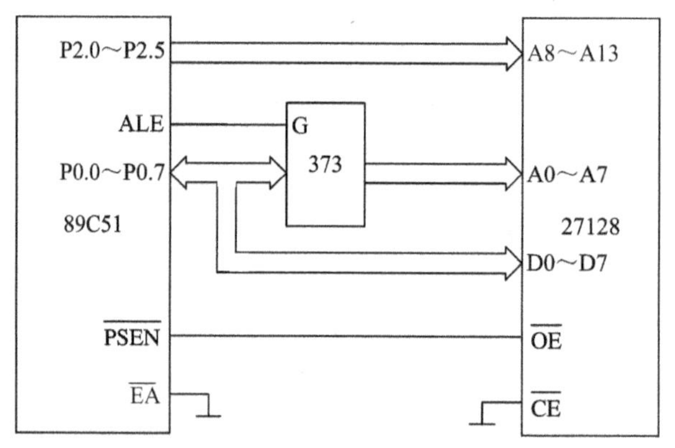

图 6-11　27128 与 89C51 的典型连接电路

27128 与 51 接口电路

6.3.3 单片机数据存储器扩展

1. 常用 RAM 芯片

89C51 单片机片内 RAM 仅为 128 B。当系统需要较大容量 RAM 时，就需要片外扩展数据存储器 RAM，最大可扩展 64 KB。由于单片机是面向控制的，实际需要扩展的容量不大，因此一般采用静态 RAM 较方便，如 6116(2 K × 8 位)、6264(8 K × 8 位)、62256(32 K × 8 位)、628128(128 K × 8 位)等。与动态 RAM 相比，静态 RAM 无须考虑为保持而设置的刷新电路，故扩展电路简单。但静态 RAM 是通过有源电路来保持存储器中的数据的，因此要消耗较多功率，价格也较高。

扩展数据存储器空地址同外扩程序存储器一样，由 P2 口提供高 8 位地址，P0 口分时提供低 8 位地址和用作 8 位双向数据总线。片外数据存储器 RAM 的读/写由单片机的 $\overline{\text{RD}}$ (P3.7)/ $\overline{\text{WE}}$ (P3.6)信号控制，而片外程序存储器 EPROM 的输出允许端 $\overline{\text{OE}}$ 由单片机读选通 $\overline{\text{PSEN}}$ 信号控制。尽管与 EPROM 共处同一地址控制，但由于控制信号及使用的数据传送指令不同，故不会发生总线冲突。数据存储器用于存储现场采集的原始数据、运算结果等，所以外部数据存储器能随机读/写。常用数据存储器由半导体静态随机存取存储器 RAM 组成，如 Intel 公司的 6116、6264、62256，其主要性能见表 6-6。图 6-12 所示为其引脚图。

表 6-6　6116、6264、62256 芯片的主要性能

性　能	型　　号		
	6116	6264	62256
容量/ bit	2 × 8	8 × 8	32 × 8
(读/写时间)/ns	200	200	200
工作电压/V	5	5	5
典型工作电流/mA	35	40	8
典型维持电流/mA	5	2	0.5
存取时间/ ns	由产品型号定	由产品型号定	由产品型号定
封装	DIP24	DIP28	DIP28

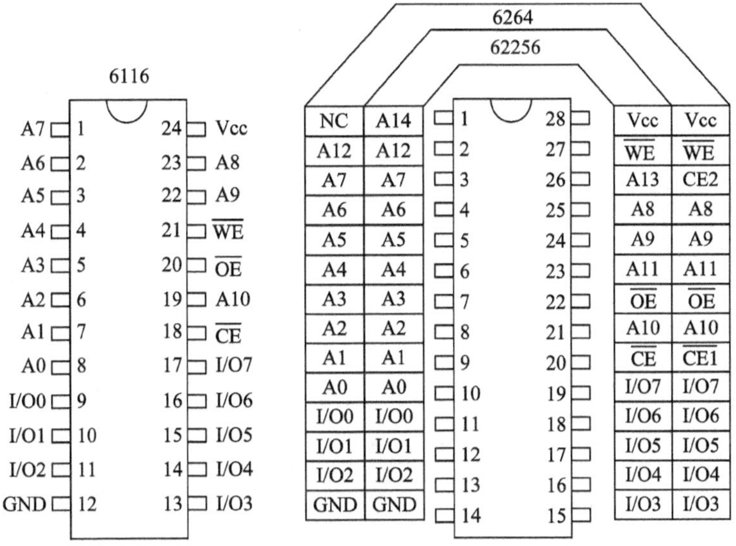

图 6-12　6116、6264、62256 的引脚图

6116、6264、62256 引脚的功能如下：

A0～Ai：地址输入线，i 分别为 10(6116)、12(6264)、14(62256)。

I/O0～I/O7：双向三态数据线。

$\overline{\text{CE}}$：片选信号输入线，低电平有效。6264 的 26 脚(CE2)为高电平，且 $\overline{\text{CE1}}$ 为低电平时才选中该片。

$\overline{\text{OE}}$：选通信号输入线，低电平有效。

$\overline{\text{WE}}$：写允许信号输入线，低电平有效。

Vcc：主电源，电压为 5 V。

GND：接地端。

2．工作方式

RAM 存储器有读出、写入、维持三种工作方式，这些工作方式的控制如表 6-7 和表 6-8

所示。表 6-7、表 6-8 分别为 6116、6264 的工作方式表。从表 6-7 和表 6-8 中可看出，$\overline{CE}$ 无效时，芯片不工作，I/O0～I/O7 为高阻态；$\overline{CE}$ 有效时，芯片工作。$\overline{OE}$ 有效时输出，$\overline{WE}$ 有效时输入，但 $\overline{OE}$ 、$\overline{WE}$ 不能同时有效。因此，在扩展 RAM 与 MCS-51 单片机连接时，$\overline{CE}$ 可以接单片机的高位地址线，$\overline{OE}$ 和 $\overline{WE}$ 应分别与 51 单片机的 $\overline{RD}$ 和 $\overline{WR}$ 连接。

表 6-7　6116 芯片的工作方式

工作方式	$\overline{CE}$	$\overline{OE}$	$\overline{WE}$	I/O0～I/O7
未选中	V_{IH}	任意	任意	高阻
输出禁止	V_{IL}	V_{IH}	V_{IH}	高阻
读出	V_{IL}	V_{IL}	V_{IH}	D_{OUT}
写入	V_{IL}	V_{IH}	V_{IL}	D_{IN}

表 6-8　6264 芯片的工作方式

工作方式	$\overline{CE1}$ (20)	CE2 (26)	$\overline{OE}$ (22)	$\overline{WE}$ (27)	I/O0～I/O7 (11～13、15～19)
未选中	V_{IH}	任意	任意	任意	高阻
未选中	任意	V_{IL}	任意	任意	高阻
输出禁止	V_{IL}	V_{IH}	V_{IH}	V_{IH}	高阻
读出	V_{IL}	V_{IH}	V_{IL}	V_{IH}	D_{OUT}
写入	V_{IL}	V_{IH}	V_{IH}	V_{IL}	D_{IN}

3. 典型连接电路

图 6-13 为 6116 与 89C51 连接的典型电路。

1) 地址线

低 8 位地址线：由 89C51 的 P0.0～P0.7 与 74LS373 的 D0～D7 端连接，ALE 有效时 74LS373 锁存该低 8 位地址，并从 Q0～Q7 输出，与 RAM 芯片低 8 位地址 A0～A7 相连接。

高 8 位地址线：视 RAM 芯片容量大小而定，6116 需 3 根，6264 需 5 根。

2) 数据线

数据线：由 89C51 地址/数据复用总线 P0.0～P0.7 直接与 RAM 数据线 D0～D7 相连。

3) 控制线

ALE：89C51 ALE 端与 74LS373 门控端 G 相连，专用于锁存低 8 位地址。

片选线：一般由 89C51 的高位地址线控制。

读写控制线：由 89C51 的 $\overline{RD}$ 、$\overline{WR}$ 分别与 RAM 芯片的 $\overline{OE}$ 、$\overline{WE}$ 直接相连。

当单片机把外部 2000H 单元的内容送到 2002 单元时，可通过以下程序段进行：

```
#include <absacc.h>
#define uchar unsingned char
…
{ uchar i;
```

```
    i=XBYTE[0X2000];
    XBYTE[0X2002]=I;
…}
```

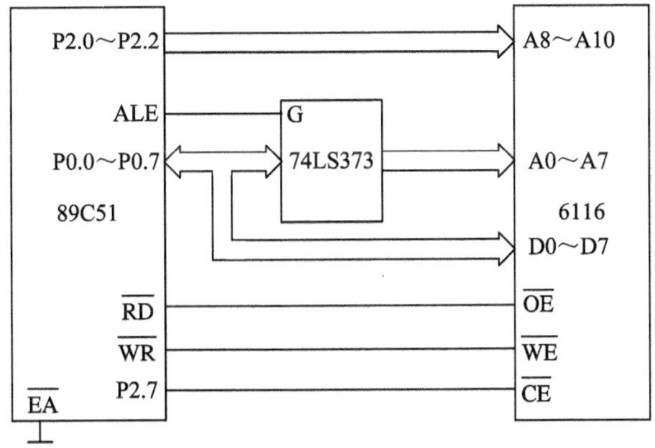

图 6-13　6116 与 89C51 的典型连接

4．ROM 和 RAM 综合扩展

在实际应用中经常需要同时扩展外 ROM 和 RAM 才能满足要求。图 6-14 为 89C51 同时扩展 ROM 和外 RAM 时的典型应用电路，分析说明如下：

(1) 地址线、数据线：仍按 80C51 一般扩展外 ROM 时的典型线路连接。

(2) 片选线：因为 ROM 只有一片，所以无须片选。2764 的 $\overline{CE}$ 直接接地(图中未画出)，始终有效。外 RAM 虽然也只有一片，但系统可能还要扩展 I/O 口，而 I/O 口与外 RAM 是统一地址的，因此一般需要片选，6264 的 $\overline{CE1}$ 接 P2.5，$\overline{CE2}$ 直接接 Vcc(图中未画出)，这样 6264 的地址范围为 C000H～DFFFH，P2.6、P2.7(图中未画出)可留给扩展 I/O 口片选用。

(3) 读写控制线：读片外 ROM 时由 $\overline{PSEN}$ 控制 2764 的 $\overline{OE}$，读/写片外 RAM 时由 $\overline{RD}$ 控制 6264 的 $\overline{OE}$，$\overline{WR}$ 控制 6264 的 $\overline{WE}$。

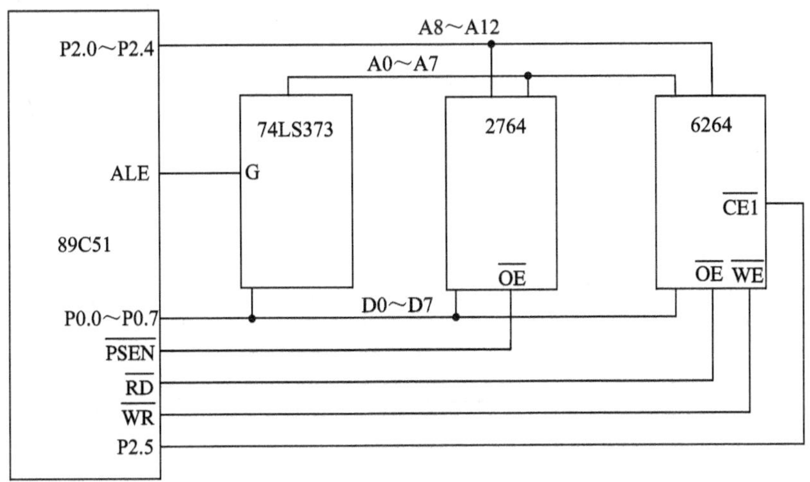

图 6-14　89C51 同时扩展 ROM 和 RAM

【知识拓展】

74377 芯片

1．输出口扩展常用典型芯片 74377

1) 74377 芯片

图 6-15 为 74377 引脚图，表 6-9 为其功能表。74377 为带有输出允许控制的 8D 触发器。D0～D7 为 8 个 D 触发器的 D 输入端；Q0～Q7 是 8 个 D 触发器的 Q 输出端；时钟脉冲输入端 CLK，上升沿触发，8D 共用；$\overline{OE}$ 为输出允许端，低电平有效。当 74377 的 $\overline{OE}$ 端为低电平，且 CLK 端有正脉冲时，在正脉冲的上升沿，D 端信号被锁存，从相应的 Q 端输出。

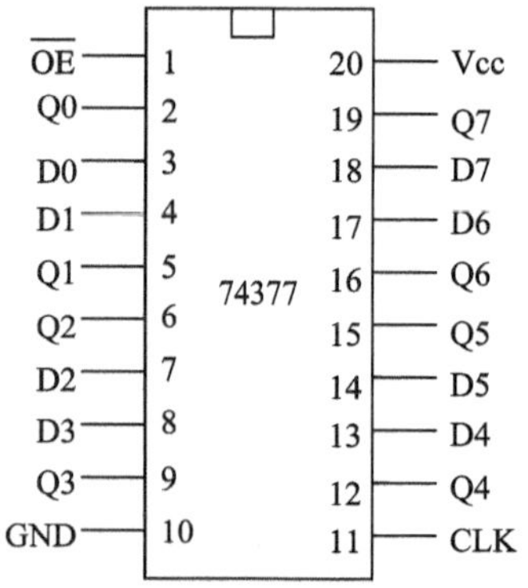

图 6-15　74377 引脚图

表 6-9　74377 功能表

输　入			输　出
$\overline{OE}$	CLK	D	Q
L	×	×	不变
L	↑	1	1
L	↑	0	0
×	0	×	不变

2) 典型应用电路

图 6-16 为 74377 与 89C51 单片机连接的典型应用电路。89C51 单片机的 $\overline{WR}$ 和 P2.5 分别与 74377 的 CLK 端和输出允许端 $\overline{OE}$ 相接。P2.5 决定 74377 地址为 DFFFH，也可用 P2.0～P2.7 任一端线作为 74377 片选地址线，输出时先对 DPTR 赋值，并将要输出的数据存入 A 中，执行 MOVX　@DPTR，A 指令后，即可将 A 中的数据从 74377 的 Q0～Q7 端并行输出。用 74377 扩展 89C51 输出口的优点与 74377 相同。扩展 89C51 输出口还可以利用其他 TTL 芯片，但均不如 74377 简便。例如，用 74373 扩展输出口比用 74377 扩展输出口要多一个或门；用 74273 比用 74377 多一个或非门；用 74244 输出无锁存功能等。

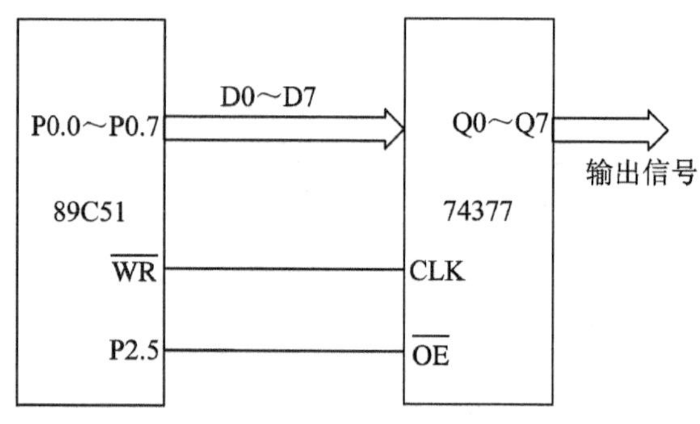

图 6-16　74377 扩展输出口

2．输入/输出口同时扩展

对单片机同时进行输入和输出扩展，输入口扩展芯片为 74LS244，输出口扩展芯片为 74LS273。图 6-17 就是扩展的电路图。

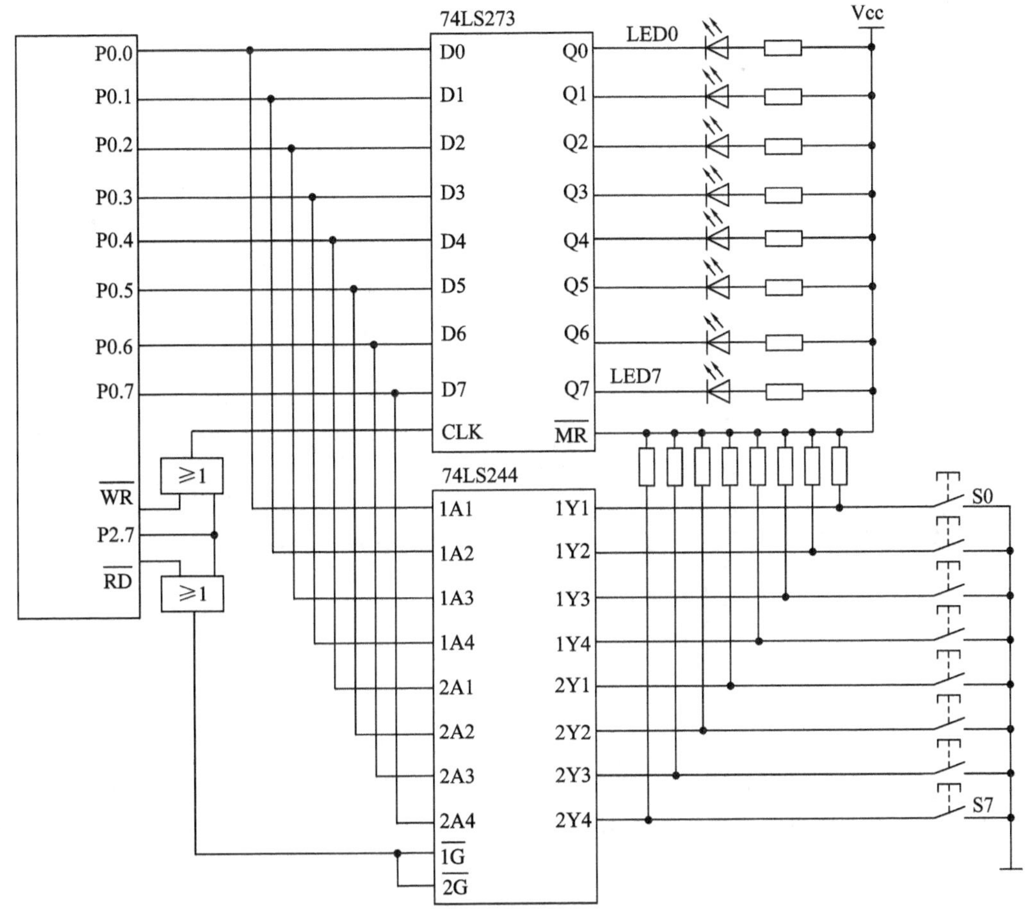

图 6-17　输入和输出同时扩展的电路

在图 6-17 中要实现按下与 74LS244 连接的键，则与 74LS273 芯片连接的 LED 灯就会发光的功能，程序如下：

```
#include <reg51.h>
#include <absacc.h>
#define uchar unsingned char
main (   )
{ While(1)
    {  unsigned char     K;
       K=DDAT;                    // 检测按键，向 244 读入数据
       DDAT=k;                    // 向 273 输出数据，驱动 LED
       }
}
```

6.4 项 目 实 施

本项目使用一片 6264 来扩展 8 KB 的数据存储器，扩展时要注意 6264 与 51 单片机的地址线、数据线和控制线的连接，具体连接如图 6-18 所示。

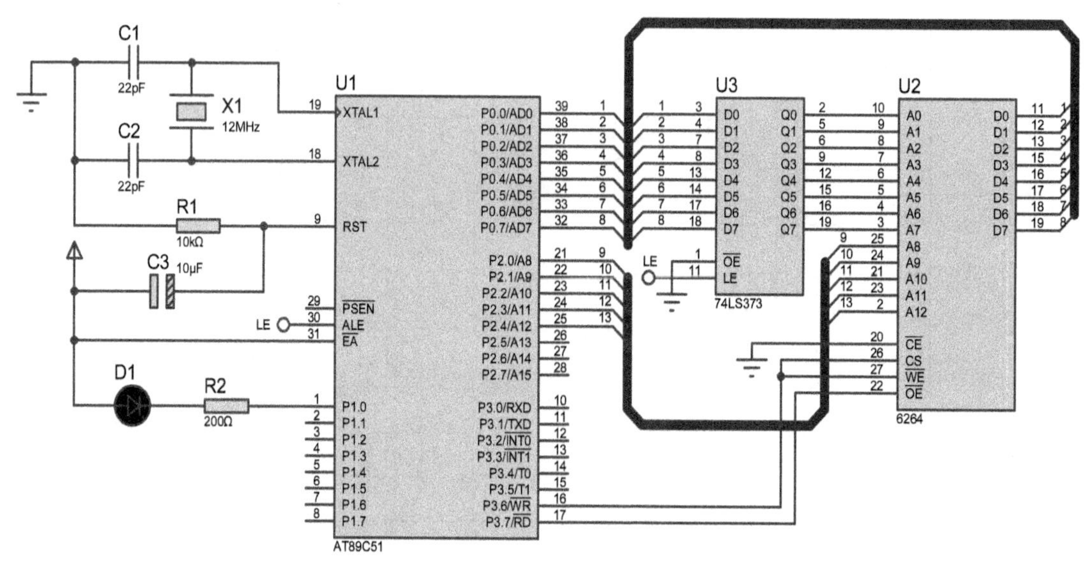

图 6-18　单片机与 6264 的连接

在扩展完成后，我们向 6264 写入整数 1～200，然后将其逆向复制到 0x0100 处。为了表示复制完毕，本项目用点亮一个 LED 灯来作为数据复制结束的标志，其 C51 程序如下：

```
#include<reg51.h>
#include<absacc.h>
#define uchar unsigned char
#define uint unsigned int
sbit LED=P1^0;
//主程序
void main()
{
    uint i;
    LED=1;
for(i=0;i<200;i++)                    // 向 6264 的 0x0000 地址开始写入 1～200
    {
        XBYTE[i]=i+1;
    }
    for(i=0;i<200;i++)                // 将 6264 中的 1～200 逆向复制到 0x0100 开始处
```

```
    {
        XBYTE[i+0x0200]=XBYTE[199-i];
    }
    LED=0;                          // 扩展内存数据处理完后 LED 点亮
    while(1);
}
```

我们把程序在 Keil C51 下编辑、编译、汇编、运行后生成的可进行烧录的 .hex 文件加载到 Proteus 下的单片机芯片中，具体过程见图 6-19。

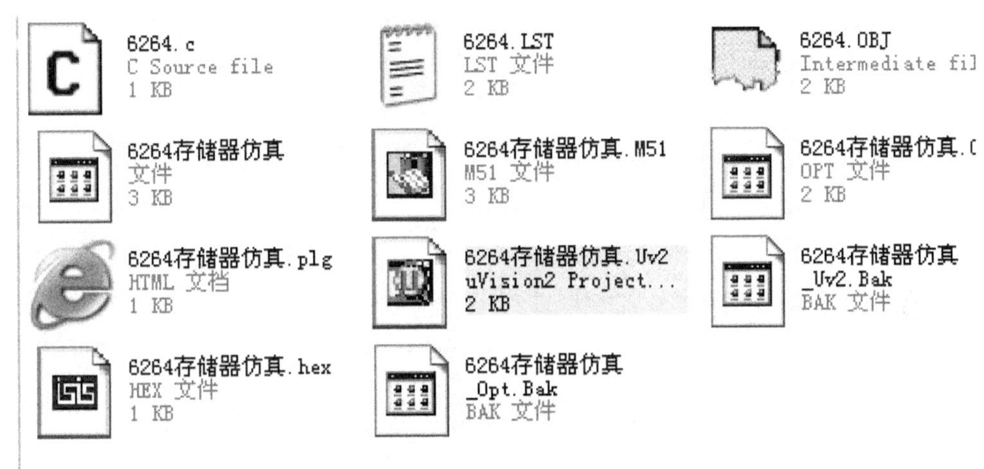

图 6-19　编辑成功后生成可烧录的 .hex 文件

点击单片机芯片，在里面加载.hex 文件，并点击下面仿真控制按钮的第一个“三角形”箭头后，就能运行系统，此时可以看到的结果如图 6-20 所示。

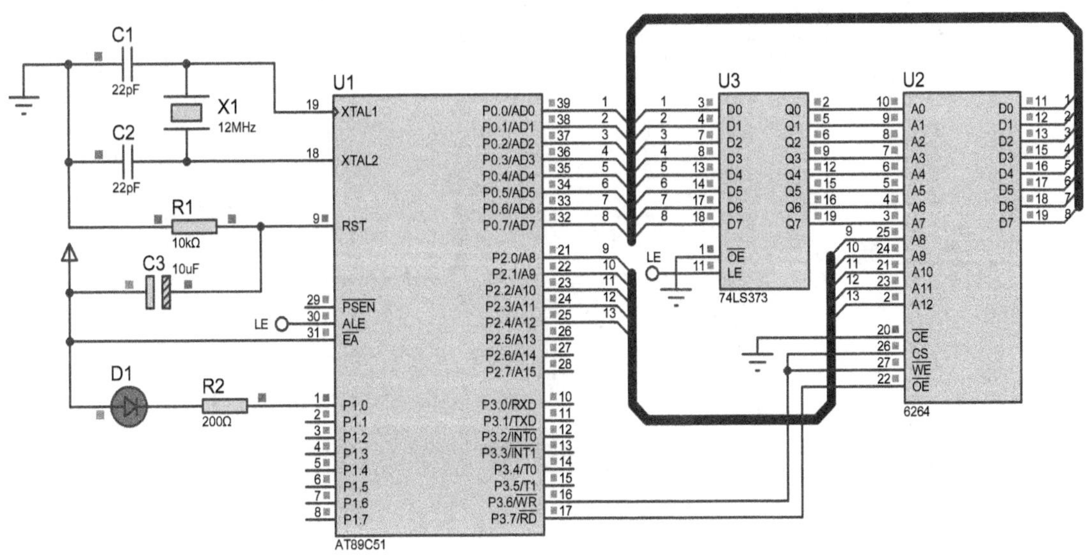

图 6-20　Proteus 下的硬件系统图

然后点击“pause”按钮，就会看到单片机的运行状态，见图 6-21。

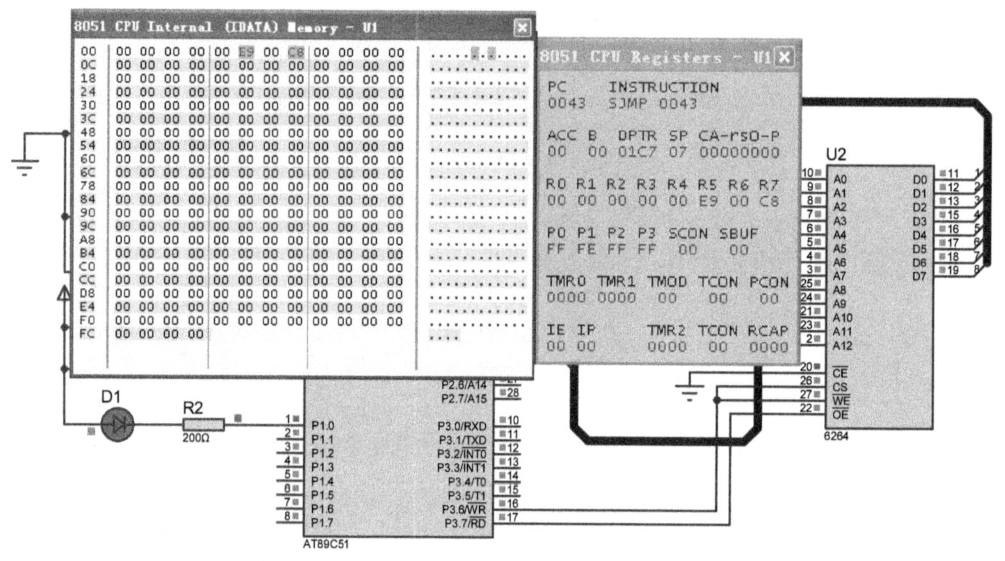

图 6-21　单片机内部仿真结果

最后打开 DEBUG 菜单下的 Memory Contents-U2，查看 6264 里面的数据，具体见图 6-22。

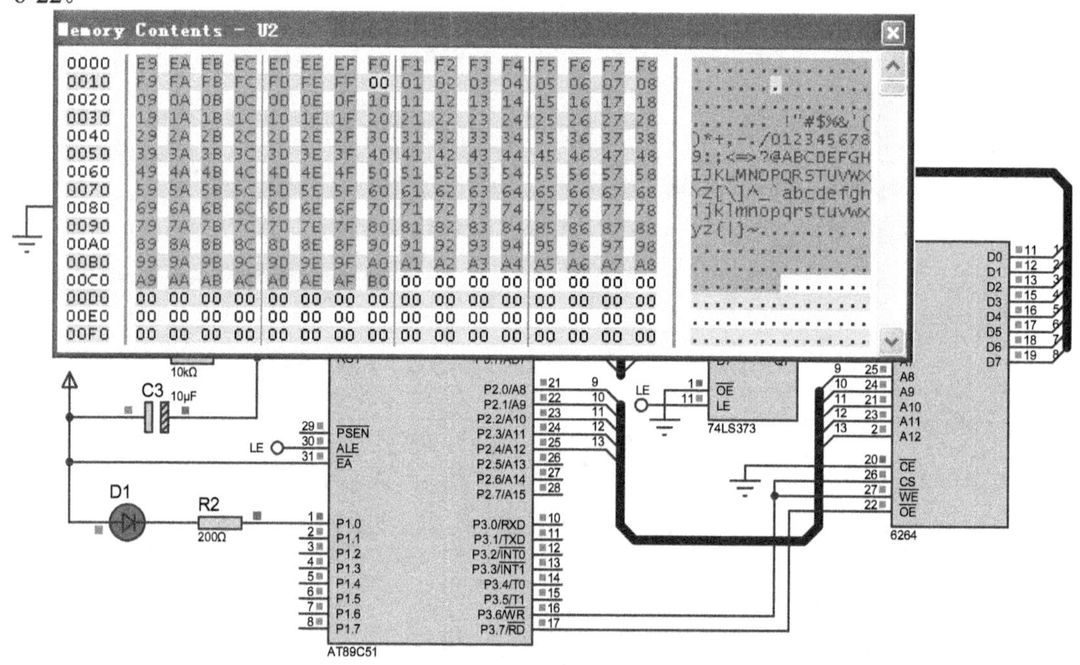

图 6-22　RAM 6264 里面的数据

【拓展知识】

51 系列单片机有 4 个 8 位并行输入/输出口，单片机与外围设备的数据传送都是通过并行输入/输出口或串行口完成的。对于 89C51 来说，无须扩展外部存储器，P0 口～P3 口均可作为通用 I/O 口使用。但扩展存储器后，P2 口、P0 口被占用，留给用户的只有 P1 口和 P3 口，而 P3 口是多用途口，当使用第二功能时，就不能用作一般 I/O 口线。因此，在实际应用中，大都需要扩展 I/O 口。一般直接使用可编程外围接口芯片组成单片机应用系统，如 8155、8255 等。在此只简单介绍 8155，对于 8255 读者可查询有关资料自学。

1. 8155 的内部结构和技术性能

1) 8155 的内部结构

8155 芯片资料

图 6-23 是 8155 的逻辑结构框图及引脚排列图。在 8155 内部有两个 8 位和一个 6 位的并行输入/输出端口，256 B RAM，一个地址锁存器，一个 14 位的定时器/计数器和逻辑电路。其中，$IO/\overline{M}$ 信号为存储器选择信号。8155 在单片机应用系统中的 RAM 和 I/O 口是按外部数据存储器统一编址的，为 16 位地址。

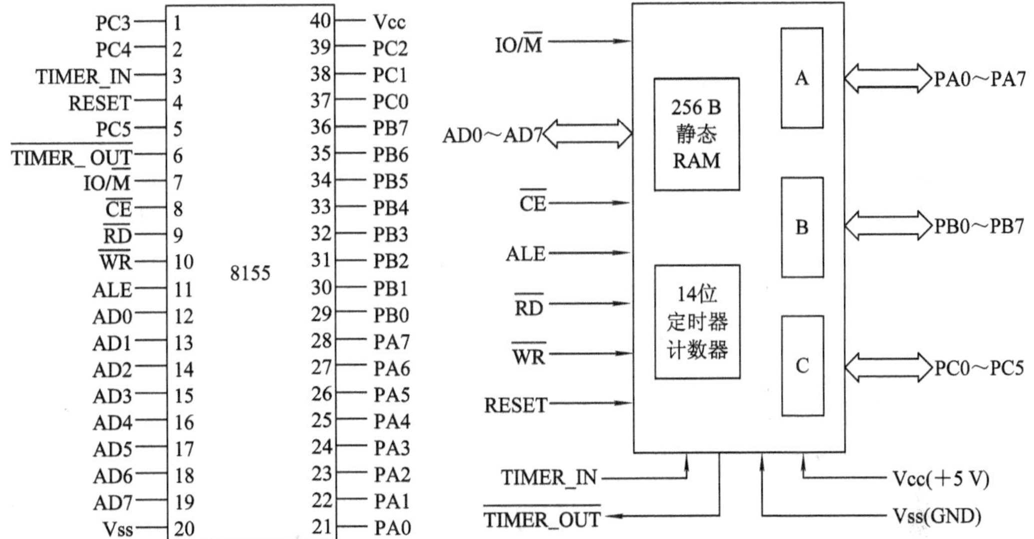

图 6-23　8155 的逻辑结构框图及引脚排列图

其高 8 位提供 $\overline{CE}$ 和 $IO/\overline{M}$ 的输入信号，低 8 位地址由单片机的 P0 口确定。当 $IO/\overline{M}=1$ 时，8155 作为并行 I/O 口；当 $IO/\overline{M}=0$ 时，8155 作为 256 B 的存储器，其地址范围为 00H～FFH。8155 作 I/O 和定时器/计数器的低 8 位地址的功能如表 6-10 所示。

表 6-10　8155 作 I/O 和定时器/计数器的低 8 位地址的功能表

地　址	引　脚	功　能
×××××000	内部	命令寄存器(只写)
×××××000	内部	状态寄存器(只读)
×××××001	PA0～PA7	通用 I/O 口
×××××010	PB0～PB7	通用 I/O 口
×××××011	PC0～PC5	通用 I/O 口或控制联络线
×××××100	内部	定时器/计数器低 8 位寄存器
×××××101	内部	定时器/计数器高 6 位寄存器以及定时器/计数器输出波形工作方式字

2) 8155 的引脚功能

AD7～AD0：三态地址/数据复用引脚。它与单片机的地址/数据总线相连，用来传送 8 位数据和低 8 位地址，采用分时复用的方式传送数据和地址信息。

PA7～PA0：A 口输入/输出引脚。这 8 根数据线可作为通用 I/O 口，用于输入/输出数据。

PB7～PB0：B 口输入/输出引脚。其作用与 A 口相同。

PC5～PC0：C 口输入/输出引脚或控制信号线。这 6 个引脚可作为通用 I/O 口，也可作为 A 口和 B 口的控制信号。其每位的功能如下：

PC0：INTRA——A 口中断请求信号线。

PC1：BFA——A 口缓冲器满信号线。

PC2：STBA——A 口选通信号线。

PC3：INTRB——B 口中断请求信号线。

PC4：BFB——B 口缓冲器满信号线。

PC5：STBB——B 口选通信号线。

$\overline{CE}$：片选信号，低电平有效。

ALE：地址锁存信号，高电平有效。

IO/$\overline{M}$：I/O 口与存储器选择信号。IO/$\overline{M}$ = 1，选择 I/O 口；IO/$\overline{M}$ = 0，选择存储器。

$\overline{RD}$：存储器读控制信号，低电平有效。

$\overline{WR}$：存储器写控制信号，低电平有效。

RESET：复位信号，高电平有效。

TIMER_IN：定时器/计数器输入端。

$\overline{\text{TIMER\_OUT}}$：定时器/计数器输出端。

3) 8155 的寄存器

8155 内部共有 7 个寄存器：命令寄存器、状态寄存器、PA 寄存器、PB 寄存器、PC 寄存器和定时器/计数器(为两个 8 位的寄存器)。通常人们把 PA 寄存器、PB 寄存器和 PC 寄存器分别叫作 A 口、B 口和 C 口。

(1) 命令寄存器。8155 只有一个控制字，将一个 8 位控制字写入命令寄存器(地址为××××× 000B)，命令寄存器就决定 A 口、B 口、C 口和定时器/计数器的工作方式及功能。其位格式为

D7	D6	D5	D4	D3	D2	D1	D0
TM2	TM1	IEB	IEA	PC2	PC1	PB	PA

PA：决定 A 口的工作方式。PA = 0，A 口为输入方式；PA=1，A 口为输出方式。

PB：决定 B 口的工作方式。PB = 0，B 口为输入方式；PB=1，B 口为输出方式。

PC2、PC1：决定 PC 口的工作方式。

PC2PC1(ALT1) = 00，A 口、B 口为基本输入/输出方式，C 口为基本输入口。

PC2PC1(ALT2) = 01，A 口、B 口为基本输入/输出方式，C 口为基本输出口。

PC2PC1(ALT3) = 10，A 口为选通输入/输出口，B 口为基本输入/输出口。

PC2PC1(ALT4) = 11，A 口、B 口为选通输入/输出口。

IEA：A 口中断允许口。IEA=1，允许 A 口中断；IEA=0，禁止 A 口中断。

IEB：B 口中断允许口。IEB=1，允许 B 口中断；IEB=0，禁止 B 口中断。

TM2、TM1：定时器/计数器命令。

TM2TM1=00，空操作，不影响计数器操作。

TM2TM1=01，停止计数器计数。

TM2TM1=10，定时器/计数器计数长度减为 0 时停止计数。

TM2TM1=11，连续方式，当计数器赋予初值后，立即启动定时器/计数器；若正在计数，则置新的方式和长度，计数结束后按新的方式和新的时间常数计数。

(2) 状态寄存器。状态寄存器由 7 位寄存器组成，其中 6 位用于 A 口和 B 口的状态，1 位表示定时器/计数器的状态。这个寄存器为只读寄存器，在对 8155 读操作时，能从 I/O 地址×××××000B 读出，其状态字格式为

D7	D6	D5	D4	D3	D2	D1	D0
	TIMER	INTE B	BF B	INTR B	INTE A	BF A	INTR A

INTR A：A 口中断请求位。

BF A：A 口缓冲器满标志位。

INTE A：A 口中断允许位。

INTR B：B 口中断请求位。

BF B：B 口缓冲器满标志位。

INTE B：B 口中断允许位。

TIMER：定时中断请求位。

(3) PA 寄存器。这个寄存器用于传送 8 位数据，按照命令寄存器的内容确定 PA 寄存器是输入还是输出寄存器，还可确定 A 口工作在基本输入/输出方式还是选通工作方式。PA 寄存器的引脚是 PA7～PA0，该寄存器的 I/O 地址是×××××001B。

(4) PB 寄存器。这个寄存器与 PA 寄存器的功能相同，PB 寄存器的引脚是 PB7～PB0，这个寄存器的 I/O 地址是×××××010B。

(5) PC 寄存器。这个寄存器为 6 位寄存器，可作为输入/输出口，I/O 地址为×××××011B。当 A 口或 B 口作为选通方式时，C 口作为它们的联络信号。

当 C 口作为 A 口、B 口的联络信号时，PC0～PC2 分配给 A 口，PC3～PC5 分配给 B 口。C 口作联络信号时每位的具体功能见表 6-11。表中联络信号的含义如下：

$\overline{\text{STB}}$ (Strobe)：选通脉冲输入，低电平有效。当外设送来$\overline{\text{STB}}$信号时，输入数据装入 8155 的锁存器。

BF(Buffer Full)：缓冲器满，高电平有效。BF 表示数据已装入锁存器，可作为送出的状态信号。

INTR(Interrupt)：中断请求信号，作为单片机的外部中断源，高电平有效。在 IBF 为高、$\overline{\text{STB}}$为高时才有效，用来向单片机 CPU 请求中断服务。单片机对 8155 的相应 I/O 口进行一次读/写操作后，INTR 变为低电平。

表 6-11　PC 口工作方式

引　脚	ALT1 (方式 1)	ALT2 (方式 2)	ALT3 (方式 3)	ALT4 (方式 4)
PC0	输入线	输出线	INTR A(A 口中断)	INTR A(A 口中断)
PC1	输入线	输出线	BF A(A 口缓冲器满)	BF A(A 口缓冲器满)
PC2	输入线	输出线	$\overline{\text{STB A}}$ (A 口选通)	$\overline{\text{STB A}}$ (A 口选通)
PC3	输入线	输出线	输出线	INTR B(B 口中断)
PC4	输入线	输出线	输出线	BF B(B 口缓冲器满)
PC5	输入线	输出线	输出线	$\overline{\text{STB B}}$ (B 口选通)

(6) 定时器/计数器。8155 内部的定时器/计数器是 14 位计数器，分为低 8 位和高 6 位，另外两位用于确定其输出方式，所以它有两个 8 位寄存器。其低位字节的 I/O 地址为××××××100B，高位字节的 I/O 地址为××××××101B。其位格式如下：

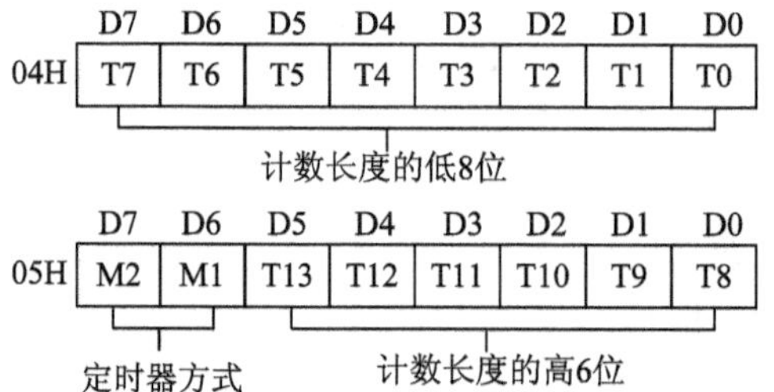

其中，T0～T13 构成 14 位定时器/计数器。定时器/计数器是递减计数器，对输入脉冲进行计数。当计数器计到 0 时，可从定时器/计数器的输出端输出一个脉冲或方波。M2M1 决定定时器/计数器的输出方式，见图 6-24。

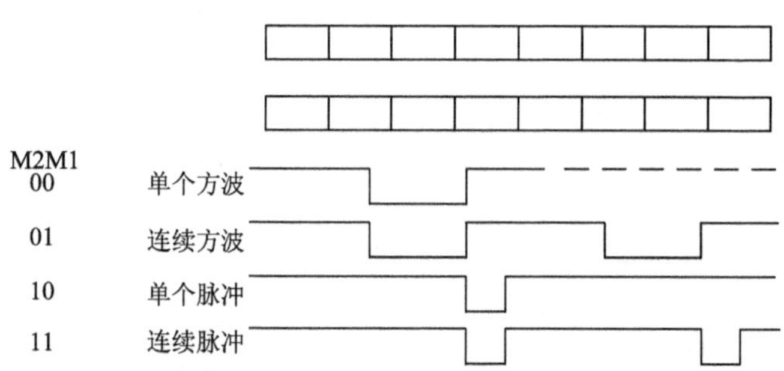

图 6-24　8155 定时器的输出方式波形

当 M2M1 = 00 时，定时器/计数器的输出波形为单个方波。

当 M2M1 = 01 时，定时器/计数器的输出波形为连续方波。

当 M2M1 = 10 时，定时器/计数器的输出波形为单个脉冲。

当 M2M1 = 11 时，定时器/计数器的输出波形为连续脉冲。

这两个寄存器具有双重功能。在写操作时，可写入 14 位的定时常数以及输出方式的指令；在读操作时，可将定时器/计数器的当前值和输出方式位读出。

让定时器/计数器工作，首先应对定时器/计数器编程。将计数常数及定时器方式字(2

位)送入定时器/计数器地址口 04H 及 05H。

定时常数的范围可以是 2H～3FFFH 之间的任何值。定时器的启动和停止命令送至命令寄存器(00H)的最高位。

2．8155 与单片机的接口

51 单片机可直接与 8155 连接，而不需要加任何逻辑单元，其基本硬件连接方式如图 6-25 所示。

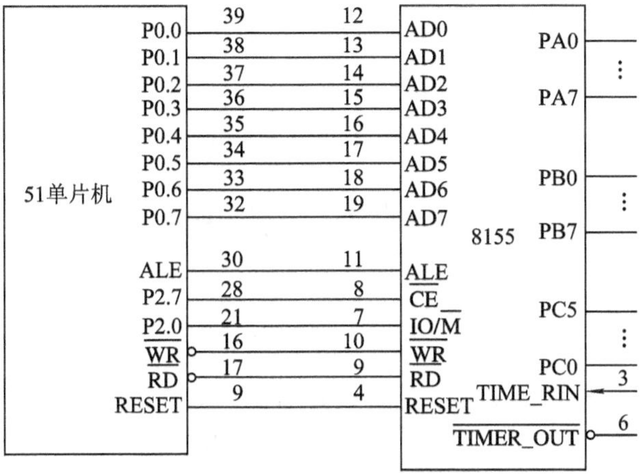

图 6-25　单片机与 8155 的连接图

由于 8155 片内有地址锁存器，所以 P0 口输出的低 8 位地址不需要另外加锁存器，而直接与 8155 的 AD0～AD7 相连，既作低 8 位地址总线，又作数据总线。高 8 位地址由 CE 及 IO/$\overline{M}$ 的地址控制线决定，因此图中连接状态下的地址编号为：RAM 字节地址 7E00H～7EFFH。具体分配如下：

命令状态口：7F00H；PA 口：7F01H；PB 口：7F02H；PC 口：7F03H；定时器低 8 位：7F04H；定时器高 8 位：7F04H。

在图 6-25 所示连接中，设 8155 的 PA 口为基本输入口，PB 口为基本输出口，PC 口为输出口，定时器作方波发生器，对输入脉冲进行 24 分频，要求从 PA 口读入数据存入 8155 的 5FH 单元，PA 口的数据取反后从 PB 口输出，屏蔽高 2 位后再从 PC 口输出，则对 8155 的编程如下：

```
#include<absacc.h>
void main()
{
    unsigned char data i;
    XBYTE[0x7f04];
    XBYTE[0x7f04]=0x18;
    XBYTE[0x7f05]=0x40;
    XBYTE[0x7f00]=0xc6;
      i=XBYTE[0x7f01];
    XBYTE[0x7f02] = ~i;
```

```
        XBYTE[0x7f03]= i&0x3f;
        XBYTE[0x7f05]=i;
    }
```

项 目 小 结

本项目的设计以存储器的扩展为核心，主要介绍了总线驱动、程序存储器的扩展和数据存储器的扩展，最后对 I/O 口的扩展进行了介绍。对于存储器的扩展进行了详细介绍，特别是对 3 类总线的连接方法进行了举例。在项目中通过仿真让读者看到存储器里的数据内容。

项目拓展技能与练习

【拓展技能训练】

用两片 6264 扩展 89C51 的存储器，请画出连接图，并分析地址的形成，最后在一片 6264 中连续放入 1～50，把这些数复制到另一片 6264 的地址中。

项目拓展资料

【项目练习】

(1) 在三总线结构中，说明地址线是如何构成的。

(2) 存储器的扩展有几种方法？各有什么优缺点？

(3) 8155 有几种工作方法？使用时应如何选择？

(4) 试设计符合下列要求的 89C51 控制系统：外接两片 74LS377，驱动 8 个动态显示的数码管。

项目练习答案

项目 7　简单数字电压表的设计

【项目导入】

工业测控领域的测量信号大多是模拟量，这些模拟量要送入单片机进行处理就必须进行模/数转换(A/D 转换)，经过 A/D 转换的信息就可以通过 I/O 口进行输出显示。单片机的 A/D 应用在工业控制领域十分广泛，在此我们通过数字电压表的设计来讲述单片机的 A/D 转换和数码管的接口显示电路，以便让读者掌握 A/D 转换器和数码管显示在单片机控制系统中的应用。

【项目目标】

1. 知识目标

(1) 理解 A/D 转换器的基本原理；

(2) 掌握 A/D 转换器与单片机的接口使用；

(3) 掌握数码管与单片机的接口连接。

2. 能力目标

(1) 能够正确使用 A/D 转换器；

(2) 能够设计单片机与 A/D 转换器的接口电路；

(3) 能编程控制 A/D 转换器的数据转换；

(4) 能够设计单片机与数码管的接口电路。

7.1　项 目 描 述

A/D 转换在工业控制与测量领域有着广泛的应用，比如电压表。本项目就通过设计一块电压表来讲述 A/D 转换的基本原理、A/D 转换的基本接口电路和 A/D 转换的编程以及 LED 数码管接口显示电路的设计。本项目中转换电路采用常用的 A/D 转换芯片 ADC0809，测量电压范围为直流电压 0～5 V，用 LED 数码管显示转换的电压值。

7.2　项目目的与要求

本项目的目的就是使用单片机 AT89C51、ADC0809 转换器以及数码管设计一块数字电压表，该电压表能够准确测量 0～5 V 之间的直流电压值，其测量最小分辨率为 0.02 V。项目在实施过程中需要解决以下关键问题。

(1) ADC0809 芯片的转换特性以及它与单片机的接口电路；

(2) LED 数码管显示原理及接口电路设计；

(3) 单片机 C 语言及程序设计。

7.3 项目支撑知识链接

7.3.1 A/D 转换器及其接口电路

1. A/D 转换器

单片机只能接收二进制数，但是在单片机构成的系统中，许多输入量都是非数字信号的模拟量，比如速度、压力、流量、温度等。这些模拟量要送入单片机进行处理，就必须转换成数字信号。A/D 转换的作用就是把模拟量转换成单片机能够接收的数字量。因此人们把实现模/数转换的部件称为 A/D 转换器。

1) A/D 转换器的性能指标

性能指标是选用 A/D 转换芯片的依据，也是衡量芯片质量的重要参数。A/D 转换器的性能指标主要有以下几个。

(1) 分辨率。分辨率表示输出数字量变化的一个最低有效位(Least Significant Bit，LSB)所对应的输入模拟电压的变化量，一般定义为转换器的满刻度电压(基准电压)V_{FSR}与 2^n 之间的比值，即分辨率 = $V_{FSR}/2^n$，其中 n 为 A/D 转换器输出的二进制位数，n 越大，分辨率越高。

例如，A/D 转换器 ADC0809 的分辨率为 8 位，即该转换器的输出数据可以用 2^8 个二进制数进行量化，其分辨率为 1LSB，用百分数来表示为 $1/2^8 \times 100\% = (1/256) \times 100\% \approx 0.3906\%$。当电压为 5 V，可分辨的最小电压是 19.5 mV。

(2) 量化误差。模拟量是连续的，而数字量是断续的，当 A/D 转换器的位数固定后，数字量不能把模拟量所有的值都精确地表示出来，这种由 A/D 转换器有限分辨率所造成的真实值与转换值之间的误差称为量化误差。一般量化误差为数字量的最低有效位所表示的模拟量，理想的量化误差容限是±LSB/2。

(3) 转换时间。A/D 转换器完成一次 A/D 转换所需要的时间。转换时间越短，适应输入信号快速变化能力越强。当需要 A/D 转换的模拟量变化较快时，就需选择转换时间短的 A/D 转换器，否则会引起较大误差。转换时间的倒数就是转换速率。

(4) 转换精度。转换精度是一个实际的 A/D 转换器和理想的 A/D 转换器相比的转换误差。绝对精度一般以 LSB 为单位给出，相对精度则是绝对精度与满量程的比值。

(5) 温度系数。温度系数表示 A/D 转换器受温度影响的程度。一般用环境温度变化 1℃所产生的相对误差来表示。

2) A/D 转换器的基本原理

由于模拟量在时间和数值上是连续的，而数字量在时间和数值上是离散的，所以转换时不仅要在时间上对模拟信号离散化(即采样)，而且还要在数值上离散化，一般步骤如图 7-1 所示。

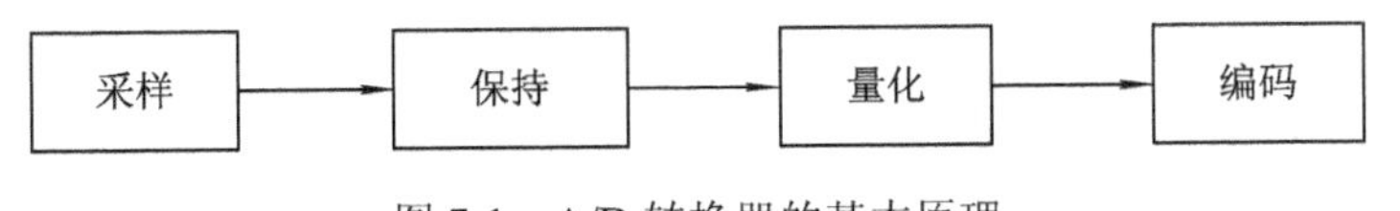

图 7-1　A/D 转换器的基本原理

A/D 转换

(1) 采样与保持。采样就是将一个时间上连续变化的模拟量转换成时间上离散的模拟量。

采样定理：设采样脉冲 s(t)的频率为 f_s，输入模拟信号 x(t)的最高频率分量为 f_{max}，必须满足 $f_s \geqslant 2f_{max}$，y(t)才可以正确地反映输入信号(从而能不失真地恢复原模拟信号)。采样的具体过程如图 7-2 所示。

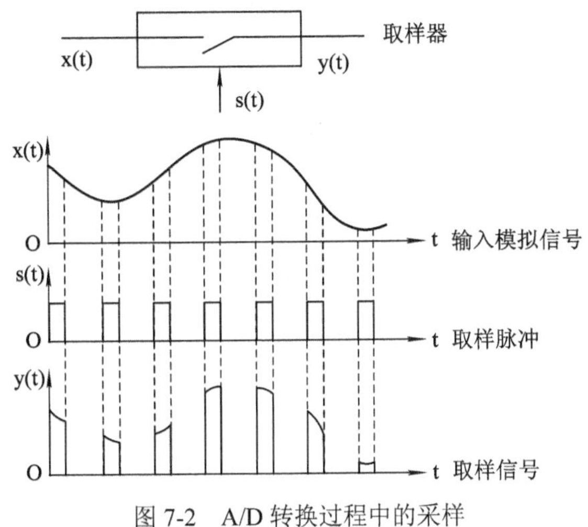

图 7-2　A/D 转换过程中的采样

由于 A/D 转换需要一定的时间，因此在每次采样以后，需要把采样电压保持一段时间。采样后保持的过程如图 7-3 所示。

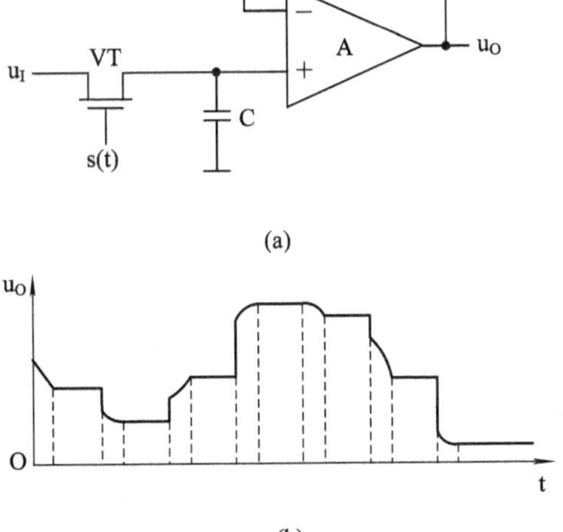

图 7-3　采样一保持电路及输出波形

s(t)有效期间，开关管 VT 导通，u_I 向 C 充电，$u_O(=u_I)$跟随 u_I 的变化而变化；s(t)无效期间，开关管 VT 截止，$u_O(=u_C)$保持不变，直到下次采样。由于集成运放 A 具有很高的输入阻抗，因此在保持阶段，电容 C 上所存电荷不易泄放。

(2) 量化和编码。数字量最小单位所对应的最小量值叫作量化单位 Δ。将采样–保持电路的输出电压化为量化单位 Δ 的整数倍的过程叫作量化。用二进制代码来表示各个量化电平的过程叫作编码。

一个 n 位二进制数只能表示 2^n 个量化电平，量化过程中不可避免地会产生误差，这种误差称为量化误差。量化级别分得越多(n 越大)，量化误差越小。电平量化的过程如图 7-4 所示。

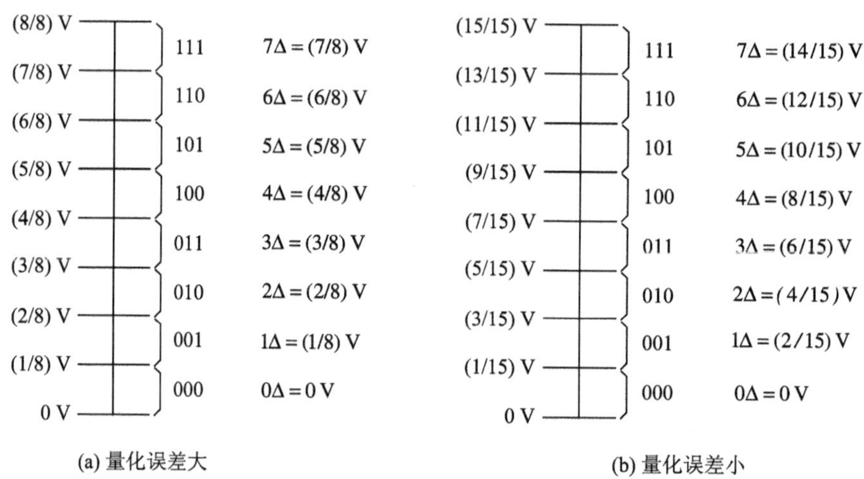

(a) 量化误差大　　(b) 量化误差小

图 7-4　划分量化电平的两种方法

2. 常用 A/D 器件的接口电路

1) ADC0809 简介

ADC0809 是一种逐次逼近式 8 路模拟量输入、8 位数字量输出的 A/D 转换器。其内部有一个 8 通道多路开关，它可以根据地址码锁存译码后的信号，仅选通 8 路模拟输入信号中的一个进行 A/D 转换。ADC0809 的主要特性如下：

ADC0809 芯片资料

(1) 分辨率为 8 位。

(2) 转换时间为 100 μs。

(3) 单一电源为 +5 V。

(4) 模拟输入电压范围为 0～5 V，不需要零点和满刻度校准。

(5) 具有可控三态输出缓存器。

(6) 启动转换控制为脉冲式(正脉冲)，上升沿使所有内部寄存器清零，下降沿使 A/D 转换开始。

(7) 工作范围温度为 –40～85℃。

(8) 低功耗，约为 15 mW。

ADC0809 的内部逻辑结构图如图 7-5 所示。由图可以看出，ADC0809 由一个 8 路模拟开关、一个地址锁存与译码器、一个 A/D 转换器和一个三态输出锁存器构成。多路开关可选通 8 个模拟通道，允许 8 路模拟通道分时输入，供 A/D 转换器进行转换。三态输出锁存器用于锁存 A/D 转换完成的数字量，当 OE 端为高电平时，才可以从三态输出锁存器取走转换完的数据。

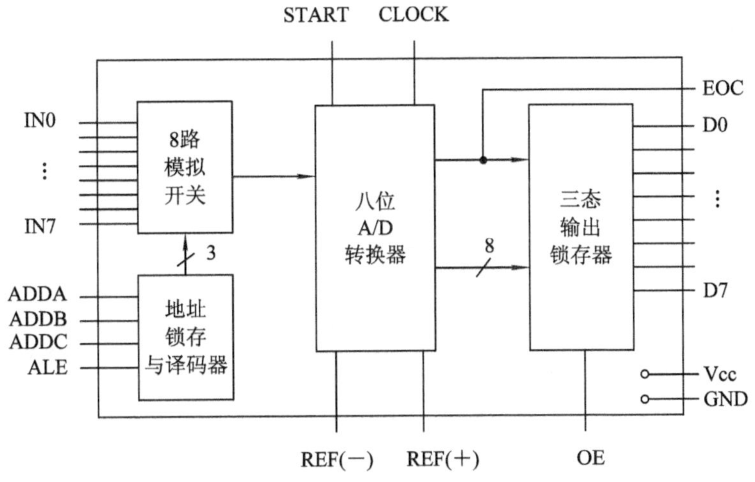

图 7-5　ADC0809 的内部逻辑图

2) ADC0809 引脚功能

ADC0809 引脚如图 7-6 所示。由引脚图可见，ADC0809 共有 28 个引脚，采用双列直插式封装。ADC0809 虽然有 8 路模拟通道可以同时输入 8 路模拟信号，但每个瞬间只能转换一路，各路之间的切换由软件变换通道地址实现。其主要引脚的功能如下：

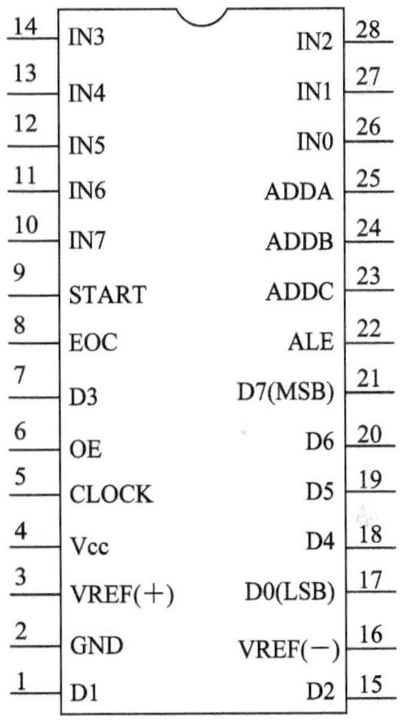

图 7-6　ADC0809 引脚

(1) START：A/D 转换启动信号端。START 端输入下降沿时启动芯片，开始 A/D 转换，在数据转换期间该引脚需要保持低电平状态；START 端输入上升沿时复位。

(2) EOC：转换结束信号输出端。EOC = 0 时，表示正在进行转换；EOC = 1 时，表示转换结束。该端既可以作为查询的状态标志，也可以作为中断请求信号。

(3) OE：输出允许信号端，用于控制三态输出锁存器向单片机输出转换后的数字量。OE = 0 时，输出数据线呈高阻；OE = 1 时，输出转换得到的数据。

(4) CLOCK：时钟信号端。由于 ADC0809 内部没有时钟发生装置，因此该引脚用于连接外部时钟，时钟频率在 10～1280 kHz 之间。

(5) Vcc 和 GND：Vcc 为电源端，接 5 V；GND 为接地端。

(6) VREF(+)和 VREF(−)：正、负基准电压输入端。

(7) ALE：地址锁存允许端，高电平有效，用于将 ADDA～ADDC 地址状态送入地址锁存器。

(8) IN0～IN7：8 路模拟信号输入端。

(9) D0～D7：8 位数字量输出端，可以与单片机直接相连。

(10) ADDA～ADDC：地址输入线，用于选择通道，其选择结果见表 7-1。

表 7-1　ADC0809 转换通道的选择

地 址 输 入			通　道
ADDA	ADDB	ADDC	Y0
0	0	0	INT0
0	0	1	INT1
0	1	0	INT2
0	1	1	INT3
1	0	0	INT4
1	0	1	INT5
1	1	0	INT6
1	1	1	INT7

从前面的引脚功能可以看出，只有在 ALE 信号有效时，ADDA、ADDB、ADDC 输入的通道地址才被锁存。启动信号 START 启动后开始转换，但是 EOC 信号是在 START 的下降沿到来 10 μs 后才变为无效的低电平。这要求查询程序待 EOC 无效后再开始查询，转换结束后由 OE 产生信号输出数据。

3. ADC0809 与 51 单片机的接口及应用

ADC0809 与 89C51 的典型连接电路如图 7-7 所示。电路的连接主要涉及两个问题：一是 8 路模拟信号通道的选择，二是 A/D 转换完成后转换数据的传送。

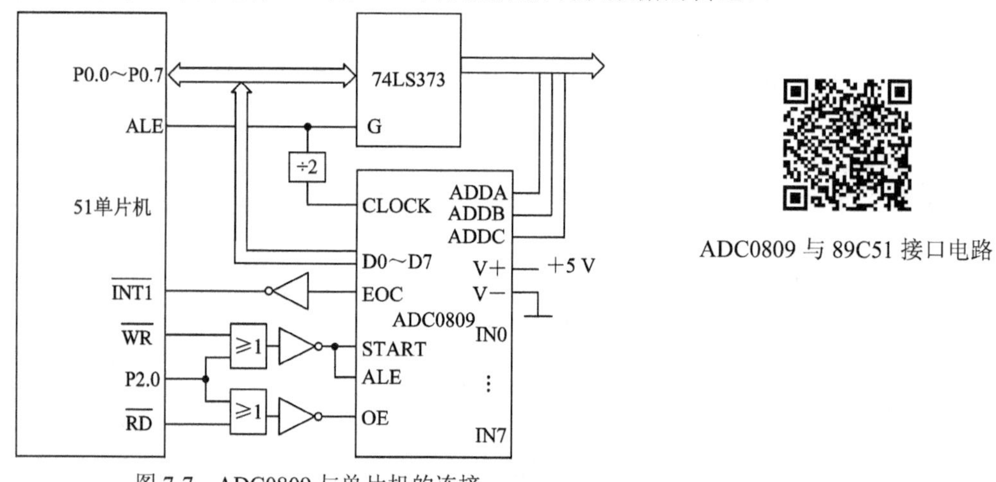

图 7-7　ADC0809 与单片机的连接

1) 模拟信号通道的选择

在图 7-7 中模拟通道选择信号 ADDA、ADDB 和 ADDC 分别接低三位地址 A0、A1、A2(即 P0.0、P0.1、P0.2)，而地址锁存允许信号 ALE 由 P2.0 控制，则 8 路模拟通道的地址为 0FEF8H～0FEFFH。此外，通道地址选择以 $\overline{WR}$ 作写选通信号。图中把 ALE 信号与 START 信号连接在一起，这样可以使得在信号的前沿写入通道地址，紧接着在其后沿就可以启动转换。ADC0809 的启动信号 START 由片选线 P2.0 与写信号 $\overline{WR}$ 的“或非”产生。这要求一条向 ADC0809 写操作的指令来启动转换：

```
#define ADDIN0   XBYTE[0xfef0]          // 定义 0809 的口地址
ADDIN0=0x00;                            // 启动 A/D 转换(INT0)
```

**【小提示】**

此处的 ADDIN0 的赋值与 A/D 无关，可以为任意值。

2) 转换数据的传送

A/D 转换后的数据应及时传送给单片机进行处理。数据的传送可采用下述三种方式：

(1) 定时传送方式。对于一种 A/D 转换来说，转换时间作为一项技术指标是已知和固定的，因此可采用延时子程序处理。在 A/D 转换启动后就调用延时子程序，时间延时一到，转换就完成了，然后就可进行数据传送。

(2) 查询方式。A/D 转换芯片有转换完成的状态信息，例如 ADC0809 的 EOC 引脚，因此可采用查询方式测试 EOC 的状态，即可知道转换是否完成，并确定何时进行数据传送。

(3) 中断方式。把转换完成的状态信号(EOC)作为中断请求信号，以中断方式进行数据传送。

不管采用上述哪种方式，只要确定转换完成，就可通过指令进行数据传送。首先送出口地址并以 $\overline{RD}$ 信号有效(OE 信号即有效)时，将数据送上数据总线，供单片机读取。

例如，数据传送程序：

```
#define ADDIN0   XBYTE[0xfef0]          // 定义 ADC0809 的口地址
Unsigned char addata;
addata =ADDIN0;                         // 读 A/D 转换数据(INT0)
```

该指令在送出有效口地址的同时，发出 $\overline{RD}$ 有效信号，使 ADC0809 的输出允许信号 OE 有效，从而打开三态门输出，把转换后的数据通过数据总线送入内部变量 addata 中。

【例 7-1】 在图 7-7 所示的接口电路设计中实现 8 路模拟量输入，该系统为巡回监测系统。

分析：ADC0809 的 8 路通道地址为 0FEF0H～0FEF8H。在 51 程序设计中，要访问外部 RAM 器件，需通过 XBYTE 指令定义在本系统中。ADC0809 的通道 0 的地址为 0xfef0，读取该通道值的语句为 ad_value=XBYTE[0xfef0]。

程序设计如下：

```
#include <reg51.h>
#include <absacc.h>
#define AD0809 0xfef0
sbit P3_5=P3^5;
Unsigned char dat=0xff;
Unsigned char channel_num=0x00;
Unsigned char ad_value[8];
/*************主程序***********/
main ( )
    {  IT1=1;
```

```
            EA=1;
            EX1=1;
            XBYTE[AD0809+channel_num]=0x00;          // 启动 ADC0809
          While(1);     }
/*************主程序***********/
      Void Int1_Int1SR( ) interrupt 2
{
      ad_value[channel_num]=XBYTE[AD0809+channel_num];
      channel_num++;
      XBYTE[AD0809+channel_num]=0x00;               // 重新启动 ADC0809
          If(channel_num= =8)
                  {   channel_num=0;   }
}
```

7.3.2　LED 数码管显示控制技术

1．LED 数码管

在单片机应用系统中，如果需要显示的内容只有数码和某些字母，则使用 LED 数码管是一种较好的选择。LED 数码管即为发光二极管显示器(Light Emitting Diode，LED)，具有显示醒目、成本低、配置灵活、接口方便等特点。单片机应用系统中常用它来显示系统的工作状态和采集的信息输入数值等。

1) LED 数码管简介

LED 数码管显示器由 8 只发光二极管组成。其中的 7 只发光二极管排成“8”字形，另一只构成小数点，各只发光二极管标记如图 7-8 所示。通过不同的组合，可用来显示数字 0～9、字母 A～F 及小数点“.”等。

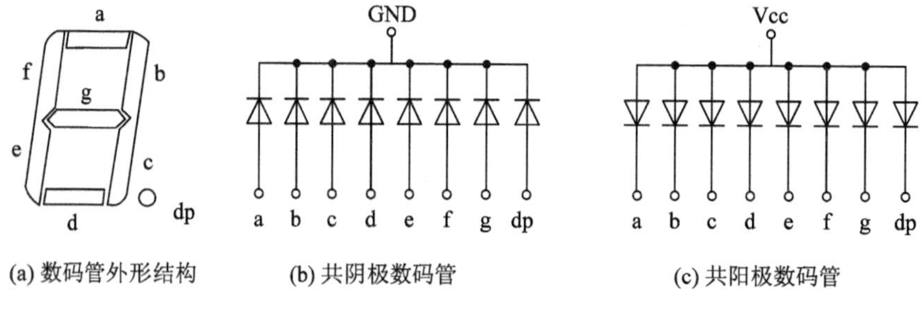

图 7-8　7 段数码管结构

LED 数码管按其外形尺寸有多种形式，使用较多的是 0.5 英寸和 0.8 英寸；按显示颜色也有多种，常用的有红色和绿色；按亮度强弱可以分为超亮、高亮和普亮。

LED 数码管的使用与发光二极管相同，根据其材料不同，正向压降一般为 1.5～2 V，额定电流为 10 mA，最大电流为 40 mA。静态显示时取 10 mA 为宜，动态扫描显示可以加大脉冲电流，但一般不超过 40 mA。

LED 数码管按电路中的连接方式可以分为共阴极和共阳极两种接法，如图 7-8(b)和(c)

所示。共阴极LED显示器的发光二极管所有字段的阴极均连接低电平，因此在使用共阴极数码管时，需要在相应字段上加高电平，才会使其发光；共阳极数码管所有字段的阳极均连接高电平，在使用时，需要在相应显示字段上加低电平。由于发光二极管排成“8”字形，因此要显示某个字符时，将相应字段点亮即可。例如，要显示1，点亮b、c段；要显示2，点亮a、b、g、e、d段。输出点亮相应段的数码称为字形码，字形码各位的含义见表7-2。

表7-2　字形码各位的含义

D7	D6	D5	D4	D3	D2	D1	D0
dp	g	f	e	d	c	b	a

2) *编码方式*

LED数码管的编码方式有多种，按小数点计否可以分为七段码和八段码；按公共端连接方式可以分为共阴极字段码和共阳极字段码。不计小数点的共阴字段码和共阳字段码互为反码。表7-3给出的是共阴极和共阳极数码管的八段码编码表。

表7-3　共阴极和共阳极LED数码管的八段码编码表

显示数字	共阴极		共阳极	
	dp g f e d c b a	十六进制	dp g f e d c b a	十六进制
0	0 0 1 1 1 1 1 1	3FH	1 1 0 0 0 0 0 0	C0H
1	0 0 0 0 0 1 1 0	06H	1 1 1 1 1 0 0 1	F9H
2	0 1 0 1 1 0 1 1	5BH	1 0 1 0 0 1 0 0	A4H
3	0 1 0 0 1 1 1 1	4FH	1 0 1 1 0 0 0 0	B0H
4	0 1 1 0 0 1 1 0	66H	1 0 0 1 1 0 0 1	99H
5	0 1 1 0 1 1 0 1	6DH	1 0 0 1 0 0 1 0	92H
6	0 1 1 1 1 1 0 1	7DH	1 0 0 0 0 0 1 0	82H
7	0 0 0 0 0 1 1 1	07H	1 1 1 1 1 0 0 0	F8H
8	0 1 1 1 1 1 1 1	7FH	1 0 0 0 0 0 0 0	80H
9	0 1 1 0 1 1 1 1	6FH	1 0 0 1 0 0 0 0	90H
A	0 1 1 1 0 1 1 1	77H	1 0 0 0 1 0 0 0	88H
B	0 1 1 1 1 1 0 0	7CH	1 0 0 0 0 0 1 1	83H
C	0 0 1 1 1 0 0 1	39H	1 1 0 0 0 1 1 0	C6H
D	0 1 0 1 1 1 1 0	5EH	1 0 1 0 0 0 0 1	A1H
E	0 1 1 1 1 0 0 1	79H	1 0 0 0 0 1 1 0	86H
F	0 1 1 1 0 0 0 1	71H	1 0 0 0 1 1 1 0	8EH
H	0 1 1 1 0 1 1 0	76H	1 0 0 0 1 0 0 1	89H
L	0 0 1 1 1 0 0 0	38H	1 1 0 0 0 1 1 1	C7H
P	0 1 1 1 0 0 1 1	73H	1 0 0 0 1 1 0 0	8CH
U	0 0 1 1 1 1 1 0	3EH	1 1 0 0 0 0 0 1	C1H
-	0 1 0 0 0 0 0 0	40H	1 0 1 1 1 1 1 1	BFH
.	1 0 0 0 0 0 0 0	80H	0 1 1 1 1 1 1 1	7FH
熄灭	0 0 0 0 0 0 0 0	00H	1 1 1 1 1 1 1 1	FFH

2．LED 数码管显示电路

数码管显示器有两种工作方式，即静态显示方式和动态显示方式，下面分别予以介绍。

1) 数码管静态显示及其接口电路

在静态显示方式下，每位数码管的 a～g 和 dp 端与一个 8 位的 I/O 口相连。静态显示的主要优点是电路设计简单，显示稳定，编程简单，而且 LED 的亮度控制容易，只需在驱动端增加相应的电流调节电阻即可方便地调节 LED 的亮度；其不足之处是占用硬件资源较多，每个 LED 需要独占 8 条输出线，随着显示位数的增加，需要的 I/O 口线也将增加。图 7-9 就是 2 位共阳极数码管的静态电路。

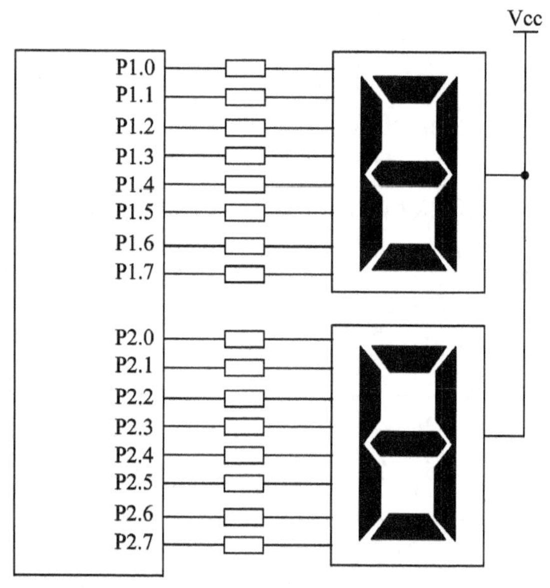

图 7-9　数码管静态显示接口电路

在图 7-9 中显示“28”的程序如下：

```
#include <reg51.h>
uchar code DSY_CODE[]=                    // 段码表
{0xc0,0xf9,0xa4,0xb0,0x99,0x92,0x82,0xf8,0x80,0x90,0xff}；
void main  ( )
 {    P0=0xFF ；
      While (1)
    { P0= DSY_CODE[2];                   // 显示数字 2
      P2= DSY_CODE[8];                   // 显示数字 8
            }           }
```

2) 数码管动态显示及其接口电路

LED 数码管动态显示

LED 静态显示使用的元器件较多，在数码管显示器较多的场合，电路显得烦琐，为了简化线路，降低成本，单片机应用系统中常常采用动态扫描显示方式。

动态扫描显示是将显示各位的所有相同字段线连在一起，每一位的 a 段连在一起，b 段连在一起，……，h 段连在一起，共 8 段，由一个 8 位的 I/O 口控制，而每一位的公共端由另外一个 I/O 口控制，如图 7-10 所示。

动态方式的工作原理是：逐个地循环点亮各位显示器，也就是说在任一时刻只有 1 位显示器在显示。为了使人看到所有显示器都在显示，就需加快循环点亮各位显示器的速度(提高扫描频率)，利用人眼的视觉残留效应，给人感觉到与全部显示器持续点亮的效果一样。一般地，每秒循环扫描不低于 50 次。在这里需要指出的是，由于每位显示器只有部分时间点亮，因此看上去亮度有所下降。为了达到与持续点亮一样的亮度效果，必须加大显示器的驱动电流。一般有几位显示器，电流就得加大几倍。动态扫描显示电路的特点是：占用 I/O 端线少；电路较简单，硬件成本低；编程较复杂，CPU 要定时扫描刷新显示。当要求显示的位数较多时，通常采用动态扫描显示方式，如图 7-10 所示。

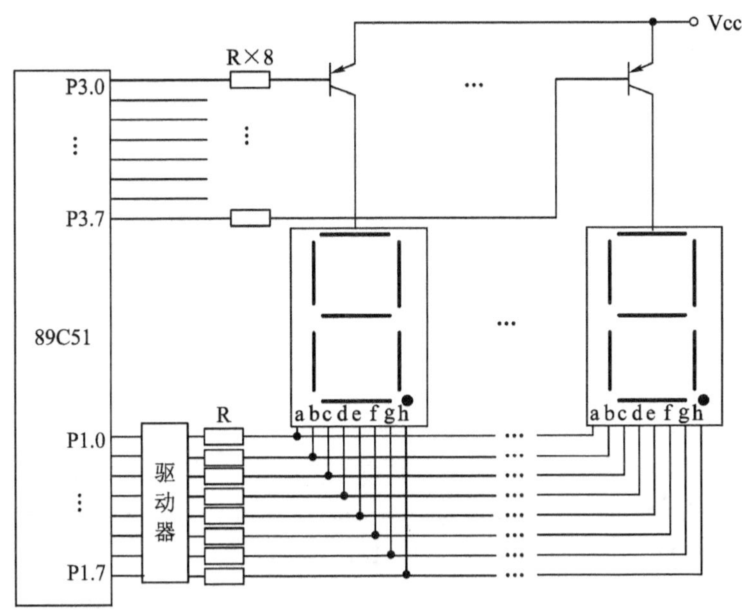

图 7-10　动态扫描显示电路

从图 7-10 中可以看出，各位数码管的 a～h 端并联在一起，通过驱动器与单片机系统的 P1 口相连，每只数码管的共阳极通过电子开关与 Vcc 相连，电子开关(三极管)受控于 P3 口。图中数码管为共阳极数码管。要点亮某一位数码管时，先将该位显示代码送至 P1 口，再选通该位电子开关(相应的口线输出低电平)。

在图 7-9 中，动态显示“28”的 C51 程序如下：

```
#include <reg51.h>
#include <intrins.h>
#define uchar unsigned int
sbit P30=P3^0
sbit P37=P3^7                              // 定义位线
uchar code DSY_CODE[]=                     // 段码表
{0xc0,0xf9,0xa4,0xb0,0x99,0x92,0x82,0xf8,0x80,0x90,0xff};
```

```
/*********延时程序**********/
  Void DelayMS(unit x)
    {   uchar   t;
     while(x--)
      for (t=120;t>0;t- -);  }
/*********主程序**********/
void main  ( )
{   While (1)
      {   P0= DSY_CODE[2];                // 数字 2 的段码送 P0 口
          P30=0 ;
          DelayMS(1) ;
          P30=1 ;                         // 关闭
          P0= DSY_CODE[8] ;               // 数字 8 的段码送 P0 口
          P37=0 ;
          DelayMS(1) ;
          P37=1 ;
          }     }
```

7.4 项 目 实 施

按照项目的设计要求，将系统分为主控模块、A/D 转换模块、LED 显示模块以及驱动电路模块等，如图 7-11 所示。主控模块是 AT89C51 小系统，A/D 转换模块采用 ADC0809 转换器芯片，LED 显示模块采用 3 位 7 段共阳数码管。

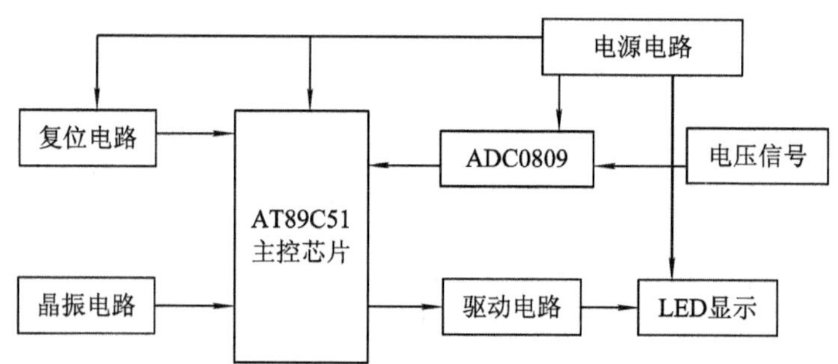

图 7-11　单片机的数字电压表系统框图

7.4.1　项目硬件设计

单片机的 P1.0～P1.7 作为 3 位动态数码管的字段显示控制，3 位数码管采取共阴极数码管，数/模转换器 ADC0809 采样通道 3 输入的模拟量，CLK 信号连接 P1.3 引脚，由 T0

定时器提供，P1.2 连接 START 可启动模/数转换，P1.1 连接 EOC 可判断模/数转换是否结束，数据的传输由 P1.0 控制，ADC0809 的参考电压 VREF = Vcc，VREF 接地，硬件的具体设计见硬件原理图 7-12。

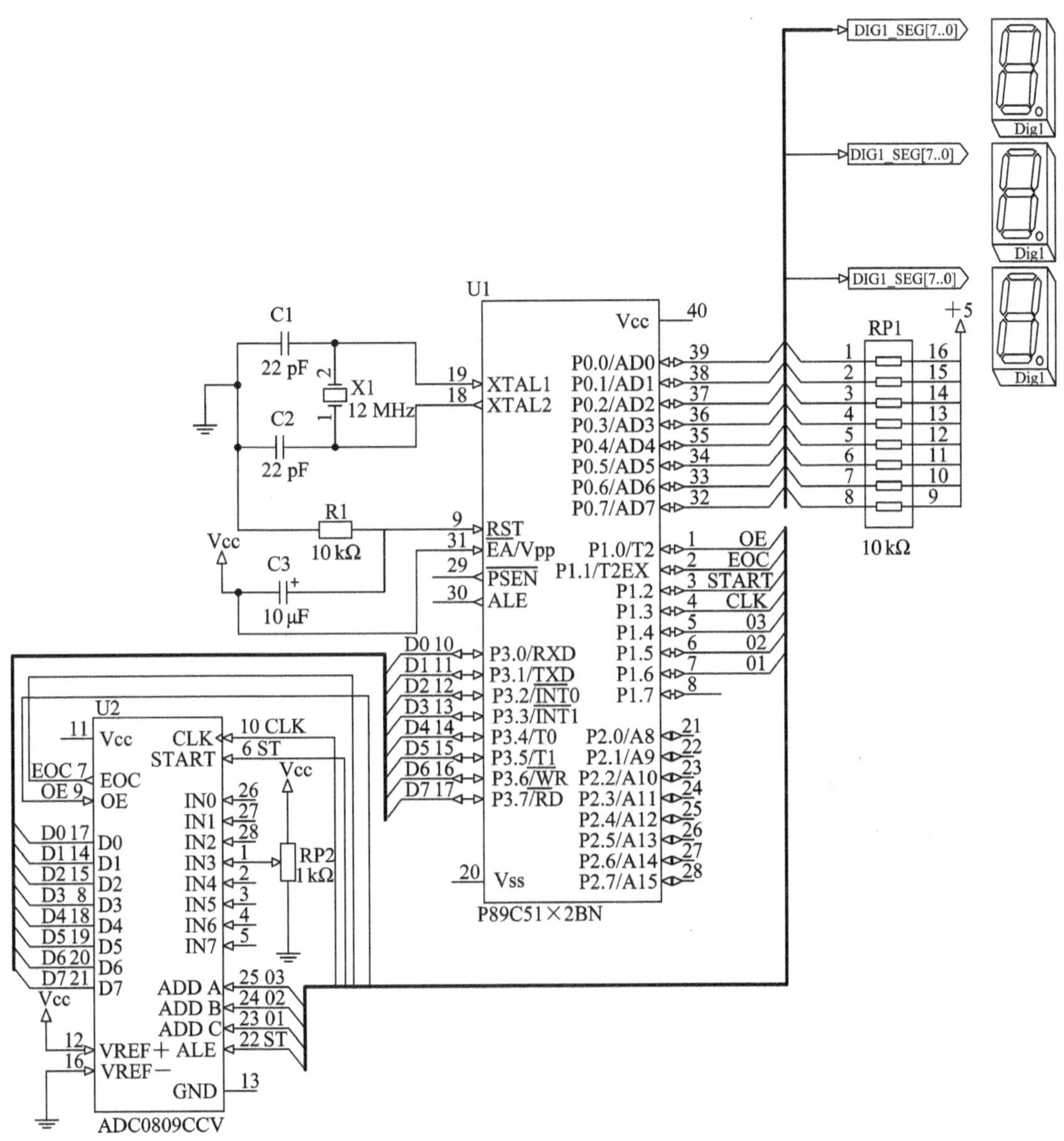

图 7-12　数字电压表的硬件原理图

7.4.2　项目软件设计

由于 ADC0809 在进行 A/D 转换时需要 CLK 信号，而本设计中的 CLK 接在单片机的 P1.3 引脚上，因此产生 CLK 信号要通过软件来实现，即由定时器 T0 来提供。编程思路如下：首先在确定控制方式后，对引脚进行初始化并选择转换的通道，然后启动 A/D 转换，待转换结束后要把数据传送到 P0 口进行显示。具体思路如程序流程图 7-13

所示。

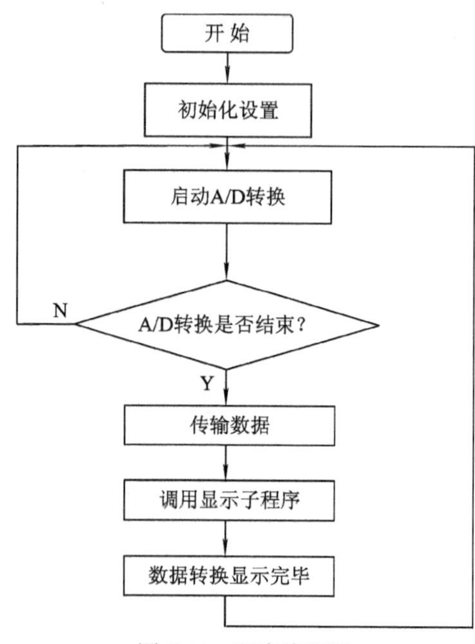

图 7-13　程序流程图

根据程序流程图，写出单片机 C 语言程序清单如下：

```
#include<reg51.h>
#define uchar unsigned char
#define uint unsigned int
//各数字的数码管段码(共阴)
uchar code DSY_CODE[]={0x3f,0x06,0x5b,0x4f,0x66,0x6d,0x7d,0x07,0x7f,0x6f};
sbit CLK=P1^3;                  // 时钟信号
sbit ST=P1^2;                   // 启动信号
sbit EOC=P1^1;                  // 转换结束信号
sbit OE=P1^0;                   // 输出使能
/***************延时子程序***************/
void DelayMS(uint ms)
{     uchar i;
      while(ms--) for(i=0;i<120;i++); }
/**************数码管显示转换结果子程序***************/
void Display_Result(uchar d)
{     P2=0xf7;                  // 第 4 个数码管显示个位数
      P0=DSY_CODE[d%10];
      DelayMS(5);
      P2=0xfb;                  // 第 3 个数码管显示十位数
      P0=DSY_CODE[d%100/10];
      DelayMS(5);
```

```
        P2=0xfd;                    // 第 2 个数码管显示百位数
        P0=DSY_CODE[d/100];
        DelayMS(5);
    }
    /***************主程序***************/
    void main()
    {   TMOD=0x02;                  // T1 工作模式 2
        TH0=0x14;
        TL0=0x00;
        IE=0x82;
        TR0=1;
        P1=0x3f;                    // 选择 ADC0809 的通道 3(0111)(P1.4～P1.6)
        while(1)
        {
            ST=0;ST=1;ST=0;         // 启动 A/D 转换
            while(EOC==0);          // 等待转换完成
            OE=1;
            Display_Result(P3);
            OE=0;
        }
    }
    /******T0 定时器中断给 ADC0809 提供时钟信号*******/
    void Timer0_INT() interrupt 1
    {   CLK=~CLK;
    }
```

7.4.3　项目综合仿真与调试

1．使用 Keil C51 编译源程序

Keil C51 是 MCS-51 系列兼容单片机的开发系统，利用它可以编辑、编译、汇编、连接 C 程序和汇编程序，从而可以生成在单片机中进行烧录的.hex 文件，具体步骤在项目 1 中已作详细介绍(在此略去)，具体生成的文件如图 7-14 所示。

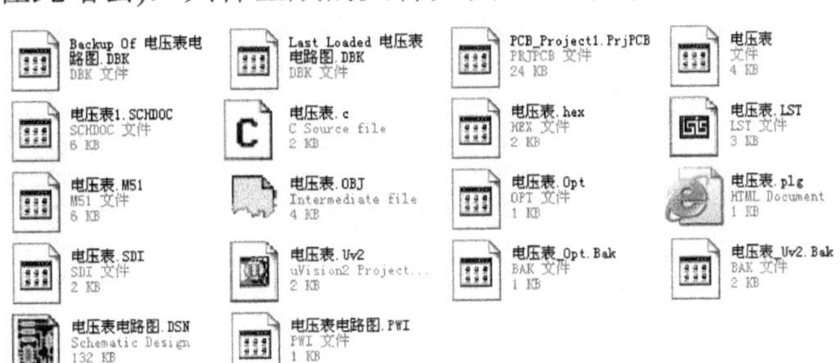

图 7-14　数字电压表程序仿真生成的 .hex 文件

2．使用 Proteus 系统仿真软件调试并验证系统运行的结果

具体仿真的步骤在项目 1 中已作详细介绍。下面给出 Proteus 下的仿真结果，如图 7-15 所示。

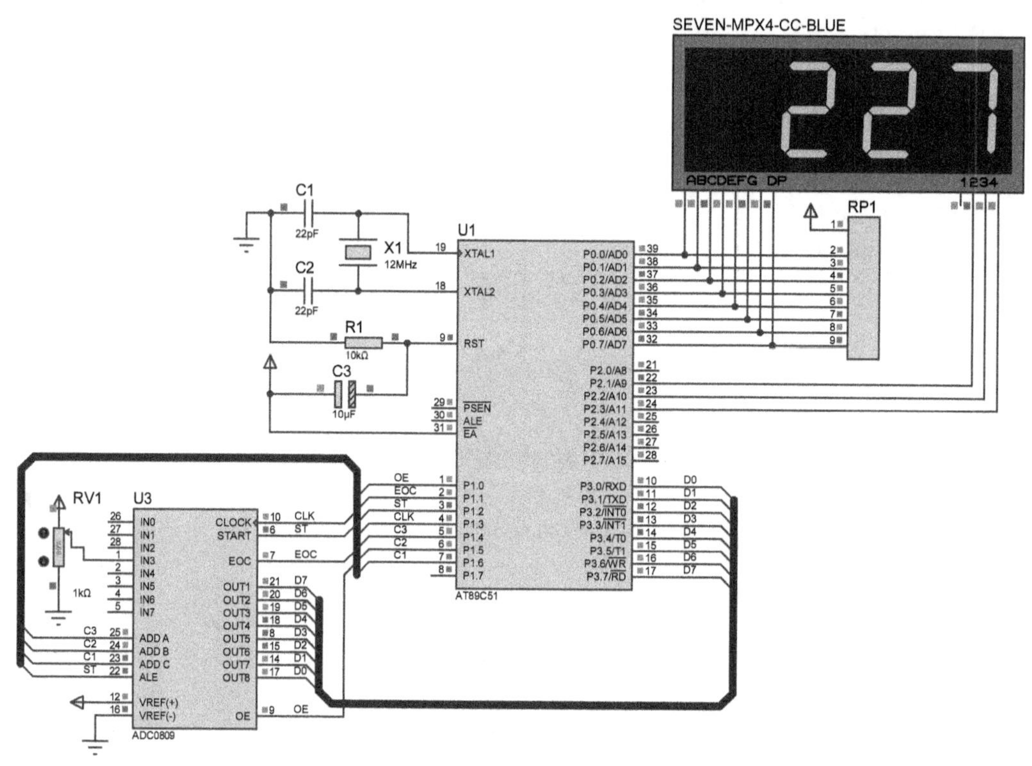

图 7-15　数字电压表的 Proteus 仿真图

在图 7-15 中，可通过调节电位器来显示不同的电压值(0～5 V)。

3．动手做

在完成系统仿真后，可以按照本系统硬件设计部分给出的原理图，在万能板(或印制电板)上进行电子元器件的连接与调试。

本项目所需的元件清单见表 7-4。

表 7-4　数字电压表元件清单

名　称	规格	数　量	主要功能或用途
单片机	AT89C51	1	主控芯片
晶体振荡器	12 MHz	1	晶振电路
电容	22 pF	2	晶振电路
电解电容	10 μF	1	复位电路
电阻	10 kΩ	1	复位电路
单片机芯片插座	DIP40	1	插入单片机芯片

数码管	3 位共阴极	1	显示电路

续表

名　称	规格	数　量	主要功能或用途
A/D 转换芯片	ADC0809	1	模/数转换
排阻	10 kΩ	1	限流
电位器	4.7 kΩ	1	调节电位
USB 电源插座	USB	1	插入 USB 线
USB 电源线	135 cm	1	连接电脑的 USB 口
导线		若干	连接电路
万能板	7 cm × 9 cm	1	在板上组装与焊接元件

项 目 小 结

本项目通过设计制作一个数字电压表，讲述了 A/D 转换的原理、ADC0809 转换器的使用和 LED 7 段数码管接口电路的设计。经过对仿真实验结果进行分析可知，已经达到了预期效果。设计中通过对信息采集、数据处理及信息显示等方面的学习，读者可掌握单片机对 ADC0809 的数据处理和单片机与数码管的接口技术，为今后应用单片机处理相关应用问题奠定扎实的基础。

项目拓展技能与练习

【拓展技能训练】

在项目 7 的基础上设计一块电压表，实现 ADC0809 的各个通道的电压测量，用 Proteus 软件进行仿真。

拓展技能资料

【项目练习】

(1) 叙述 A/D 转换的原理。

(2) 简述 ADC0809 内部结构和引脚的使用功能。

(3) 简述数码管的显示原理。

(4) 写出共阳极数码管显示字符和数字的编码。

(5) 设计单只数码管循环显示数字“0～9”，要求：主程序中的循环语句反复将 0～9 的段码送至 P0 口，使数字 0～9 循环显示，结果用 Proteus 进行仿真。

(6) 设计用数/模转换芯片 ADC0809 来控制 PWM 输出，要求：通过调节可变电阻 Rp1 来调节脉冲宽度。

项目练习答案

项目 8　简易信号发生器的设计

【项目导入】

用单片机控制一些终端设备，往往需要模拟信号。由于单片机本身只提供数字信号(二进制)，因此要求单片机必须连接 D/A 转换器，将数字信号转换为模拟信号后，才能控制终端设备。单片机的 D/A 应用在工业领域十分广泛，本项目通过设计一个简单的函数信号发生器来讲述单片机的 D/A 转换原理和接口电路以及编程方法，以帮助读者掌握 D/A 转换在单片机控制系统中的应用。

【项目目标】

1. 知识目标

(1) 理解 D/A 转换的原理、主要性能指标;

(2) 熟悉 DAC0832 芯片的结构和引脚功能;

(3) 掌握单片机与 DAC0832 芯片的接口电路设计。

2. 能力目标

(1) 能够正确使用 D/A 转换器;

(2) 能够设计单片机与 D/A 转换器的接口电路;

(3) 能编程控制 D/A 转换器的数据转换。

8.1　项 目 描 述

函数信号发生器是一种常用的信号源，广泛用于电子电路、自动控制系统和教学实验等领域。本项目使用单片机设计一个信号发生器，可产生方波、锯齿波和正弦波。在系统中采用单片机和 DAC0832 连接组成硬件电路，通过软件编程来实现波的处理。本项目设计的发生器能根据需要，通过控制按键选择三角波、方波、锯齿波和正弦波等四种波形。

8.2　项目目的与要求

本项目的目的就是搭建一个单片机与 DAC0832 芯片的接口连接电路，通过编程来产生多种波形，比如三角波、方波、锯齿波和正弦波等波形，然后将产生的波形显示到示波器上。本项目在实施过程中需要解决以下关键问题:

(1) 搭建单片机与 DAC0832 芯片的连接电路。

(2) 理解 DAC0832 的工作原理与转换性能。

(3) 输出三角波、方波、锯齿波和正弦波等四种信号。

(4) 通过按键来改变输出信号。

8.3　项目支撑知识链接

8.3.1　D/A 转换器

D/A 转换器

1. D/A 转换器的基本原理

D/A 转换器用于将离散的数字信号转换为连续变化的模拟量，如图 8-1 所示。

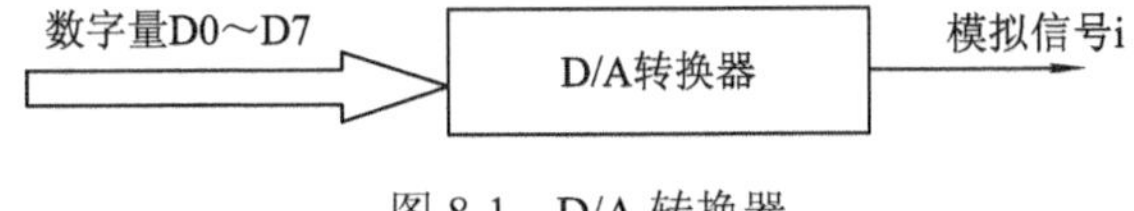

图 8-1　D/A 转换器

基本的 D/A 转换器由基准电压或基准电流、精密电阻网络、电子开关及全电流求和电路构成。选择 D/A 转换器时要注意三个重要指标：分辨率、线性度和转换精度。另外，还要考虑其基本要求，如温度稳定性、输入编码、输出方式、基准和功耗等。

D/A 转换器的工作原理如图 8-2 所示，数字量以串行或并行方式输入，存储于数字寄存器中，各位分别控制对应的模拟电子开关，数字为 1 的位将在位权网络上产生与其权值成正比的电流值(由基准电压通过不同的电阻控制得到)，由求和电路将各种权值相加，就可得到与数字量对应的模拟量。由于 CPU 输出的数字量数据是不连续的，经过 D/A 转换的过程也需要一定的时间，转换后的模拟量结果也是断续的，因此事实上 CPU 进行 D/A 转换后输出的模拟量随时间的变化曲线不是平滑的，而是呈阶梯状的。

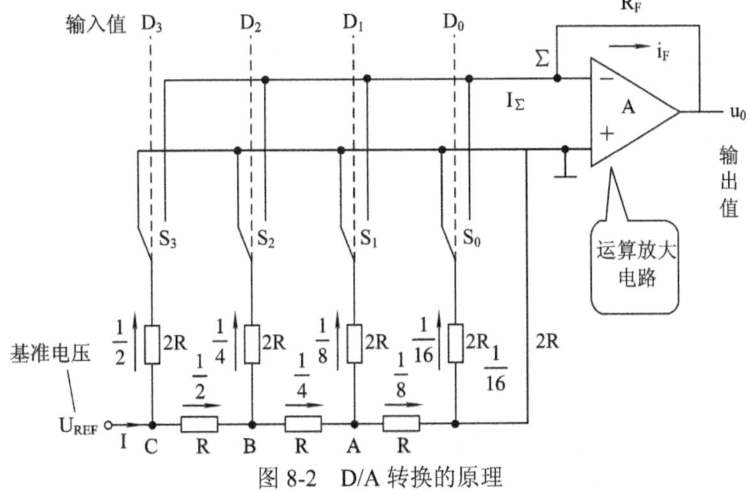

图 8-2　D/A 转换的原理

D/A 转换器的种类有很多。按照数据的输入方式，D/A 转换器有串行方式和并行方式两种，输入数据包括 8 位、10 位、12 位、14 位以及 16 位等多种规格，输入数据位数越多，分辨率也越高；按照输出模拟量的性质，D/A 转换器分为电流输出型和电压输出型两种，电压输出又有单极性和双极性之分，如 0～+5 V、0～+10 V、±2.5 V、±5 V、±10 V 等，可以根据实际需要进行选择；按照解码网络结构分类，D/A 转换器可分为 T 形电阻网络 DAC、倒 T 形电阻网络、权电流 DAC 和权电阻网络 DAC。

2. D/A 转换器的动态指标

1) 分辨率

D/A 转换器的分辨率指单位数字量变化引起的模拟量输出的变化。通常定义分辨率为刻度值与 2^n(n 为二进制位数)之比。二进制位数越多，分辨率越高。例如，若满量程为 5 V，则根据定义，分辨率为 5 V/2^n。设 8 位 D/A 转换，即 n=8，分辨率为 5 V/2^8 = 19.5 mV，即二进制位数变化 1 位可引起模拟电压变化 19.5 mV，该值占满量程的 0.195%，常用符号 1LSB 表示。

2) 线性度

线性度也称为非线性误差，通常用非线性误差的大小表示 D/A 转换的线性度。一般情况下，我们把理想的输入/输出特性的偏差与满刻度输出之比的百分比定义为非线性误差。

3) 转换精度

转换精度是以最大静态转换误差的形式给出的。在 D/A 转换过程中，影响转换精度的主要因素有失调误差、增益误差、非线性误差和微分非线性误差。

精度与分辨率是两个不同的概念。精度是指转换后所得的实际值对于理想值的接近程度；而分辨率是指能够对转换结果发生影响的最小输入量。D/A 转换器的转换精度与 D/A 转换器的集成芯片的结构和接口电路配置有关。如果不考虑其他 D/A 转换误差，则 D/A 转换器的转换精度就是分辨率的大小，因此要获得高精度的 D/A 转换结果，首先要保证选择有足够分辨率的 D/A 转换器。同时 D/A 转换精度还与外接电路的配置有关，当外部电路器件或电源误差较大时，会造成较大的 D/A 转换误差，当这些误差超过一定程度时，D/A 转换就产生错误。分辨率很高的 D/A 转换器并不一定具有较高的精度。

4) 建立时间

建立时间是指输入的数字量发生变化后，输出模拟量达到稳定数值(即进入规定的精度范围内)所需要的时间。建立时间指标是描述 D/A 转换速度快慢的一个重要指标。

5) 温度系数

温度系数指在规定的温度范围内，温度每变化 1℃时，DAC 的增益、线性度等参数的变化量，它们分别称为增益温度系数、线性度温度系数等。

8.3.2　DAC0832 芯片及其单片机接口

DAC0832 是国内使用较为普遍的 8 位 D/A 转换器，由于其片内有输入数据寄存器，因此可以直接与单片机接口。DAC0832 是由美国国家半导体公司研制的，同系列的芯片还有 DAC0830 和 DAC0831，它们都是 8 位 D/A 转换器，可以互换。DAC0832 一般以电流形式输出，当需要转换为电压输出时，可以外接运算放大器。

DAC0832 芯片

1. DAC0832 介绍

DAC0832 是 8 位电流输出型 D/A 转换器，它有 20 个引脚，采用直插式 DIP 封装。其引脚及内部结构框图如图 8-3 所示。

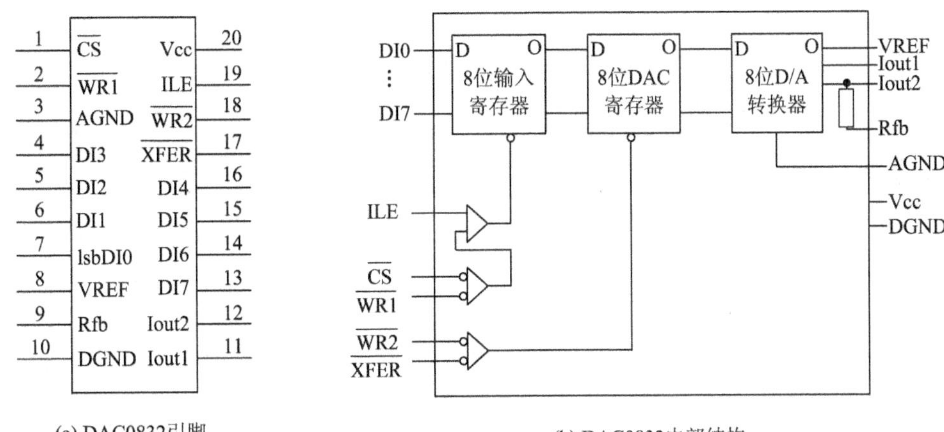

(a) DAC0832引脚　　(b) DAC0832内部结构

图 8-3　DAC0832 的引脚及内部结构图

(1) DAC0832 的引脚其功能介绍如下：

$\overline{CS}$：片选信号输入端，低电平有效。

DI0～DI7：8 位数据线，作为 8 位数字信号输入端。

ILE：数据锁存允许控制端，高电平有效。

$\overline{WR1}$：第一级输入寄存器写选通控制端，负跳变有效，当 $\overline{CS}$=0，ILE=1，而 $\overline{WR1}$ 负跳变时，数据信号被锁存到第一级输入寄存器中。

$\overline{XFER}$：数据传送控制，低电平有效。

$\overline{WR2}$：DAC 寄存器写选通控制端，低电平有效，当 $\overline{XFER}$=0，$\overline{WR2}$ 负跳变时，输入寄存器状态传入 DAC 寄存器中。

Iout1：D/A 转换器电流输出 1 端，输入数字量全为“1”时，Iout1 最大；输入数字量全为“0”时，Iout1 最小。

Iout2：电流输出 2 端，Iout1 + Iout2=常数。

Rfb：外部反馈信号输入端，内部已有反馈电阻，根据需要可外接反馈电阻。

VREF：基准电源输入端。VREF 一般在−10～10 V 范围内，由外电路提供。

Vcc：逻辑电源输入端，取值范围为+5～+15 V，+15 V 最佳。

AGND：模拟地，为芯片模拟电路接地点。

DGND：数字地，为芯片数字电路接地点。

(2) DAC0832 芯片的主要技术参数如下：

① 分辨率为 8 位。

② 电流建立时间为 1 μs。

③ 数据输入可采用双缓冲、单缓冲或直通方式。

④ 输出电流线性度可在满量程下调节。

⑤ 逻辑电平输入与 TTL 电平兼容。

⑥ 温度系数为 2×10^{-6}/℃。

⑦ 单一电源供电(+5～+15 V)。

⑧ 非线性度误差：DAC0830 为 0.05%FSR，DAC0831 为 0.10%FSR，DAC0832 为 0.20%FSR。

⑨ 功耗低，功耗为 20 mW。

(3) DAC0832 的内部结构。DAC0832 由 8 位输入寄存器、8 位 DAC 寄存器和 8 位 D/A 转换器构成，见图 8-3(b)。DAC0832 中有两级锁存器：第一级即输入寄存器，第二级即 DAC 寄存器。因为有两级锁存器，所以 DAC0832 可以工作在双缓冲方式下，在输出模拟信号的同时可以采集下一个数字量，这样能够有效地提高转换速度。另外，有了两级锁存器，可以在多个 D/A 转换器同时工作时，利用第二级锁存信号实现多路 D/A 的同时输出。

ILE、$\overline{\text{CS}}$、$\overline{\text{WR1}}$ 是 8 位输入寄存器控制信号，当它们均有效时，可以将引脚的数据写入 8 位输入寄存器。

$\overline{\text{XFER}}$ 和 $\overline{\text{WR2}}$ 是 8 位 DAC 寄存器的控制信号，当它们均有效时，DAC 寄存器工作在直通方式；当其中某个信号为高电平时，DAC 寄存器工作在锁存方式。

2．DAC0832 的工作方式

DAC0832 有直通方式、单缓冲方式和双缓冲方式等三种工作方式，下面分别作一介绍。

1) *直通方式*

直通方式是将两个寄存器的 5 个控制信号均预先置为有效，两个寄存器都开通，处于数据接收状态，只要数字信号送到数据输入端 DI0～DI7，就立即进入 D/A 转换器进行转换，这种方式主要用于不带微机的电路中。

2) *单缓冲方式*

单缓冲方式是指两个数据输入寄存器中只有一个处于受控选通状态，而另一个则处于常通状态，或者虽然是两级缓冲，但将两个寄存器的控制信号连在一起，一次同时选通。单缓冲方式适用于单路 D/A 转换或多路 D/A 转换而不必同步输出的系统中。在图 8-4 所示电路中，DAC0832 工作在单缓冲方式，此时两个寄存器之中有一个处于直通方式(数据接收状态)，另一个受单片机控制。

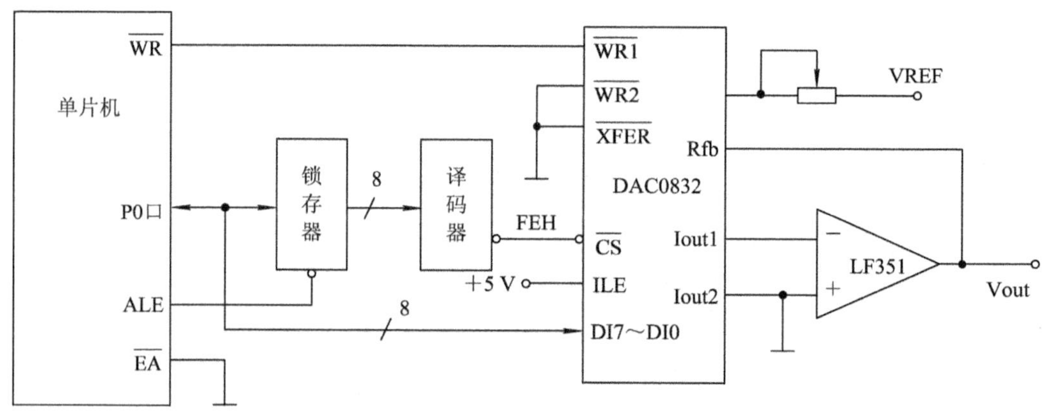

图 8-4　单缓冲方式

3) *双缓冲方式*

双缓冲方式是指由单片机两次发送控制信号，分时选通 DAC0832 内部的两个寄存器。第一次将待转换数据输入并锁存于输入锁存器中，第二次将数据从前一级缓冲器写入 DAC 寄存器，并送到 D/A 转换器完成一次转换输出。在要求多路模拟信号同步输出的系统中，必须采用双缓冲方式。按双缓冲方式的要求，设计电路必须实现以下两点：一是各路 D/A

转换器能分别将要转换的数据锁存在自己的输入寄存器中；二是各路 D/A 转换器的 DAC 寄存器能够同时锁存由输入寄存器送出的数据，即实现同步转换。图 8-5 所示为两片 DAC0832 与单片机的双缓冲方式连接电路，可以实现两路同步输出。

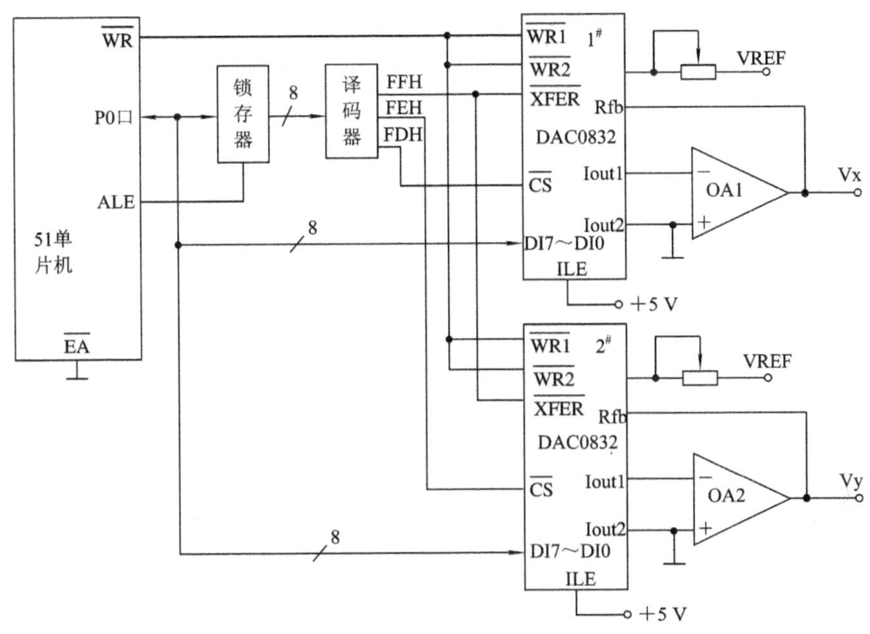

图 8-5　双缓冲方式

8.4　项 目 实 施

由于输出信号的波形频率较低，因此可选用 AT89C51 作为控制器，用查表法完成波形数据的输出，再用 D/A 转换器输出规定的波形信号。本项目由电源电路、单片机主控电路、按键控制电路、信号输出电路和复位电路组成，系统框图如图 8-6 所示。

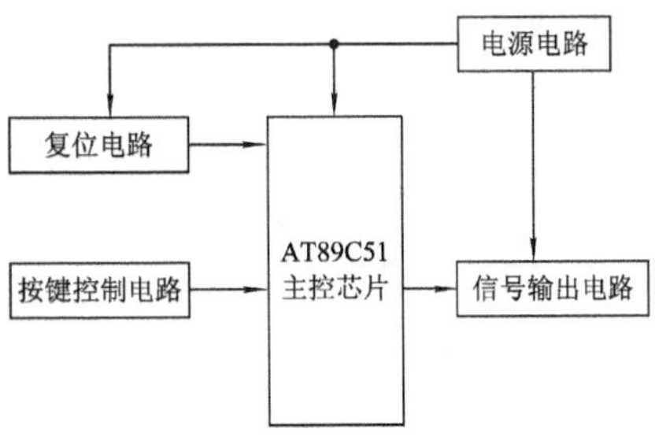

图 8-6　简易波形发生器的系统框图

8.4.1　项目硬件设计

本项目在硬件设计中选择好主控芯片 AT89C51，让单片机的 P2 口作输出口，接 DAC0832 的数据输入端 DI0～DI7，数据转换结束后，输出模拟量端口 Iout1、Iout2 接示波器 A 端，用于显示输出波形。本项目中，波形发生器之所以简易，主要在于它没有过多的任务和外围设备，而且 DAC0832 与单片机采用直通方式就可以完成。由于从 DAC0832 中输出的模拟量为模拟电流值，因此在硬件电路中加上一个运算放大器，将输出的模拟电流转换为模拟电压再显示。也就是说，D/A 输出的两路模拟电流接到运放的两个输入端，经过 I/U 转换后，将输出电压接至示波器。具体硬件电路原理图如图 8-7 所示。

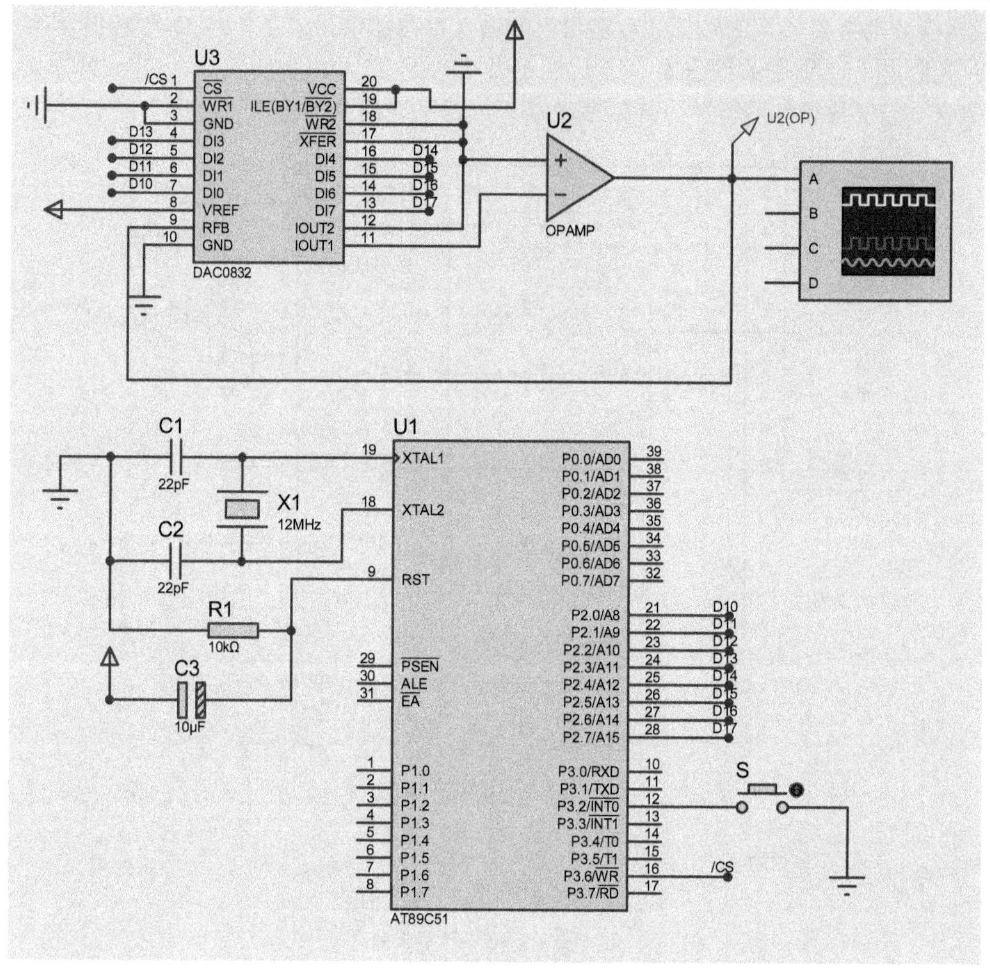

图 8-7　简易波形发生器的硬件原理图

在单片机与 D/A 直通方式中，要求将 DAC0832 对应的控制端 ILE 接高电平，$\overline{\text{CS}}$接 P3.6，$\overline{\text{WR1}}$、$\overline{\text{XFER}}$、$\overline{\text{WR2}}$都接地，同时将 DAC0832 数据输入端接在单片机 AT89C51 的 P2 口上，这样就可通过编写单片机的控制程序来控制 DAC0832 输出的模拟信号了。同时，为了考虑实现系统输出的多种波形，要让多种波形之间进行切换，就需要在硬件电路中增加一个控制按键，这样就可以通过调用中断子程序和根据按键按下的次数分别输出不同的波形。

8.4.2　项目软件设计

根据项目要求，要实现输出波形程序设计，主要是解决按键控制输出三角波、方波、锯齿波和正弦波的问题。

(1) 按键控制：根据设计要求和按键控制输出波形的变化，程序应设计不断查询检测按键的状态，以便输出对应的波形。要通过一个按键来识别每种不同的功能，我们给每个不同的功能模块设置 ID 号进行标识，这样每按一次键，ID 的值就不一样。因此，我们对不同的波形用 flag 标识：当 flag=0 时，输出三角波；当 flag=1 时，输出方波；当 flag=2 时，输出锯齿波；当 flag=3 时，输出正弦波。我们规定，每次按下 S 键，分别给出不同的 flag 值就能实现任务。

(2) 输出模拟电压：由于 DAC0832 和单片机 AT89C51 采用直通方式，因此只要往数据输入端送数字量，从后面的运放输出端就可得到模拟电压。输出的电压可以根据公式计算得到。因此在需要输出某个电压值时，求出对应的数字值，通过 P2 口输出就可以得到所需的模拟电压。为了方便编程，我们将 DAC0832 的输出封装为一个子函数，用形参表示待输出的数值。程序中用 4 个子函数分别表示产生不同的波形。程序设计的流程图如图 8-8 所示。

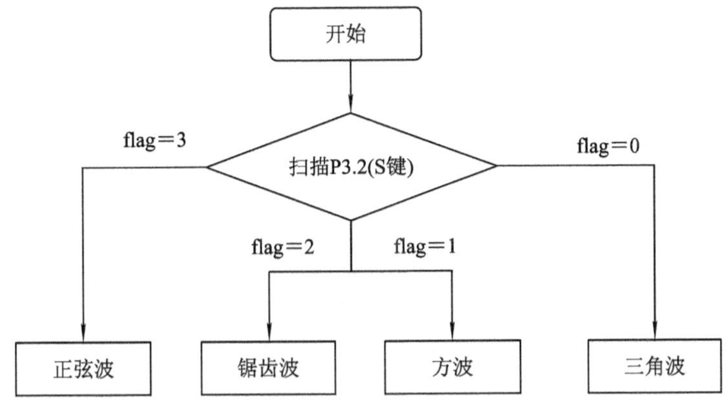

图 8-8　简易波形发生器程序流程图

根据程序流程图，写出单片机 C 语言程序如下：

```
#include <reg51.h>
#define uchar unsigned char
#define uint unsigned int
#define   DAC0832   P2                // 将 DAC0832 定义为 P2 口
#define ALL 65536                     // 将 ALL 定义为 65536
#define Fosc 12000000                 // 频率为 12 MHz
uchar TH_0,TL_0,flag1,flag=0;
uint FREQ=100,num;
float temp;
uchar code sin_num[]={0,0,0,0,0,0,0,0,1,1,1,1,1,2,2,2,2,3,3,4,4,4,
5,5,6,6,7,7,8,8,9,9,10,10,11,12,12,13,14,15,15,16,17,18,18,19,20,
21,22,23,24,25,25,26,27,28,29,30,31,32,34,35,36,37,38,39,40,41,42,
44,45,46,47,49,50,51,52,54,55,56,57,59,60,61,63,64,66,67,68,70,71,
73,74,75,77,78,80,81,83,84,86,87,89,90,92,93,95,96,98,99,101,102,
104,106,107,109,110,112,113,115,116,118,120,121,123,124,126,128,
129,131,132,134,135,137,139,140,142,143,145,146,148,149,151,153,
154,156,157,159,160,162,163,165,166,168,169,171,172,174,175,177,
178,180,181,182,184,185,187,188,189,191,192,194,195,196,198,199,
200,201,203,204,205,206,208,209,210,211,213,214,215,216,217,218,
219,220,221,223,224,225,226,227,228,229,230,230,231,232,233,234,
```

```
235,236,237,237,238,239,240,240,241,242,243,243,244,245,245,246,
246,247,247,248,248,249,250,250,251,251,251,252,252,253,253,253,
253,254,254,254,254,254,254,255,255,255,255,255,255,255,255,255};
/************端口设置*********/
sbit cs=P3^6;
sbit change=P3^2;
/************延时 1ms*********/
void delay(uint z)
{      uint x,y;
        for(x=z;x>0;x--)
          for(y=110;y>0;y--);
}
/************初始化函数*********/
void init()
{   TMOD=0X01;                          // 设定工作模式 1
     temp=ALL-Fosc/12.0/256/FREQ;       // 计算定时器的初值
    TH_0=(uint)temp/256;
    TL_0=(uint)temp%256;
    EA=1;                               // 开总中断
    EX0=1;                              // 开外部中断
    IT0=1;                              // 设定下降沿有效工作方式
    ET0=1;                              // 设定定时器工作在定时方式
    TR0=1;                              // 开定时器中断
}
/************切换波形函数*********/
void changefreq(void)
{    if(change==0)
      {   flag++;if(flag==4) {flag=0;num=0;}}
          TH_0=(uint)temp/256;
          TL_0=(uint)temp%256;
}
/************三角波函数*********/
void sanjiaobo(void)
{   for(num=0;num<255;num++)
    {cs=0;DAC0832=num;cs=1;}
    for(num=255;num>0;--num)
    {cs=0;DAC0832=num;cs=1;}
}
/************方波函数*********/
```

波形发生器源程序

```
void fangbo(void)
{       cs=0;DAC0832=0xff;cs=1;
        for(num=0;num<255;num++);
        cs=0;DAC0832=0x00;cs=1;
        for(num=255;num>0;num--);
}
/************锯齿函数*********/
void juchibo(void)
{   cs=0;DAC0832=++num;cs=1;
}
/************正弦函数*********/
void zhengxianbo(void)
{       for(num=0;num<255;num++)
        {cs=0;DAC0832=sin_num[num];cs=1;}
        for(num=255;num>0;num--)
        {cs=0;DAC0832=sin_num[num];cs=1;}
}
/************外部中断服务函数*********/
void ext0()interrupt 0
{     changefreq();                          // 引用频率改变函数
}
/************定时器中断函数*********/
void timer0()interrupt 1
{     TH0=TH_0;TL0=TL_0;                     // 重新装初值
       TR0=0;
       switch(flag)
       {   case 0:{sanjiaobo();TR0=1;break;}
           case 1:{fangbo();TR0=1;break;}
           case 2:{juchibo();TR0=1;break;}
           case 3:{zhengxianbo();TR0=1;break;}
           default:;
        }
}
/************主函数*********/
void main()
{
    init();
    while(1);
}
```

8.4.3　项目综合仿真与调试

1. 使用 Keil C51 编译源程序

Keil C51 是 51 系列兼容单片机的开发系统，利用它可以编辑、编译、汇编、连接 C 程序和汇编程序，从而可以生成在单片机中进行烧录的 .hex 文件，这些内容在项目 1 中已作详细介绍，本项目软件调试成功后生成的文件见图 8-9。

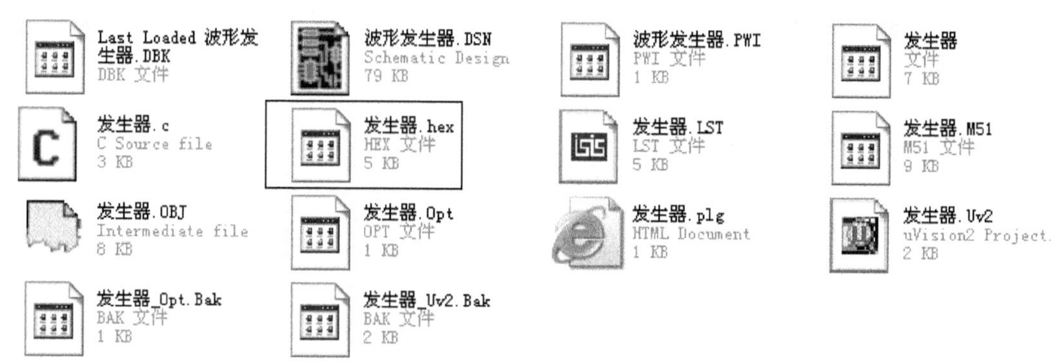

图 8-9　简易波形发生器生成的 .hex 文件

2. 使用 Proteus 系统仿真软件调试并验证系统运行的结果

Proteus 是一款优秀的 EDA 软件，使用它可以绘制电路原理图、PCB 图和进行交互式电路仿真。在单片机开发中可以使用此软件检查系统仿真运行的结果。其仿真步骤见项目 1。在 Proteus 下画好硬件原理图，如图 8-10 所示。

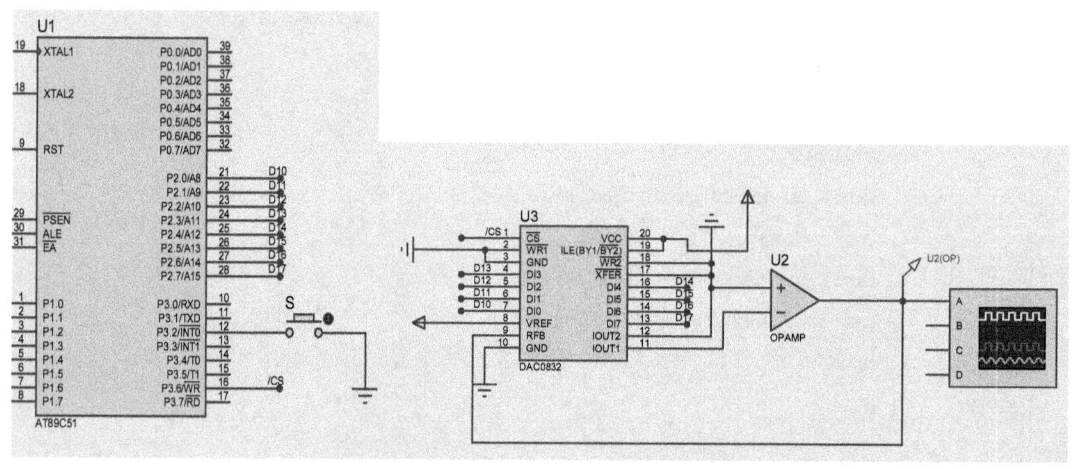

图 8-10　简易波形发生器的 Proteus 原理图

点击单片机芯片，在里面加载“发生器 .hex”文件，并点击下面仿真控制按钮的第一个“三角形”箭头后，就能进行该波形发生器产生输出波形的仿真。此时可以通过按下按键 S 控制产生的波形。图 8-11 就是仿真的三角波、方波、锯齿波和正弦波等 4 种波形。其中，图(a)为三角波；图(b)为方波；图(c)为锯齿波；图(d)为正弦波。

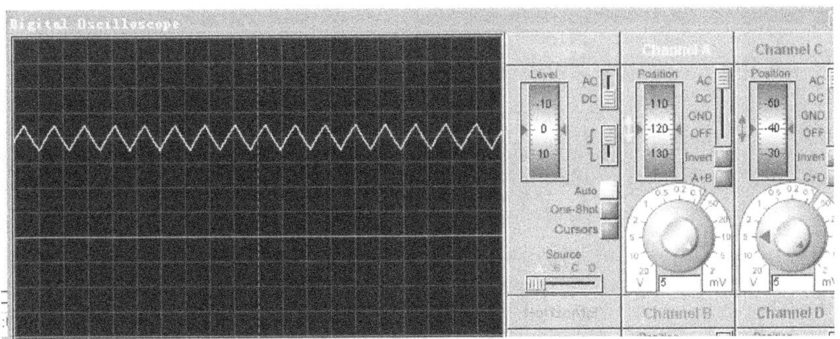

(a) 波形发生器产生的三角波

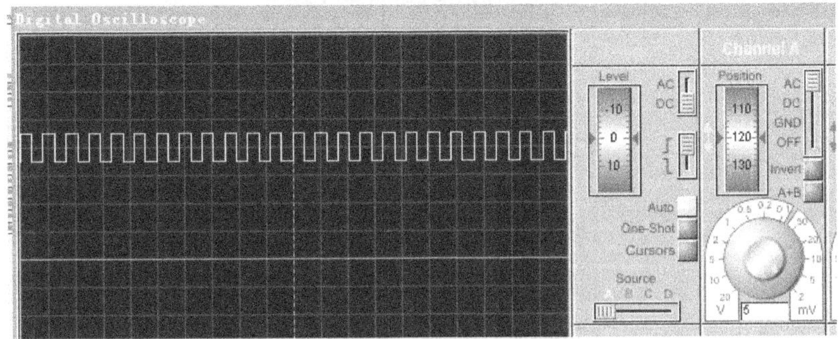

(b) 波形发生器产生的方波

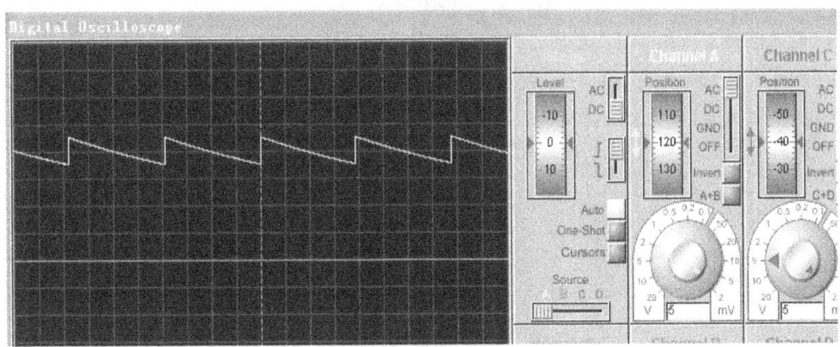

(c) 波形发生器产生的锯齿波

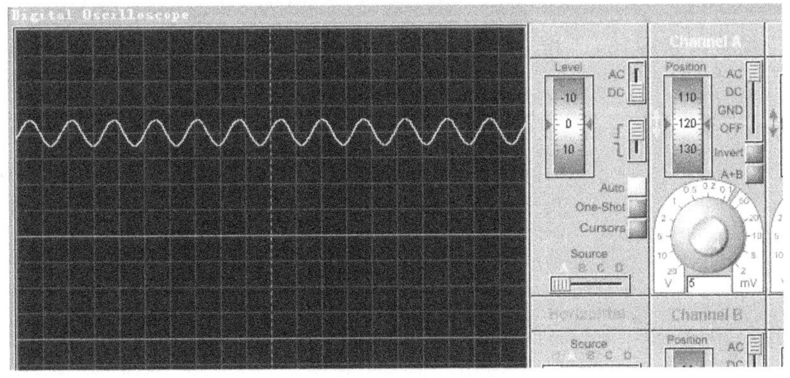

(d) 波形发生器产生的正弦波

图 8-11　仿真波形

项 目 小 结

本项目利用 AT89C51 单片机和数/模转换器件 DAC0832 来产生所需的不同信号的低频信号源，其目的就是通过对本项目的学习，让大家掌握数/模转换的基本原理。本项目采用 DAC0832 的直通方式，只要数据送到 DAC0832 的数据口，就会把数据转换为相应的电压。在软件中通过设置外部中断及一个 flag 标志位来选择波形信号的类型。

项目拓展技能与练习

【拓展技能训练】

试用 DAC0832 芯片设计一个调光灯，并编写程序实现对 LED 灯的调光，结果用 Proteus 进行仿真。

拓展技能资料

【项目练习】

(1) 叙述 D/A 转换的基本原理和性能指标。

(2) 叙述 DAC0832 的引脚功能和内部结构。

(3) 画出 DAC0832 与 AT89C51 单片机的连接图。

(4) 试用 DAC0832 芯片设计单缓冲方式的 D/A 转换器接口电路，并编写程序实现输出锯齿波。

项目练习答案

项目 9　话机的拨号键盘与显示系统设计

【项目导入】

人-机交互系统是单片机应用系统不可缺少的组成部分，是人与单片机进行信息交互的接口，包括信息的输入和输出。控制信息和原始数据需要通过输入设备输入到单片机，单片机的处理结果也需要输出设备实现显示。在单片机控制系统中，除了基本的输入/输出设备外，还有与操作人员进行信息交换的人机交互系统，比如键盘和 LCD 就是其中较常见的一种人机交互的输入/输出设备。在此我们通过设计一个话机的拨号键盘与显示系统来讲述键盘的接口电路、键盘的工作原理和 LCD 显示技术，以帮助读者掌握输入/输出技术在单片机控制系统中的应用。

【项目目标】

1. 知识目标
(1) 掌握单片机与键盘的接口电路设计方法；
(2) 理解键盘检测的原理；
(3) 掌握单片机与 LCD 的接口技术。
2. 能力目标
(1) 会设计单片机与键盘的接口电路；
(2) 会设计单片机与 LCD 模块的接口电路；
(3) 能通过编程实现对键盘的抖动处理；
(4) 熟练掌握常用 LCD 显示器和矩阵键盘的使用方法。

9.1　项 目 描 述

电话在人们的日常生活中是一种比较常见的电子产品，人们可以通过按键来拨打电话。当按下所拨电话号码时，可以清楚地看到自己拨下的电话号码。基于这样的理念，本项目采用 AT89C51 单片机、LCD1602 显示器、控制按键等元件来设计一个电话拨号显示系统。通过此项目的学习，读者可熟悉单片机如何通过键盘扫描来获得输入数据，再通过 CPU 把得到的数据按照一定的要求显示出来。在本项目的学习过程中，读者应重点掌握常用的LCD显示器的使用方法和矩阵键盘的编程方法。

9.2　项目目的与要求

本项目的目的就是设计一个电话拨号显示系统，该系统能实现把所按下的键转化为电话号码，并通过 LCD1602 显示出按下的电话号码。项目在实施过程中需要解决以下关键问题：

(1) 单片机与矩阵键盘的接口电路设计；

(2) 矩阵键盘扫描程序的编写；

(3) 单片机与液晶显示模块 LCD1602 的接口电路的设计；

(4) 液晶显示模块 LCD1602 显示数字的 C 语言编程方法。

9.3 项目支撑知识链接

9.3.1　键盘接口电路

键盘是单片机应用系统中一个比较重要的功能部件，是最常用的人机联系的一种输入设备。输入数据、查询和控制系统的工作状态等都要用到键盘，因此键盘是人工干预计算机的主要手段。对键盘的识别可分为两类：一类由专用的硬件电路来识别(如 2376、74C922)，产生相应的编码，并送往 CPU，这种方式称为编码键盘，使用起来方便，但需要价格昂贵的专用芯片，在单片机系统中一般不采用；另一类靠软件来识别，称为非编码键盘，这种方式结构简单，价格便宜，应用灵活，但需要编制相应的键盘管理程序，单片机系统普遍采用这种方式。

本项目只讨论非编码键盘接口技术。非编码键盘主要解决键的识别与消除抖动的问题。

1. 键的识别与消抖

按键工作时处于两种状态：按下与释放。一般把键按下作为接通，把键释放作为断开。键的按下与释放这两种状态要被 CPU 识别，一般将此转换为与之对应的低电平与高电平。这些可以通过图 9-1 所示电路实现。CPU 通过对按键信号电平的低与高来判别按键是否被按下与释放。

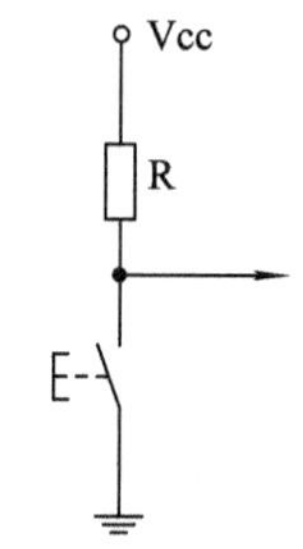

图 9-1　按键信号的产生

一般情况下，将按键信号直接接入单片机的 I/O 口，通过接入到 I/O 口的按键的高、低电平状态进行识别。

由于键的按下与释放是随机的，因此如何捕捉按键的状态变化是需要考虑的问题。通常采用外部中断和定时查询这两种方法来实现按键的状态处理。

1) 外部中断

图 9-2 是用外部中断捕捉键按下的示意图。图中，4 个键的信号分别接 P1.0～P1.3 端口，4 根线通过“与”门相与后与 $\overline{\text{INT0}}$ 端口相连。无键按下时，P1.0～P1.3 端口全为高电

平，经过相“与”后的$\overline{\text{INT0}}$端口也为高电平；当有任意键按下时，$\overline{\text{INT0}}$端口由高变为低，向CPU 发出中断请求，若 CPU 开放外部中断 0，则响应中断，执行中断服务程序，扫描键盘。

用外部中断捕捉按键方法的优点是无须定时查询键盘，节省 CPU 的时间资源；其缺点是容易受到干扰，已有键按下未释放时若再有其他键按下则无法识别，需要额外增加一个“与”门。

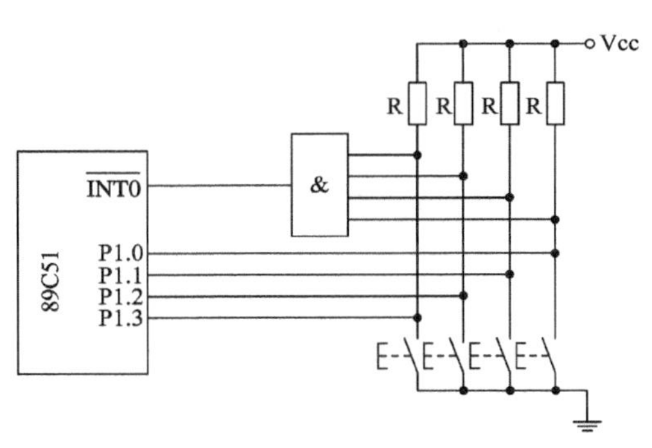

图 9-2　用外部中断捕捉键按下

2) 定时查询

一般情况下，单片机系统用户按一次键(从按下到释放)或释放一次键(从释放到再次按下)，最快也需要 50 ms 以上，在此期间，CPU 只要有一次查询键盘，该次按键和释放就不会丢失。因此，可以编制这样的键盘程序，即每隔不大于 50 ms(典型值为 20 ms)的时间 CPU 就查询一次键盘。通过查询各键的按下与释放的状态，就能正确识别用户对键盘的操作。

查询键盘的间隔时间的定时时，可用定时器中断来实现，也可以用软件定时来实现(如主程序的执行时间)。定时查询键盘电路的优点是电路简洁，节省硬件，抗干扰能力强，应用灵活；其缺点是占用较多的 CPU 时间资源(但这对大多数单片机应用系统来说不是个问题)。一般情况下推荐使用该方法。

3) 按键的消抖处理

理想的按键信号如图 9-3(a)所示，它是一个标准的负脉冲，但实际情况如图 9-3(b)所示，键的按下和释放都需要经过一个过程才能达到稳定，这一过程是处于高、低电平之间的一种不稳定状态，称为抖动。抖动持续时间的长短、频率的高低与按键的机械特性以及人的操作有关，一般在 5～10 ms 之间。这就有可能造成 CPU 对一次按键过程作多次处理。为了避免这种情况的发生，应采取措施消除抖动。消除抖动的方法有以下两种：

(1) 采取硬件来实现，如用滤波器电路、双稳态电路等。图 9-4 是一种比较简单、实用、可靠的方法。图 9-4 中，RC 常数选择在 5～10 ms 之间比较适宜。这种方法的另一好处是增强了电路抗干扰能力。

(2) 利用软件来实现，即当发现有键按下，间隔 10 ms 以上时，才能进行下一次查询，这样就避免了抖动过程。同样，对于释放也应进行相应的处理。

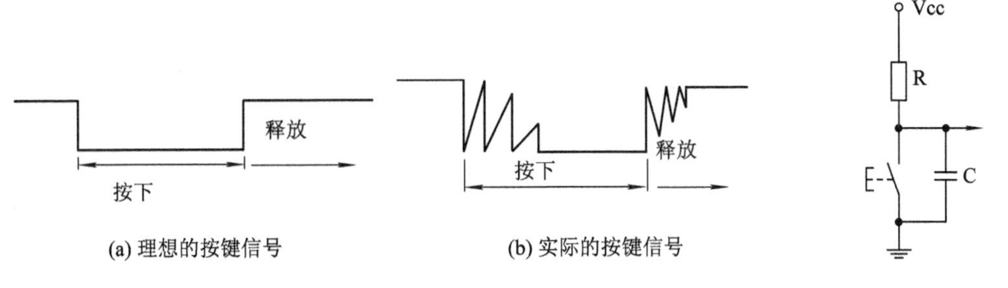

(a) 理想的按键信号　　(b) 实际的按键信号

图 9-3　按键信号波形　　图 9-4　一种消抖电路

2．键盘的分类

键盘的输入对象主要是各种按键和开关，这些按键或开关可以独立使用，也可以组合成键阵使用。单片机中的非编码键盘可以分为两种结构形式：独立式键盘和矩阵式键盘。

1) 独立式键盘

独立式键盘是指各按键相互独立，每个按键占用一根 I/O 端口线，直接用 I/O 口线构成单个按键电路，如图 9-5 所示。

独立式键盘的电路的结构和处理程序简单，扩展方便，但其占用的 I/O 口线相对较多，不适合在按键较多的场合下采用。

在图 9-5 中，当某一个键被按下时电路被接通，相应的 I/O 口线变为低电平，当 CPU 查询到该低电平的 I/O 口线时，就可以判别出与其对应的键处于按下状态，反之处于释放状态。

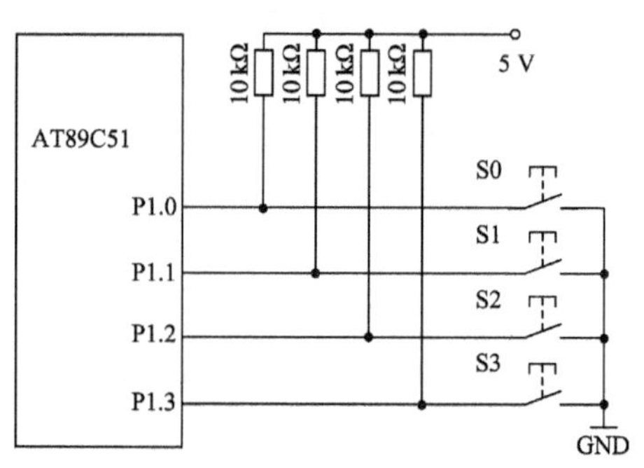

图 9-5　独立式键盘电路

【例 9-1】 对图 9-5 中 P1.0～P1.3 的 4 个按键进行扫描来获得检测触发信息，以实现不同的功能控制，其 C51 程序如下：

```
sbit S0=P1^0;
sbit S1=P1^1;
sbit S2=P1^2;
sbit S3=P1^3;
/*******键盘扫描程序 **********/
void Keyscan
{   P1=0xff ;                         // 对 P1 口置 1
    While (!S0)                       // 判断 S0 按键是否按下
     {
       delay (   );                   // 延时去抖
       While (!S0)   {key1(   );   }
        }
       While (!S1)                    // 判断 S1 按键是否按下
     {
       delay (   );                   // 延时去抖
       While (!S1)   {key2(   );  }
        }
While (!S2)                           // 判断 S2 按键是否按下
     {
       delay (   );                   // 延时去抖
       While (!S2)   {key3(   );  }
        }
```

```
    While (!S3)                       // 判断 S3 按键是否按下
    {
      delay (  )                      // 延时去抖
      While (!S3)   {key4(  );  }
       }
}
```

矩阵式键盘接口电路

2) 矩阵式键盘

(1) 矩阵式键盘的结构和工作原理。矩阵式键盘又称行列式键盘，I/O 端口线分为行线和列线，按键跨接在行线和列线上。按键按下时，行线与列线连通。其结构可以用图 9-6 说明，图中有 4 根行线和 4 根列线，经限流电阻接在+5 V 电源上，4 × 4 行列结构可以连接 16 个键，组成一个键盘。与独立式按键相比，16 个按键只占用 8 根 I/O 端线，因此适用于按键较多的场合。如图 9-6 所示，将 P1 端口线前 4 根作为行线，后 4 根作为列线，按键设置在行线和列线的交叉点上。

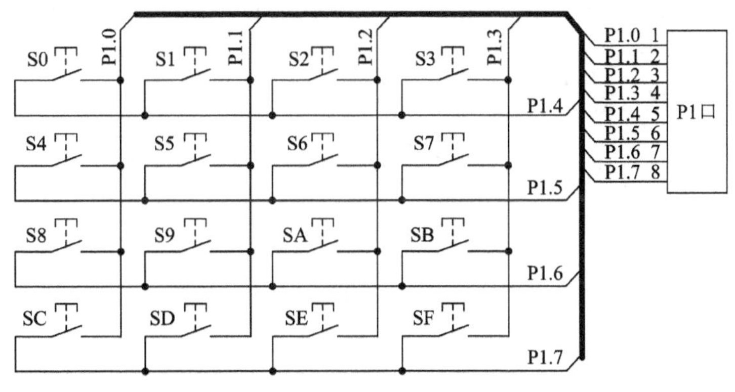

图 9-6　矩阵式键盘电路

矩阵式键盘的工作原理是：行线 P1.0～P1.3 是输入线，CPU 通过其电平的高低来判别键是否被按下。由于每根线上接有 4 个按键，任何键按下都有可能使其电平变低，所以要判断到底是哪个键按下。这里采用了“分时复用”的方法，即在一个查询周期里把时间分为 4 个间隔，每个时间间隔对应一个键，在哪个时间间隔检查到低电平则代表与之相对应的键被按下。时间间隔的划分是通过列线 P1.4～P1.7 来实现的。

依次使列线 P1.4～P1.7 中的一根输出为低电平，则只有与之对应的键按下时，才能使行线为低电平，此时其他列线都输出高电平，与它们对应的键按下，不能使行线电平变低，所以就实现了行线的分时复用。

(2) 矩阵式键盘的按键识别。确定键盘上哪个键被按下可以采用逐行或逐列扫描的方法，称为行(列)扫描法。具体过程如下：

① 将全部列线置为低电平，然后通过行线接口读取行线电平，判断键盘中是否有按键被按下。

② 判断闭合键的具体位置。在确定键盘中有键被按下后，依次将列线置为低电平，再逐行检测各行的电平状态。若某行为低电平，则该行与置为低电平的列线相交处的按键即

为闭合按键。

③ 综合上述两步的结果，即可确定闭合按键所在的行和列，从而识别出所按下的键。

(3) 矩阵式键盘的软件设计。矩阵式键盘的扫描常用编程、定时扫描或中断扫描等方式。不管采用哪种方式，都要编制相应的键盘扫描程序。键盘扫描程序中，一般要具有以下功能：① 判断键盘上有无按键按下；② 去除按键的机械抖动影响；③ 求所按下按键的键号；④ 转向键处理程序。

在编程扫描方式中，只有当单片机空闲时，才执行键盘扫描程序，一般是把键盘扫描程序编写成子函数，在主程序循环执行时调用该子函数；在定时扫描方式中，单片机可以定时对按键进行扫描，方法是利用单片机的内部定时器，每隔一定时间就产生中断，CPU响应中断后对键盘进行扫描，并在有按键时进行处理；在中断扫描方式中，当键盘上有按键被按下时产生中断申请，单片机响应中断后，在中断服务子程序中完成键扫描、识别键号并进行键功能处理。以上几种方式中，中断扫描和定时扫描在前面项目中已经作过具体介绍，在此不再介绍。

在矩阵式键盘中，由于行列式键盘的按键数量比较多，为了使程序简洁，一般在键盘处理程序中，给予每个键一个键号，由从列线 I/O 口输出的数据和从行线 I/O 口读入的数据得到按键的键号，然后由该键号通过散转表进入各按键的服务程序。

3. 键盘与 I/O 接口应用

【例 9-2】 设计一个通过按键控制 LED 灯亮、灭的单片机控制系统，要求：S1～S4 作按键状态显示，S1 按下时 D1 亮，松开时 D1 熄灭；S2 按下时 D2 亮，松开时 D2 熄灭；S3 按下时 D3 熄灭，松开时 D3 亮；S4 按下时 D4 灭，松开时 D4 亮。电路连接如图 9-7 所示。

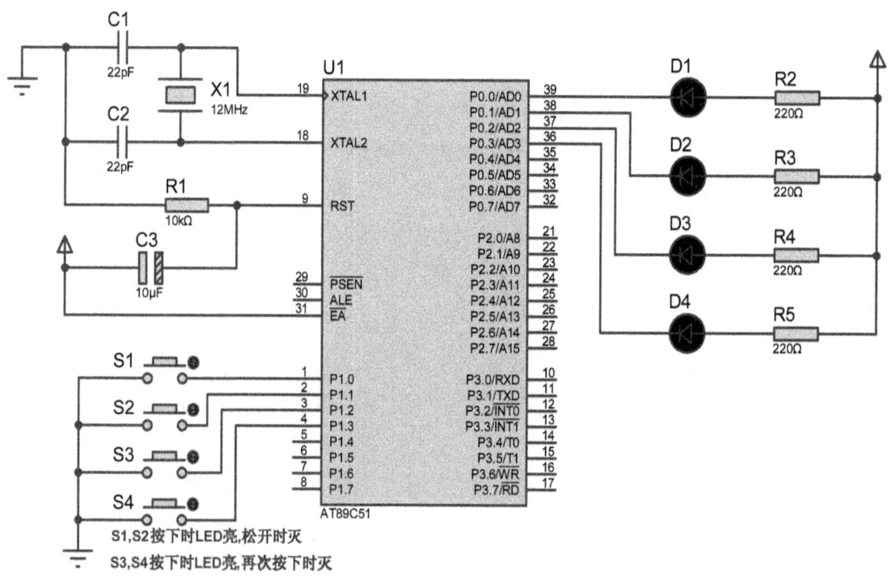

图 9-7　按键控制的 LED 灯显示电路

分析：由于此控制电路使用按键较少，因此可以通过独立式键盘来实现控制功能，要求 S1、S2、S3、S4 分别与 P1.0、P1.1、P1.2、P1.3 连接。根据要求，编写 C51 程序如下：

```
#include<reg51.h>
#define uchar unsigned char
#define uint unsigned int
sbit LED1=P0^0;
sbit LED2=P0^1;
sbit LED3=P0^2;
sbit LED4=P0^3;
sbit S1=P1^0;
sbit S2=P1^1;
sbit S3=P1^2;
sbit S4=P1^3;

/***************延时*****************/
void DelayMS(uint x)
{
    uchar i;
    while(x--) for(i=0;i<120;i++);
}

/***************主程序 *****************/
void main()
{
    P0=0xff;                    // P0 口置高电平
    P1=0xff;                    // P1 口置高电平
    while(1)
    {
        LED1=S1;
        LED2=S2;
        if(S3==0)
        {
            while(S3==0);
            LED3=~LED3;
        }
        if(S4==0)
        {
            while(S4==0);
            LED4=~LED4;
        }
        DelayMS(10);
```

```
        }
    }
```

【例 9-3】 设计一个数码管显示 4×4 矩阵键盘，当按下按键后把按键的值通过数码管显示出来，电路连接图如图 9-8 所示。

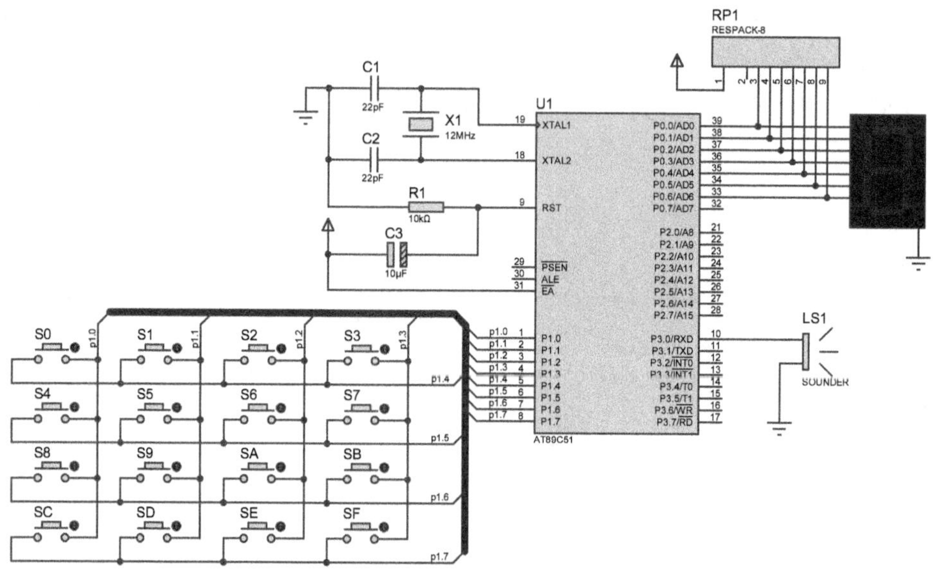

图 9-8　按键显示电路

分析：按下任意键时，数码管都会显示其键的序号，扫描程序首先判断按键发生在哪一列，然后根据所发生的行附加不同的值，从而得到按键的序号，编程的思路如流程图 9-9 所示。

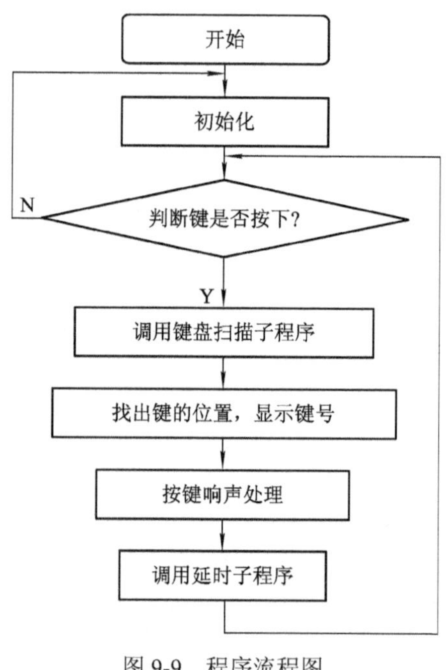

图 9-9　程序流程图

C51 源程序清单如下：

```
#include<reg51.h>
#define uchar unsigned char
#define uint unsigned int
uchar code DSY_CODE[]={0xc0,0xf9,0xa4,0xb0,0x99,0x92,0x82,0xf8,0x80,0x90,
                                        0x88,0x83,0xc6,0xa1,0x86,0x8e,0x00};        // 段码
sbit BEEP=P3^7;
//上次按键和当前按键的序号，该矩阵中序号范围为 0～15，16 表示无按键
uchar Pre_KeyNo=16,KeyNo=16;
/*****************延时函数****************/
void DelayMS(uint x)
{
    uchar i;
    while(x--) for(i=0;i<120;i++);
}
/**************矩阵键盘扫描子程序***********/
void Keys_Scan()
{
    uchar Tmp;
    P1=0x0f;                    // 高 4 位置 0，放入 4 行
    DelayMS(1);
Tmp=P1^0x0f;                    // 按键后 0f 变成 0000xxxx，xxxx 中有一个为 0，3 个仍为 1
                                // 通过异或把 3 个 1 变为 0，唯一的 0 变为 1
    switch(Tmp)                 // 判断按键发生于 0～3 列的哪一列
    {
        case 1:     KeyNo=0;break;
        case 2:     KeyNo=1;break;
        case 4:     KeyNo=2;break;
        case 8:     KeyNo=3;break;
        default:    KeyNo=16; // 无键按下
    }
    P1=0xf0;                    // 低 4 位置 0，放入 4 列
    DelayMS(1);
Tmp=P1>>4^0x0f;                 // 按键后 f0 变成 xxxx0000，xxxx 中有 1 个为 0，三个仍为 1
                                // 高 4 位异或把 3 个 1 变为 0，唯一的 0 变为 1，转移到低 4
                                // 位并异或得到改变的值
    switch(Tmp)                 // 对 0～3 行分别附加起始值 0，4，8，12
    {
        case 1:     KeyNo+=0;break;
        case 2:     KeyNo+=4;break;
```

```
                case 4:     KeyNo+=8;break;
                case 8:     KeyNo+=12;
            }
    }
    /************蜂鸣器子函数**********/
    void Beep()
    {
        uchar i;
        for(i=0;i<100;i++)
        {
            DelayMS(1);
            BEEP=~BEEP;
        }
        BEEP=0;
    }
    /**************主程序***********/
    void main()
    {
        P0=0x00;
        BEEP=0;
        while(1)
        {
            P1=0xf0;
            if(P1!=0xf0) Keys_Scan();              // 获取键序号
            if(Pre_KeyNo!=KeyNo)
            {
                P0=~DSY_CODE[KeyNo];
                Beep();
                Pre_KeyNo=KeyNo;
            }
            DelayMS(100);
        }   }
```

9.3.2　液晶显示控制技术

在日常生活中，人们对液晶显示器并不陌生。液晶显示模块已成为很多电子产品的通用器件，如在计算器、万用表、电子表及很多家用电子产品中都可以看到，显示的主要是数字、专用符号和图形。液晶显示模块有以下几个优点：① 显示质量高；② 数字式接口；③ 体积小，重量轻；④ 功耗低，辐射小。

液晶显示器简称 LCD 显示器，是利用液晶经过处理后能改变光线的传输方向的特性来实现信息显示的。液晶显示器按其功能可分为字段式、字符点阵式和图形点阵式，见图 9-10。

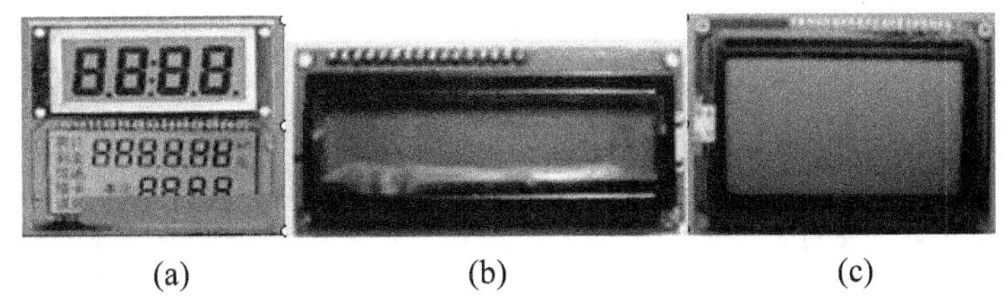

(a)　(b)　(c)

图 9-10　各种类型的液晶显示模块

1. 字符点阵式液晶显示模块 LCD1602

字符点阵式 LCD 显示器需相应的 LCD 控制器、驱动器来对 LCD 显示器进行扫描、驱动，以及一定空间的 RAM 和 ROM 来存储写入的命令和显示字符的点阵。我们将 LCD 控制器、驱动器、RAM、ROM 和 LCD 显示器用 PCB 连接到一起，称为液晶显示模块(LCD Module，LCM)。

下面我们以 16×2 字符点阵式液晶显示模块 LCD1602(见图 9-11)为例，详细介绍字符点阵式液晶显示模块的应用。

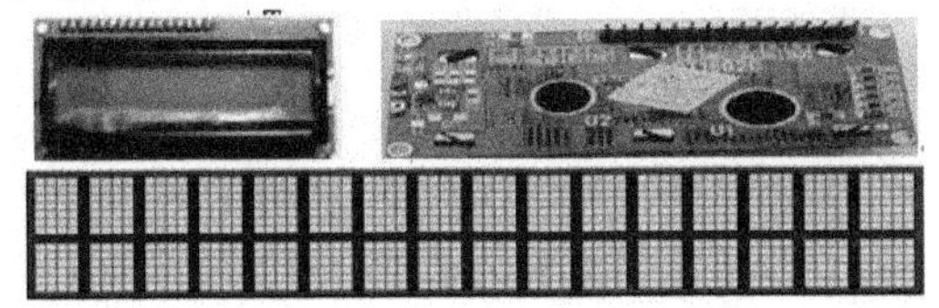

图 9-11　LCD1602 显示模块图

LCD1602 引脚介绍

1) 字符点阵式液晶显示模块 LCD1602 的外观与引脚

LCD1602 采用标准的 16 脚接口，各引脚情况如下：

Vss：电源地。

Vdd：+5 V 电源。

VL：液晶显示偏压信号。

RS：数据/命令选择端，高电平时选择数据寄存器，低电平时选择指令寄存器。

R/$\overline{W}$：读/写选择端，高电平时进行读操作，低电平时进行写操作。

E：使能端，当 E 端由高电平跳变成低电平时，液晶模块执行命令。

D0～D7：8 位双向数据线。

BLA：背光源正极。

BLK：背光源负极。

【小提示】

(1) RS 和 R/$\overline{W}$ 同为低电平时，可以写入指令或者显示地址。

(2) RS 为低电平，R/$\overline{W}$ 为高电平时，可以读信号。

(3) RS 为高电平，R/$\overline{W}$ 为低电平时，可以写入数据。

2) 字符点阵式液晶显示模块 LCD1602 的内部结构

LCD1602 的内部结构可以分成三部分，即 LCD 控制器、LCD 驱动器和 LCD 显示装置，如图 9-12 所示。

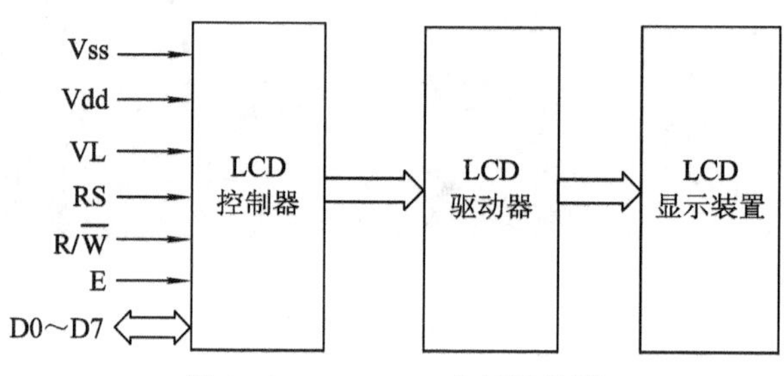

图 9-12　LCD1602 内部结构图

3) 主控驱动芯片 HD44780

LCD1602 控制器采用 HD44780，驱动器采用 HD44100。HD44780 是集控制器、驱动器于一体，专用于字符显示控制驱动的集成电路。HD44100 用于扩展显示字符位。HD44780 是字符点阵式液晶显示控制器的代表电路。

HD44780 集成电路的特点如下：

(1) 可选择 5 × 7 或 5 × 10 点阵字符。

(2) HD44780 不仅可作为控制器，而且还具有驱动 16 × 40 点阵液晶像素的能力，并且 HD44780 的驱动能力可通过外接驱动器扩展 360 列驱动。

HD44780 可控制的字符高达每行 80 个字，也就是 5 × 80 = 400 点，HD44780 内藏有 16 路行驱动器和 40 路列驱动器，所以 HD44780 本身就具有驱动 16 × 40 点阵 LCD 的能力(即单行 16 个字符或两行 8 个字符)。如果在外部加一个 HD44100 再扩展 40 路/列驱动，则可驱动 16 × 2LCD。

(3) HD44780 的显示缓冲区 DDRAM、字符发生存储器 ROM 及用户自定义的字符发生器 CGRAM 全部内藏在芯片内。HD44780 有 80 个字节的显示缓冲区，分两行，地址分别为 00H～27H、40H～67H，它们实际显示位置的排列顺序与 LCD 的型号有关。LCD1602 的显示地址与实际显示位置的关系如图 9-13 所示。

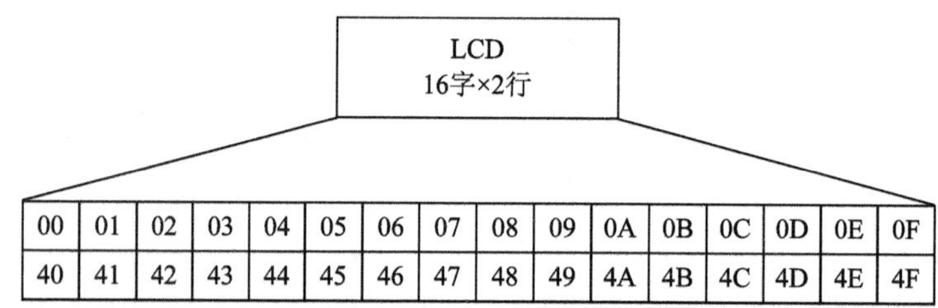

图 9-13　LCD1602 的显示地址与实际显示位置的关系

HD44780 内藏的字符发生存储器(ROM)已经存储了 160 个不同的点阵字符图形，如图 9-14 所示。这些字符有阿拉伯数字、英文字母的大小写、常用的符号等，每一个字符都有一个固定的代码。如数字“1”的代码是 00110001B(31H)，又如大写的英文字母“A”的代码是 01000001B(41H)。可以看出，英文字母的代码与 ASCII 编码相同。要在 LCD 的某个位置显示符号，只需将显示的符号的 ASCII 码存入 DDRAM 的对应位置。例如，在 LCD1602 的第一行第二列显示“1”，只需将“1”的 ASCII 码 31H 存入 DDRAM 的 01 单元；在 LCD1602 的第二行第三列显示“A”，只需将“A”的 ASCII 码 41H 存入 DDRAM

的 42H 单元即可。

Upper 4 Bit / Lower 4Bit	0000	0001	0010	0011	0100	0101	0110	0111	1000	1001	1010	1011	1100	1101	1110	1111
xxxx0000	CG RAM (1)			0	@	P	`	p				ー	タ	ミ	α	p
xxxx0001	(2)		!	1	A	Q	a	q			。	ア	チ	ム	ä	q
xxxx0010	(3)		"	2	B	R	b	r			「	イ	ツ	メ	β	θ
xxxx0011	(4)		#	3	C	S	c	s			」	ウ	テ	モ	ε	∞
xxxx0100	(5)		$	4	D	T	d	t			、	エ	ト	ヤ	μ	Ω
xxxx0101	(6)		%	5	E	U	e	u			・	オ	ナ	ユ	σ	ü
xxxx0110	(7)		&	6	F	V	f	v			ヲ	カ	ニ	ヨ	ρ	Σ
xxxx0111	(8)		'	7	G	W	g	w			ァ	キ	ヌ	ラ	g	π
xxxx1000	(1)		(	8	H	X	h	x			ィ	ク	ネ	リ	√	x̄
xxxx1001	(2)		)	9	I	Y	i	y			ゥ	ケ	ノ	ル	⁻¹	y
xxxx1010	(3)		*	:	J	Z	j	z			ェ	コ	ハ	レ	j	千
xxxx1011	(4)		+	;	K	[	k	{			ォ	サ	ヒ	ロ	×	万
xxxx1100	(5)		,	<	L	¥	l	|			ャ	シ	フ	ワ	¢	円
xxxx1101	(6)		-	=	M	]	m	}			ュ	ス	ヘ	ン	£	÷
xxxx1110	(7)		.	>	N	^	n	→			ョ	セ	ホ	゛	ñ	
xxxx1111	(8)		/	?	O	_	o	←			ッ	ソ	マ	゜	ö	█

图 9-14　LCD1602 内部存储器的点阵字符

(4) HD44780 具有 8 位数据和 4 位数据传输两种方式，可与 4/8 位 CPU 相连。

(5) HD44780 具有简单而功能较强的指令集，可实现字符移动、闪烁等显示功能。

4) HD44780 的指令格式与指令功能

HD44780 控制器内有多个寄存器，通过 RS 和 R/$\overline{W}$ 引脚共同决定选择哪一个寄存器。选择情况如表 9-1 所示。

表 9-1　HD44780 内部寄存器的选择

RS	R/$\overline{W}$	E	DB7～DB0	寄存器及操作
0	0	1→0	输入	将指令代码写入 HD44780
0	1	1	输出	读忙标志 BF 及 AC 的值
1	0	1→0	输入	写数据到 DDRAM 或 CGRAM
1	1	1	输出	从 DDRAM 或 CGRAM 读数据

LCD1602 的读/写操作、屏幕和光标的操作都是通过指令编程来实现的，其内部的控制器总共有 11 条指令，它们的格式和功能如下所述。

(1) 清屏命令。其格式如下：

RS	R/$\overline{W}$	D7	D6	D5	D4	D3	D2	D1	D0	执行时间
0	0	0	0	0	0	0	0	0	1	1.64 μs

功能：

① 清除屏幕，将显示缓冲区 DDRAM 的内容全部写入空格(ASCII 20H)。

② 光标复位，将光标撤回到液晶显示屏的左上角。

③ 地址计数器 AC 清零。

(2) 光标复位命令。其格式如下：

RS	R/$\overline{W}$	D7	D6	D5	D4	D3	D2	D1	D0	执行时间
0	0	0	0	0	0	0	0	1	0	1.64 μs

功能：

① 光标复位，即将光标撤回到显示器的左上角。

② 地址计数器 AC 的值清零。

③ 显示缓冲区 DDRAM 的内容不变。

(3) 输入方式设置命令。其格式如下：

RS	R/$\overline{W}$	D7	D6	D5	D4	D3	D2	D1	D0	执行时间
0	0	0	0	0	0	0	1	I/D	S	40 μs

功能：设定每次写数据后的光标与画面的移动方式。控制写数据后光标的移动：当 I/D = 0 时，写数据后光标左移；当 I/D = 1 时，写数据后光标右移。控制写数据后画面的移动：当 S = 0 时，写数据后画面不移动；当 S = 1 时，写数据后画面整体右移 1 个字符。

(4) 显示开关控制命令。其格式如下：

RS	R/$\overline{W}$	D7	D6	D5	D4	D3	D2	D1	D0	执行时间
0	0	0	0	0	0	1	D	C	B	40 μs

功能：控制显示器开/关、光标显示/关闭以及光标是否闪烁。

① 控制显示器开/关：当 D = 0 时，显示功能关；D = 1 时显示功能开。

② 控制光标开关：当 C = 1 时光标显示；当 C = 0 时光标不显示。

③ 控制字符是否闪烁：当 B = 1 时字符闪烁；当 B = 0 时字符不闪烁。

(5) 画面与光标移动设置命令。其格式如下：

RS	R/$\overline{W}$	D7	D6	D5	D4	D3	D2	D1	D0	执行时间
0	0	0	0	0	1	S/C	R/L	*	*	40 μs

功能：移动光标或整个显示字幕移位。当 S/C = 0，R/L = 0 时，光标左移 1 格，且 AC 的值减 1；当 S/C=0，R/L=1 时，光标右移 1 格，且 AC 的值加 1；当 S/C = 1，R/L = 0 时，画面上字符全部左移一格，但光标不动；当 S/C = 1，R/L = 1 时，画面上字符全部右移一格，但光标不动。

(6) 功能设置命令。其格式如下：

RS	R/$\overline{W}$	D7	D6	D5	D4	D3	D2	D1	D0	执行时间
0	0	0	0	1	DL	N	F	*	*	40 μs

功能：设置数据位数、显示的行数及字形。

① 设置数据位数：当 DL=1 时，数据位为 8 位；当 DL=0 时，数据位数为 4 位。

② 设置显示行数：当 N=1 时双行显示，当 N=0 时单行显示。设置字形大小：当 F=1 时为 5 × 10 点阵，当 F=0 时为 5 × 7 点阵。

(7) 设置字库 CGRAM 地址命令。其格式如下：

RS	R/$\overline{W}$	D7	D6	D5	D4	D3	D2	D1	D0	执行时间
0	0	0	1	CGRAM 的地址(6 位)						40 μs

功能：设置用户自定义 CGRAM 的地址。对用户自定义 CGRAM 访问时，要先设定 CGRAM 的地址，地址范围为 0～3FH。

(8) 显示缓冲区 DDRAM 地址设置命令。其格式如下：

RS	R/$\overline{W}$	D7	D6	D5	D4	D3	D2	D1	D0	执行时间
0	0	1	DDRAM 的地址(7 位)							40 μs

功能：设置下一个要存入数据的 DDRAM 的地址(一行显示时地址范围为 04FH，两行显示时地址范围为：首行 00～27H，次行 40～67H)。

(9) 读忙标志及地址计数器 AC 命令。其格式如下：

RS	R/$\overline{W}$	D7	D6	D5	D4	D3	D2	D1	D0	执行时间
0	1	BF	AC 的值							40 μs

功能：

① 读取 BF。当 BF=1 时，表示 HD44780 忙，这时不能接收单片机送来的数据或指令；当 BF=0 时，表示 HD44780 不忙，可以接收单片机送来的数据或指令。

② 读取地址计数器(AC)的内容。低 7 位为读出的 AC 的地址，值为 0～127。

(10) 写 DDRAM 或 CGRAM 命令(取决于最近设置的地址性质)。其格式如下：

RS	R/$\overline{W}$	D7	D6	D5	D4	D3	D2	D1	D0	执行时间
1	0	要写入的数据 D7～D0								40 μs

功能：

① 将字符码写入 DDRAM，以使液晶显示屏显示出相对应的字符，写入后地址指针自动移动到下一个位置。

② 将使用者自己设计的图形存入 CGRAM。

对 DDRAM 或 CGRAM 写入数据之前必须先设定其地址。

(11) 读 DDRAM 或 CGRAM 命令(取决于最近设置的地址性质)。其格式如下：

RS	R/$\overline{W}$	D7	D6	D5	D4	D3	D2	D1	D0	执行时间
1	1	要读出的数据 D7～D0								40 μs

该命令的功能如下：

从 DDRAM 或 CGRAM 当前位置中读出数据。当 DDRAM 或 CGRAM 读出数据时，必须先设定 DDRAM 或 CGRAM 的地址。

液晶显示模块是一个慢显示器件，所以在执行每条指令之前一定要确认模块的忙标志位为低电平(表示不忙)，否则指令失效。要显示字符时首先要输入显示字符的地址。也就是说，要告诉模块在什么地方显示字符。图 9-13 所示的就是 LCD1602 的内部显示地址。比如，图 9-13 中第二行第一个字符的地址为 40H，是否直接写入 40H 就能将光标定位在第二行第一个字符的位置呢？其实是不行的，由于写入显示地址时要求最高位 D7 恒定为高电平 1，因此实际写入的数据应该是 01000000B(40H) + 10000000B(80H) = 11000000B(C0H)。

5) LCD 控制器 HD44780 接口时序说明

RS、R/$\overline{W}$ 和 E 信号相互配合，进行 HD44780 的读/写操作，逻辑信号功能如表 9-1 所示。

(1) 写操作时序(单片机至 LCD)。写操作时序如图 9-15 所示。

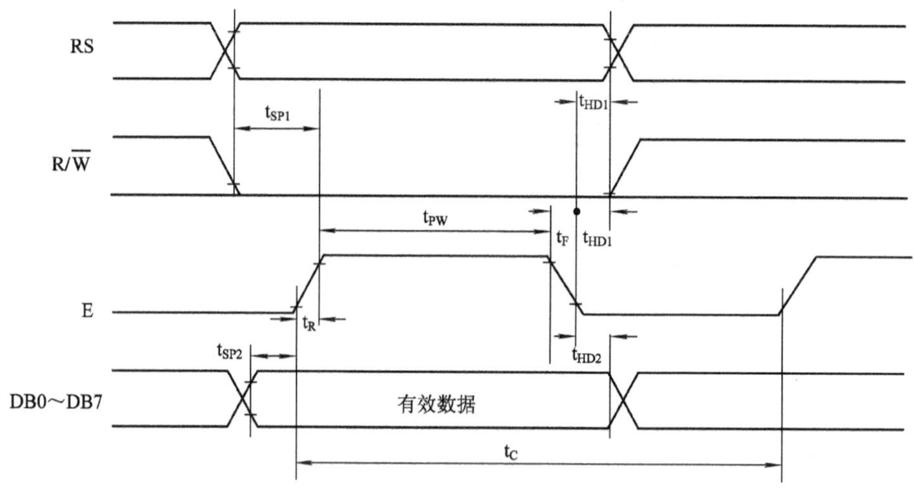

图 9-15　LCD1602 写操作时序

(2) 读操作指令(LCD 至单片机)。读操作时序如图 9-16 所示。

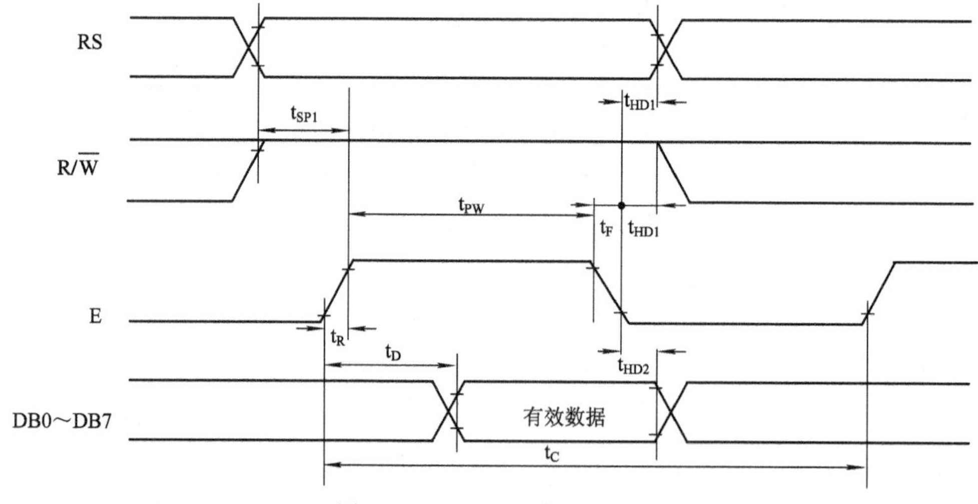

图 9-16　LCD1602 读操作时序

(3) 时序参数。时序图中的各个延迟时间如表 9-2 所示(注：表中 t_{RDZ} 在图 9-16 中未画出)。

表 9-2　时序图中的各个延迟时间

时序参数	符号	极限值			单位	测试条件
		最小值	典型值	最大值		
E 信号周期	t_C	400	—	—	ns	引脚 E
E 脉冲宽度	t_{PW}	150	—	—	ns	
E 上升沿/下降沿时间	t_R，t_F	—	—	25	ns	
地址建立时间	t_{SP1}	30	—	—	ns	引脚 E、RS、R/$\overline{W}$
地址保持时间	t_{HD1}	10	—	—	ns	
数据建立时间(读操作)	t_D	—	—	100	ns	引脚 DB0～DB7
数据保持时间(读操作)	t_{RD2}	20	—	—	ns	
数据建立时间(写操作)	t_{SP2}	40	—	—	ns	
数据保持时间(写操作)	t_{HD2}	10	—	—	ns	

6) LCD 控制器 HD44780 的可编程结构

HD44780 内部主要由指令寄存器(IR)、地址计数器(AC)、数据寄存器(DR)、忙标志(BF)、显示数据存储器(DDRAM)、字符发生器 RAM(CGRAM)、字符发生器 ROM(CGROM)及时序发生电路构成。

(1) 指令寄存器(Instruction Register，IR)。指令寄存器负责储存单片机要写给字符型液晶显示模块的指令码。IR 只能写入，不能读出。当 RS=0、R/$\overline{W}$=0 时，数据线 DB7～DB0 上的数据写入指令寄存器 IR。

(2) 数据寄存器(Data Register，DR)。数据寄存器负责存储微处理器要写到 CGRAM 或 DDRAM 的数据，或者存储微处理器要从数据显示 RAM(DDRAM)读出的数据，因此数据寄存器(DR)可视为一个数据缓冲区，它是由字符型液晶显示模块的 RS、R/$\overline{W}$与 E 三个引脚来控制的。

(3) 忙标志(Busy Flag，BF)。忙标志的作用是告诉微处理器字符点阵式液晶显示模块内部是否正忙着处理数据。当 BF = 1 时，表示字符点阵式液晶显示模块内部正在处理数据，不能接收微处理器送来的指令或数据。字符点阵式液晶显示模块设置 BF，是因为微处理器处理一个指令的时间很短，所以微处理器写数据或指令到字符点阵式液晶显示模块之前必须先查看 BF 是否为 0。

(4) 数据显示 RAM(Data Display RAM，DDRAM)。这个存储器用来存放所要显示的数据，只要将标准的 ASCII 码放入 DDRAM 中，内部控制电路就会自动将数据传送到显示器上。例如，要液晶显示器显示字符“C”，我们只要将 ASCII 码 43H 存入 DDRAM 中就可以了。DDRAM 有 80 比特空间，总共可显示 80 个字(每个字为 1 个比特)，其存储地址与实际显示位置的排列顺序与字符型液晶显示模块的型号有关。

(5) 地址计数器(Address Counter，AC)。地址计数器的作用是负责记录写到 CGRAM 或 DDRAM 数据的地址，或从 DDRAM 或 CGRAM 读出数据的地址。使用地址设定指令写到指令寄存器后，地址数据会经过指令解码器(Instruction Decoder)存入地址计数器中。当微处理器从 DDRAM 或 CGRAM 读取数据时，地址计数器按照微处理器对字符型液晶显示模块的设定值自动进行修改。

(6) 字符发生器 RAM(Character Generator RAM，CGRAM)。这个存储器是供用户储存自己设计的特殊字符码的 RAM，共有 512 位(64 × 8 位)。一个字的大小为 5 × 7 点阵(字形占 8 × 8 位)，所以 CGRAM 最多可存 8 个字符。

(7) 字符产生器 ROM(Character Generator ROM，CGROM)。这个存储器储存了 192 个 5 × 7 点阵字形，CGROM 中的字形要经过内部线路的转换才会传到显示器上，只能读出，不能写入。字符或字符的排列方式与标准 ASCII 码相同。例如，字符码 31H 为字符“1”，字符码 43H 为字符“C”。

2. LCD 的初始化

1) 初始化设置

初始化设置包括以下几方面：

(1) 显示器清屏。

(2) 显示器开/关及光标设置。

(3) 显示光标移动设置。

2) 数据控制

LCD 控制器内部设有一个数据地址指针，用户可通过它来访问内部全部 80 字节的 RAM。

(1) 数据指针设置：数据地址指针为 80H + 地址码(00H～27H，40H～67H)。

(2) 读数据：当 LCD 的 RS = 1、R/$\overline{W}$ = 1 和 E 端为高电平时，读取数据。

(3) 写数据：当 LCD 的 RS = 1、R/$\overline{W}$ = 0 和 E 端为下降沿时，写数据。

例如，写指令子程序：

```
write_com(uchar com)
{   rs=0;
    rw=0;
    E=1;
    LCD=com;
    Delay(5);
    E=0;
}
```

写数据子程序：

```
write_data(uchar data)
{   rs=1;
    rw=0;
    E=1;
    LCD=data;
    Delay(5);
    E=0;
}
```

LCD1602 与 51 接口

3. 1602 与单片机的接口

LCD 显示器在使用之前必须根据具体配置情况初始化，初始化可在复位后完成。LCD1602 初始化过程一般如下：

1) *清屏*

清除屏幕，将显示缓冲区 DDRAM 的内容全部写入空格(ASCII20H)。光标复位，回到显示器的左上角。地址计数器 AC 清零。

2) *功能设置*

设置数据位数，可根据 LCD1602 与处理器的连接选择(LCD1602 与 51 单片机连接时一般选择 8 位)；设置显示行数(LCD1602 为双行显示)；设置字形大小(LCD1602 为 5 × 7 点阵)。

3) *开/关显示设置*

控制光标显示、字符是否闪烁等。

4) *输入方式设置*

设定光标的移动方向以及后面的内容是否移动。

初始化后就可用 LCD 进行显示，显示时应根据显示的位置先定位，即设置当前显示缓冲区 DDRAM 的地址，再在当前显示缓冲区写入要显示的内容，如果连续显示，则可连续写入显示的内容。LCD 是外部设备，其处理速度比 CPU 的速度慢，向 LCD 写入命令到完成功能需要一定的时间。在这个过程中，LCD 处于忙状态，不能向 LCD 写入新的内容。LCD 是否处于忙状态可通过读忙标志命令来了解。另外，由于 LCD 执行命令的时间基本固定，而且比较短，因此也可以通过延时等待命令完成后再写入下一个命令。

LCD1602 液晶显示模块和单片机的接口方式有总线方式和模拟口线方式。其中，模拟口线方式可以使单片机与液晶显示模块直接连接，该方式较为常用。模拟口线的电路如图 9-17 所示。图中，液晶模块数据口与单片机的 P0 口连接，液晶模块的 E、R/$\overline{W}$、RS 端分别与单片机的 P3.3、P3.4、P3.5 引脚相连。

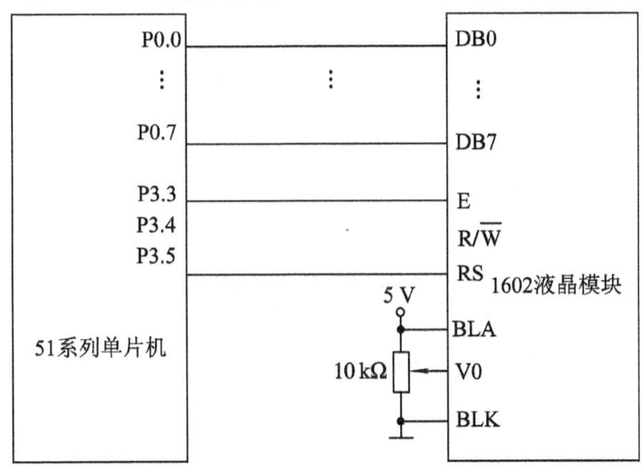

图 9-17　LCD1602 与单片机的接口

参照图 9-17，常用的 LCD1602 液晶驱动程序如下：

```
/*****************LCD 端口定义/************/
/
#define LCMDataPort P0          // 8 位数据端口
sbit LCM_RS=P3^5;               // RS 端口
sbit LCM_RW=P3^4;               // RW 端口
```

```
sbit LCM_EN=P3^3;                  // EN 端口
/*****************初始化 LCD/*************/
void InitLCD()
{   WrCmdLCM(0x38,1);
    WrCmdLCM(0x08,1);
    WrCmdLCM(0x01,1);
    WrCmdLCM(0x06,1);
    WrCmdLCM(0x0c,1);
}
/*****************写命令到 LCD/*************/
Void WrCmdLCM(uchar WCLCM, uchar BusyC)
{   if(BusyC) RDStatusLCM();
    LCMDataPort=WCLCM;
    LCM_RS=0;
    LCM_RW=0;
    LCM_EN=0;
    _NOP();
    _NOP();
    LCM_EN=1;
}
/*****************读 LCD 忙状态*************/
Uchar RdStatusLCM()
{   LCMDataPort=0xff;
    LCM_RS=0;
    LCM_RW=1;
    LCM_EN=0;
    _NOP();
    LCM_EN=1;
    While(LCMDataPort&0x80) return(LCMDataPort);
}
/*****************写数据到 LCD*************/
 void WrDataLCM(uchar WDLCM)
{   RdStatusLCM();
    LCMDataPort=WDLCM;
    LCM_RS=1;
    LCM_RW=0;
    LCM_EN=0;
    _NOP();
    LCM_EN=1;
}
```

```
/*****************读 LCD 数据*************/
uchar LCM_RdData(void)
{   LCM_RS=1;
    LCM_RW=1;
    LCM_EN=0;
    _NOP();
    LCM_EN=1;
    Return(LCMDataPort);
}
/***************** LCD 显示一个字符*************/
Void DisplayOneChar(uchar x,uchar y,uchar DData)
{   x=x&0x0f;
    y=y&0x01;
    if(y) x=x|0x40;
    x|=0x80;
    WrCmdLCM(x,0);
    WrDataLCM(DData);
}
```

【例 9-4】 设计一个由单片机控制的 LCD 显示屏，要求显示："welcome to KaiFeng!"。

分析：在此采用 LCD1602 的数据线与 AT89C51 的 P2 口相连，RS 与 P1.7 相连，R/$\overline{W}$ 与 P1.6 相连，E 端与 89C51 的 P1.5 相连。编程在 LCD 显示器的第 1 行显示"welcome to"，第 2 行第 5 列开始显示 "KaiFeng!"。具体硬件接连电路如图 9-18 所示。

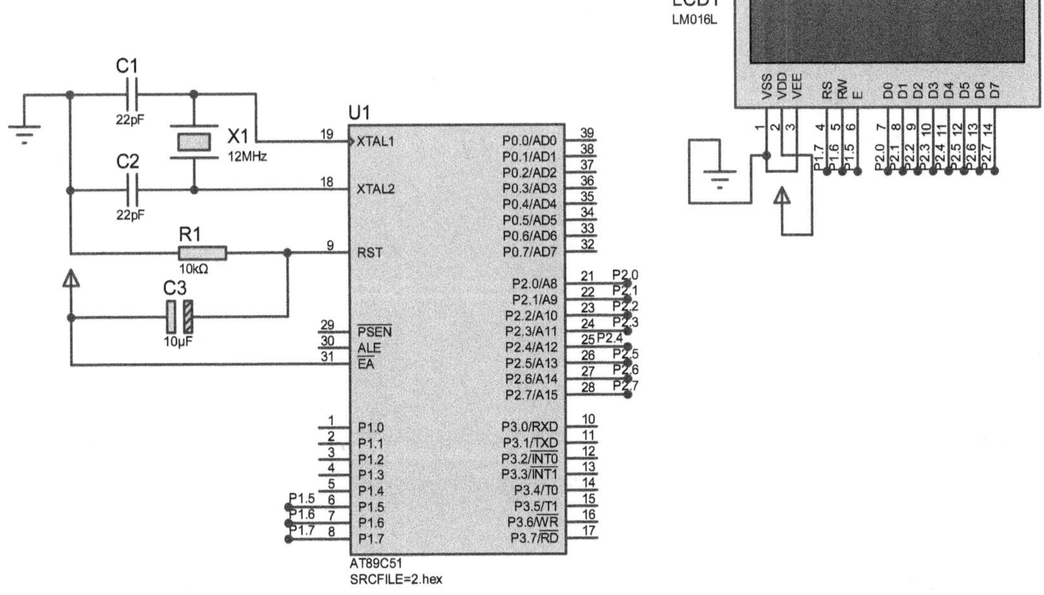

图 9-18　51 单片机与 LCD 连接的电路图

C51 语言程序如下：

```
#include  <reg51.h>
 #define  uchar  unsigned  char
 sbit  RS=P1^7;
 sbit  RW=P1^6;
 sbit  E=P1^5;
void  init(void);
void  wc51r(uchar  i);
void  wc51ddr(uchar  i);
void  fbusy(void);
//主函数
void  main()
{  SP=0x50;
   init();
   wc51r(0x80);              // 写入显示缓冲区起始地址为第 1 行第 1 列
   wc51ddr('w');             // 第 1 行第 1 列显示字母'w'
   wc51ddr('e');
   wc51ddr ('l');
   wc51ddr ('c');
   wc51ddr ('o');
   wc51ddr ('m');
   wc51ddr ('e');
   wc51ddr (' ');
   wc51ddr ('t');
   wc51ddr ('o');
   wc51r(0xc4);                        // 写入显示缓冲区起始地址为第 2 行第 5 列
   wc51ddr('K');                       // 第 2 行第 5 列显示字母'K'，以后依次显示 KaiFeng！
   wc51ddr('a');
   wc51ddr('i');
   wc51ddr('F');
   wc51ddr('e');
   wc51ddr('n');
   wc51ddr('g');
   wc51ddr('!');
   while(1); }
//初始化函数
void  init()
{  wc51r(0x01);                        // 清屏
   wc51r(0x38);                        // 使用 8 位数据，显示两行，使用 5 × 7 的字形
```

```
    wc51r(0x0c);                    // 显示器开，光标关，字符不闪烁
    wc51r(0x06);                    // 字符不动，光标自动右移一格
}
// 检查忙函数
void  fbusy()
{  P2=0Xff;RS=0;RW=1;
    E=0; E=1;
    while (P2&0x80){E=0;E=1;}       // 忙，等待
}
// 写命令函数
void  wc51r(uchar  j)
{  fbusy();
    E=0;RS=0;RW=0;
    E=1;
    P2=j;
    E=0; }
// 写数据函数
void  wc51ddr(uchar  j)
{  fbusy();
    E=0;RS=1;RW=0;
    E=1;
    P2=j;
    E=0;  }
```

9.4 项 目 实 施

本项目的设计内容主要包括主控模块、LCD1602 液晶显示电路、键盘输入模块、时钟电路和复位电路等，其设计的整体结构框图如图 9-19 所示。

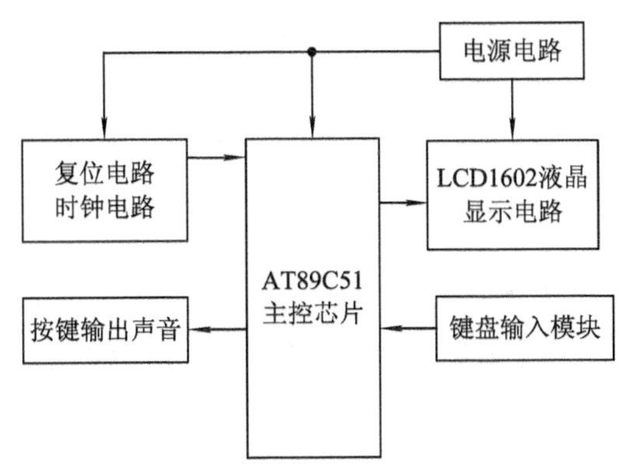

图 9-19　系统整体硬件框图

9.4.1　项目硬件设计

根据项目实现的功能，可把 LCD1602 的 D0～D7 分别与 AT89C51 的 P1.0～P1.7 连接，LCD1602 的 RS 与 P2.0 连接，R/$\overline{W}$ 端与 P2.1 连接，E 端与 P2.2 连接。键盘拨号采取矩阵行列式键盘，把 P3.4、P3.5、P3.6、P3.7 作为行线，P3.0、P3.1、P3.2 作为列线，项目的总体电路连接如图 9-20 所示。

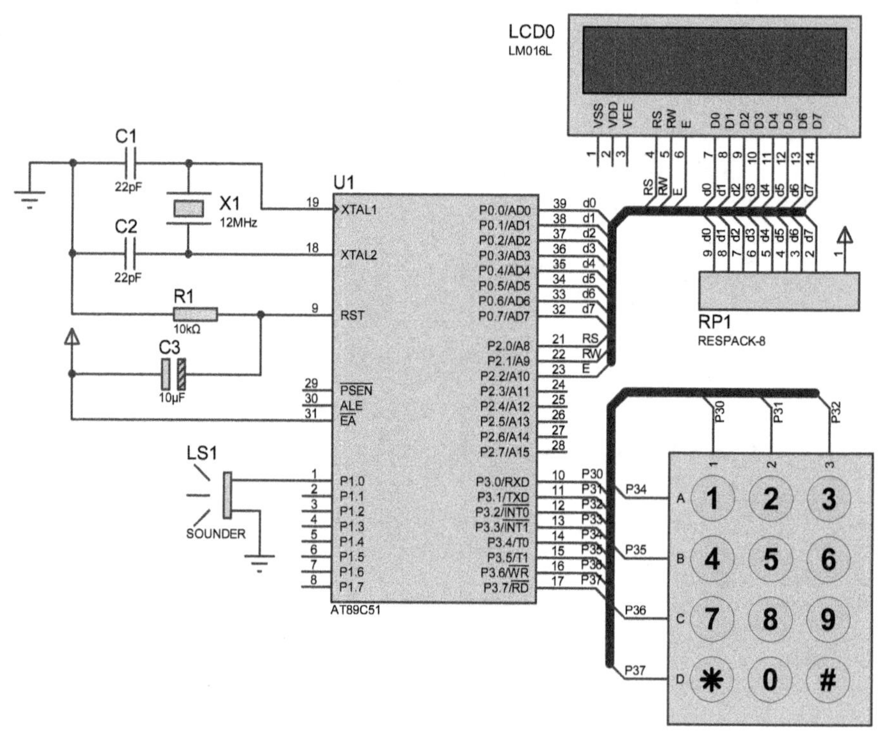

图 9-20　电话拨号显示系统硬件电路图

9.4.2　项目软件设计

1. 软件的模块划分

软件采取模块化结构设计，在模块划分过程中应遵循以下几点：每个模块要具有独立的功能，并且能产生一个明确的结果；模块之间的控制参数尽量简单，数据参数应尽量少；模块长度适中。由于本设计是由单片机 AT89C51 控制的 LCD 显示系统，因此由外接键盘来控制显示方式。设计过程如下：

(1) 按键输入：采用 P3 口作为键盘的输入端，采取行扫描法对键盘的识别进行判定。

(2) LCD 显示：用 P0 口和 P2 口的部分引脚作为 LCD1602 的显示控制，必须对 LCD 的显示位置进行设置，LCD 显示内容要经历 LCD 初始化、LCD 写命令、发送数据和显示数据等过程，其中每个过程要用函数来实现。

(3) 主函数功能：判定键盘上是否有按键闭合，若有按键闭合，就根据按下的按键来执行相应的程序，选择相应的显示方式。

综合上述分析和模块划分原则可知，项目的软件设计主要包括主程序、键盘扫描子程序、LCD 显示子程序、声音控制程序和延时程序等 5 个模块。

2．程序流程图

1) 主程序

系统第一次上电后，先进行初始化，初始化 LCD 模块，设置 LCD 中各个部分的显示内容，然后进行键盘扫描从而获取按键，再根据各按键的不同执行相应的操作，最后释放按键，再次进入键盘扫描，重复上述过程。具体的设计思想如图 9-21(c)所示。

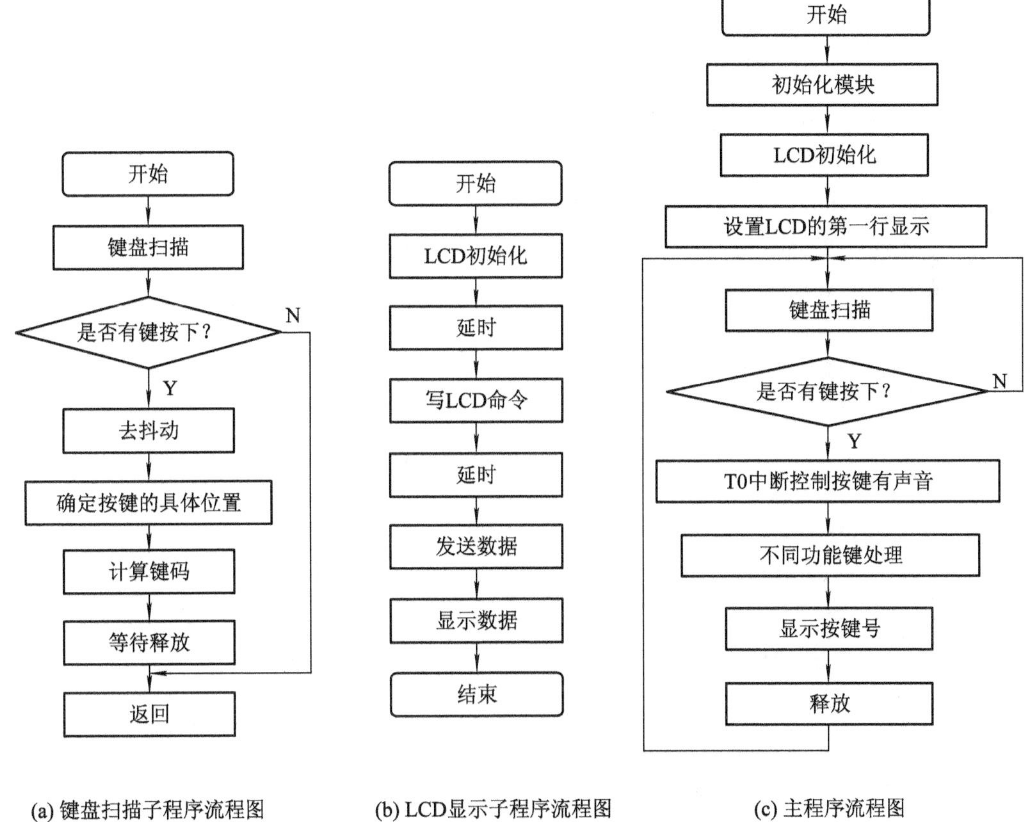

图 9-21　系统程序设计的各模块流程图

2) 键盘扫描子程序

本项目设计中把 P3 口作为键盘的输入口，P3.0～P3.2 作为列线接口，P3.4～P3.7 作为行线接口。首先判断是否有按键按下，其过程是：把 P3.4～P3.7 输出全设为“0”，再读取 3.0～P3.2 的状态，若 3.0～P3.2 全为 1，则说明无按键闭合，否则有键闭合；然后对按下的按键去除机械抖动，在此采取延时时间的办法；最后对按下的键进行识别。具体设计思想如图 9-21(a)所示。

3) LCD 显示子程序

LCD1602 的显示子程序比较简单，结合其相关指令集，写出初始化程序、清屏程序、写指令程序、写数据程序以及读数据程序等驱动即可，具体设计思想如图 9-21(b)所示。

话机的拨号键盘与显示系统 C 语言源程序如下：

```
#include  <reg51.h>
#include  <intrins.h>
#define  uchar  unsigned  char
#define unit unsigned int
#define DelayNOPx(){_nop_();_nop_();_nop_();_nop_();}
sbit BEEP=P1^0;
sbit LCD_RS=P2^0;
sbit LCD_RW=P2^1;
sbit LCD_EN=P2^2;
//函数声明
void DelayMS(unit ms);
bit LCD_Busy();
void LCD_Pos(uchar);
void LCD_Wcmd(uchar);
void LCD_Wdat(uchar);
//标题字符串提示
char code Title_Text[]={"--Phone Code--"};
//键盘序号与键盘符号对应表
uchar code Key_Table[]={'1','2','3','4','5','6','7','8','9','*','0','#'};
//键盘拨号数字缓冲
uchar Dial_Code_Str[]={"                "};
uchar KeyNo=0xFF;
int tCount=0;
/********延时函数***********/
void DelayMS(unit x)
{   uchar i;
    while(x--) for(i=0;i<120;i++);
}
/******在 LCD 制订行显示字符串********/
void Display_String(uchar *str,uchar LineNo)
{   uchar k;
    LCD_Pos(LineNo);
    for(k=0;k<16;k++)   LCD_Wdat(str[k]);
}
/*****LCD 状态检测**********/
bit LCD_Busy()
{   bit result;
    LCD_RS=0;
```

```
    LCD_RW=1;
    LCD_EN=1;
    DelayNOPx();
    result=(bit)(P0&0x80);
    LCD_EN=0;
    return result;
}
/*****写 LCD 命令**********/
void LCD_Wcmd(uchar cmd)
{
    while(LCD_Busy());                              // 判定 LCD 是否繁忙
    LCD_RS=0;
    LCD_RW=0;
    LCD_EN=0;
    _nop_();
    P0=cmd;
    DelayNOPx();
    LCD_EN=1;
    DelayNOPx();
    LCD_EN=0;
}
/****写 LCD 数据********/
void LCD_Wdat(uchar str)
{   while(LCD_Busy());                          // 判定 LCD 是否繁忙
    LCD_RS=1;
    LCD_RW=0;
    LCD_EN=0;
    P0=str;
    DelayNOPx();
    LCD_EN=1;
    DelayNOPx();
    LCD_EN=0;
}
/*******LCD 的初始化**********/
void LCD_Init()
{   LCD_Wcmd(0x38);DelayMS(1);              // 设定 LCD 为 16×2 显示，5×7 点阵，8 位数据接口
    LCD_Wcmd(0x0c);DelayMS(1);              // 开显示，不显示光标
    LCD_Wcmd(0x06);DelayMS(1);              // 显示光标，自动右移，整屏不要动
    LCD_Wcmd(0x01);DelayMS(1);              // 显示清屏
```

```
}
/***设置 LCD 显示位置*********/
void LCD_Pos(uchar pos)
{
    LCD_Wcmd(pos|0x80);
}
/****T0 控制按键声音**********/
void T0_INT()interrupt 1
{
    TH0=-600/256;
    TL0=-600%256;
    BEEP=~BEEP;
    if(++tCount==200)
      {tCount=0;
        TR0=0;
      }
}
/****键盘扫描函数*********/
uchar GetKey()
{   uchar i,j,k=0;
    uchar KeyScanCode[]={0xEF,0xDF,0xBF,0x7F};      // 键盘扫描码
    uchar KeyCodeTable[]=                           // 键盘特征码
  {0xEE,0xED,0xEB,0xDE,0xDD,0xDB,0xBE,0xBD,0xBB,0x7E,0x7D,0x7B};
  P3=0x0F;                                          // 扫描键盘获取按键序号
  if(P3!=0x0F)   DelayMS(20);                       // 延时去按键产生的机械抖动
  if(P3!=0x0F)
  {   for(i=0;i<4;i++)
      {   P3=KeyScanCode[i];
          for(j=0;j<3;j++)
          {   k=i*3+j;
              if(P3==KeyCodeTable[k])return k;
          }
      }
   }
   else return 0xFF;
}

/****主函数*********/
void main()
```

```
{
    int a;
    uchar i=-1,j;
    P0=P2=P1=0xFF;
    IE=0x82;
    TMOD=0x01;                          // 设定寄存器的工作方式为模式 1
    LCD_Init();                         // LCD 初始化
    Display_String(Title_Text,0x00);    // 在第 1 行显示标题
    while(1)
    {
      KeyNo=GetKey();                   // 获取按键
      if(KeyNo==0xFF)continue;          // 无按键时继续扫描
      i++;
        if(KeyNo==9)
        {
          Dial_Code_Str[i-1]=' '; i=i-2;   }          // 按*键退格
        else {if(KeyNo==11)
                {
                    for(a=0;a<16;a++)
                      Dial_Code_Str[a]=' ';
                      i=-1;                           // 此处 else 的功能是清空按键“#”
                  }
                else   if(i==11)
                {for(j=0;j<16;j++)
                    Dial_Code_Str[j]=' ';
                     i=0;                             // 本段 else 超过 11 位清空
                 }
              Dial_Code_Str[i]=Key_Table[KeyNo];
              }
      Display_String(Dial_Code_Str,0x40);             // 在第 2 行显示号码
      TR0=1;                                          // T0 中断控制按键发声
      while(GetKey()!=0xFF);                          // 等待释放
      }
  }
```

9.4.3　项目综合仿真与调试

1. 使用 Keil C51 编译源程序

Keil C51 是 MCS-51 系列兼容单片机的开发系统，利用它可以编辑、编译、汇编、连

接 C 程序和汇编程序，从而可以生成在单片机中进行烧录的 .hex 文件，这在项目 1 中已作过详细介绍，本项目的程序编译成功后生成的可烧录文件如图 9-22 所示。

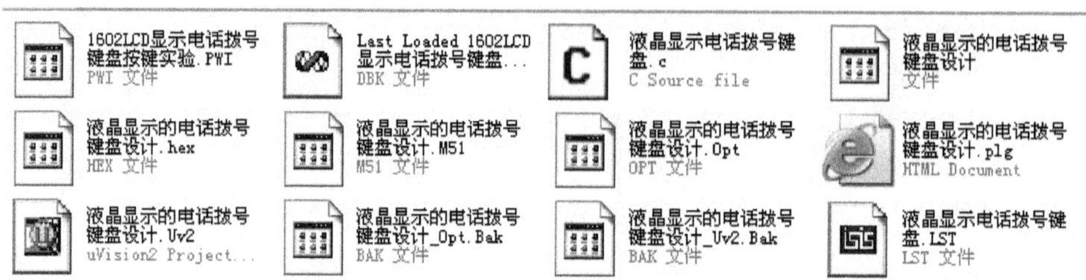

图 9-22　电话键盘拨号液晶显示系统生成的 .hex 文件

2. 使用 Proteus 系统仿真软件调试并验证系统运行的结果

Proteus 是一款优秀的 EDA 软件，使用它可以绘制电路原理图、PCB 图和进行交互式电路仿真。在单片机开发中可以使用此软件检查系统仿真运行的结果。其仿真的步骤见项目 1。本项目在 Proteus 下仿真的结果如图 9-23 所示。

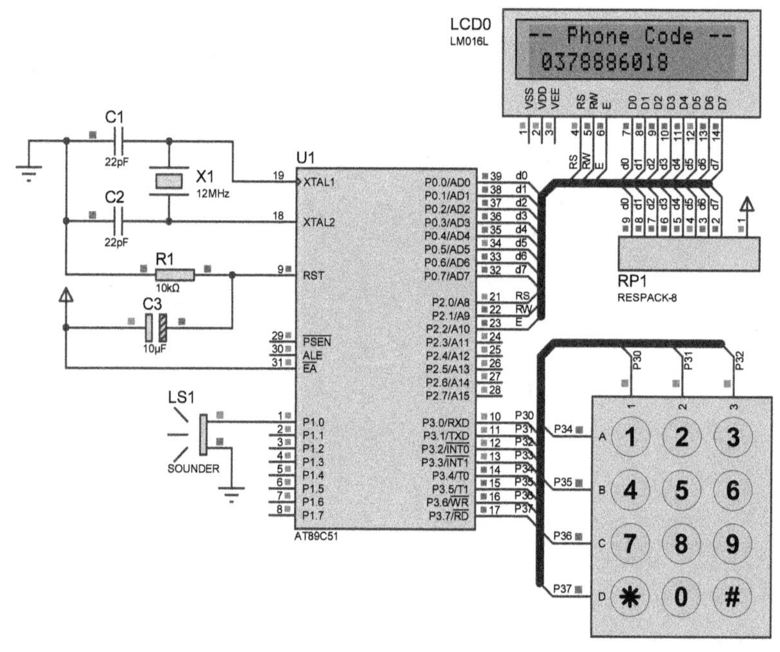

图 9-23　电话键盘拨号液晶显示系统的 Proteus 仿真结果

电话的按键的操作说明如下：

(1) 按键的具体功能是：0～9 为数字功能键；*为退格键；#键为清除功能键。

(2) 按键的具体操作是：启动电话，液晶显示“--Phone Code--”；按下不超过 11 位的电话号码时会显示你所按下的电话号码，且按下每个键都会发音提示。

3. 动手做

在完成系统仿真后，可以按照本系统硬件设计部分给出的原理图，在万能板(或 PCB 板)上进行电子元器件的连接与调试。

本项目所需的元件清单如表 9-3 所示。

表 9-3　电话键盘拨号液晶显示系统的制作元件清单

名　称	规　格	数量	主要功能或用途
单片机	AT89C51	1	控制 LCD1602 显示
晶体振荡器	12 MHz	1	晶振电路
电容	22 pF	2	晶振电路
电解电容	10 μF	1	复位电路
电阻	10 kΩ	1	复位电路
单片机芯片插座	DIP40	1	插入单片机芯片
蜂鸣器		1	按键发音
液晶显示屏	LCD1602	1	显示电话号码
排阻	10 kΩ	1	显示电路
按键		12	输入电路
USB 电源插座	USB	1	插入 USB 线
USB 电源线	135 cm	1	连接电脑的 USB 口
导线		若干	连接电路
万能板	7 cm × 9 cm	1	在板上组装与焊接元件

项 目 小 结

本项目通过设计一个电话键盘拨号液晶显示系统来讲述键盘与 LCD 在单片机中的应用。本项目中不仅介绍了独立式键盘和矩阵式键盘的接口设计，还介绍了 LCD1602 和单片机的接口设计。在本项目的学习中，读者应重点掌握矩阵式键盘的编程和 LCD1602 的初始化程序的设计。通过本项目的学习，可为后续进一步开发更复杂的应用系统奠定基础。

项目拓展技能与练习

【拓展技能训练】

用 LCD 显示 4 × 4 键盘的按键数字显示，结果用 Proteus 进行仿真。

拓展技能资料

【项目练习】

(1) 叙述键盘按键抖动产生的原因，并分析为何要去消除抖动。

(2) 叙述独立式键盘和矩阵式键盘的区别及使用范围。

(3) 画出 4 × 4 键盘与 AT89C51 的接口电路，并编写键盘扫描子程序。

(4) 写出 LCD1602 的引脚功能。

(5) 用 LCD1602 设计显示如下字符：第一行“KaiFeng”，第二行“0378-110”。

项目练习答案

项目 10　智能小车的设计与制作

【项目导入】

目前玩具市场上有很多智能控制小车，这些智能小车具有价格高，智能度低的特点。本项目设计制作的智能寻迹小车，不仅电路简单，成本低，而且可以扩展其他功能，除此之外还可以帮助读者掌握单片机的电机控制技术。

【项目目标】

1. 知识目标

(1) 掌握单片机系统开发的流程；

(2) 掌握单片机硬件系统的设计制作；

(3) 掌握单片机软件系统的编程。

2. 能力目标

(1) 能根据系统的功能要求，设计系统的功能模块图；

(2) 能根据电路功能模块要求，通过查找资料设计电路图；

(3) 能结合硬件，进行软件编程；

(4) 具有开发单片机控制系统的能力。

10.1　项 目 描 述

单片机的电机控制技术应用比较广泛，比如智能小车、机器人和遥控飞机等。本项目通过设计制作一个智能循迹小车，使大家掌握单片机对直流电机的控制设计。

10.2　项目目的与要求

本项目设计主要有三个模块：信号检测模块、主控模块以及电机驱动模块。信号检测模块采用红外光对管，用以对黑线进行检测；主控模块采用宏晶公司的 STC89C52 单片机作为控制芯片；电机驱动模块采用意法半导体集团的 L298N 专用电机驱动芯片。信号检测模块的功能是将采集到的路况信号传入 STC89C52 单片机，经单片机处理后对 L298N 发出指令，由单片机输出的 PWM 波控制电动小车的速度及转向，从而实现自动循迹的功能。系统设计要求是：完成智能小车系统的整体功能方案设计；完成外围接口应用电路的设计和实现；完成系统的硬件设计和软件设计；进行系统组装和调试。

10.3　项目支撑知识链接

10.3.1　直流电机

直流电动机

1．直流电机的类型

直流电机可按其结构、工作原理和用途等进行分类。其中，根据直流电机的用途可分为以下几种：直流发电机(将机械能转化为直流电能)、直流电动机(将直流电能转化为机械能)、直流测速发电机(将机械信号转换为电信号)和直流伺服电动机(将控制信号转换为机械信号)。本项目以直流电动机(简称直流电机)作为研究对象来讲述直流电机的基本知识。

2．直流电机的结构

直流电机由定子和转子两部分组成。在定子上装有磁极(电磁式直流电机磁极由绕在定子上的磁绕提供)，其转子由硅钢片叠压而成，转子外圆有槽，槽内嵌有电枢绕组，绕组通过换向片和电刷引出。直流电机结构如图 10-1 所示。

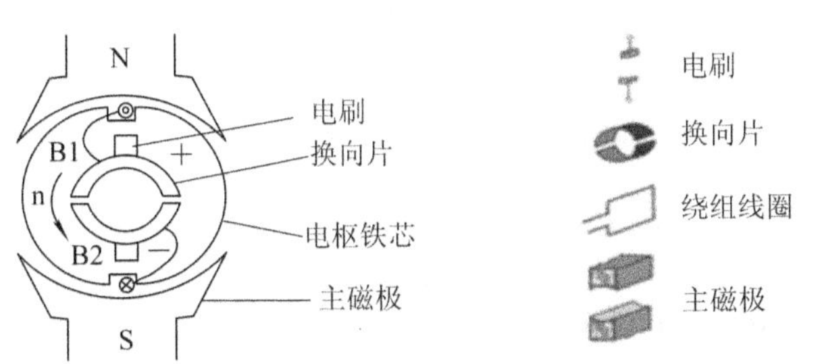

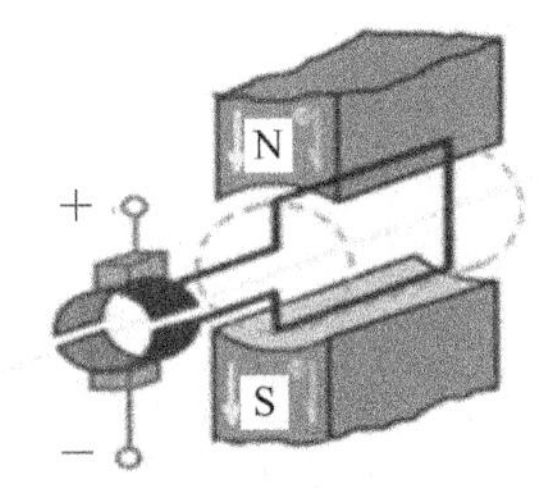

图 10-1　直流电机结构

3．直流电机的工作原理和技术参数

直流电机电路模型如图 10-2 所示，磁极 N、S 间装着一个可以转动的铁磁圆柱体，圆柱体的表面上固定着一个线圈 abcd。当线圈中流过电流时，线圈受到电磁力作用，从而产生旋转。根据左手定则可知，当流过线圈的电流改变方向时，线圈的受力方向也将改变，因此可通过改变线圈电路的方向来改变电机的方向。

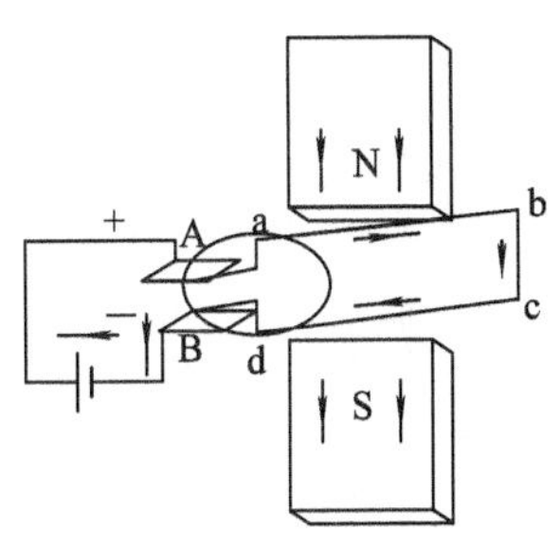

图 10-2　直流电机电路模型

直流电机的主要额定值有：

额定功率 P_n：在额定电流和电压下电机的负载能力。

额定电压 U_e：长期运行的最高电压。

额定电流 I_e：长期运行的最大电流。

额定转速 n：单位时间内的电机转动快慢，以 r/min 为单位。

励磁电流 I_f：施加到电极线圈上的电流。

4．直流电机的驱动

单片机本身具有一定的驱动能力，其中 I/O 口的电流在 10 mA 左右，像发光二极管之类的小电流器件不需要特殊的驱动电路，而对于直流电机这样的大电流负载就必须有驱动电路，因此在实际应用中，电机驱动电路是单片机控制回路中的常用接口电路。在电机驱动模块的电路设计中，根据直流电机的工作原理，可以用常规电路设计直流电机的驱动电路，如图 10-3 所示。

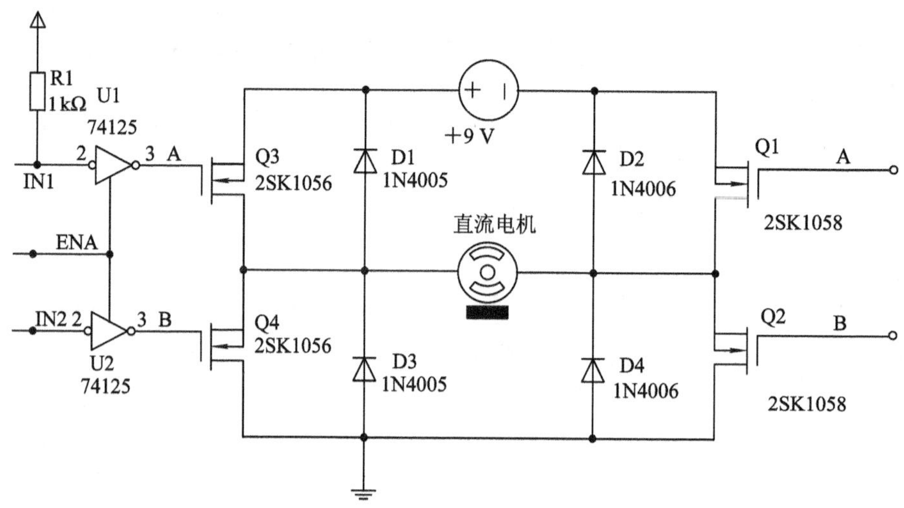

图 10-3　直流电机的驱动电路

另外，现在直流电机的专用驱动芯片很多，没有必要再去设计驱动电路，直接挑选一种符合要求的驱动芯片即可。此处选用 L298 芯片构成的电路，其结构基本上与图 10-3 所示电路的效果一样。由 L298 芯片组装的驱动电路模块如图 10-4 所示。

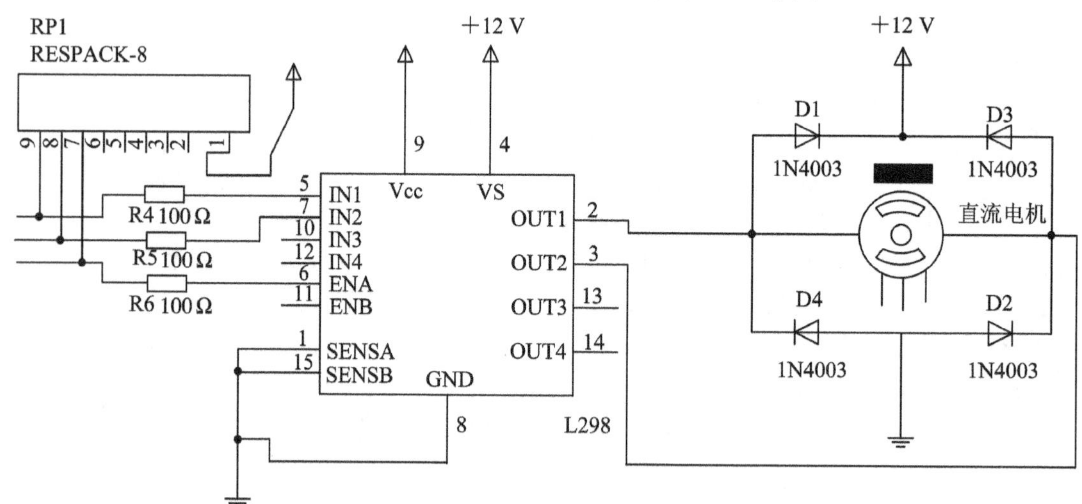

图 10-4　L298 芯片构成的直流电机驱动电路

5．直流电机 PWM 调速原理

1) 直流电机转速

直流电机的数学模型可用图 10-5 表示。由图 10-5 可见，电机的电枢电动势 E_a 的正方向与电枢电流 I_a 的方向相反，E_a 为反电动势；电磁转矩 T_1 的正方向与转速 n 的方向相同，是拖动转矩；轴上的机械负载转矩 T_2 及空载转矩 T_0 均与 n 相反，是制动转矩。

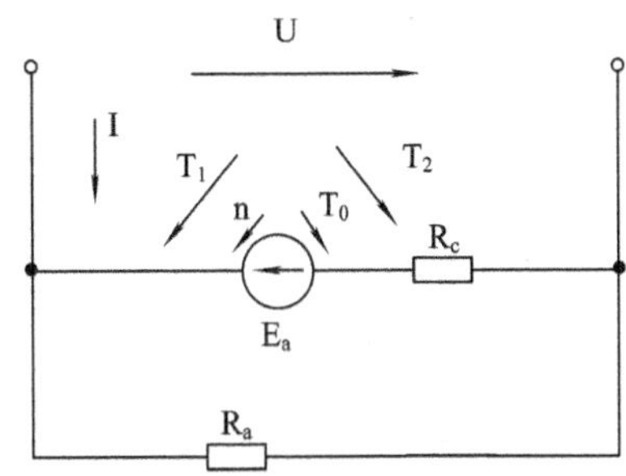

图 10-5　直流电机的数学模型

根据基尔霍夫第二定律，可得电枢电压电动势平衡方程式如下：

$$U = E_a - I_a(R_a + R_c) \tag{10-1}$$

式中，R_a 为电枢回路电阻；R_c 是外接在电枢回路中的调节电阻。

由此可得到直流电机的转速公式为

$$n = U_a - \frac{IR}{C_e\Phi} \tag{10-2}$$

式中，C_e 为电动势常数，Φ 是磁通量。

由式(10-1)和式(10-2)得

$$n = \frac{E_a}{C\Phi} \tag{10-3}$$

由式(10-3)可以看出，对于一个已经制造好的电机，当励磁电压和负载转矩恒定时，它的转速由电枢两端的电压 E_a 决定，电枢电压越高，电机转速就越快，电枢电压降低到 0 V 时，电机就停止转动，若改变电枢电压的极性，电机就反转。

2) PWM 电机调速原理

对于直流电机来说，如果加在电枢两端的电压为图 10-6 所示的脉动电压(要求脉动电压的周期远小于电机的惯性常数)，则在 T 不变的情况下，改变 t_1 和 t_2 的宽度，得到的电压将发生变化。下面对这一变化进行进一步的推导。

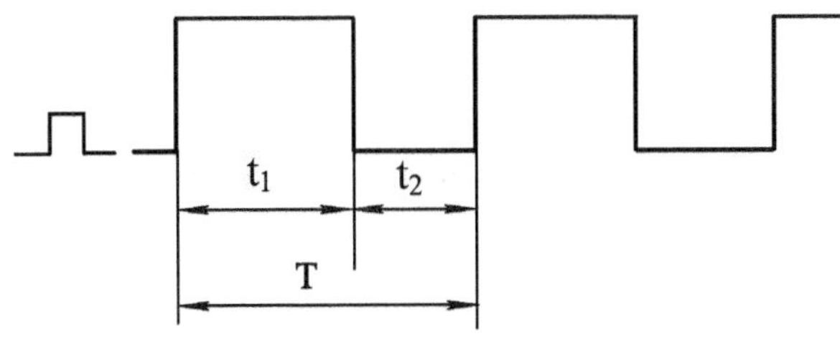

图 10-6　施加在电枢两端的脉动电压

设电机接全电压 U 时，其转速最大为 U_{max}。若施加到电枢两端的脉动电压占空比为 $D=t_1/T$，则电枢的平均电压为

$$U_{平} = U \cdot D \tag{10-4}$$

由式(10-3)可得到：

$$n = \frac{E_a}{C_e\Phi} \approx \frac{U \cdot D}{C_e\Phi} = KD$$

在假设电枢内阻转小的情况下，式中，$K = U/(C_e\Phi)$，是常数。图 10-7 为施加不同占空比时实测的数据绘制所得占空比与转速的关系图。

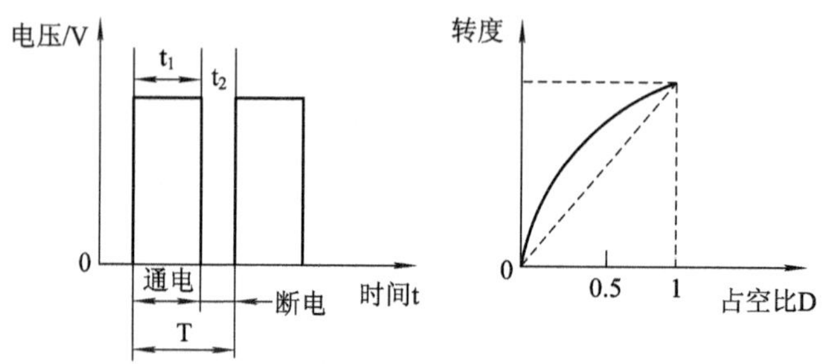

图 10-7　占空比与电机转速的关系

由图 10-7 可看出，转速与占空比 D 并不是完全的线性关系(图中为实线)，其原因是电枢本身有电阻，不过一般直流电机的内阻较小，可以近似为线性关系。由此可见，改变施加在电枢两端的电压就能改变电机的转速，这就是直流电机的脉宽调制(Pulse Width Modulation，PWM)调速原理。

综上所述，PWM 是一种利用数字输出对模拟电路进行控制的技术，其实质就是利用对数字脉冲占空比的调节来控制可控元件(如三极管、可控硅等)的通断，从而达到对单位时间里受控负载的输入功率的控制。

6. 单片机对直流电机控制应用

设计以一块单片机为控制核心，实现对一部直流电机的正转、停止和反转的控制。硬件部分由时钟电路、复位电路、显示电路、键盘电路、电源、单片机以及电机驱动电路等组成，具体设计框图和硬件电路原理图分别见图 10-8 和图 10-9。

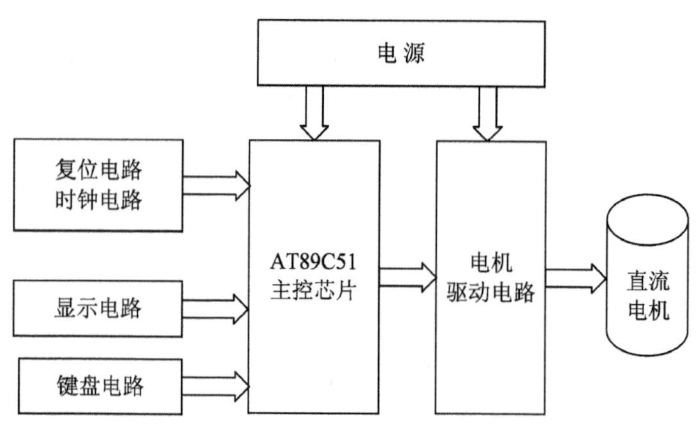

图 10-8　系统整体框图

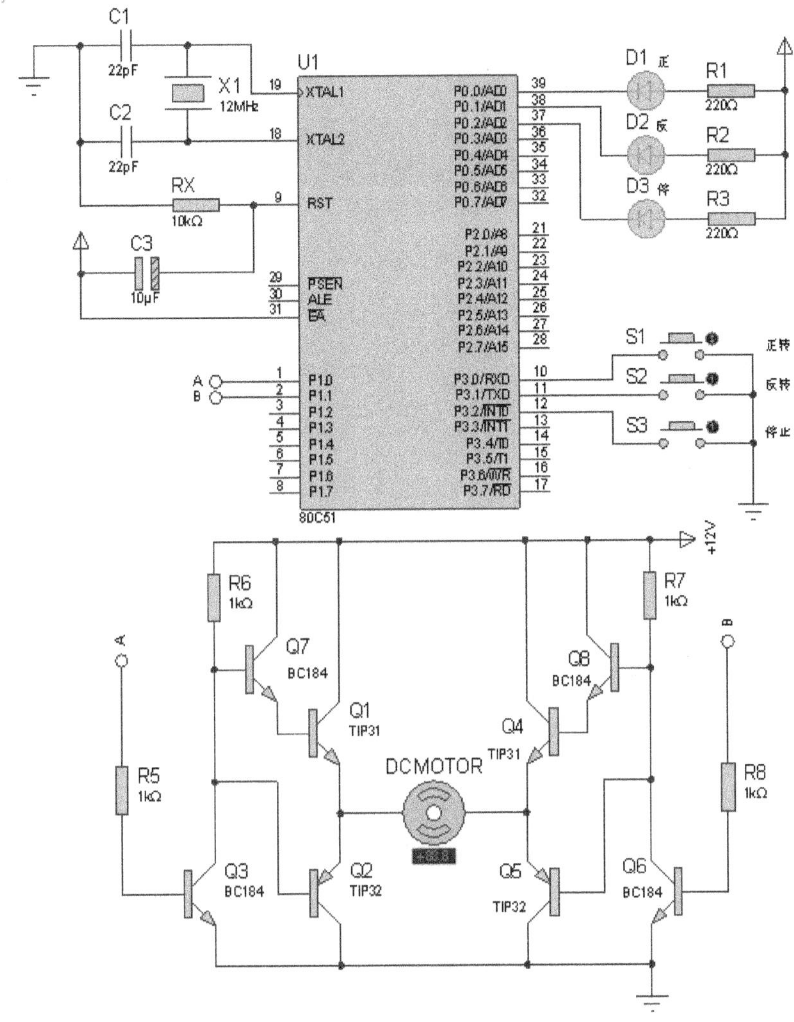

图 10-9　单片机对直流电机的控制

C51 程序如下：

```
/**********************************/
#include <reg51.h>
#include <intrins.h>
#define uint unsigned int
#define uchar unsigned char
sbit S1    = P3^0;          // 电机正转控制键
sbit S2    = P3^1;          // 电机反转控制键
sbit S3    = P3^2;          // 电机停止控制键
sbit LED1 = P0^0;           // 电机正转指示灯
sbit LED2 = P0^1;           // 电机反转指示灯
sbit LED3 = P0^2;           // 电机停转指示灯
sbit MA    = P1^0;
```

```
sbit MB     = P1^1;
void main(void)
{   LED1 = 1;
    LED2 = 1;
    LED3 = 0;
    while(1)
    {
      if(S1 == 0)              // 电机正转
      { while(S1 == 0);
         LED1 = 0;
         LED2 = 1;
         LED3 = 1;
         MA   = 0;
         MB   = 1;
      }
      if(S2 == 0)              // 电机反转
      { while(S1 == 0);
         LED1 = 1;
         LED2 = 0;
         LED3 = 1;
         MA   = 1;
         MB   = 0;
      }
      if(S3 == 0)              // 电机停转
      { while(S1 == 0);
         LED1 = 1;
         LED2 = 1;
         LED3 = 0;
         MA     = 0;
         MB     = 0;
      }
    }
}
```

10.3.2　步进电机

步进电机(stepping motor)是将电脉冲信号转变为角位移或线位移的开环控制的步进电机件。在非超载的情况下，电机的转速、停止的位置只取决于脉冲信号的频率和脉冲数，而不受负载变化的影响。当步进驱动器接收到一个脉冲信号时，它就驱动步进电机按设定的方向转动一个固定的角度，称为“步矩角”。它的旋转是以固定的角度一步一步运行的。可以通过控制脉冲个数来控制角位移量，从而达到准确定位的目的；同时可以通过控制脉冲频率来控制电机转动的速度和加速度，从而达到调速的目的。

1. 步进电机类型

目前较为常用的步进电机有三种类型，它们分别是永磁式步进电机(PM)、反应式步进电机(VR)和混合式步进电机(HB)。

(1) 永磁式。永磁式步进电机的转子用永磁材料制成，转子的极数与定子的极数相同。其特点是动态性能好，输出力矩大，但这种电机精度差，步矩角大(一般为 7.5° 或 15°)。

(2) 反应式。反应式步进电机定子上有绕组，转子由软磁材料组成，其结构简单，成本低，步矩角小，可达 1.2° ，但其动态性能差，效率低，发热大，可靠性难保证。

(3) 混合式。混合式步进电机综合了反应式和永磁式的优点，其定子上有多相绕组，转子采用永磁材料，转子和定子上均有多个小齿以提高步矩精度。其特点是输出力矩大，动态性能好，步矩角小，但结构复杂，成本相对较高。

常见步进电机的外形构造如图 10-10 所示。

图 10-10 常见步进电机的外形构造

2. 步进电机的工作原理

步进电机由定子和转子两部分组成，步进电机的转子为永久磁铁，当电流流过定子绕组时，定子绕组产生一个磁场，该磁场带动转子旋转一定角度，使得转子的一对磁场方向与定子的磁场方向一致。当定子的矢量磁场旋转一个角度时，转子也随着该磁场旋转一个角度。每输入一个电脉冲，电动机转动一个角度，前进一步。电机输出的角位移与输入的脉冲数成正比，转速与脉冲频率成正比，改变绕组通电的顺序，电机就会反转。因此可通过控制脉冲数量、频率及电动机各相绕组的通电顺序来控制步进电动机的转动。

在此以四相步进电机为例讲述步进电动机的工作原理。四相步进电机的工作原理如图 10-11 所示，定子上有 4 组相对的磁极，每对磁极缠有同一绕组，形成一相。定子和转子上分布着大小、间距相同的多个小齿，当步进电机的某一相通电形成磁场后，在电磁力的作用下，转子被强行推动到最大磁导率(或最小磁阻)的位置。

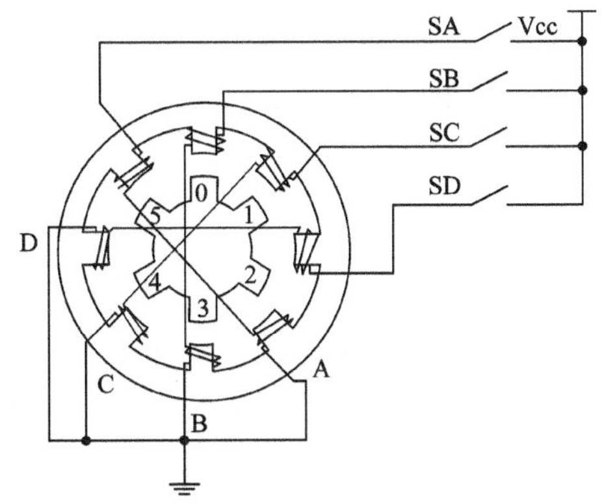

图 10-11 四相步进电机的工作原理

开始时，开关 SB 接通电源，SA、SC、SD 断开，B 相磁极和转子 0、3 号齿对齐，同时，转子的 1、4 号齿就和 C、D 相绕组磁极产生错齿，2、5 号齿就和 D、A 相绕组磁极产生错齿。

当开关 SC 接通电源，SB、SA、SD 断开时，由于 C 相绕组的磁力线和 1、4 号齿之间磁力线的作用，使转子转动，1、4 号齿和 C 相绕组的磁极对齐，而 0、3 号齿和 A、B 相绕组产生错齿，2、5 号齿就和 A、D 相绕组磁极产生错齿。依次类推，A、B、C、D 四相绕组轮流供电，则转子会沿着 A、B、C、D 方向转动。

3．步进电机的驱动方式

驱动步进电机就是根据电磁感应原理使发动机转子形成旋转磁场的过程，也称为励磁。常见的有以下几种方式。

1) 1 相*励磁法*

1 相励磁法在每一瞬间只有一个线圈导通，其他线圈不得电。其特点是励磁方法简单，耗电低，精确度良好。但是其缺点是力矩小，振动大，每次励磁信号走的角度是标称角度。

2) 2 相*励磁法*

2 相励磁法在每一瞬间有两个线圈导通，其他线圈不得电。其特点是力矩大，振动较小，每次励磁转动的角度是标称角度。

3) 1-2 相*励磁法*

1-2 相励磁法在 1 相和 2 相轮流交替导通，精度高，运转平滑。每送一个励磁信号就转动二分之一标称角度，因此称为半步驱动。

四相步进电机按照通电顺序的不同，可分为单四拍、双四拍和八拍三种工作方式。上面步进电机的驱动方式中，第一种方式是单四拍工作方式，第二种方式是双四拍工作方式，第三种方式是八拍工作方式。单四拍与双四拍的步矩角相等，但单四拍的转动力矩小。八拍工作方式的步矩角是单四拍与双四拍的一半，因此，八拍工作方式既可以保持较高的转动力矩，又可以提高控制精度。

单四拍、双四拍与八拍工作方式的电源通电时序与波形分别如图 10-12(a)、(b)、(c)所示。

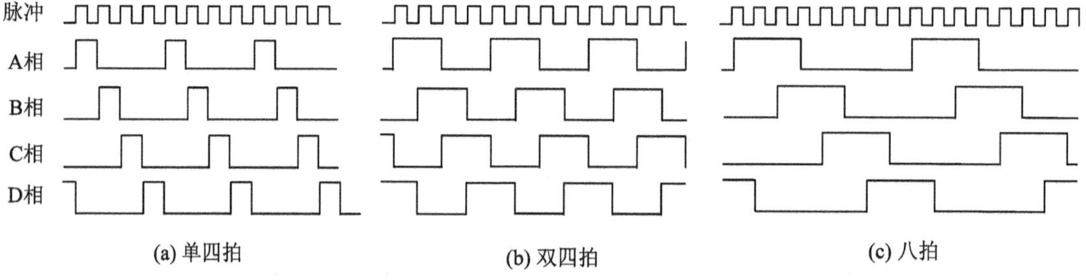

图 10-12　步进电机的工作时序波形图

4．步进电机的应用

设计以一块单片机为控制核心，实现对一台步进电机的正转、停止及反转的控制。硬件部分由晶振电路、复位电路、显示电路、键盘电路、电源、单片机、电机驱动电路等组成。具体设计要求如下：当按下 S1 开关时，步进电机正转，同时 LED 灯 D1 亮；当按下

S2 开关时，步进电机反转，同时 LED 灯 D2 亮；当按下 S3 开关时，步进电机停止转动，同时 LED 灯 D3 亮。

分析：由于单片机的 I/O 口驱动电流较小，一般无法直接驱动步进电机，因此可采用 ULN2003A 作为步进电机的驱动芯片。ULN2003A 工作电压高，工作电流大，并且能够承受 50 V 的电压，输出可以在高负载电流并行运行。单片机可以通过 P1 口发送数据，由 ULN2003A 来驱动电机运转。另外，此处采用 P3.0 连接开关 S1，实现正转；采用 P3.1 连接开关 S2，实现反转；采用 P3.2 连接开关 S3，实现停止控制。把 P0.0、P0.1 和 P0.2 分别与 LED 灯 D1、D2 和 D3 连接，显示步进电机的正转、停止和反转的运行状态。经过上述分析，设计的硬件电路如图 10-13 所示。

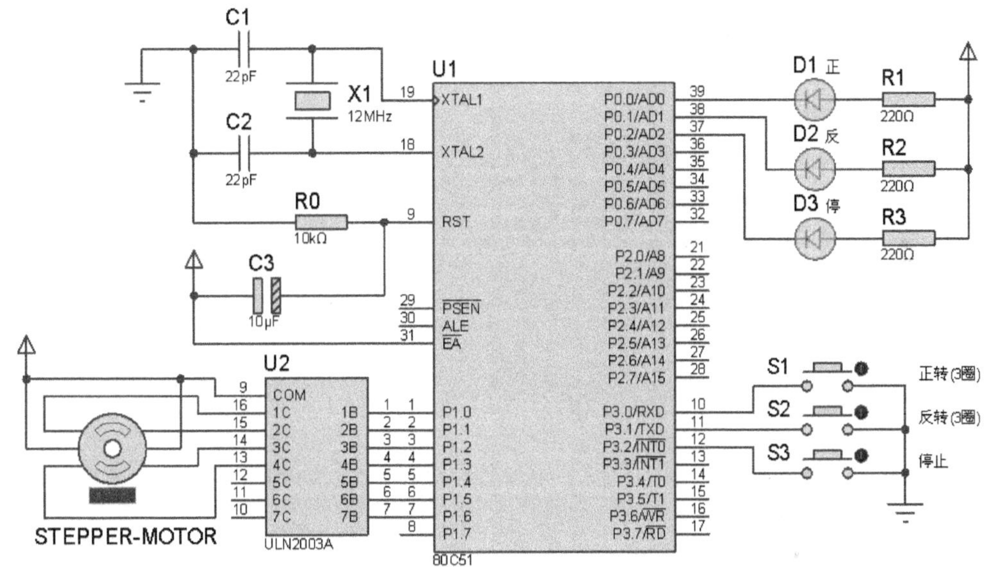

图 10-13　步进电机的正、反转控制电路

步进电机的正、反转控制程序如下：

```
/***************     writer:shopping.w     ******************/
#include <reg52.h>
#define uint unsigned int
#define uchar unsigned char
uchar code FFW[]=
{    0x01,0x03,0x02,0x06,0x04,0x0c,0x08,0x09
};
uchar code REV[]=
{
   0x09,0x08,0x0c,0x04,0x06,0x02,0x03,0x01
};
sbit S1 = P3^0;
sbit S2 = P3^1;
```

步进电机的应用

```
sbit S3 = P3^2;
void DelayMS(uint ms)
{   uchar i;
    while(ms--)
    {
        for(i=0;i<120;i++);
    }
}
void SETP_MOTOR_FFW(uchar n)
{   uchar i,j;
    for(i=0;i<5*n;i++)
    {   for(j=0;j<8;j++)
        {   if(S3 == 0) break;
            P1 = FFW[j];
            DelayMS(25);
        }
    }
}
void SETP_MOTOR_REV(uchar n)
{
    uchar i,j;
    for(i=0;i<5*n;i++)
    {
        for(j=0;j<8;j++)
        {   if(S3 == 0) break;
            P1 = REV[j];
            DelayMS(25);
        }
    }
}
void main()
{   uchar N = 3;
    while(1)
    {
        if(S1 == 0)
        {   P0 = 0xfe;
            SETP_MOTOR_FFW(N);
            if(S3 == 0) break;
```

```
        }
        else if(S2 == 0)
        {
            P0 = 0xfd;
            SETP_MOTOR_REV(N);
            if(S3 == 0) break;
        }
        else
        {   P0 = 0xfb;
            P1 = 0x03;
        }
    }
}
```

10.4 项 目 实 施

10.4.1 项目硬件设计

基于单片机的智能循迹小车由单片机、循迹红外光对管、电源、电机驱动等模块组成，见图 10-14。

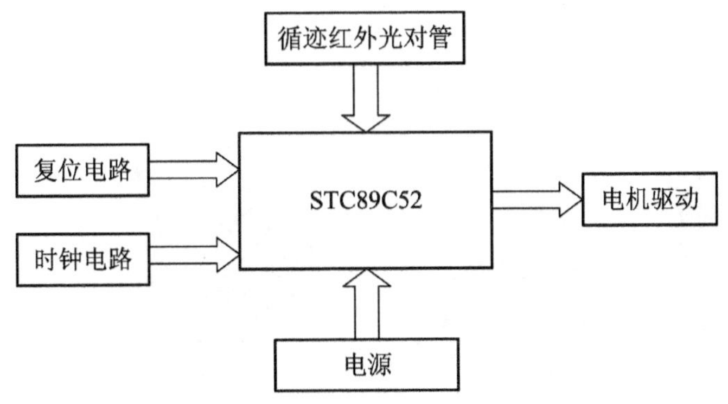

图 10-14 循迹小车功能框图

1．主要元器件选型

1) 单片机选型

针对本设计特点——多开关量输入的复杂程序控制系统，需要擅长处理多开关量的标准单片机，而不能用精简 I/O 口和程序存储器小的单片机，D/A、A/D 功能也不必选用。根据这些分析选定了 STC89C52 单片机作为本设计的主控芯片，其形状见图 10-15(a)。

2) 电源系统

采用 4 节普通 1.5 V 干电池单电源供电，但 6 V 的电压太小，不能同时给单片机与电机供电。电机在运行过程中产生的反向电动势可能会影响单片机的正常工作，所以决定独立供电，即单片机控制系统和光对管与电机分开供电。由于单片机为低功耗元件，因而可采用普通 1.5 V 电池(共 4 节)供电，电机为大功耗器件，因而单独采用锂电，见图 10-15(b)。

3) 电机驱动芯片

在电机驱动电路中往往采用功率三极管作为功率放大器的输出控制直流电机。线性驱动的电路结构和原理简单，加速能力强。采用由达林顿管组成的 H 形桥式电路结构复杂，需要用分立元件设计制作桥式电路。现在市面上有很多封装好的 H 桥集成电路，接上电源、电机和控制信号就可以使用，在额定的电压和电流内使用非常方便可靠，比如常用的 L293D、L298N、TA7257P、SN754410 等，在此选用 L298N 作为电机驱动芯片，如图 10-15(c)所示。

4) 循迹模块

小车循迹原理是：小车在贴有黑胶带的地板上行驶，由于黑色和白色对光线的反射系数不同，可根据接收到的反射光的强弱来判断“道路”——黑线。在该模块中利用了操作简单、应用也比较普遍的检测方法——红外探测法。红外探测法利用红外线在不同颜色的物理表面具有不同的反射性质的特点，在小车行驶过程中不断地向地面发射红外光，当红外光遇到白色地面时发生漫反射，反射光被装在小车上的接收管接收，如果遇到黑线则红外光被吸收，此时小车上的接收管接收不到信号。市场上有很多红外传感器，在此选用常用的 TCRT5000 型光对管，见图 10-15(d)。

5) 机械系统

本项目要求小车的机械系统稳定、灵活、简单，因此采用前驱，后轮采用两个万向轮。小车上装有电池、电机、电子器件等，使得电机负担较重。为使小车能够顺利启动且运动平稳，在直流电机和轮车轴之间加装了三级减速齿轮。

(a) STC89C52

(b) 锂电池

(c) L298N

(d) TCRT5000 型红外光对管

图 10-15　主要元器件实物图

2. 接口电路设计

1) 信号检测模块

为了防止因传感器太少引起的误动作，在车体前段安装了 5 个红外光对管(见图 10-16)，有效地减少了误动作的发生次数，减小了小车冲出跑道的概率。

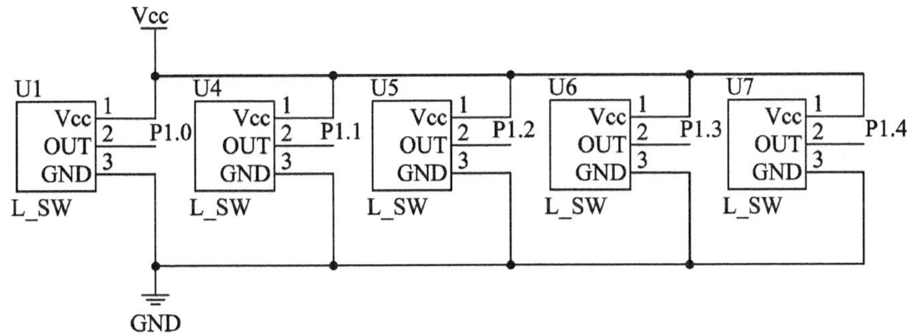

图 10-16　5 路光对管

2) 驱动电路

本模块主要用于对单片机传送过来的高低电平信号进行处理，控制电机启停、正反转。其原理图如图 10-17 所示。

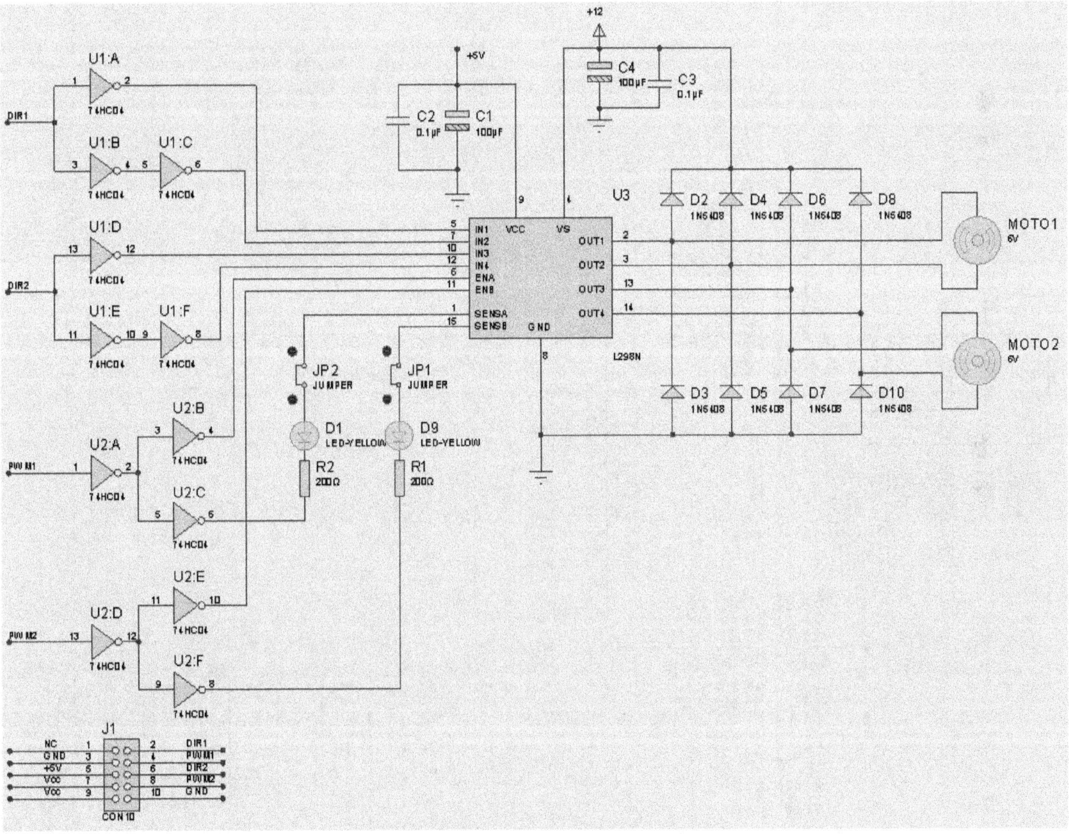

图 10-17　驱动模块原理图

3) 主控电路和硬件

本模块主要用于对采集信号进行分析，同时控制电机启停、正反转。其原理图如图 10-18 所示。该模块包括电源模块、串口电平转换模块以及 I/O 扩展模块。电源模块为系统提供稳定的电源，串口电平转换模块可以将电脑与单片机串口相连，从而实现程序的下载以及串口打印 debug 调试功能。I/O 扩展模块将单片机的引脚引出，可以实现灵活的扩展功能。

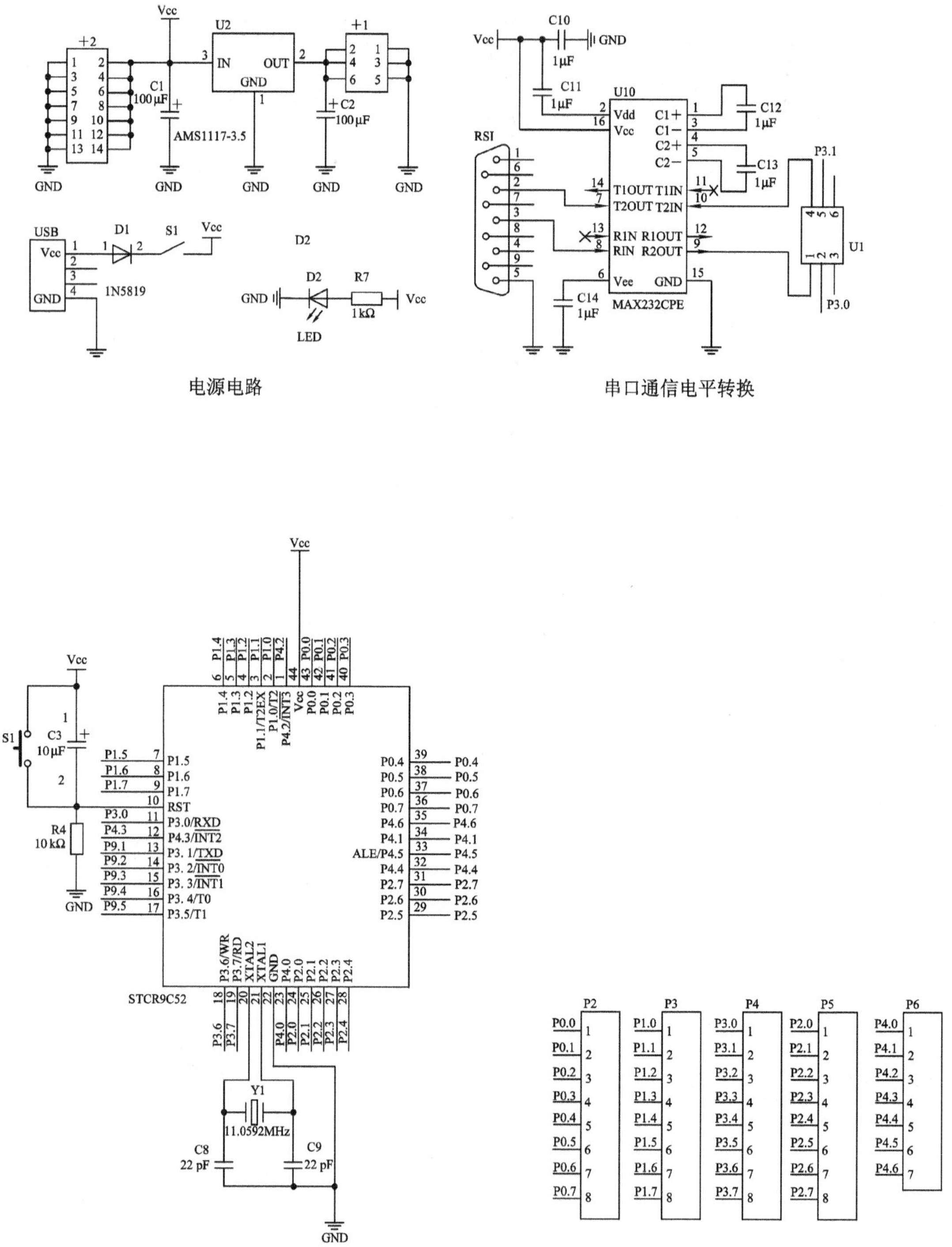

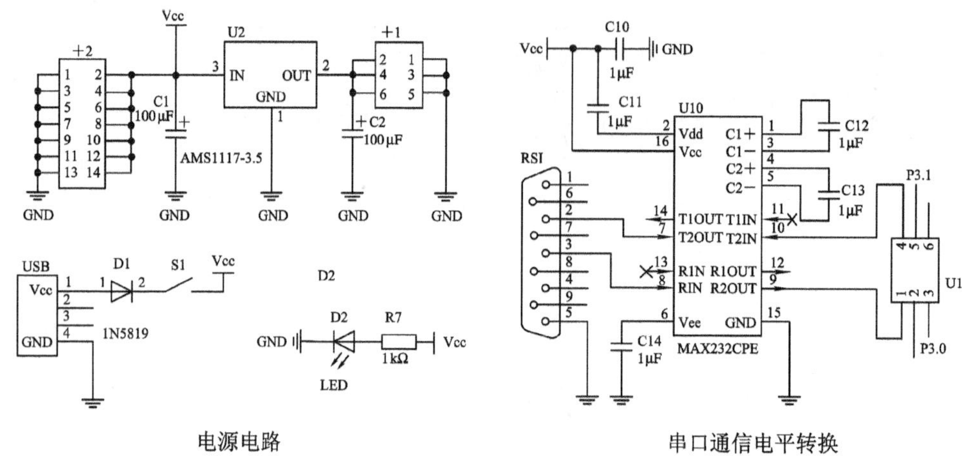

电源电路　　　　串口通信电平转换

最小系统　　　　I/O口排针

图 10-18　主控电路图

4) 系统原理图和印制电路板的设计

系统硬件电路图和印制电路板的设计分别见图 10-19 和图 10-20。

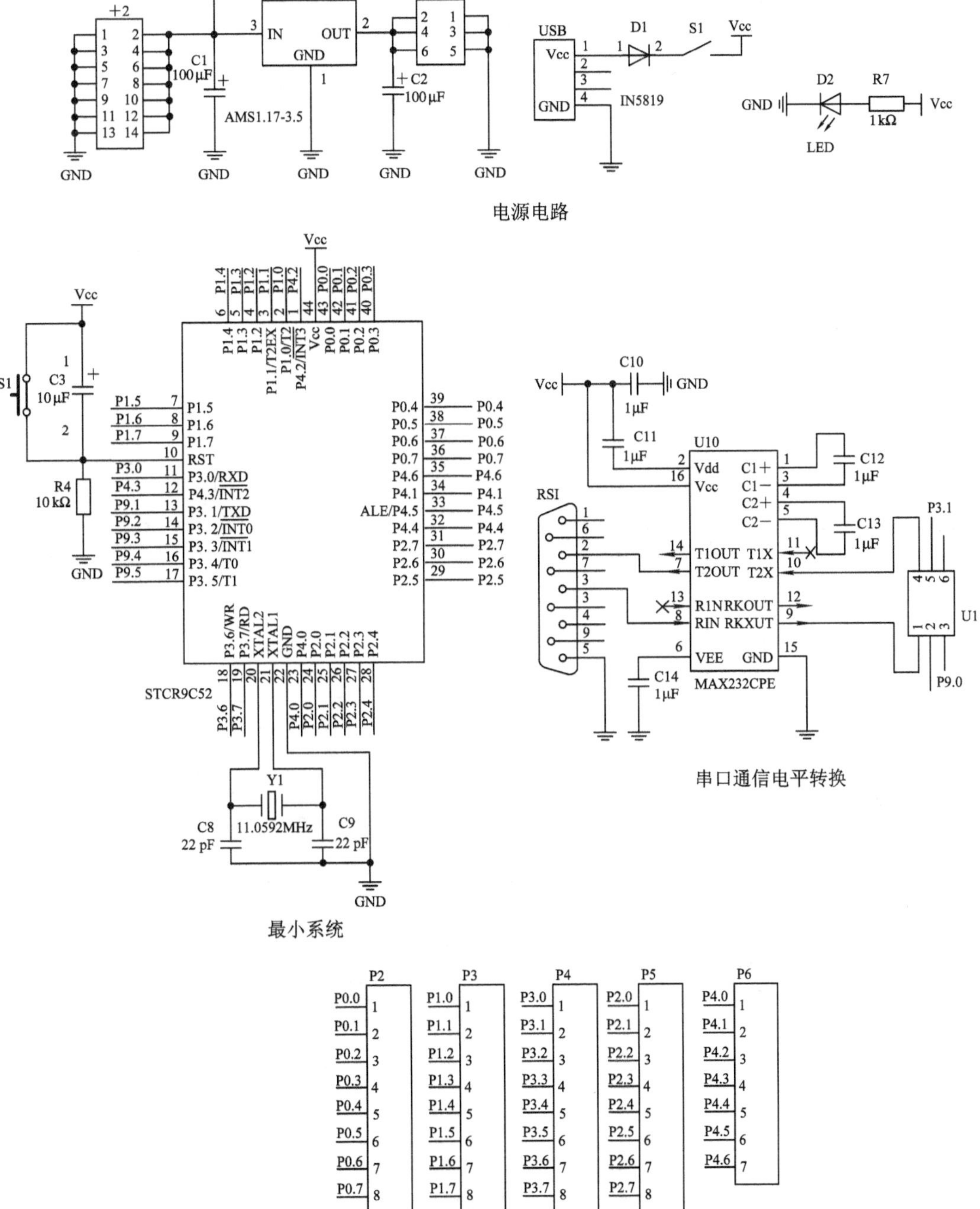

(a) 主控电路

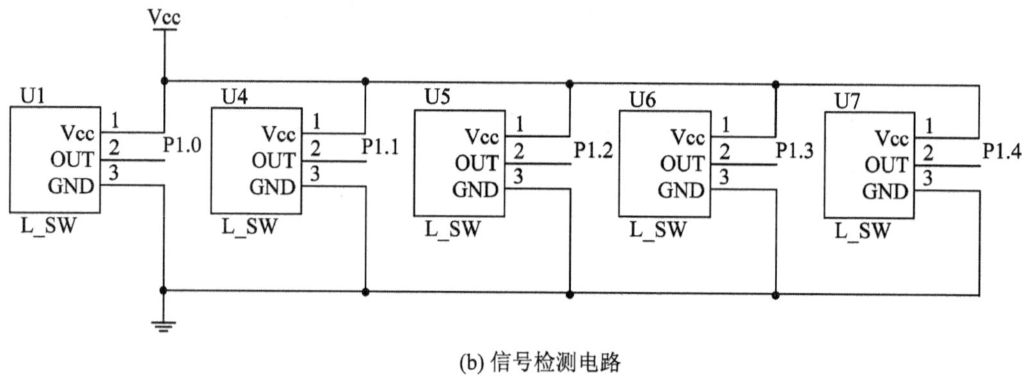

(b) 信号检测电路

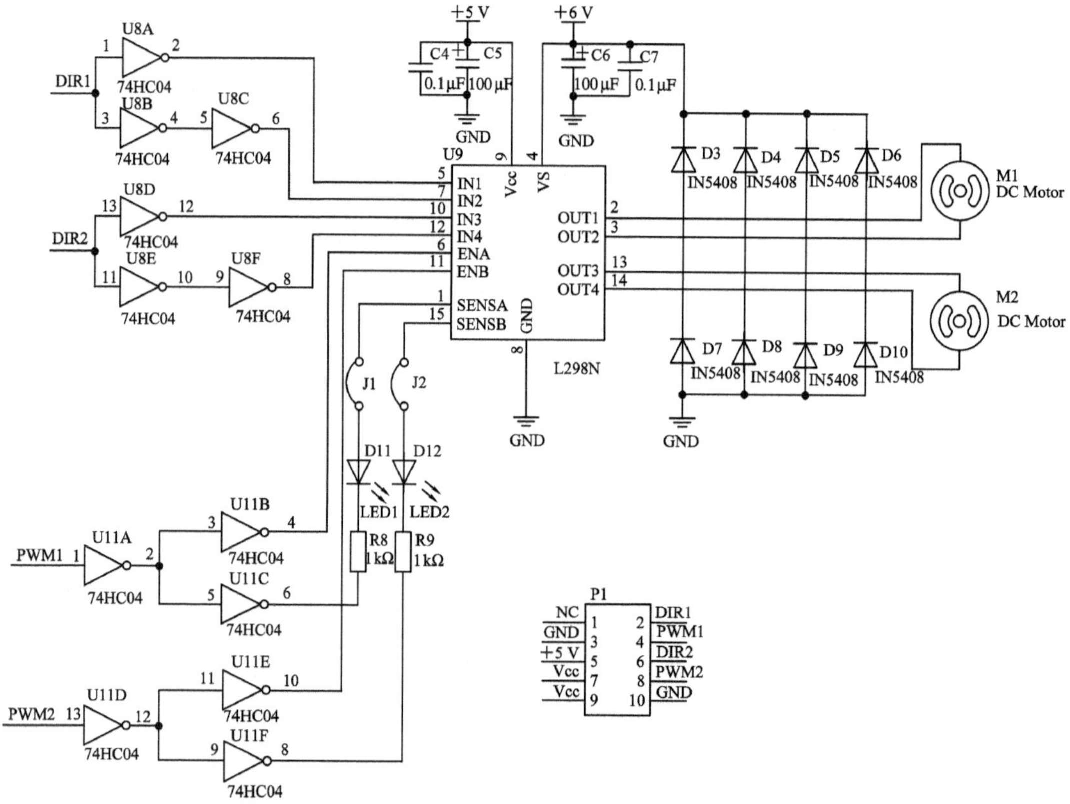

(c) 电机驱动电路

图 10-19　系统硬件电路原理图

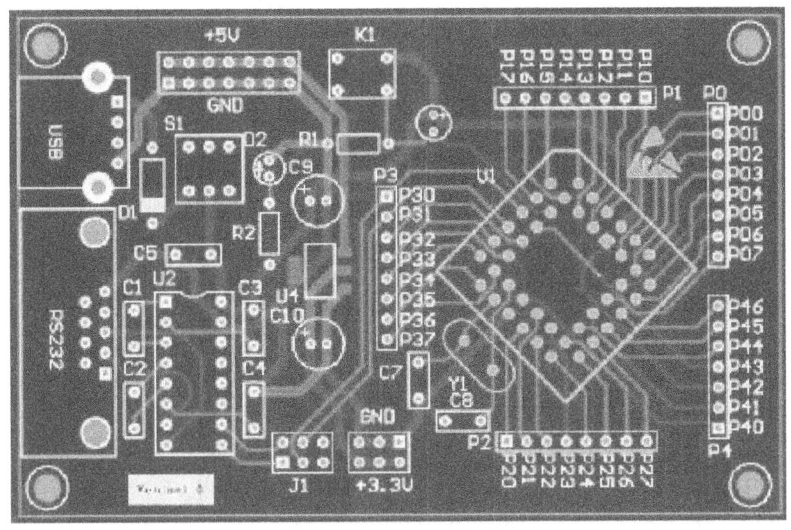

图 10-20　印制电路板设计

10.4.2　项目软件设计

循迹小车的控制流程图见图 10-21。

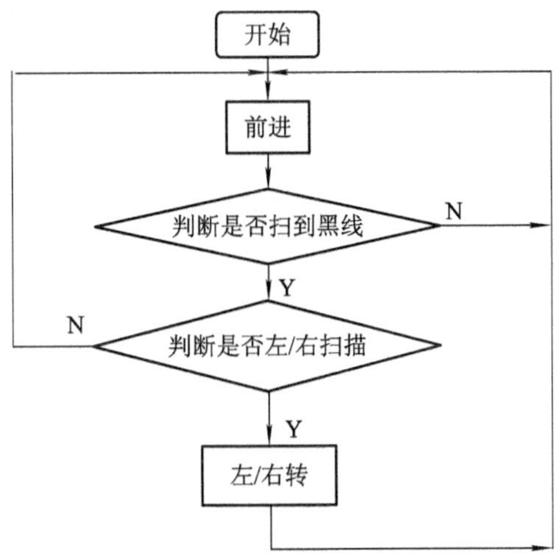

图 10-21　系统流程图

根据流程图的功能可分别写出 C 源程序。

C 语言程序清单如下：

```
*程序功能：智能循迹小车
*实现原理：光对管遇到黑线输出高电平，遇到白线输出低电平
*单片机采集信息并做出响应
*************************************************/
#include <at89C52.h>
#define uchar unsigned char
```

```
/*********************************************
*采用 5 路光对管输入
*传感器从左向右依次为：input1, input2, input3, input4, input5
***********************************************/
#define input1 P1_0
#define input2 P1_1
#define input3 P1_2
#define input4 P1_3
#define input5 P1_4
/*********************************************
*4 路电机控制
***********************************************/
#define DIR1 P2_0
#define PWM1 P2_1
#define DIR2 P2_2
#define PWM2 P2_3
void delayMS(uchar t);
void go_forward();
void turn_left();
void turn_right();
void main()
{
    go_forward();                          // 启动直走
    while(1)
    {   while(input3==1)                   // 中间光对管检测到黑线，直走
        {   go_forward();}
        if(input1==1)                      // 左侧光对管检测到黑线，左转
        {   turn_left();
            delayMS(1);
        }
        if(input2==1)                      // 左侧光对管检测到黑线，左转
        {   turn_left();
            delayMS(1);
        }
        if(input4==1)                      // 右侧光对管检测到黑线，右转
        {   turn_right();
            delayMS(1);
        }
        if(input5==1)                      // 右侧光对管检测到黑线，右转
```

```
        {   turn_right();
            delayMS(1);
        }
        else
        {
            go_forward();                    // 直走
        }
    }
}
void go_forward()                            // 前进
{   DIR1=0;
    PWM1=1;
    DIR2=0;
    PWM2=1;
}
void turn_left()                             // 左转
{   DIR1=1;
    PWM1=1;
    DIR2=0;
    PWM2=1;
}
void turn_right()                            // 右转
{   DIR1=0;
    PWM1=1;
    DIR2=1;
    PWM2=1;
}
void delayMS(uchar t)                        // 延时
{   uchar i;
    while(t--)
    for(i=0;i<120;i++);
}
```

10.4.3　项目综合仿真与调试

1．使用 Keil C51 编译源程序

Keil C51 是 51 系列单片机的开发系统，利用它可以编辑、编译、汇编、连接 C 程序和汇编程序，从而可以生成在单片机中进行烧录的 .hex 文件，对此在项目 1 中已经作了详细介绍，本项目最终生成的烧录文件如图 10-22 所示。

图 10-22　编辑成功后生成可烧录的.hex 文件

2．使用 Proteus 系统仿真软件调试并验证系统运行的结果

Proteus 是一款优秀的 EDA 软件，使用它可以绘制电路原理图、PCB 图，进行交互式电路仿真。在单片机开发中可以使用此软件检查系统仿真运行的结果。其仿真的详细步骤见项目 1。本项目在 Proteus 下画的原理图如图 10-23 所示。

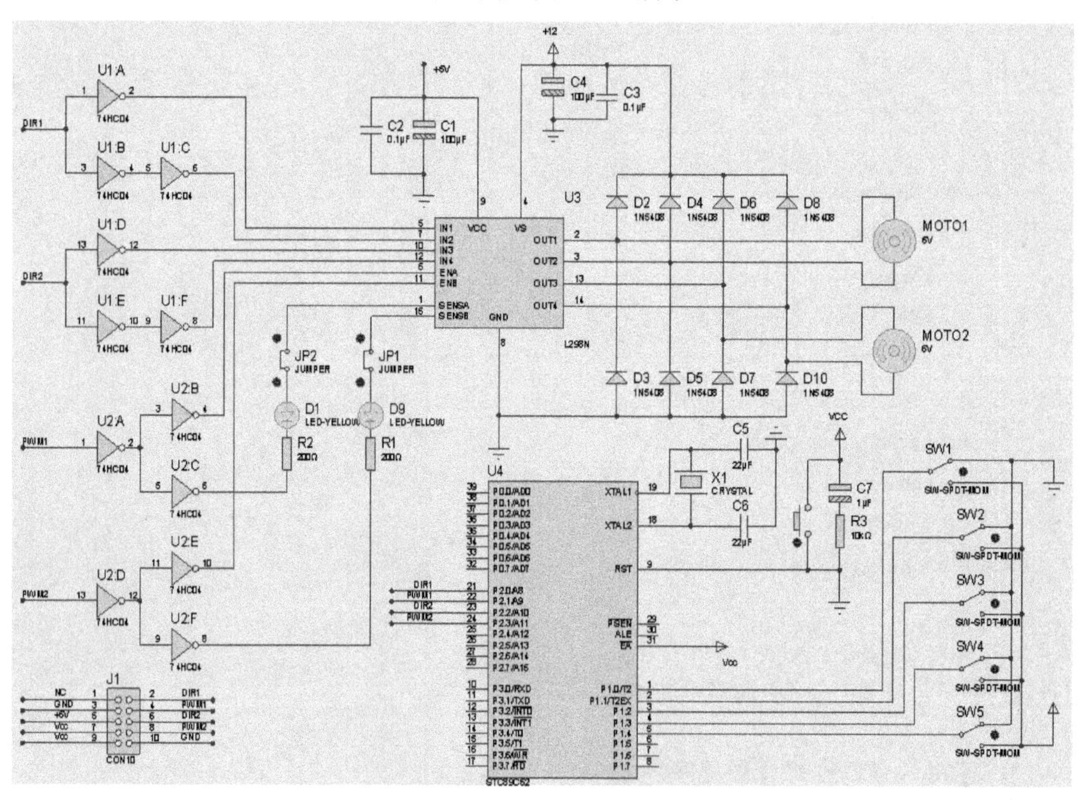

图 10-23　Proteus 下的硬件系统图

点击单片机芯片，在里面加载“智能循迹小车.hex”文件，并点击下面仿真控制按钮的第一个“三角形”箭头后，就能看到直流电机的旋转情况，如图 10-24 所示。

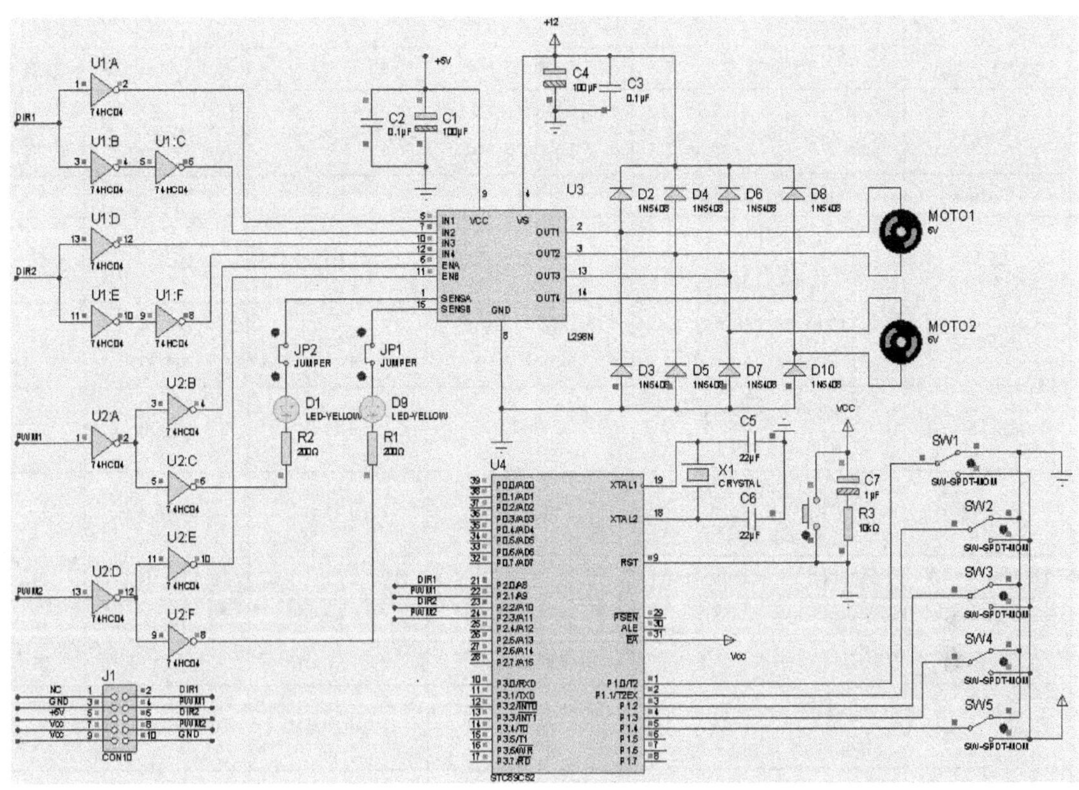

图 10-24　直流电机运转效果图

3．动手做

在完成系统仿真后，可以按照本系统硬件设计部分给出的原理图和制成的印制电路板，在印制电路板上进行电子元器件的连接和调试。元器件清单见表 10-1。采用螺丝将循迹板及电机等安装组合成车体，通过改变光对管可调电位器的大小来调试红外光对管的灵敏度，通过改变延时程序来改变速度。

表 10-1　元 器 件 清 单

元件说明	类型描述	标　识	规　格	元件库	数量
Header 3×2	Header,3 Pin, Dual row	+1	HDR2×3	Header 3×2	1
Header7×2	Header,7 Pin, Dual row	+2	HDR2×7	Header 7×2	1
Cap pol1	Polarized Capacitor(Radial)	C1, C2	极性电容 6.5	Cap pol1	2
Cap pol1	Polarized Capacitor(Radial)	C3	极性电容 4.3	Cap pol1	1
Cap	Capacitor	C4, C7	RAD-0.3	Cap	2
Cap pol1	Polarized Capacitor(Radial)	C5, C6	RB7.6-15	Cap pol1	2

续表

元件说明	类型描述	标识	规格	元件库	数量
Cap	Capacitor	C8,C9,C10,C11,C12,C13,C14	6.6×2.54 mm	Cap	7
Diode	Default Diode	D1	二极管	Diode	1
LED	Typical INFRARED GaAs LED	D2	LED	LED0	1
IN5408	1 Amp General purpose Rectifier	D3,D4,D5,D6,D7 D8,D9,D10	DO-41	Diode 1N4007	8
LED1	Typical INFRARED GaAs LED	D11	LED-0	LED0	1
LED2	Typical INFRARED GaAs LED	D12	LED-0	LED0	1
Header 3×2A	Header,3 Pin,Dual row	J1	HDR2×3_CEN	Header 3×2A	1
Key		K1	KEY	Key	1
DC Motor		M1, m2	DC Motor		2
Header 5×2H	Header,5 Pin, Dual row Right Angle	P1	HDR2×5H	Header 5×2H	1
Header 8	Header, 8 Pin	P2, P3, P4, P5	HDR1×8	Header 8	1
Header 7	Header, 7-Pin	P6	HDR1×7	Header 7	1
Res2	Resistor	R4, R2	7.26×2.36	Res2	2
Res3	Resistor	R8, R9	A×1AL-0.4	Res3	2
D connector 9	Receptacle Assembly，9position，right angle	RS1	DB9 插座	D contactor 9	1
SW-SPST	Single-Pole,Single-Throw Switch	S1	自锁开关 8.5×8.5	SW-SPST	1
L_SW		U1,U4,U5,U6,U7		L_SW	5
AMS1117-33		U2	AMS1117	AMS1117-3.3	1
STC89C52		U3	PLCC44	51	1
74HC04	6 反向门	U8，U11		74HC04	2
L298N		U9		L298N	1
MAX232CPE	+5 V powered,RS-232,Driver	U10	16pin 底座	MAX232CPE	1
USB		USB1	USB 插座	USB	1
J1	Jumper Wire	W1	RAD-0.2	Jumper	1
J2	Jumper Wire	W2	RAD-0.2	Jumper	1
XTAL	Crystal Oscillator	Y1	晶振	XTAL	1

项 目 小 结

此项目的设计以单片机为核心，利用了红外光对管传感器将软件和硬件相结合。本系统能实现如下功能：自动沿预设轨道行驶，小车在行驶过程中，能够自动检测预先设好的轨道，实现直道和弧形轨道的前进。若有偏离，能够自动纠正，返回到预设轨道上来。

项目拓展技能与练习

【拓展技能训练】

拓展技能资料

(1) 设计一个对步进电机进行正、反转控制的项目，要求按下 S1 电机正转，按下 S2 电机停止，按下 S3 电机反转。

(2) 在设计本小车时留有扩展模块，可在此项目的基础上扩展避障和蓝牙控制功能。

【项目练习】

(1) 叙述直流电机正反转的控制原理。

(2) 画出直流电机正反转的驱动电路，编写驱动程序。

(3) 说明步进电机的工作原理。

(4) 编程实现步进电机的调速功能。

项目练习答案

项目 11　51 单片机指令系统与汇编

【项目导入】

单片机的编程语言有三种，分别是机器语言、汇编语言和高级语言。机器语言是能够被单片机直接执行的机器级语言，又称机器码。机器码是用“0”与“1”组成的二进制代码，用机器语言编写程序非常复杂，不易看懂又容易出错，因此一般编程不用机器语言。汇编语言是用指令助记符代替机器码的编程语言，用其编写的程序结构简单，执行速度快，但不同单片机的汇编指令可能不同，通用性差。高级语言是一种独立机器系统，用接近自然语言的符号来表示的计算机语言。用高级语言来编写程序，程序可读性强，通用性好且易移植，适用于不熟悉单片机指令系统的用户，如 C 语言就是一种高级语言。相比于 C 语言，汇编语言是一种面向机器的低级语言，通常是为特定的单片机或计算机设计的，不同的单片机有不同的汇编语言。虽然汇编语言难学又难懂，且编写程序更复杂，但它能面向机器较好地发挥机器的特性并得到质量较高的机器代码。另外，汇编语言保持了机器语言的优点，具有直接和简洁的特点，可有效地访问、控制计算机的各种硬件设备，如磁盘、存储器、CPU 及 I/O 端口等，且占用内存少，执行速度快，是一种高效的程序设计语言。与用高级语言相比，用汇编语言设计程序时必须面面俱到，需要考虑到一切可能的问题，合理调配和使用各种软、硬件资源。项目 1～10 讲述的都是基于 C 语言的单片机程序设计，本项目以 51 单片机为例，介绍 51 单片机系统指令和汇编语言的编程技巧。

【项目目标】

学习和应用单片机的一个很重要的环节就是理解并熟练掌握它的指令系统。通过本项目的学习应达到以下学习目标:

1. 知识目标

(1) 理解 51 单片机的 7 种寻址方式及相应的寻址空间;

(2) 熟记 51 单片机的 111 条指令及使用功能;

(3) 了解机器语言、汇编语言及高级语言的特点;

(4) 掌握汇编语言的编程步骤及编程方法。

2. 能力目标

(1) 掌握 51 单片机 111 条指令的程序编写格式;

(2) 会利用汇编语言对单片机系统进行编程。

11.1　项 目 描 述

51 单片机有 111 条指令，这些指令是编程的基础，可以利用这些指令对单片机系统进行编程。汇编语言是面向机器的语言，利用汇编语言对单片机的硬件资源进行操作很方便，但要求编程者非常熟悉硬件知识。

11.2　项目目的与要求

本项目介绍 51 单片机指令系统和汇编语言的编程技巧，目的是让读者掌握单片机的指令系统和汇编语言程序设计的基本步骤、方法和技巧以及典型结构程序的设计方法，为以后单片机系统的开发奠定扎实的基础。

在实施项目前需要掌握以下知识点：

(1) 51 单片机的寻址方式与寻址空间；

(2) 51 单片机 111 条指令的使用方法；

(3) 51 单片机伪指令和汇编语言的编制步骤，几种典型的程序结构；

(4) 51 单片机的汇编程序结构及编程方法。

11.3　项目支撑知识链接

指令系统

11.3.1　指令与汇编语言概述

1．单片机指令

指令是 CPU 用来执行某种操作的命令。一台计算机的 CPU 所执行的全部指令的集合就是这个 CPU 的指令系统。51 单片机具有 111 条指令。

2．单片机汇编语言的指令格式

指令的表示形式称为指令格式。51 单片机汇编语言的指令格式如下：

[标号：]　操作码助记符　[操作数 1，操作 2，操作数 3]　[；注释]

例如：

```
LOOP: ADD A, #30H          ; 执行加法功能
```

其中，每条指令必须有操作码助记符，带[　]的为可选项，可有可无。

标号：表示该指令位置的符号地址，代表该指令第一个字节所存放的存储器单元的地址。它是以英文字母开始的由 1～8 个字母或者数字组成的字符串，并以“：”结尾。并不是每条指令都有标号，通常在子程序入口或者转移指令的目标地址才赋标号。

操作码：表示语句要执行的内容。操作码是每条指令必须有的，它是指令的核心部分。例如：ADD 是加法的助记符，SUB 是减法的助记符。

操作数：表示操作码的操作对象，常用符号(比如寄存器、标号)、常量(比如立即数、

地址值等)来表示。操作码和操作数之间用若干空格分开，而操作数之间用“，”分开。指令的操作数可以是 1 个、2 个或者 3 个，也可以没有。

例如：

```
MOV A, #30H        ; 传送指令有两个操作数，第一个操作数是目的操作数，第二是源操作数
INC   A            ; 累加器加 1 指令，只有一个操作数
NOP                ; 空操作指令，没有操作数
```

注释：该字段可有可无，是用户给该条指令或该程序的功能说明，是为了方便阅读程序的一种标注。注释以“；”开始。注释不影响该指令的执行。

3. 机器语言指令的格式

机器语言指令是一种二进制代码，它包括两个基本部分：操作码和操作数。操作码规定了指令操作的性质，操作数则表示指令操作的对象。在 51 单片机的指令系统中，有单字节、双字节和三字节共 3 种指令，它们分别占有 1～3 个程序存储器的单元。机器语言指令格式如图 11-1 所示。

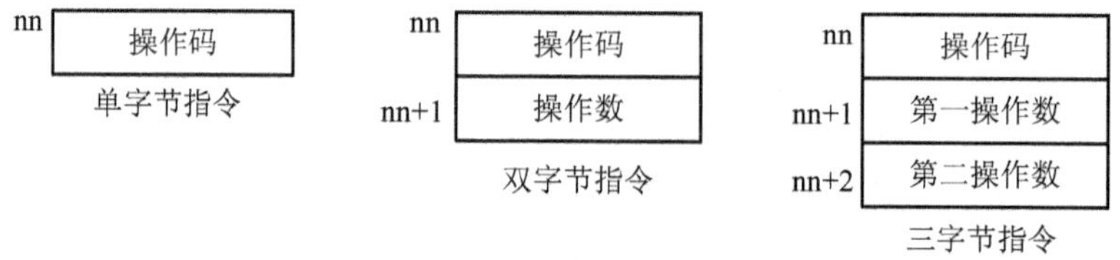

图 11-1　机器语言指令格式示意图

4. 常用符号

在描述 51 单片机指令系统的功能时，规定了一些描述寄存器、地址及数据等的符号，其意义如下：

Rn：当前选中的工作寄存器组 R0～R7(n 为 0～7)。它在片内数据存储器中的地址由 PSW 中的 RS1、RS0 确定，可以是 00H～07H(第 0 组)、08H～0FH(第 1 组)、10H～17H(第 2 组)、18H～1FH(第 3 组)，工作寄存器的分组情况见图 1-5。

Ri：当前选中的工作寄存器组中可作为地址指针的 2 个工作寄存器 R0、R1(i=0 或 1)。它在片内数据存储器中的地址由 RS0、RS1 确定，分别为 00H、01H，08H、09H，10H、11H，18H、19H。

#data：8 位立即数，即包含在指令中的 8 位常数。

#datal6：16 位立即数，即包含在指令中的 16 位常数。

Direct：8 位片内 RAM 单元(包括 SFR)的直接地址。对于 SFR，此地址可以直接用它的名称来表示，如 ACC(此时不能用 A 代替)、PSW、P0 等。

addr11：11 位目的地址。addr11 用于 ACALL 和 AJMP 指令中，必须放在与下一条指令第 1 个字节同一个 2 KB 程序存储器地址空间之内。

addrl6：16 位目的地址。addr16 用于 LCALL 和 LJMP 指令中，其范围是 64 KB 程序存储器地址空间。

Rel：补码形式的 8 位地址偏移量，用于相对转移指令中。偏移量以下一条指令第 1 个字节地址为基值，偏移范围为−128～+127。

Bit：片内 RAM 或特殊功能寄存器的直接寻址位地址。

@：在间接寻址方式中，表示间址寄存器的符号。

/：在位操作指令中，表示对该位先取反，再参与操作，但不影响该位原值。

以下符号仅出现在指令注释或功能说明中：

X：片内 RAM 的直接地址(包含位地址)或寄存器。

(X)：在直接寻址方式中，表示直接地址 X 中的内容；在间接寻址方式中，表示由间址寄存器 X 指出的地址单元。

((X))：在间接寻址方式中，表示由间址寄存器 X 指出的地址单元中的内容。

←：在指令操作流程中，将箭头右边的内容送入箭头左边的单元内。

在本章的指令注释中表示寄存器 Rn、累加器 A、寄存器 B 等中的内容时均不加括号。源操作数中的间址内容用((Ri))表示，但是目的操作数中送入某间址单元用(Ri)表示(注意：不是表示 Ri 中的内容，而是表示 Ri 间址单元的内容)。

5. 指令分类

51 单片机的指令系统共有 111 条指令，参见附录 C。

(1) 若按字节数分类，指令可分为单字节指令 49 条、双字节 46 条、3 字节指令 16 条。

(2) 若按运算速度分类，指令可分为单周期指令 64 条、双周期 45 条、4 周期指令 2 条。

(3) 若按照指令的功能来分类，指令可分为数据传送类指令 28 条、算术运算类指令 24 条、逻辑运算类指令 25 条、控制转移类指令 17 条、位操作类指令 17 条。

11.3.2 寻址方式

立即寻址与直接寻址

执行任何一条指令都需要使用操作数(空操作除外)。寻址方式就是指寻找操作数所在地址的方式。在这里，地址泛指一个立即数、某个存储单元或者某个寄存器等。51 系列单片机有以下 7 种寻址方式。

1. 立即寻址

立即寻址指在该指令中直接给出参与操作的常数(称为立即数)。立即数前冠以“#”，以便与直接地址相区别。

例如，传送指令：

```
MOV   A, #5AH
```

该指令的功能是把立即数 5AH 送入累加器 A 中。指令机器代码为 74H、5AH，为双字节指令，在程序存储器中占的地址为 0100H 和 0101H(存放指令的起始地址是任意假设的)。该指令的执行过程如图 11-2(a)所示。在 51 系列指令系统中还有一条 16 位立即数传送指令，即

```
MOV   DPTR, #data16
```

该指令把 16 位立即数 data16 送入数据指针 DPTR 中。DPTR 由两个特殊功能寄存器 DPH 和 DPL 组成。立即数的高 8 位送入 DPH 中，低 8 位送入 DPL 中。

例如，16 位传送指令：

```
MOV   DPTR, #1023H
```

这条指令的功能是把 16 位立即数送入 DPTR 中。其中，高字节 10H 送入 DPH 中，低

字节 23H 送入 DPL 中。指令的机器代码为 90H、10H、23H，为三字节指令，在程序存储器中占的地址为 0100H、0101H 及 0102H。该指令的执行过程如图 11-2(b)所示。

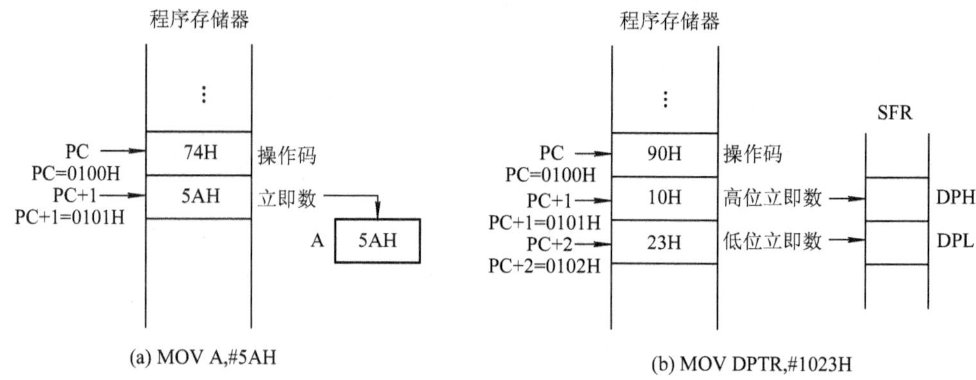

图 11-2　立即寻址执行示意图

2. 直接寻址

直接寻址就是在指令中直接给出操作数所在存储单元的地址，该地址指出了参与操作的数据所在的字节地址或者位地址。在 51 单片机中，直接地址只能用来表示特殊功能寄存器、内部数据存储器和位地址空间。其中，特殊功能寄存器和位地址空间只能用直接寻址方式来访问。

例如，传送指令：

```
MOV   A, 30H
```

这条指令的功能是把内部 RAM 30H 单元的内容送入 A 中(注意：内部 RAM 地址 30H 单元中的内容可以是 00H～0FFH 范围内的任意一个数)。指令代码为 E5H、30H，为双字节指令。该指令在程序存储器中所占空间及寻址示意图如图 11-3 所示。

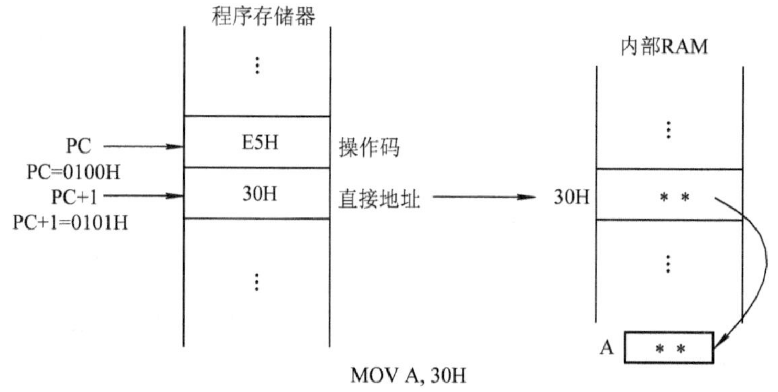

图 11-3　直接寻址执行示意图

3. 寄存器寻址

在指令中指出某个寄存器(Rn、A、B 和 DPTR 等)中的内容作为操作数，这种寻址方式称为寄存器寻址。采用寄存器寻址可以获得较高的运算速度。

例如，传送指令：

```
MOV   A, R5
```

这条指令的功能是把寄存器 R5 的内容送入累加器 A 中。指令的代码为 0EDH，为单字节指令。其寻址执行示意图如图 11-4 所示。

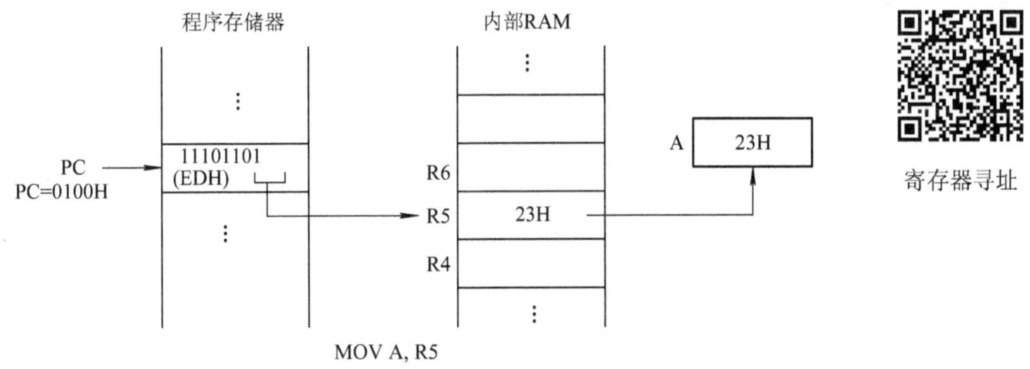

图 11-4　寄存器寻址执行示意图

4．寄存器间接寻址

寄存器间接寻址是指把指令中指定的寄存器的内容作为操作数的地址，把该地址对应单元中的内容作为操作数。这种寻址方式适于访问内部 RAM 和外部 RAM。可以看出，在寄存器寻址方式中，寄存器的内容作为操作数；但是寄存器间接寻址方式中，寄存器中存放的是操作数的地址，即指令操作数的获得是通过寄存器间接得到的。为了区别寄存器寻址和寄存器间接寻址，在寄存器间接寻址中应在寄存器名称的前面加间址符“@”。

在访问内部 RAM 的 00H～7FH 地址单元时，用当前工作寄存器 R0 或 R1 作地址指针来间接寻址。对于栈操作指令 PUSH 和 POP，则用堆栈指针 SP 进行寄存器间接寻址。

在访问外部 RAM 的页内 256 个单元(00H～FFH)时，用 R0 或 R1 工作寄存器来间接寻址；在访问外部 RAM 的整个 64 KB(0000H～FFFFH)地址空间时，用数据指针 DPTR 来间接寻址。

例如，传送指令：

```
MOV   A, @R1
```

这条指令属于寄存器间接寻址。它的功能是将寄存器 R1 的内容(设 R1＝75H)作为地址，再将片内 RAM75H 单元的内容(设(75H)＝37H)送入累加器 A 中。该指令中，在寄存器名前冠以“@”，表示寄存器间接寻址，称为间址符。该指令的指令代码为 0E7H，为单字节指令。其寻址执行示意图如图 11-5 所示。

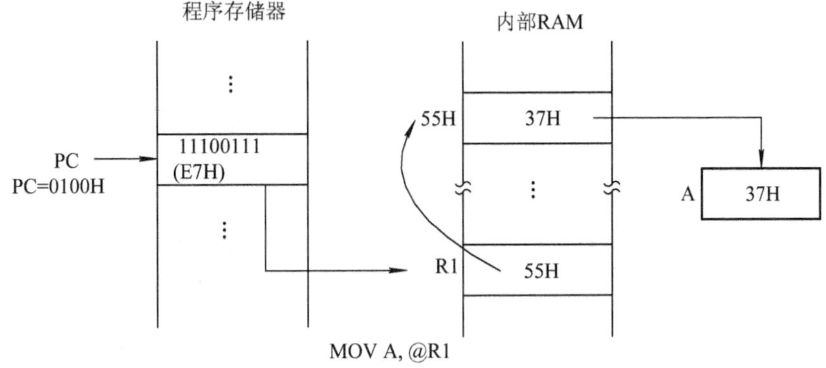

图 11-5　寄存器间接寻址执行示意图

5．变址寻址(基址寄存器+变址寄存器间接寻址)

变址寻址与相对寻址

变址寻址以程序计数器PC或数据指针DPTR作为基地址寄存器，以累加器A作为变址寄存器，把二者的内容相加形成操作数的地址(16位)。这种寻址方式用于读取程序存储器中的常数表。

例如，查表指令：

```
MOVC   A, @A+DPTR
```

这条指令的功能是把DPTR的内容作为基地址，把累加器A中的内容作为地址偏移量，两者相加后得到16位地址，把该地址对应的程序存储器ROM单元中的内容送到累加器A中。该指令的指令代码为93H，为单字节指令。变址寻址执行示意图如图11-6所示。

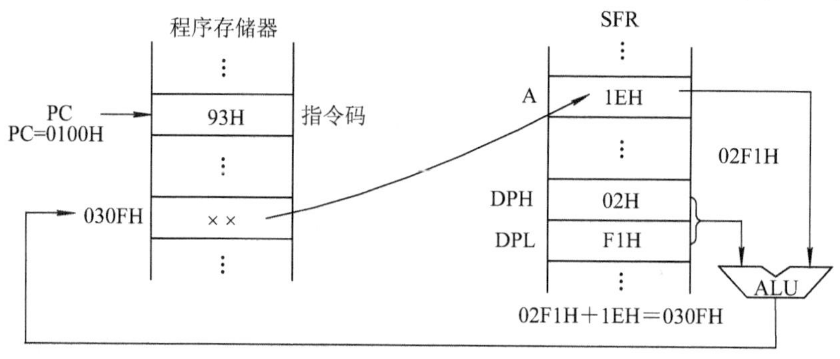

图11-6　变址寻址执行示意图

6．相对寻址

相对寻址以程序计数器PC的当前值作为基地址，与指令中给定的相对偏移量rel进行相加，把所得之和作为程序的转移地址。这种寻址方式用于相对转移指令中。指令中的相对偏移量是一个8位带符号数，用补码表示。

例如，累加器A内容判零指令：

```
JZ   30H
```

这条指令是以累加器A的内容是否为零作为条件的相对转移指令，指令代码为60H、30H，为2字节指令。其功能为当A=0时，条件满足，则程序执行发生转移PC←PC+2+rel；当A≠0时，条件不能满足，则程序顺序执行PC←PC+2，如图11-7所示。

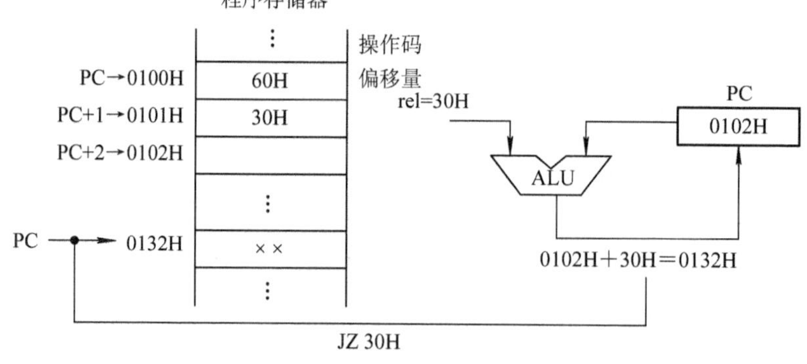

图11-7　相对寻址执行示意图

在 51 单片机指令系统中，相对转移指令多数为 2 字节指令，执行完相对转移指令后，当前的 PC 值应该为这条指令首字节所在单元的地址值(源地址)加 2，所以偏移量应该为

$$rel = 目的地址 - (源地址 + 2)$$

但也有一些是 3 字节的相对转移指令(如 CJNE A、direct、rel)，那么执行完这条指令后，当前的 PC 值应该为本指令首字节所在单元的地址值加 3，所以偏移量为

$$rel = 目的地址 - (源地址 + 3)$$

相对偏移量 rel 是一个带符号的 8 位二进制数，以补码形式出现。因此，程序的转移范围在相对 PC 当前值的+127～－128 字节单元之间。

7．位寻址

51 单片机中设有独立的位处理器。位操作指令能对内部 RAM 中的位寻址区和某些有位地址的特殊功能寄存器进行位操作。也就是说，可对位地址空间的每个位进行位变量传送、状态控制以及逻辑运算等操作。

例如，位传送指令：

```
MOV   C, 04H
```

这条指令的功能是把位地址 04H 中的内容传送到 Cy 中(即把内部 RAM 20H 单元的 D_4 位(位地址为 04H)的内容传送到位累加器 C 中)。指令代码为 0A2H、04H，为双字节指令。其操作过程如图 11-8 所示。

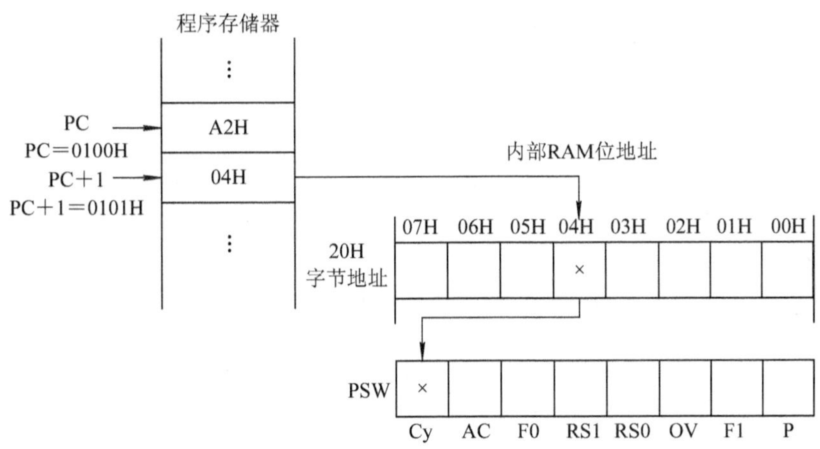

图 11-8　位寻址示执行示意图

以上我们介绍了 51 单片机指令系统的 7 种寻址方式。实际上，许多指令本身包含着两个或 3 个操作数，这时一条指令中就会有几种寻址方式。下面我们重点讨论的是源操作数的寻址方式。

例如，传送指令：

```
MOV          A,           #4FH
          寄存器寻址      立即寻址
```

这条指令的功能是把 4FH 这个立即数送入累加器 A 中。其中，源操作数为立即寻址，目标操作数为寄存器寻址。

比较不相等则转移指令：

CJNE	A,	30H,	NEXT
	寄存器寻址	直接寻址	相对寻址

这是条件转移指令中的比较不相等则转移指令，其功能为比较累加器 A 的内容与直接地址 30H 的内容是否相等，如果不相等则加上偏移量 rel 转移到 NEXT 位置，如果相等则顺序执行。

【知识拓展】

寻 址 空 间

51 单片机指令系统一共有 7 种寻址方式，每种寻址方式都有自己使用的变量和适用的寻址空间，如表 11-1 所示。根据不同的存储器或者存储器中不同的位置分别采用不同的寻址方式，这是 89C51 单片机指令系统的特点，在以后的学习过程中应注意区分。

表 11-1　89C51 中的寻址方式和寻址空间

寻址方式	使用的变量	寻 址 空 间
立即寻址	#data	程序存储器(指令的常数部分)
直接寻址	direct	片内 RAM 的低 128 B，特殊功能寄存器
寄存器寻址	R0～R7、A、B、DPTR	工作寄存器 R0～R7、A、B、DPTR
寄存器间接寻址	@R0、@R1、@DPTR	片内 RAM 的低 128 B、片外 RAM
相对寻址	PC+偏移量	程序存储器的 256 B 范围内
变址寻址	@A+PC、@A+DPTR	程序存储器(数据表)
位寻址	C，bit	片内 RAM 的位寻址区 20H～2FH，特殊功能寄存器的可寻址位(字节地址能被 8 整除的 SFR 的位)

11.3.3　51 单片机的指令系统

51 单片机指令系统在占用存储空间和运行时间方面效率都比较高。按照指令的功能来分类，指令可分为下面的 5 类：数据传送指令(29 条)，算术运算指令(24 条)，逻辑运算与循环指令(24 条)，控制转移指令(17 条)以及位操作指令(17 条)。

1. 数据传送指令(29 条)

数据传送指令

数据传送指令是最基本、最常用的一类指令，分为内部 RAM 数据传送指令、外部 RAM 数据传送指令和查表指令。数据传送指令的功能是把第二个“源操作数”中的数据传送到第一个“目的操作数”中，而“源操作数”的内容保持不变。数据传送指令一般不影响标志位(CY、AC、OV，但不包括奇偶校验位 P)，只有目的操作数为 A 的数据传送指令才影响奇偶校验位 P。

1) 内部 RAM 和 SFR 之间的数据传送指令(16 条)

51 单片机内部 RAM 和特殊功能寄存器 SFR 各存储单元之间的数据传送，通常是通过 MOV 指令来实现的，这类指令称为内部 RAM 和 SFR 的一般数据传送指令，如图 11-9 所示。

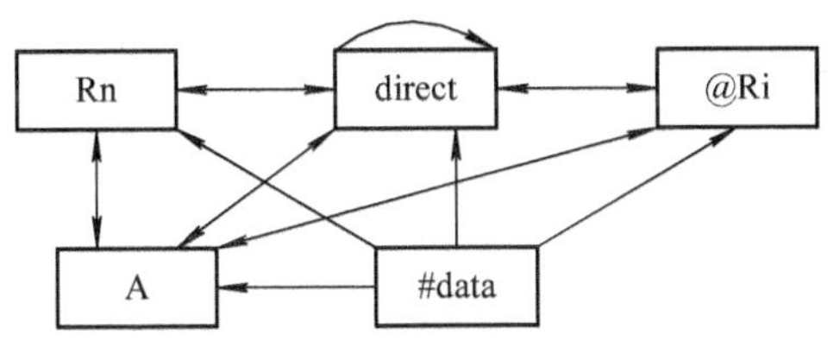

图 11-9　内部 RAM 和 SFR 之间的传送操作示意图

(1) 以累加器 A 为目的操作数的指令(4 条)如表 11-2 所示。

表 11-2　以累加器 A 为目的操作数的指令

指令名称	汇编格式	操 作 功 能	机器码	机器周期
以累加器 A 为目的操作数的指令	MOV　A, Rn	A←(Rn)	E8H～EFH	1
	MOV　A, direct	A←(direct)	85H direct	1
	MOV　A, @Ri	A←((Ri))	E6H～E7H	1
	MOV　A, #data	A←data	74H data	1

这类指令的功能是把源操作数送入目的操作数 A 中，源操作数的寻址方式分别为寄存器寻址、直接寻址、寄存器间接寻址和立即寻址。

特殊传送指令

例如，若 R1 = 22H，(22H) = 55H，则执行指令 MOV　A，@R1 后的结果为 A = 55H，而 R1 的内容和 22H 单元的内容均不变。

(2) 以 Rn 为目的操作数的指令(3 条)如表 11-3 所示。

表 11-3　以 Rn 为目的操作数的指令

指令名称	汇编格式	操 作 功 能	机器码	机器周期
以寄存器 Rn 为目的操作数的指令	MOV　Rn, A	Rn←A	F8H～FFH	1
	MOV　Rn, direct	Rn←(direct)	A8H～AFH direct	2
	MOV　Rn, #data	Rn←data	78H～7FH data	1

这类指令的功能是把源操作数送入目的操作数 Rn 中，源操作数的寻址方式分别为寄存器寻址、直接寻址和立即寻址。

例如，如果(50H)=4BH，R5=33H，则执行指令 MOV　R5, 50H 后的结果为 R5 = 4BH，50H 单元中的内容不变。

(3) 以 direct 直接地址为目的操作数的指令(5 条)如表 11-4 所示。

表 11-4　以 direct 直接地址为目的操作数的指令

指令名称	汇编格式	操 作 功 能	机器码	机器周期
以直接地址为目的操作数的指令	MOV　direct, A	(direct)←A	F5H direct	1
	MOV　direct, Rn	(direct)←Rn	88H～8FH	2
	MOV　direct2, direct1	(direct2)←(direct1)	85H direct1 direct2	2
	MOV　direct, @Ri	(direct)←((Ri))	86H～87H direct	2
	MOV　direct, #data	(direct)←data	75H direct data	2

这类指令的功能是把源操作数送入目的操作数 direct 中，源操作数的寻址方式分别为寄存器寻址、直接寻址、寄存器间接寻址和立即寻址。

直接地址之间的直接传送指令生产机器码时源地址在前，目的地址在后。例如，MOV 40H，41H 对应的机器码为 85H、41H、40H。

例如，若 R0 = 40H，(40H) = 6AH，(70H) = 2FH，则执行指令 MOV　70H, @R0 后的结果为(70H) = 6AH，R0 中的内容和 40H 单元的内容不变。

(4) 以@Ri 寄存器间接地址为目的操作数的指令(3 条)如表 11-5 所示。

表 11-5　以@Ri 寄存器间接地址为目的操作数的指令

指令名称	汇编格式	操 作 功 能	机器码	机器周期
以寄存器间接地址为目的操作数的指令	MOV　@Ri, A	(Ri)←A	F6H～F7H	2
	MOV　@Ri, direct	(Ri)←(direct)	A6H～A7H Direct	2
	MOV　@Ri, #data	(Ri)←data	76H～77H data	1

这类指令的功能是把源操作数送入目的操作数@Ri 中，源操作数的寻址方式分别为寄存器寻址、直接寻址和立即寻址。

注意：在这类指令中，目的操作数@Ri 中的表示方法为单括号，并不表示 Ri 中的内容，而表示间址寄存器 Ri 表示的地址单元。

例如，若 R1 = 30H，(30H) = 22H，A = 34H，则执行指令 MOV @R1，A 后的结果为(30H) = 34H，R1 和 A 中的内容不变。

(5) 16 位数据的传送指令(1 条)如表 11-6 所示。

表 11-6　16 位数据的传送指令

指令名称	汇编格式	操 作 功 能	机器码	机器周期
16 位数据的传送指令	MOV DPTR, #data16	DPH←data15～8 DPL←data7～0	90H data15～8 data7～0	2

这条指令是唯一的一条 16 位传送指令，通常用来给 DPTR 赋初值。源操作数的寻址方式为立即寻址。

有关内部 RAM 和 SFR 之间的数据传送指令的说明如下：

(1) 指令操作数为 Rn 时，属于寄存器寻址。51 单片机内部 RAM 区中有 4 组工作寄存器，每组由 8 个寄存器组成，用户可通过改变 PSW 中的 RS0 和 RS1 这两位来切换当前工作寄存器组。

(2) 指令中操作数为@Ri 时，属于寄存器 R0 或 R1 间接寻址。它根据操作码字节中 D_0 位 i 的取值为 0 或 1 来决定用哪个寄存器进行间接寻址。

(3) 直接寻址的数据传送指令比较丰富，使得内部数据存储器各单元之间的数据传送十分方便，特别令人感兴趣的是直接地址到直接地址的传送。直接地址 direct 是 8 位地址，原则上寻址范围为 00H～FFH。对 80C51 来说，内部 RAM 地址空间是 00H～7FH。而 21 个 SFR 离散地分布在 80H～FFH 的地址空间中，有许多单元是无定义的。因此 direct 不能为无定义的内部数据存储单元的地址，否则将得不到正确的结果。

(4) 数据传送指令都不影响标志位(特别地，目的操作数是累加器 A 时会根据传送来的数据改变奇偶标志)。

2) 累加器 A 与外部数据存储器的数据传送指令(4 条)

CPU 与外部 RAM 的数据传送指令，其助记符为 MOVX，其中的 X 就是 external(外部)的第二个字母，表示访问外部 RAM。这类指令共有 4 条，如表 11-7 所示。

表 11-7　累加器 A 与外部数据存储器传送指令

指令名称	汇编格式	操 作 功 能	机器码	机器周期
累加器 A 与外部 RAM 的数据传送指令	MOVX　A, @DPTR	A←((DPTR))	E0H	2
	MOVX　@DPTR，A	((DPTR))←A	F0H	2
	MOVX　A, @Ri	A←((Ri)+((P2))	E2H～E3H	2
	MOVX　@Ri, A	((Ri)+((P2))←A	F2H～F3H	2

这组指令的功能是在累加器 A 与外部 RAM 或扩展 I/O 口之间进行数据传送，且仅为寄存器间接寻址。89C51 只能用这种方式与连接在扩展 I/O 口的外部设备进行数据传送。

前两条指令以 DPTR 作为外部 RAM 的 16 位地址指针，由 P0 口送出低 8 位地址，由 P2 口送出高 8 位地址，寻址能力为 64 KB。后两条指令用 R0 或 R1 作外部 RAM 的低 8 位地址指针，由 P0 口送出地址码，P2 口的状态不受影响，寻址能力为外部 RAM 空间的 256 个字节单元(即为 1 页)。

例如，若 DPTR＝1020H，外部 RAM(1020H)＝54H，则执行指令 MOVX　A, @DPTR

的结果为 A=54H，DPTR 的内容和外部 RAM1020H 单元的内容不变。

若 P2=03H，R1=40H，A=7FH，则执行指令 MOVX　@R1, A 后的结果为

外部 RAM(0340H)=7FH，P2 和 R1 及 A 中的内容不变。

例如，把外部数据存储器 2010H 单元的内容送入内部寄存器 R2 中：

```
MOV   DPTR, #2010H
MOVX   A, @DPTR
MOV   R2, A
```

3) 累加器 A 与程序存储器的数据传送指令(2 条)

51 单片机指令系统提供了 2 条累加器 A 与程序存储器的数据传送指令，指令助记符采用 MOVC。其中，C 就是 code(代码)的第一字母，表示读取 ROM 中的代码。这是两条指令也是极为有用的查表指令。

(1) 第一条指令为单字节指令，CPU 读取本指令后，PC 已执行加 1 操作，指向下一条指令的首字节地址。该指令以 PC 作为基址寄存器，累加器 A 的内容为无符号整数，两者相加得到一个 16 位地址，把该地址指出的程序存储器单元的内容送到累加器 A 中，如表 11-8 所示。

表 11-8　单字节指令

指令名称	汇编格式	操 作 功 能	机器码	机器周期
查表	MOVC　A, @A+PC	PC←PC+1 A←(A+PC)	83H	2
	MOVC　A, @A+DPTR	A←(A+DPTR)	93H	2

例如，设 A=35H，执行 1000H：MOVC　A，@A+PC 指令后的结果如下：

首先把累加器 A 中的内容加上本条指令执行后的 PC 值 1001H，然后将程序存储器 1036H 单元的内容送入累加器 A 中，即 A←$(1036H)_{ROM}$。

本指令不改变 PC 的状态，仅根据累加器 A 的内容就可以读出表格中的数据。缺点是表格只能存放在该查表指令后面的 256 个单元之内，表格的长度受到限制，而且表格只能被一段程序所使用。

(2) 第二条指令以 DPTR 作为基址寄存器，以累加器 A 的内容作为无符号数，将两者相加后得到一个 16 位地址，再把该地址指出的程序存储器单元的内容送到累加器 A 中。

例如，设 DPTR=2010H，A=40H，执行 MOVC　A，@A+DPTR 指令后的结果如下：

首先把累加器 A 与 DPTR 的内容相加得 2050H，然后将程序存储器中 2050H 单元中的内容送入累加器 A 中，即 A←$(2050H)_{ROM}$。

本查表指令的执行结果只与 DPTR 和 A 的内容有关，与该指令存放的地址及表格存放的地址无关。因此，表格的长度和位置可以在 64 KB 的程序存储器空间任意改变，而且一个表格可以被多个程序段共享。

例如，把外部数据存储器 2040H 的内容送入内部 RAM 的 30H 中，有以下两种方法。

方法一：

```
MOV   DPTR, #2040H
MOVX   A, @DPTR              ；把外部 RAM 2040H 单元的内容送入 A 中
```

```
MOV   30H, A          ; 由 A 送入内部 RAM 30H 中
```

方法二：

```
MOV   P2, #20H        ; 地址的高 8 位由 P2 口送出
MOV   R0, #40H
MOVX  A, @R0          ; 把外部 RAM 2040H 单元的内容送入 A 中
MOV   30H, A          ; 由 A 送入内部 RAM  30H 中
```

4) 字节交换指令(5 条)

数据传送指令还提供了 5 条数据交换指令，包括 3 条字节交换指令、1 条低半字节交换指令和 1 条自交换指令。

(1) 字节交换指令(3 条)如表 11-9 所示。

表 11-9　字节交换指令

指令名称	汇编格式	操 作 功 能	机器码	机器周期
字节交换指令	XCH　A, Rn	A⇆Rn	C8H～CFH	1
	XCH　A, direct	A⇆(direct)	C5H direct	1
	XCH　A, @Ri	A⇆((Ri))	C7H	1

字节交换指令的功能是将累加器 A 的内容与内部 RAM 中任何一个单元的内容相互交换。其操作也可表示如图 11-10 所示。

图 11-10　字节交换指令的操作

例如，若 A=7AH，R1=45H，(45H)=39H，则执行指令 XCH　A, R1 后的结果为 A=45H，R1=7AH。

又如，若 A=7AH，R1=45H，(45H)=39H，则执行指令 XCH　A, @R1 后的结果为 A=39H，(45H)=7AH，R1=45H。

(2) 低半字节交换指令(1 条)如表 11-10 所示。

表 11-10　低半字节交换指令

指令名称	汇编格式	操 作 功 能	机器码	机器周期
低半字节交换指令	XCHD　A, @Ri	$A_{0\sim3}$⇆$((Ri))_{0\sim3}$	D6H～D7H	1

这条指令的功能是将累加器 A 的低 4 位与 Ri 间接寻址单元的低 4 位相互交换，而各自的高 4 位维持不变。其操作表示如图 11-11 所示。

图 11-11　低半字节交换指令

例如，设 A=59H，R0=45H，(45H)=7AH，则执行指令 XCHD　A, @R0 后的结果为 A = 5AH，R0 = 45H(不变)，(45H) = 79H。

(3) 自交换指令(1 条)如表 11-11 所示。

表 11-11　自交换指令

指令名称	汇编格式	操 作 功 能	机器码	指令周期
自交换指令	SWAP　A	A 高4位 ⇄ 低4位	C4H	1

5) 堆栈操作指令(2 条)

在 51 单片机内部 RAM 中可以设定一个 LIFO(后进先出)或 FILO(先进后出)区域作为堆栈，在 SFR 中有一堆栈指针(8 位寄存器)，它指出栈顶的位置。在 51 指令系统中，有两条用于数据传送的栈操作指令，如表 11-12 所示。

表 11-12　栈操作指令

指令名称	汇编格式	操 作 功 能	机器码	机器周期
进栈指令	PUSH direct	SP←SP+1 (SP)←(direct)	C0H direct	2
出栈指令	POP direct	(direct)←((SP)) SP←SP−1	D0H direct	2

堆栈是在 RAM 中设定的存储区，栈底是固定的，栈顶是浮动的，所有的信息存入和取出都是在浮动的栈中进行的。存取数据依据“先入后出、后入先出”的规则。堆栈技术在子程序嵌套时常用于保存断点，在多级中断时用来保存断点和现场等。用堆栈指令也可以实现内部 RAM 单元之间的数据传送和交换。

例如，在中断处理时堆栈指令用于保护现场和恢复现场。设 SP=60H，中断服务程序的一般结构如下：

```
PUSH   ACC          ; SP←SP+1(SP=61H)
                      (61H) ←ACC
PUSH   PSW          ; SP←SP+1(SP=62H)
                      (62H) ←PSW
     ⋮              ; 中断处理
POP    PSW          ; PSW←(62H)
                      SP←SP-1(SP=61H)
POP    ACC          ; A←(61H)
                      SP←SP-1(SP=60H)
RETI                ; 中断返回
```

例如，设(30H)=51H，(40H)=6AH，将内部 RAM 的这两个单元的内容交换。

```
PUSH   30H          ; 30H 单元的内容进栈
PUSH   40H          ; 40H 单元的内容进栈
```

```
POP   30H        ; 将栈顶元素弹出，送入 30H 单元
POP   40H        ; 再将下一个元素出栈，送入 40H 单元
```

执行结果：(30H) = 6AH，(40H) = 51H。

【例 11-1】 已知外部 RAM 2020H 单元中有一个数 x，内部 RAM 20H 单元有一个 y，让它们互相交换。

```
MOV      DPTR, #2020H
MOV      R1, #20H
MOV      A, @DPTR
XCH      A, @R1
MOVX     @DPTR, A
```

【例 11-2】 用交换指令将片内 40 单元的高 4 位与 41 单元的低 4 位交换。

```
MOV      A, 40H
SWAP     A
MOV      R0, #41H
XCHD     A, @R0
SWAP     A
XCH      A, 40H
```

2. 算术运算指令(24 条)

51 单片机的算术运算指令比较丰富，包括加、减、乘、除法指令，其运算功能较强。这类指令多以 A 为源操作数之一，同时又使 A 为目的操作数。指令的执行结果会影响程序状态字 PSW 中的进位标志 Cy、半进位标志 AC 和溢出标志 OV 使之置位或复位，只有加 1 和减 1 指令不影响这些标志，乘除指令不影响 AC 标志位。注意，无论执行何种指令，PSW 中的奇偶标志 P 总是表示累加器 A 的奇偶性。

加法运算指令

1) 加法指令(13 条)

(1) 不带进位的加法指令(4 条)如表 11-13 所示。

表 11-13　不带进位的加法指令

指令名称	汇编格式	操作功能	机器码	机器周期
不带进位的加法指令	ADD　A, Rn	A←A+Rn	28H～2FH	1
	ADD　A, direct	A←A+(direct)	25H direct	1
	ADD　A, @Ri	A←A+((Ri))	26H～27H	1
	ADD　A, #data	A←A+data	24H	1

这类指令的功能是把所指出的字节变量加到累加器 A 中，将运算结果存放在累加器 A 中。

加法指令会对 PSW 各标志位产生影响。在相加的结果中，如果 D7 有进位，则 Cy=1，否则 Cy=0；如果 D3 有进位，则 AC=1，否则 AC=0；如果 D6 有进位而 D7 没进位，或者

D7 有进位而 D6 没进位，则 OV=1，否则 OV=0；如果相加结果在 A 中 1 的个数为奇数，则 P= 1 ，否则 P=0。

【例 11-3】 设 A=46H，R1=5AH，试分析执行指令 ADD　A, R1　；A←A+R1 后的执行结果以及对标志位的影响。执行过程如图 11-12 所示。

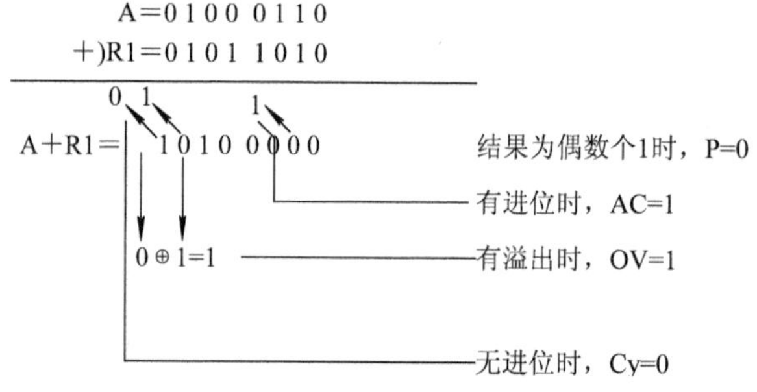

图 11-12　执行过程

结果：A=A0H，R1=5AH(不变)。

(2) 带进位的加法指令(4 条)如表 11-14 所示。

表 11-14　带进位的加法指令

指令名称	汇编格式	操 作 功 能	机器码	机器周期
带进位的加法指令	ADDC　A, Rn	A←A+Rn+Cy	38H～3FH	1
	ADDC　A, direct	A←A+(direct)+Cy	35H direct	1
	ADDC　A, @Ri	A←A+((Ri))+Cy	36H～37H	1
	ADDC　A, #data	A←A+data+Cy	34H data	1

这类指令的功能是同时把所指出的字节变量、进位标志 Cy 和累加器 A 的内容相加，将相加后的结果存放在累加器 A 中。

【例 11-4】设 A = 85H，(20H) = FFH，Cy = 1，执行指令：ADDC　A, 20H　;A←A+(20H) + Cy，执行情况如图 11-13 所示。

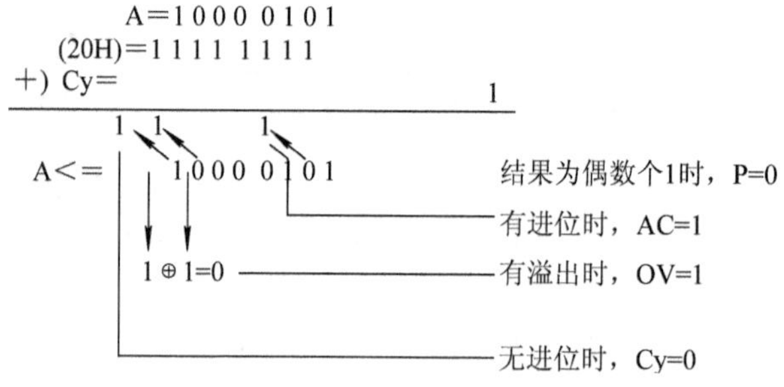

图 11-13　执行情况

结果：A = 85H，(20H) = FFH(不变)。

【例 11-5】 编写计算 1234H + 0FE7H 的程序，将和的高 8 位存入 31H 中，低 8 位存入 30H 中。

2 个 16 位数相加可以分为 2 步：第 1 步先加低 8 位，第 2 步再对高 8 位相加。由于高 8 位相加时需要考虑到低 8 位可能产生的进位，因此第 2 步必须用带进位的加法指令。

```
MOV   A, #34H
ADD   A, #0E7H
MOV   30H, A
MOV   A, #12H
ADDC  A, #0FH
MOV   31H, A
```

(3) 加 1 指令(5 条)如表 11-15 所示。

表 11-15　加 1 指令

指令名称	汇编格式	操作功能	机器码	机器周期
加 1 指令	INC　A	A←A+1	04H	1
	INC　Rn	Rn←Rn+1	08H～0FH	1
	INC　direct	(direct)←(direct)+1	05H direct	1
	INC　@Ri	(Ri)←((Ri))+1	06H～07H	1
	INC　DPTR	DPTR←DPTR+1	A3H	2

这类指令的功能是把操作数指定单元的内容加 1 (注意：加 1 指令是单操作数的指令)，除奇偶标志外，操作结果不影响 PSW 中的标志位。若原来单元的内容为 FFH，则加 1 后将溢出为 00H。

例如，将累加器 A 的内容加 1，有以下两种方法：

```
    INC   A          ；单字节指令，只影响奇偶标志 P，不影响其他标志位
或  ADD   A，#01H    ；双字节指令，影响 PSW 各标志位(Cy、OV、AC、P)
```

从标志位状态和指令长度来看，这两条指令是不等价的。

2) 减法指令(8 条)

51 指令系统中减法指令仅有带借位的减法指令和减 1 指令。

(1) 带借位的减法指令(4 条)如表 11-16 所示。

表 11-16　带借位的减法指令

指令名称	汇编格式	操作功能	机器码	机器周期
带借位的减法指令	SUBB　A, Rn	A←A－Rn－Cy	98H～9FH	1
	SUBB　A, direct	A←A－(direct)－Cy	95H direct	1
	SUBB　A, @Ri	A←A－((Ri))－Cy	96H～97H	1
	SUBB　A, #data	A←A－data－Cy	94H data	1

这类指令的功能是从累加器 A 中减去指定变量及标志位 Cy 的值，差值存放在累加器

A 中。

51 指令系统中没有提供不带借位的减法指令，但在“SUBB”指令之前加一条“CLR C”指令先将 Cy 清零，可以实现不带借位的减法功能。

带借位的减法指令会对 PSW 各标志位产生影响。在相减时，如果 D 7 位有借位，则 Cy=1，否则 Cy=0；若 D3 位有借位，则 AC=1，否则 AC=0；如果 D6 位需借位而 D7 位不需借位，或者 D7 位需借位而 D6 位不需借位，则 OV= 1 ，否则 OV=0；如果 A 中(相减的差)1 的个数为奇数，则 P=1，否则 P=0。

【例 11-6】 设 A=C9H，R2=54H，Cy=1，执行指令 SUBB　A, R2　;A←A-R2-Cy，执行情况如图 11-14 所示。

```
      •  •  •     •
  A=1 1 0 0 1 0 0 1
—)R2=0 1 0 1 0 1 0 0
—)Cy=
─────────────────────
A<=  0 1 1 1 0 1 0 0
```

图 11-14　执行情况

结果：A=74H，R2=54H(不变)，Cy=0，AC=0，OV=1，P=0。

在本例中，若看作两个无符号数相减，则差为 74H，是正确的；若看作两个带符号数相减，则从负数减去一个正数，结果为正数，是错误的，OV=1 表示运算有溢出。

(2) 减 1 指令(4 条)如表 11-17 所示。

表 11-17　减 1 指令

指令名称	汇编格式	操作功能	机器码	机器周期
减 1 指令	DEC　A	A←A－1	14H	1
	DEC　Rn	Rn←Rn－1	18H～1FH	1
	DEC　direct	(direct)←(direct)－1	15H direct	1
	DEC　@Ri	(Ri)←((Ri))－1	16H～17H	1

减 1 指令的功能是将操作数指定单元的内容减 1。除奇偶标志外，其操作结果不影响 PSW 的标志位。若原单元的内容为 00H，则减 1 后下溢为 FFH。其他情况与加 1 指令类同。

3) 乘法指令(1 条)

乘法指令如表 11-18 所示。

表 11-18　乘法指令

指令名称	汇编格式	操作功能	机器码	机器周期
乘法	MUL　AB	BA←A×B	A4H	4

这条指令的功能是把累加器 A 和 B 寄存器中的两个 8 位无符号数相乘，把 16 位乘积的低 8 位存放在累加器 A 中，高 8 位存放在 B 寄存器中。如果乘积大于 255(FFH)，则溢出标志位 OV 置 1，否则清 0。进位标志总是清 0，半进位标志 AC 保持不变，奇偶标志 P 仍按 A 中的 1 的奇偶性来确定。

例如，设 A=32H(即 50)，B=60(即 96)，执行指令 MUL　AB；BA←A×B 后的结果如

下：乘积为 12C0H(即 4800)>FFH(即 255)；A=C0H，B=12H；各标志位 Cy=0，OV=1，P=0。

4) 除法指令(1 条)

除法指令如表 11-19 所示。

表 11-19　除法指令

指令名称	汇编格式	操作功能	机器码	机器周期
除法指令	DIV　AB	A(商) $\Leftarrow \frac{A}{B}$ B(余数)	84H	4

这条指令的功能是把累加器 A 中的 8 位无符号整数除以 B 寄存器中的 8 位无符号数，所得的商(为整数)存放在 A 中，余数存放在 B 中。标志位 Cy 和 OV 均被清 0 。但是，如果除数 B=00H，则执行该指令，A、B 的内容无法确定，且溢出标志 OV 置 1 ，Cy 仍为 0。执行除法指令时，半进位标志 AC 不受影响，奇偶标志 P 仍按 A 的内容而定。

例如，设 A=FFH(255)，B=12H(18)，执行指令 DIV　AB ；A B←A÷B 后的结果如下：商 A=0EH(14)，余数 B=03H(3)；标志位 Cy=0，OV=0，P=1。

5) 十进制调整指令(1 条)

十进制调整指令如表 11-20 所示。

表 11-20　十进制调整指令

指令名称	汇编格式	操作功能	机器码	机器周期
十进制 调整指令	DA　A	将 A 的内容转 换为 BCD 码	D4H	1

这是一条专用于 BCD 码加法的指令。此指令的功能是在累加器 A 进行 BCD 码加法运算后，根据 PSW 中标志位 AC、Cy 的状态以及 A 中的结果，将 A 的内容进行“加 6 修正(加 00H、06H、60H 或 66H 到累加器上)”，使其转换成压缩的 BCD 码形式。

【例 11-7】 设 A=45H(01000101B)，表示十进制数 45 的压缩 BCD 码，R5 = 78H(01111000B)，表示十进制数 78 的压缩 BCD 码。执行下列指令：

```
ADD   A, R5     ; 使 A=BDH(10111101)，Cy=0，AC=0
DA    A         ; 使 A=23H(00100011)，Cy= 1
```

结果：A=23H，Cy=1，相当于十进制数 123。

在 51 指令系统中，这条十进制调整指令不能对减法指令的结果进行修正。

【例 11-8】 求出外部 RAM 2000H 和 2001H 单元数据的平均数并将它送至 2002H 中。

```
MOV     DPTR,  #2000H      ; 设置第一个数据的地址指针
MOVX    A, @DPTR           ; 取出第一个数
MOV     R0, A              ; 将第一个数送至 R0
INC     DPTR               ; 第二个数据的指针
MOVX    A, @DPTR           ; 取第二个数
ADD     A, R0              ; 两个数相加后送至 A
MOV     B, #02H            ; 设置除数 2
```

```
DIV     AB              ; 求平均数
INC     DPTR            ; 设置结果单元地址
MOVX    @DPTR, A        ; 存平均结果
```

3. 逻辑运算与循环指令(24 条)

51 单片机的逻辑运算指令可完成与、或、非、异或、清 0 和取反操作，以累加器 A 为目的操作数时对标志位 P 有影响。循环指令对累加器 A 进行循环移位操作，包括左、右方向及带进位与不带进位等移位。进行移位操作时，带进位的循环移位对 CY 和 P 有影响。累加器清 0 操作对 P 标志位有影响。下面对这些指令进行介绍。

1) 逻辑与运算指令(6 条)

逻辑与运算指令如表 11-21 所示。

表 11-21　逻辑与运算指令

指令名称	汇编格式	操 作 功 能	机器码	机器周期
逻辑与运算指令	ANL　A，Rn	A←A∧(Rn)	58H～5FH	1
	ANL　A，direct	A←A∧(direct)	55H direct	1
	ANL　A，@Ri	A←A∧((Ri))	56H～57H	1
	ANL　A，#data	A←A∧data	54H data	1
	ANL　direct，A	(direct)←(direct)∧A	52H direct	1
	ANL　direct，#data	(direct)←(direct)∧data	53H direct data	2

这组指令的功能是进行逻辑与运算，前 4 条指令的功能是把源操作数与累加器 A 的内容相与，结果送入目的操作数 A 中，后 2 条指令的功能是把源操作数与直接地址指定的单元内容相与，结果送入直接地址指定的单元。

通过逻辑与运算指令可以实现一个字节里面的某些位清零(与 0 相与)和某些位不变的效果(与 1 相与)。

例如，已知寄存器 R5＝59H，把 R5 内容的低 4 位清零，高 4 位保持不变。

```
MOV   A, R5
ANL   A, #0F0H    ; 高 4 位都与 1 相与达到不变效果，低 4 位都与 0 相与达到清零效果
MOV   R5, A
```

2) 逻辑或运算指令(6 条)

逻辑或运算指令如表 11-22 所示。

表 11-22　逻辑或运算指令

指令名称	汇编格式	操 作 功 能	机器码	机器周期
逻辑或运算指令	ORL　A，Rn	A←A∨(Rn)	48H～4FH	1
	ORL　A，direct	A←A∨(direct)	45H direct	1
	ORL　A，@Ri	A←A∨((Ri))	46H～47H	1
	ORL　A，#data	A←A∨data	44H data	1
	ORL　direct，A	(direct)←(direct)∨A	42H direct	1
	ORL　direct，#data	(direct)←(direct)∨data	43H direct data	2

这组指令的功能是进行逻辑或运算，前 4 条指令的功能是把源操作数与累加器 A 的内容相或，结果送入目的操作数 A 中，后 2 条指令的功能是把源操作数与直接地址指定的单元内容相或，结果送入直接地址指定的单元。通过逻辑或运算指令可以实现 1 字节里面的某些位置 1(与 1 相或)和某些位不变的效果(与 0 相或)。

3) 逻辑异或指令(6 条)

逻辑异或指令如表 11-23 所示。

表 11-23　逻辑异或指令

指令名称	汇编格式	操 作 功 能	机器码	机器周期
逻辑异或指令	XRL　A，Rn	A←A⊕(Rn)	68H～6FH	1
	XRL　A，direct	A←A⊕(direct)	65H direct	1
	XRL　A，@Ri	A←A⊕((Ri))	66H～67H	1
	XRL　A，#data	A←A⊕data	64H data	1
	XRL　direct，A	(direct)←(direct)⊕A	62H direct	1
	XRL　direct，#data	(direct)←(direct)⊕data	63H direct data	2

这组指令的功能是进行逻辑异或运算，前 4 条指令的功能是把源操作数与累加器 A 的内容相异或，结果送入目的操作数 A 中，后 2 条指令的功能是把源操作数与直接地址指定的单元内容相异或，结果送入直接地址指定的单元。

这些逻辑运算指令，除了带进位位 Cy 的循环移位指令影响 Cy 和 P 标志位外，其余逻辑运算都不会影响 PSW 的各标志位。

通过逻辑异或运算指令可以实现 1 字节里面的某些位取反 1(与 1 相异或)和某些位不变的效果(与 0 相异或)。

4) 对累加器 A 单独进行的逻辑操作(6 条)

(1) 清零与取反指令(2 条)如表 11-24 所示。

表 11-24　清零与取反指令

指令名称	汇编格式	操 作 功 能	机器码	机器周期
清零指令	CLR　A	A←0	E4H	1
取反指令	CPL　A	$A \leftarrow \overline{A}$	F4H	1

清零指令的功能是将累加器 A 中的所有位全部置 0。

取反指令的功能是将累加器 A 中的内容按位取反，即原来的 1 变为 0，原来的 0 变为 1。

(2) 循环移位指令(4 条)如表 11-25 所示。

表 11-25　循环移位指令

指令名称			汇编格式	操 作 功 能	机器码	机器周期
循环移位指令	左移	左环移	RL　A	A7←A0	23H	1
		带进位的左环移	RLC　A	CY ← A7←A0	33H	1
	右移	右环移	RR　A	A7→A0	03H	1
		带进位的右环移	RRC　A	CY → A7→A0	13H	1

RL　A 和 RLC　A 指令都使 A 中的内容逐位左移一位，但 RLC　A 将使 CY 连同 A 的内容一起左移循环，A7 进入 CY，CY 进入 A0。

RR A 和 RRC A 指令的功能类似于 RL　A 和 RLC　A，仅是 A 中数据移位的方向向右。

例如，若 A=24H，则执行 RL　A 后 A=48H；若 A=24H，CY=1，则执行 RLC　A 后 A=49H，CY=1；若 A=24H，则执行 RR　A 后 A=12H；若 A=24H，CY=1，则执行 RRC　A 后 A=92H。

【例 11-9】 在 40H 与 41H 中各有一个八位数：

(40H) = a7a6a5a4a3a2a1a0,　　(41H) = b7b6b5b4b3b2b1b0

将(40H)单元与(41H)单元进行拼装，并将结果送入 50H 单元，要求拼装后的数据如下：

(50H) = a5a4b7b6b5b4b3b2

分析：将 40H 中不需要的位数清 0，再依次左移 2 位；然后将 41H 中不需要的数清 0，再依次右移 2 位；最后完成拼装。

```
        MOV     A, 40H              ; 取第一个数
```

```
ANL     A, #30H          ; 屏蔽无关位
RL      A
RL      A                ; 完成左移 2 位
MOV     50H, A
MOV     A, 41H           ; 取第二个数
ANL     A, #0FCH         ; 屏蔽无关位
RR      A
RR      A                ; 调整 b7b6b5b4b3b2b1b0 的位置
ORL     50H, A           ; 拼装为 a5a4b7b6b5b4b3b2
```

4. 控制转移指令(17 条)

通常情况下程序执行是按照顺序进行的，但有时候可以根据需要改变程序的执行顺序，这称为程序转移，51 单片机的无条件转移、条件转移与子程序的调用与返回都是用于程序转移的指令，下面分别介绍。

1) 无条件转移指令(4 条)

无条件转移指令功能是使程序无条件地转移到该指令所提供的地址去。下面将分别介绍各种无条件转移指令的功能，如表 11-26 所示。

表 11-26 无条件转移指令

指令名称	汇编格式	操 作 功 能	机器码	机器周期
绝对无条件转移	AJMP addr11	PC←PC+2 $PC_{10\sim0}$←$addr_{10\sim0}$ $PC_{15\sim11}$ 不变	$a_{10}a_9a_8$00001 a_7～a_0	2
长转移	LJMP addr16	PC←$addr_{15\sim0}$	00000010 a_{15}～a_8 a_7～a_0	2
相对转移	SJMP rel	PC←PC+2 PC←PC+rel	10000000 rel	2
间接转移	JMP @A+DPTR	PC←A+DPTR	01110011	2

(1) 绝对无条件转移指令 AJMP addr11。

指令中包含 addr11 共 11 位地址码，转移的目标地址必须和 AJMP 指令的下一条指令首字节位于程序存储器的同一个 2 KB 区内。指令的执行过程是：先将 PC 值加 2，然后把指令中给出的 11 位地址 addr11(a_{10}～a_0)送入 PC 的低 11 位(PC_{10}～PC_0)，PC 的高 5 位(PC_{15}～PC_{11})保持不变，形成新的目标地址 PC_{15}～$PC_{11}a_{10}$～a_0，程序随即转移到该地址处。应当注意的是，PC+2 后的 PC 值和目标地址的高 5 位 a_{15}～a_{11} 应该相同。这里的 PC 就是指向 AJMP 指令首字节单元的指针。

AJMP addr11 指令的机器码如图 11-15 所示。

$a_{10}a_9a_8$00001	$a_7a_6a_5a_4a_3a_2a_1a_0$
页号 操作码	页内地址

图 11-15 AJMP addr11 指令的机器码

该指令为 2 字节指令，第一字节的低 5 位 00001 是这条指令特有的操作码。指令中给出的 11 位地址 addr11(a_{10}～a_0)被分成两部分，分放在指令机器码的两个字节中，第一字节的高 3 位 $a_{10}a_9a_8$，它指出大小为 2 KB 的转移范围内的页号(每一个 2 KB 区分 8 页)；第二字节为 a_7～a_0，它指出页内地址，如表 11-27 所示。

绝对转移指令仅为 2 个字节指令，却能提供 2 KB 范围的转移空间，它比相对转移指令的转移范围大得多。但是要求 AJMP 指令的转移目标地址和 PC+2 的地址处于同一个 2 KB 区域内，故转移范围受一定的限制。

例如，设 AJMP　27BCH 存放在 ROM 的 1FFEH 和 1FFFFH 两地址单元中。在执行该指令时，PC+2 指向 2000H 单元。转移目标地址 27BCH 和 PC+2 后指向的单元地址 2000H 在同一个 2 KB 区，因此能够转移到目标地址。页号为 7，指令机器码为 E1H，BCH。如果把存放在 1 FFEH 和 1 FFFFH 两单元的绝对转移指令改为 AJMP　1F00H，这种转移是不能实现的，因为转移目标地址 1F00H 和指令执行时 PC+2 后指向的下一单元地址 2000H 不在同一个 2 KB 区。

表 11-27　AJMP 指令转移分布地址

操作码	a_{10}　a_9　a_8　地址页码	a_7～a_0 (页码地址)
01H	0　0　0　0 页	00H～FFH
21H	0　0　1　1 页	00H～FFH
41H	0　1　0　2 页	00H～FFH
61H	0　1　1　3 页	00H～FFH
81H	1　0　0　4 页	00H～FFH
A1H	1　0　1　5 页	00H～FFH
C1H	1　1　0　6 页	00H～FFH
E1H	1　1　1　7 页	00H～FFH

(2) 长转移指令 LJMP　addr16。

执行时把指令操作数提供的 16 位目标地址 a_{15}～a_0 装入 PC 中，即 PC = a_{15}～a_0。所以用长转移指令可以跳到 64 KB 程序存储器的任何位置。长转移指令本身是 3 字节指令。

(3) 相对转移指令 SJMP　rel。

这是一条无条件相对转移指令，转移的目标地址为

目标地址 = 源地址 + 2 + rel

源地址是 SJMP 指令操作码所在的地址。相对偏移量 rel 是一个用补码表示的 8 位带符号数。转移范围为−128～+127，共 256 个单元，即从(PC − 126)～(PC + 129)。

相对转移指令是两字节指令，首字节为操作码，第二字节为相对偏移量。在执行此指令时，PC + 2 指向下一条指令的首字节地址，因此转移目标地址可以在 SJMP 指令的下条指令首字节前 128 个字节和后 127 个字节之间。

若偏移量 rel 取值为 FEH，则目标地址等于源地址，相当于动态暂停，程序“终止”在这条指令上。动态暂停指令在调试程序时很有用。MCS-51 没有专用的停止指令，若要求动态暂停，可以用 SJMP 指令来实现：

```
HERE：SJMP   HERE   ；动态停机(80H，FEH)
```

或写成：

```
SJMP  $  ; "$"表示本指令首字节所在单元的地址，使用它可省略标号
```

这是一条死循环指令，如果系统的中断是开放的，那么 SJMP $ 指令实际上是在等待中断。当有中断申请后，CPU 转至执行中断服务程序。中断返回时，仍然返回到这条死循环指令，继续等待中断，而不是返回到该指令的下一条指令。这是因为执行 SJMP$后，PC 仍指向这条指令，中断的断点就是这条指令的首字节地址。

(4) 间接转移指令 JMP　@A+DPTR。

间接指令的功能是把累加器 A 中的 8 位无符号数与数据指针 DPTR 的 16 位数相加，相加之和作为下一条指令的地址送入 PC 中，不改变 A 和 DPTR 的内容，也不影响标志。

间接转移指令采用变址方式实现无条件转移，其特点是转移地址可以在程序运行中加以改变。例如，当把 DPTR 作为基地址且确定时，根据 A 的不同值就可以实现多分支转移，故一条指令可完成多条条件判断转移指令功能。这种功能称为散转功能，所以间接转移指令又称为散转指令。

2) 条件转移指令(8 条)

条件转移指令是依某种特定条件转移的指令。条件满足时转移(相当于执行一条相对转移指令)；条件不满足时则按顺序执行下面一条指令。

51 的条件转移目标地址位于条件转移指令的下一条指令首字节地址前 128 个字节和后 127 个字节之间，即转移可以向前也可以向后，转移范围为−128～+127，共 256 个单元。在执行条件转移指令时，PC 已指向下一条指令的第一字节地址，如果条件满足，再把相对偏移量 rel 加到 PC 上，从而计算出转移目标地址。

51 的条件转移指令非常丰富，包括累加器判零转移、比较不相等转移和减 1 不为零转移共 3 组。

(1) 累加器判零转移指令(2 条)如表 11-28 所示。

表 11-28　累加器判零转移指令

指令名称		汇编格式	操作功能	机器码	机器周期
判断 A=0？转移	零转移	JZ　rel	PC←PC+2，若 A=0，则 PC←PC+rel 若 A≠0，顺序执行	60H rel	2
	非零转移	JNZ　rel	PC←PC+2，若 A≠0，则 PC←PC+rel 若 A=0，顺序执行	70H rel	2

这两条指令的功能是对累加器 A 的内容为零和不为零进行判断并实现转移。在实际应用当中读者分析一下何时选用为零转移，何时选用非零转移。

例如，已知 A=01H，分析执行如下指令后的结果：

```
JZ   LOOP1      ; 因为 A≠0，则程序顺序执行
DEC  A          ;A 的内容减 1 后变成 0
JZ   LOOP2      ; 因为 A=0，则程序转移到 LOOP2 处执行
```

(2) 减 1 不为 0 转移指令(2 条)如表 11-29 所示。

表 11-29　减 1 不为 0 转移指令

指令名称	汇编格式	操 作 功 能	机器码	机器周期
减 1 不为 0 转移	DJNZ　Rn，rel	PC←PC+2, Rn←Rn－1 当 Rn≠0，则 PC←PC+rel 当 Rn=0，则结束循环，程序往下执行	D8H～DFH rel	2
	DJNZ　direct，rel	PC←PC+3,(direct)←(direct)－1 当(direct)≠0，则 PC←PC+rel 当(direct)=0，则结束循环，程序往下执行	D5H direct rel	2

减 1 不为 0 转移指令是把源操作数减 1，结果送回到源操作数中去。如果结果不为 0，则转移。源操作数有寄存器寻址和直接寻址两种方式，允许用户把内部 RAM 单元用作程序循环计数器。

例如，由单条 DJNZ 指令来实现软件延时：LOOP：DJNZ　R1, LOOP　；2 个机器周期；

可写成省略标号的形式：DJNZ　R1, $；其中，“$”表示本条指令首字节地址，R1 的取值范围为 00H～FFH，可实现延时 2～512 个机器周期(当时钟频率为 12 MHz 时，一个机器周期为 1 μs)。

(3) 比较不相等转移指令如表 11-30 所示。

表 11-30　比较不相等转移指令

指令名称	汇编格式	操 作 功 能	机器码	机器周期
比较不相等转移	CJNE A，direct，rel	PC←PC+3，若(direct)<A，则 PC←PC+rel，且 Cy←0 若(direct)>A，则 PC←PC+rel，且 Cy←1 若(direct)=A，则顺序执行，且 Cy←0	B5H direct rel	2
	CJNE A，#data，rel	PC←PC+3，若 data<A，则 PC←PC+rel，且 Cy←0 若 data>A，则 PC←PC+rel 且 Cy←1 若 data=A，则顺序执行 且 Cy←0	B4H data rel	2
	CJNE Rn，#data，rel	PC←PC+3，若 data<Rn，则 PC←PC+rel，且 Cy←0 若 data>Rn，则 PC←PC+rel 且 Cy←1 若 data=Rn，则顺序执行， 且 Cy←0	B8H～BFH data rel	2
	CJNE @Ri，#data，rel	PC←PC+3 若 data<((Ri))，则 PC←PC+rel，且 Cy←0 若 data>((Ri))，则 PC←PC+rel 且 Cy←1 若 data=((Ri))，则顺序执行， 且 Cy←0	B6H～B7H data rel	2

比较不相等转移指令是 8951 指令系统中具有 3 个操作数的指令组。比较不相等转移指令的功能是比较前两个无符号操作数的大小。若不相等，则转移，否则顺序往下执行。如果第一个操作数大于或等于第二个操作数，则 Cy 清 0，否则 Cy 置 1。指令执行结果不影响其他标志位和所有的操作数。这组指令为 3 字节指令，因此转移目标地址应是 PC 加 3 以后再加偏移量 rel 所得的 PC 的值。即

目标地址＝源地址+3+rel

源地址是比较转移指令所在位置的首字节地址。

除了比较转移指令外，3 字节的条件转移指令还包括 3 条位判断转移指令和 1 条减 1 不为 0 循环转移指令，其余的都是 2 字节指令。因此在计算偏移量时要特别注意。

【例 11-10】 写出完成下列要求的指令组合。

累加器 A 的内容不等于 55H 时把 A 的内容加上 5；累加器 A 的内容等于 55H 时把 A 的内容减去 5。指令组合如下：

```
CJNE   A, #55H，NEXT1          ;A 的内容和 55H 比较不相等转移到 NEXT1
CLR   C                        ; 顺序执行说明 A 的内容与 55H 相等
SUBB   A, #05H                 ; 完成减 5 操作
SJMP   LAST                    ; 跳到结束
NEXT1：ADD   A, #05H           ; 若不相等完成加 5 操作
LAST：SJMP $                   ; 动态暂停
```

3) 子程序调用与返回指令(4 条)

子程序调用与返回指令如表 11-31 所示。

表 11-31　子程序调用与返回指令

指令名称	汇编格式	操 作 功 能	机器码	机器周期
绝对调用	ACALL addr11	PC←PC+2，SP←SP+1 (SP)←$PC_{7\sim0}$，SP←SP+1 (SP)←$PC_{15\sim8}$ $PC_{10\sim0}$←$addr_{10\sim0}$ $PC_{15\sim11}$不变	$a_{10}a_9a_8$10001 $addr_{7\sim0}$	2
长调用	LCALL addr16	PC←PC+3，SP←SP+1 (SP)←$PC_{7\sim0}$，SP←SP+1 (SP)←$PC_{15\sim8}$，PC←$addr_{15\sim0}$	00010010 $addr_{15\sim8}$ $addr_{7\sim0}$	2
子程序返回	RET	$PC_{15\sim8}$←((SP))，SP←SP－1 $PC_{7\sim0}$←((SP))，SP←SP－1	22H	2
中断返回	RETI	$PC_{15\sim8}$←((SP))，SP←SP－1 $PC_{7\sim0}$←((SP))，SP←SP－1	32H	2

绝对调用指令 ACALL 是一条两字节指令。该指令提供了 11 位目标地址 addr11，产生调用地址的方法和绝对转移指令 AJMP 产生转移地址的方法相同，ACALL 是在同一个 2 KB 区范围内调用子程序的指令。该指令的执行过程是：执行 ACALL 指令时，PC 加 2 后获得

了下条指令的地址，然后把 PC 的当前值压栈(栈指针 SP 加 1，PCL 进栈，SP 再加 1，PCH 进栈)。最后把 PC 的高 5 位和指令给出的 11 位地址 addr11 连接组成 16 位目标地址(PC_{15}～PC_{11}，a_{10}～a_0)，并作为子程序入口地址送入 PC 中，使 CPU 转向执行子程序。因此，所调用的子程序入口地址必须和 ACALL 指令下一条指令的第一个字节在同一个 2 KB 区域的程序存储器空间。

【例 11-11】 当 ACALL 指令所在的首地址为 2000H 时，可调用子程序的入口地址范围是多少？如果 ACALL 指令首地址位于 07FEH 时呢？

ACALL 指令的下一条指令的首地址应该为 2002H，其地址的高 5 位是 00100，因此，可调用子程序的入口地址范围是 2000H～27FFH。

如果 ACALL 指令位于 07FEH 和 07FFH 两地址单元时，执行该指令时 PC 加 2 后的值为 0800H，使其高 5 位是 00001，因此，可调用子程序的入口地址范围是 0800H～0FFFH。

长调用指令 LCALL 是一条可以在 64 KB 程序存储器内调用子程序的指令，它是 3 字节指令。该指令执行过程是：把 PC 加 3 获得的下一条指令的地址进栈(先压入低字节，后压入高字节)。进栈操作使 SP 加 1 两次。接着把指令的第二和第三字节(a_{15}～a_8，a_7～a_0)分别装入 PC 的高位和低位字节中，然后从该地址 addr16(a_{15}～a_0)开始执行子程序。

两条返回指令的功能都是从堆栈中取出断点地址并送给 PC，再从断点处开始继续执行程序。RET 应放在一般子程序的末尾，而 RETI 应放在中断服务子程序的末尾。在执行 RETI 指令时，还将清除 8951 中断响应时所置位的优先级状态触发器，开放中断逻辑，使得已申请的较低级中断源可以响应，但必须在 RETI 指令执行完之后，至少要再执行一条指令才能响应这个中断。

4) 空操作指令(1 条)

空操作指令如表 11-32 所示。

表 11-32　空操作指令

指令名称	汇编格式	操作功能	机器码	机器周期
空操作	NOP	PC←PC+1	00H	1

空操作指令也是一条控制指令，它控制 CPU 不作任何操作，只是消耗该指令的执行时间。在执行 NOP 指令时，仅使 PC 加 1，时间上消耗了 12 个时钟周期，并不作其他操作。常用于等待、延时等。

控制转移指令的应用：

【例 11-12】 编制一个循环闪烁等程序，有 8 个发光二极管分别接在 P1.0—P1.7 引脚，其中一个闪烁点亮 10 次后转移到下一个闪烁 10 次，循环不止，试编写程序。

自己设计电路图，程序参考如下：

```
          MOV     A,  #01H          ；设灯的初始状态
SHIFT:    LCALL   FLASH             ；调用闪烁 10 次子程序
          RR      A                 ；右移
          SJMP    SHIFT             ；循环
FLASH:    MOV     R2, #0AH          ；闪烁 10 次
FLASH1:   MOV     P1, A             ；点亮灯
```

```
        LCALL   DELAY            ; 延时
        MOV     P1, #00H         ; 熄灭灯
        LCALL   DELAY
        DJNZ    R2, FLASH1       ; 循环
            RET
DELAY:  MOV     R5, #200         ; 延时 0.05 s
   D1:  MOV     R6, #123
            NOP
        DJNZ    R6, $
        DJNZ    R5, D1
            RET
```

5. 位操作指令(17 条)

51 单片机有丰富的位操作指令，可以方便地应用于各种逻辑控制，这是 51 指令系统的一大特色。

51 单片机内部有一个性能优异的位处理器，实际上是一个一位微处理器，它有自己的位变量操作运算器、位累加器(借用进位标志 Cy)和存储器(位寻址区中的各位)等。51 指令系统加强了对位变量的处理能力，具有丰富的位操作指令，可以完成以位变量为对象的传送、运算、控制转移等操作。位操作指令的操作对象是内部 RAM 的位寻址区，即字节地址为 20H～2FH 单元中连续的 128 位(位地址为 00H～7FH)，以及特殊功能寄存器中可以进行位寻址的各位。

下面说明一下关于位地址 bit 表示方式。在汇编语言级指令格式中，位地址有以下多种表示方式：

(1) 直接(位)地址方式，如 20H、7FH 等；

(2) 字节地址.位方式，如 23H.0，表示字节地址为 23H 单元中的 D0 位；

(3) 寄存器名.位方式，如 ACC.7，但不能写成 A.7；

(4) 位定义名方式，如 RS0；

(5) 用伪指令 BIT 定义位名方式，如 F1　BIT　PSW.1。

经定义后，允许在指令中用 F1 来代替 PSW.1。

对于不同的汇编程序，位地址的表示方式不尽相同，可参考有关说明。下面对位操作指令进行介绍。

1) 位变量传送指令(2 条)

位变量传送指令如表 11-33 所示。

表 11-33 位变量传送指令

指令名称	汇编格式	操 作 功 能	机器码	机器周期
位变量传送	MOV C, bit	C←(bit)	A2H bit	1
	MOV bit, C	(bit)←C	92H bit	2

这两条指令可以实现位地址单元与位累加器之间的数据传送(注意传送的位数是 1 位)。

2) 位设置指令(4 条)

位设置指令如表 11-34 所示。

表 11-34　位设置指令

指令名称		汇编格式	操 作 功 能	机器码	机器周期
位设置	位清零	CLR C	C←0	C3H	1
		CLR bit	(bit)←0	C2H bit	1
	位置 1	SETB C	C←1	D3H	1
		SETB bit	(bit)←1	D2H Bit	1

这些指令可以完成位地址单元与位累加器的清零与置位操作。

3) 位逻辑运算指令(6 条)

位逻辑运算指令如表 11-35 所示。

表 11-35　位逻辑运算指令

指令名称		汇编格式	操 作 功 能	机器码	机器周期
位逻辑运算	逻辑与	ANL C, bit	C←C∧(bit)	82H bit	2
		ANL C, /bit	$C \leftarrow C \wedge \overline{(bit)}$	B0H bit	2
	逻辑或	ORL C, bit	C←C∨(bit)	72H bit	2
		ORL C, /bit	$C \leftarrow C \vee \overline{(bit)}$	A0H bit	2
	位求反	CPL C	$C \leftarrow \overline{C}$	B3H	1
		CPL bit	$(bit) \leftarrow \overline{(bit)}$	B2H bit	1

4) 位条件转移指令(5 条)

位条件转移指令如表 11-36 所示。

表 11-36　位条件转移指令

指令名称		汇编格式	操作功能	机器码	机器周期
位条件转移	Cy=1 转移	JC rel	PC←PC+2，若 Cy=1，则 PC←PC+rel 若 Cy=0，顺序执行	40H rel	2
	Cy=0 转移	JNC rel	PC←PC+2，若 Cy=0，则 PC←PC+rel 若 Cy=1，顺序执行	50H rel	2
	(bit)=1 转移	JB bit, rel	PC←PC+3，若(bit)=1，则 PC←PC+rel 若(bit)=0，顺序执行	20H bit rel	2
	(bit)=0 转移	JNB bit, rel	PC←PC+3，若(bit)=0，则 PC←PC+rel 若(bit)=1，顺序执行	30H bit rel	2
	(bit)=1 位清零 转移	JBC bit, rel	PC←PC+3，若(bit)=1，则 (bit)←0，PC←PC+rel 若(bit)=0，顺序执行	10H bit rel	2

11.3.4　汇编语言程序设计

1. 汇编程序编写的步骤与方法技巧

用汇编语言设计单片机应用程序往往要经历以下几个步骤：

(1) 分析任务。

当我们要编写某个功能的应用程序时，首先应该详细分析所给任务，明确设计任务、功能要求和技术指标，然后对硬件资源和工作环境进行分析。

(2) 确定算法。

明确任务后，接着就确定解决问题的方法。把给定的任务转换成计算机处理模式就是算法，同一个问题可以有不同的算法，选出符合问题的最佳算法并进行优化。

(3) 画流程图。

画流程图是把所采用的算法转化成汇编语言程序的准备阶段，选择合适的程序结构，把整个任务细化成若干个小的功能，使每个小功能对应较少的语句段。

(4) 资源分配。

完成数据类型和数据结构的规划后，便可开始分配系统资源 ROM、RAM、定时/计数器、中断源等。在微机测控系统中，往往需要定时检测某个物理参数，或按一定的时间间隔来进行某种控制等。这种定时的获得常采用定时/计数器，它还可以对某种事件进行计数，然后根据计数结果来进行控制。单片机在及时处理实时测控中的许多随机的参数和信息、对外界异步事件包括故障的处理常使用中断，在任务分析时一般要将定时/计数器和中断源等资源分配好。ROM 资源用来存放程序和表格，资源分配的主要工作是 RAM 资源的分配。片外 RAM 的容量比片内 RAM 的容量大，通常用来存放大批量的数据，如采样数据序列。真正需要认真考虑的是片内 RAM 的分配。

片内 RAM 指 00H～7FH 单元。这 128 个字节的功能并不完全相同，分配时应注意充分发挥各自的特长，做到物尽其用。

(5) 编程与调试。

上述各项准备工作都完成后，就可以开始编程了。软件设计有两种方法：一种是自上而下，逐步细化；另一种是自下而上，先设计出每一个具体的模块(子程序)，然后再慢慢扩大，最后组成一个系统。

当汇编语言程序编写完成后难免会出现一些问题，必须进行调试和修改。调试过程大致如下：

① 用编辑软件编辑出源程序，再用编译软件生成目标代码，如果源程序中有语法错误，则返回编辑过程，修改源程序后再继续编译，直到通过。

② 对程序进行测试，纠正测试中发现的错误。

③ 在开发系统上仿真运行，试运行中将会发现不少设计错误(不是语法错误)，再从头修改源程序，如此反复直到基本成功，就可以投入实际环境中使用。

2. 汇编语言

汇编语言格式

由于汇编语言是面向机器硬件的语言，应用于单片机的硬件资源操作时直接方便，但其要求编程者对硬件知识非常清晰，所以学习汇编对掌握单片机的硬件结构非常有利。下面对 51 的汇编语言进行介绍。

采用汇编语言编写的程序称为汇编语言源程序。汇编语言中除了机器指令外，还有伪指令(后文介绍之)。这种程序是不能被 CPU 直接识别和执行的，必须由人工或机器把它翻译成机器语言才能被计算机执行。用户在进行程序设计时必须严格遵守汇编语言的格式和语法规则，才能编写出符合要求的汇编语言源程序。51 汇编语言分四段，其格式如下：

标号字段　操作码字段　操作数字段　注释字段

汇编语言程序的编写规则为：

(1) 标号字段和操作码字段之间要有冒号“：”相隔；

(2) 操作码字段和操作数字段间的分界符是空格；

(3) 两个操作数之间用逗号相隔；

(4) 操作数字段和注释字段之间的分界符用分号“；”相隔。

操作码字段为必选项，其余各段为任选项。现结合如下程序进行分析：

```
        ORG   0060H
START： MOV   A, #00H          ; A←0
        MOV   R2, #0AH         ; R2←10
        MOV   R1, #03H         ; R1←3
```

```
LOOP:  ADD   A, R1              ;A←A+R1
       DJNZ  R2, LOOP           ;若 R2-1≠0，则 LOOP
       NOP
       SJMP  $
       END
```

上面的程序共由 9 条语句组成，第 1、9 两条语句是伪指令语句(指示性语句)，其余为指令性语句。第 2、5 两条是四段齐全的语句，第 3、4、6、7 和 8 等五条是缺少标号段的语句，第 7、9 条只有操作码字段。第 6 条语句中 LOOP 是一个符号，不是标号地址，实际上是一个相对地址偏移量，可以理解为$-LOOP，$是 DJNZ　R2，LOOP 为这条指令操作码所在内存单元的地址。为了进一步弄清汇编语句中各字段的语法规则，现结合本程序对各字段加以说明。

(1) 标号字段。标号字段位于一条语句的开头，后边必须跟以冒号“:”，以指明标号所在指令操作码在内存的地址。标号又称为标号地址或符合地址，是一个可有可无的任选项。例如，上述程序中的 START 和 LOOP 皆为标号，分别指明了第 2、5 两条指令操作码的内存地址。标号由英文字母开头的字母和数字组成，长度为 1～8 个字符。标号超过 8 个字符时，汇编程序自动舍去超过部分的字符。不能使用汇编语言已经定义的符号作为标号，同一标号在一个程序中只能定义一次。

(2) 操作码字段。操作码字段可以是指令助记符(如上述程序中的 MOV、ADD 和 NOP 等)，也可以是伪指令助记符(如 ORG 和 END)。操作码字段是汇编语言指令中唯一不能空缺的部分。汇编程序就是根据这一字段来生成机器代码的。

(3) 操作数字段。操作数字段用于存放指令的操作数或操作数地址，操作数的个数因指令不同而不同，通常有单操作数、双操作数和无操作数三种情况。如果是双操作数，则操作数之间要以逗号隔开。

① 使用十六进制、二进制和十进制数表示。在大多数情况下，操作数或操作数地址采用十六进制数来表示，在某些特殊场合采用二进制或十进制的形式表示。采用十六进制时后缀“H”，采用二进制时后缀“B”，采用十进制时后缀“D”，也可省略。若十六进制的操作数以字符 A～F 中的某个开头时，则需在它前面加一个“0”，以便在汇编时把它和字符 A～F 区别开来。

② 使用工作寄存器和特殊功能寄存器表示。采用工作寄存器和特殊功能寄存器的代号来表示，也可用其地址来表示。例如，累加器可用 A(或 Acc)表示，也可用 0E0H 来表示，0E0H 为累加器 A 的地址。

③ 使用美元符号$。用于表示该转移指令操作码所在的地址。例如，如下两条指令是等价的：

```
JNB   F0, $
```

与

```
HERE: JNB    F0, HERE
```

再如：

```
HERE: SJMP    HERE
```

可写为

```
SJMP  $
```

(4) 注释字段。注释字段用于注解指令或程序的含义，对编写和阅读有利。注释字段是任选项，但使用时必须以分号“;”开头，汇编时，注释字段不会产生机器代码。

3. 伪指令

伪指令是汇编程序能够识别并用于对汇编过程进行某种控制的汇编命令，其不是单片机执行的指令，因此没有对应的可执行代码，汇编后产生的目标程序中不会再出现伪指令。不同的单片机及其开发装置所定义的伪指令不全相同。下面介绍 51 的几种常用的伪指令。

1) 起始地址设定伪指令 ORG

格式：

ORG　16 位地址或标号

在上述格式中，标号为任选项，通常省略。在机器汇编时，当汇编程序检测到该语句时，它就把该语句下一条指令或数据的首字节按 ORG 后面的 16 位地址或标号存入相应存储单元。在汇编语言源程序的开始，通常都用一条 ORG 伪指令来实现规定程序的起始地址。如不用 ORG 规定，则汇编得到的目标程序将从 0000H 开始。例如：

```
        ORG 8000H
START:  MOV  A, #30H
```

规定标号 START 代表地址为 8000H 开始。

在一个源程序中，可多次使用 ORG 指令来规定不同程序段的起始地址。但是，地址必须由小到大排列，地址不能交叉、重叠。

例如：

```
ORG  1000H
  ⋮
ORG  2000H
  ⋮
ORG  3000H
```

2) 汇编终止伪指令 END

汇编程序遇到 END 后结束汇编，在 END 之后的程序汇编程序不做处理。因此在整个源程序中只能有一条 END 命令，且位于程序的最后。

格式：

END

3) 字节数据定义伪指令　DB

在程序存储器的连续单元中定义字节数据。

格式：

[标号：]　DB　字节数据表

功能：从标号指定的地址单元开始，在程序存储器中定义字节数据。字节数据表可以是一个或多个字节数据、字符串或表达式，一个数据占用一个存储单元。

例如，DB“good morning”把字符串中的字符以 ASCII 的形式存在连续的 ROM 单元中。

再如，DB　-2，-4，　9，10 把这四个数转换为十六进制表示(即 FEH、FCH、09H、0BH)并连续存放在 4 个 ROM 单元中，其中-2、-4 以补码表示。

该指令常用于存放数据表格，可用多条 DB 指令实现。

4) 字数据定义伪指令 DW

功能：定义字指令，用于在程序存储器中定义一个或多个字，一个字相当于两个字节。

格式：

[标号]：DW 项或项表

说明：DW 与 DB 的功能相似，区别在于 DB 定义一个字节，而 DW 定义两个字节。执行汇编程序后，机器自动按高字节在前、低字节在后的格式排列。从指定的地址开始，在程序存储器的连续单元中定义 16 位的数据字。例如：

```
ORG   1000H
DW    324AH, 7BH
```

汇编后：

```
(1000H)=32H      ；第 1 个字
(1001H)=4AH
(1002H)=00H      ；第 2 个字
(2003H)=7BH
```

5) 存储空间定义伪指令 DS

格式：

[标号]：DS 表达式

功能：从标号指定的地址单元开始，在程序存储器中保留由表达式所指定的个数的存储单元为备用空间，并都填 0 值，例如：

```
          ORG   2000H
BUF：DS      30
```

汇编后从地址 2000H 开始保留 30 个存储单元作为备用单元。

6) 赋值伪指令 EQU

格式：

字符名 EQU　表达式

功能：赋值指令，将表达式的值或特定的某个汇编符号定义为一个指定的符号名。

例如：TEST　EQU　2000H

表示标号 TEST=2000H，在汇编时，凡是遇到标号 TEST 时，均以 2000H 来代替。

7) 数据(地址)赋值伪指令 DATA

格式：

字符名 DATA　　表达式　　　；赋 8 位数据

字符名 XDATA　表达式　　　；赋 16 位数据或地址

功能：数据(地址)赋值指令。用于给左边的“字符名”赋值。

说明：DATA 指令的功能与 EQU 相似，但可以先使用后定义，故 DATA 通常放在源程序的开头或末尾。表达式可以是一个数据或地址，也可以是包含被定义的“字符名”在内的表达式，但不能是汇编符号，如 R0～R7 等。

8) 位地址符号定义伪指令 BIT

格式：

字符名 BIT 位地址

功能：将位地址赋值给指定的符号名，其中位地址表达式可以是绝对地址，也可以是符号地址。例如：

```
    ORG   0300H
    A1    BIT    00H
    A2    BIT    P1.0
    MOV   C, A1
    MOV   A2, C
  END
```

显然，A1 和 A2 经 BIT 语句定义后作为位地址使用，其中，A1 的物理位地址是 00H，A2 的物理位地址是 90H。

11.4 项 目 实 施

1. 顺序结构程序编写

顺序程序是一种最简单，最基本的程序，其特点是程序按编写顺序依次往下执行每一条指令，是一种无分支、无循环结构的程序。

【例 11-13】 将 30H 单元内的两位 BCD 码拆开并转换成 ASCII 码，存入 RAM 两个单元中。程序流程如图 11-16 所示。参考程序如下：

```
ORG     2000H
MOV     A, 30H          ; 取值
ANL     A, #0FH         ; 取低 4 位

ADD     A, #30H         ; 转换成 ASCII 码
MOV     32H, A          ; 保存结果
MOV     A, 30H          ; 取值
SWAP    A               ; 高 4 位与低 4 位互换
ANL     A, #0FH         ; 取低 4 位(原来的高 4 位)
ADD     A, #30H         ; 转换成 ASCII 码
MOV     31H, A          ; 保存结果
SJMP    $
END
```

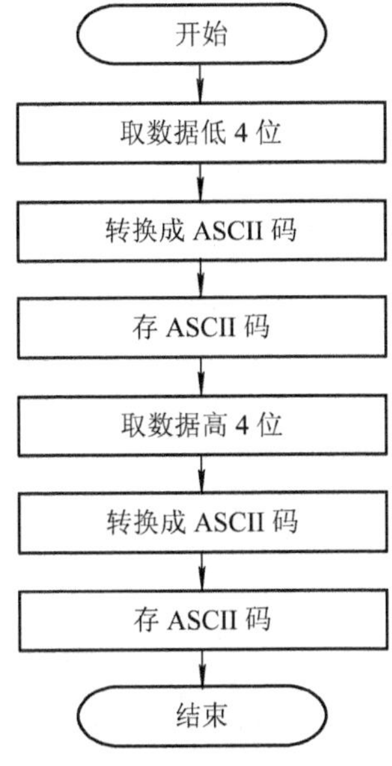

图 11-16　拆字程序流程图

2. 分支程序设计

分支程序的特点是程序中含有控制转移指令。由于转移指令分为无条件转移和条件转移指令，所以分支程序也可分为无条件分支程序和条件分支程序。

条件分支程序根据不同的条件，执行不同的程序段。51 单片机中用来判断分支条件的指令有 JZ、JNZ、CJNE、JC、JNC、JB 和 JNB 等。无条件分支程序使用跳转指令 LJMP、AJMP、SJMP 或散转指令 JMP。

【例 11-14】　设 X 存在 20H 单元中，根据：

$$Y=\begin{cases} X+2 & X>0 \\ 100 & X=0 \\ |X| & X<0 \end{cases}$$

求出 Y 值，并将 Y 值存入 21H 单元。

解　根据数据的符号位判别该数的正负，若最高位为 0，再判别该数是否为 0。程序流程图见图 11-17，参考程序如下：

```
        ORG 2000H
        MOV     A, 20H        ; 取数
        JB      ACC.7, NEG    ; 负数，转 NEG
        JZ      ZER0          ; 为零，转 ZER0
        ADD     A, #02H       ; 为正数，求 X + 2
        AJMP    SAVE          ; 转到 SAVE，保存数据
ZER0:   MOV     A, # 64H      ; 数据为零，Y = 100
        AJMP    SAVE          ; 转到 SAVE，保存数据
NEG:    DEC     A, CPL A      ; 求|X|
SAVE:   MOV     21H, A        ; 保存数据
```

```
        SJMP    $               ；暂停
```

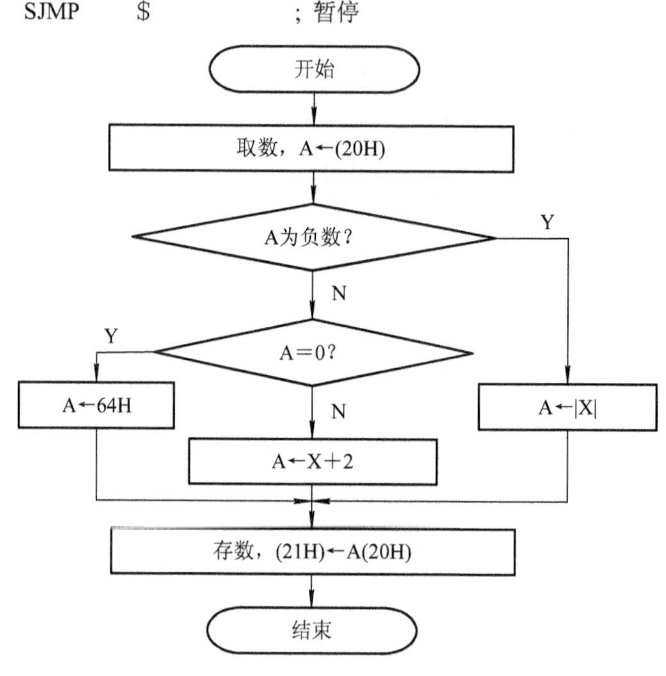

图 11-17　程序流程图

3. 循环程序设计

在程序设计中，经常需要控制一部分指令重复执行多次，以便用简短的程序完成大量的处理任务，这种按某种控制规律重复执行的程序称为循环程序。

循环程序一般包括以下 4 部分：

(1) 循环初始化，把初值参数赋给控制变量。例如，给循环体中的计数器和各工作寄存器设置初值，其中循环计数器用于控制循环次数。

(2) 循环处理，是循环程序重复执行的部分。

(3) 循环控制，一般由控制变量增 1(或减 1)计数实现。

(4) 循环结束控制，根据循环结束条件，判断循环是否结束。

【例 11-15】 有一数据块从片内 RAM 的 30H 单元开始存入，设数据块长度为 10 个单元。根据：

$$Y=\begin{cases} X+2 & X>0 \\ 100 & X=0 \\ |X| & X<0 \end{cases}$$

求出 Y 值，并将 Y 值放回原处。

解　设置一个计数器控制循环次数，每处理完一个数据，计数器减 1。程序流程图见图 11-18，参考源程序如下：

```
        ORG     2000H
        MOV     R0, #10
        MOV     R1, #30H
START:  MOV     A，@R1          ；取数
```

```
        JB      ACC.7, NEG        ; 若为负数，转 NEG
        JZ      ZER0              ; 若为零，转 ZER0
        ADD     A, #02H           ; 若为正数，求 X+2
        AJMP    SAVE              ; 转到 SAVE，保存数据
ZER0:   MOV     A, # 64H          ; 数据为零，Y=100
        AJMP    SAVE              ; 转到 SAVE，保存数据
NEG:    DEC A
        CPL  A                    ; 求|X|
SAVE:   MOV     @R1, A            ; 保存数据
        INC  R1                   ; 地址指针指向下一个地址
        DJNZ    R0, START         ; 数据未处理完，继续处理
        SJMP    $                 ; 暂停
```

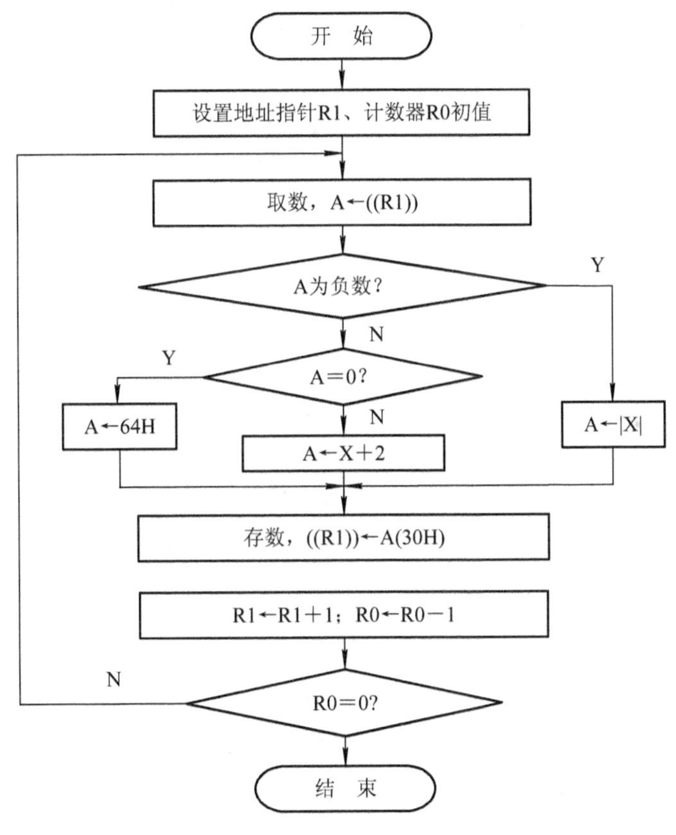

图 11-18　程序流程图

延时程序在单片机控制中用途很广，实践中常常先编写出典型延时子程序以供随时调用。典型延时子程序可取 100 μs、1 ms、100 ms、1 s 等，读者自行编程进行练习。

4. 查表程序设计

在单片机应用系统中，查表程序是一种常见的程序。使用查表程序实现查表算法，该方法是把事先计算或实验数据按一定顺序编成表格，存于程序存储器内，然后根据输入参

数值，从表中取得结果。查表程序具备数据补偿、计算和转换等功能。

用于查表的专用指令有如下两条：

```
MOVC   A, @A+DPTR
MOVC   A, @A+PC
```

1) 用 DPTR 作为基址的查表操作的 3 个步骤

(1) 把数据表格表头地址存入 DPTR 中。

(2) 把要查得的数在表中相对于表头地址的偏移量送入累加器 A。

(3) 执行 MOVC　A, @A+DPTR，把查表结果送入累加器 A。

2) 用 PC 作为基址的查表操作的 3 个步骤

(1) 用传送指令把所查数据的项数送入累加器 A。

(2) 使用 ADD　A, #data 指令对累加器 A 进行修正，data 值由下式确定：

PC 当前值 + data 值 = 数据表头地址

其中，data 值等于查表指令和数据表格之间的字节数。

(3) 用指令 MOVC　A, @A+PC 完成查表。

【例 11-16】 在温控系统中，检测的电压与温度为非线性关系，为此要做线性化补偿。测得的电压已由 A/D 转换为 10 位二进制数。根据实验测得数据来构成温度线性化补偿表。

(1) 题目分析采样电压值 x 为输入，根据 x 查出线性温度值 y 为输出。

(2) 硬件资源分配。具体如下：

R2 R3：查表前放采样电压值(x)，查表后放温度值(y)

DPTR：数据表格地址指针

(3) 参考程序如下：

```
CHAB:   MOV   DPTR，#TAB        ; 赋值表头地址
        MOV   A, R3
        CLR   C                 ; x 乘 2 与双字节 y 相对应
        RLC   A                 ; (R2R3)左移一位相当于乘 2
        MOV   R3, A
        XCH   A, R2
        RLC   A
        XCH   A, R2
        ADD   A, DPL            ; 计算查表地址
        MOV   DPL, A
        MOV   A, DPH
        ADDC  A, R2
        MOV   DPH, A
        CLR   A
        MOVC  A, @A+DPTR        ; 查 y 值高字节
        MOV   R2, A
        CLR   A
```

```
        INC   DPTR
        MOVC  A, @A+DPTR     ；查 y 值低字节
        MOV   R3, A
        RET
TAB:    DW…
```

(4) 程序说明。由于采样电压值 x 为双字节，使用指令 MOVC　A，@A+DPTR 时，不能直接用 A 作变址寄存器，需要先把 DPH 和 DPL 加上 x，进行双字节加法处理，然后累加器 A 清 0，再执行查表指令。

5. 子程序设计

子程序是指能完成某一确定的任务并能被其他程序反复调用的程序段。调用子程序的程序称为调用程序。采用子程序结构可使程序简化，便于调试，并可实现程序模块化。子程序在结构上应具有通用性和独立性。

1) 编写子程序时的注意事项

编写子程序时应注意以下几点：

(1) 程序第一条指令的地址称为入口地址。该指令前必须有标号，最好以子程序的任务定名。例如，显示程序常以 DISP 作为标号。

(2) 调用子程序指令设在主程序中，返回指令放在子程序的末尾。

(3) 子程序调用和返回指令能自动保护和恢复断点，但对于需要保护的寄存器和内存单元的内容，必须在子程序开始和末尾(RET 指令前)安排保护和恢复它们的指令。

(4) 为使所编子程序可以放在 64 KB 程序存储器的任何地方并能被主程序调用，子程序内部必须使用相对转移指令而不使用其他转移指令，以便汇编时生成浮动代码。

2) 参数传递方法

在调用子程序时会遇到主程序与子程序之间参数如何传递的问题。

入口参数：主程序调用子程序时，传入子程序的参数称为入口参数。

出口参数：子程序运算出的结果称为出口参数。

主程序把入口参数放到某些约定位置，子程序在运行时，从约定位置得到这些参数。在返回主程序前，子程序把出口参数送到约定位置，主程序再从约定位置得到运算结果。

(1) 用工作寄存器或累加器传递参数。

【例 11-17】 编写完成 c = a2 + b2 的程序。设 a 和 b 均为小于 10 的整数，a、b、c 放在内部 RAM 的 XA、XB、XC 三个单元中。

① 题目分析。本程序由主程序和子程序组成。主程序通过 A 累加器传递子程序入口参数 a 或 b，子程序也通过 A 累加器传递出口参数 a2 或 b2 给主程序，子程序为求平方的通用子程序。

② 硬件资源分配：

内部 RAM：40H～42H 存 a、b、c。

入口参数：(A)= a 或 b。

出口参数：(A)= a2 或 b2。

③ 参考程序：

```
          ORG      2000H
          XA  DATA     40H
          XB  DATA     41H
          XC  DATA     42H
              MOV      A, XA          ; 入口参数 a 送 A
              ACALL    SQR            ; 求 a2
              MOV      XC, A          ; a2 送 XC
              MOV      A, XB          ; 入口参数 b 送 A
              ACALL    SQR            ; 求 b2
              ADD      A, XC          ; a2 + b2 送 A
              MOV      XC, A          ; 存结果
              SJMP     $
SQR：         MOV      B, A
              MUL      AB
              RET
              END
```

(2) 用指针寄存器传递参数。

【例 11-18】 将 R0 和 R1 指出的内部 RAM 中两个 3 字节无符号数相加，并把结果送入 R0 指定的内部 RAM 单元。

① 题目分析。R0 指向加数单元低字节，R1 指向被加数单元低字节。

② 硬件资源分配：

R7：存放字节数。

入口参数 R0：指向加数低字节单元。

入口参数 R1：指向被加数低字节单元。

出口参数 R0：指向和高字节的单元。

③ 参考程序如下：

```
NADD:   MOV     R7, #3
        CLR     C
NADD1:  MOV     A, @R0
        ADDC    A, @R1
        MOV     @R0, A
        INC     R0
        INC     R1
        DJNZ    R7, NADD1
        DEC     R0
        RET
```

(3) 用堆栈传递参数。

【例 11-19】 在寄存器 R2 中存有两位十六进制数，试将它们分别转换成 ASCII 码，存入 Y1 和 Y1+1 单元。

① 题目分析：由于要进行两次转换，故可调用子程序来完成。在调用之前，先把要传送的参数压入堆栈。进入子程序之后，再将压入堆栈的参数弹出到工作寄存器或者其他内存单元。这样的传送方法有一个优点，即可以根据需要将堆栈中的数据弹出到指定的工作单元。

② 硬件资源分配：

内部 RAM 30H～31H：　存放两个转换的 ASCII 码。

DPTR：数据表格表头地址。

R2：待转换的两位十六进制数。

入口参数((SP))：两位十六进制数。

出口参数((SP))：1 位十六进制数对应的 ASCII 码。

③ 参考程序如下：

```
        ORG     3000H
        Y1      DATA    30H
        MOV     SP, #50H            ; 设堆栈指针初值
        MOV     DPTR, #TAB          ;  ASCII 表头地址送数据指针
        PUSH    02H                 ;  R2 中十六进制数进栈
        ACALL   HASC                ; 调用转换子程序
        POP     Y1                  ; 第一个 ASCII 码送 Y1 单元
        MOV     A, R2
        SWAP    A                   ; 高 4 位与低 4 位交换
        PUSH    ACC                 ; 第二个十六进制数进栈
        ACALL   HASC                ; 再次调用
        POP     Y1+1                ; 第二个 ASCII 码送 Y1+1 单元
        SJMP    $
HASC:   DEC     SP
        DEC     SP                  ; 修改 SP 到参数位置
        POP     ACC                 ; 弹出参数到 A
        ANL     A, #0FH
        MOVC    A, @A+DPTR          ; 查表
        PUSH    ACC                 ; 参数进栈
        INC     SP                  ; 修改 SP 到返回地址
        INC     SP
        RET
TAB:    DB  '0', '1', '2', '3', '4', '5', '6', '7'
        DB  '8', '9', 'A', 'B', 'C', 'D', 'E', 'F'
        END
```

项目小结

单片机常用的编程语言是汇编语言，它具有占存储空间少、运行速度快、实时性强等

优点，但其缺点是缺乏通用性。高级语言面向过程，具有直观、易学、通用性强的优点。但是单片机直接能够识别和执行的是机器语言，需要把它们经过汇编的过程变成机器语言。

本项目主要介绍了 51 单片机的寻址方式、指令系统和汇编程序设计的基本方法。51 单片机共有 111 条指令，按指令长度分类，可分为 1 字节、2 字节和 3 字节指令；按指令执行时间分类，可分为 1 个机周期、2 个机周期和 4 个机周期指令。由于单片机的指令条数较多，初学时不宜死记硬背，要理解各指令的功能和用法。

项目还介绍了 51 单片机的汇编语言的编程步骤及方法、伪指令及汇编语言程序设计的基本方法。读者通过对顺序程序、循环程序、分支程序，查表程序以及子程序调用等几种典型结构的学习，进一步熟悉 51 单片机指令系统中的各种指令的运用，掌握汇编语言程序设计的基本方法和技能。

正确理解和运用单片机指令系统，并根据实际应用编写出各种汇编语言程序是学习单片机的一项非常重要的内容。对于一个单片机应用系统，可以写出不同形式的程序，怎样能较快地完成设计该系统的软件和硬件设计是很不容易的，因此在编写程序时可以参阅各种实用程序，借鉴别人的经验，提高自己的编程能力。

项 目 练 习

(1) 叙述机器语言、汇编语言以及 C51 语言的区别。

(2) 51 单片机有哪些寻址方式？

(3) 访问特殊功能寄存器 SFR 可以采用哪些寻址方式？

(4) 访问内部 RAM 可用哪些寻址方式？

(5) 常用的程序结构有哪几种？各有何特点？

(6) 汇编语言编写步骤有哪些？

(7) 下面几种指令中的 20H 所表达的含义有什么不同？

```
MOV   A, #20H;
MOV   30H, 20H;
MOV   C,  20H.0;
```

(8) 分步写出下列程序每条指令的运行结果。

①
```
MOV   SP, # 40H
MOV   A, #20H
MOV   B, #30H
PUSH  A
PUSH  B
POP   A
POP   B
```

②
```
MOV   A, #83H
MOV   R0, #47H
MOV   47H, #34H
ANL   A, #47H
```

```
    ORL   47H, A
    XRL   A, @R0
③  MOV   R0, #00H
    MOV   A, #20H
    MOV   B, #0FFH
    MOV   20H, #0F0H
    XCH   A, R0
    XCH   A, B
```

(9) 将外部数据空间 2000H～200AH 中的数据高四位清 0，低四位不变，存放于原来空间。

(10) 设有 100 个带符号的数，连续存放以 2000H 为首地址的存储区中，编程统计其中的正数、负数、零的个数，并将结果分别存入 30H、31H，32H 单元中。

项目练习答案

项目 12　单片机开发工具使用

【项目导入】

要学习单片机，首先学习需要模拟电子技术、数字电子技术等。对于初学者来说，如果没有经历过理论学习、软件仿真、硬件仿真、程序固化、产品制作的全过程，单片机的开发技术是很难入门的，本项目主要介绍单片机常用开发工具的基本使用方法。

【项目目标】

1. 知识目标

(1) 熟悉 Keil C51 软件的各菜单的功能；

(2) 掌握 Keil C51 软件的程序调试方法；

(3) 熟悉 Proteus 软件的基本操作；

(4) 熟悉用 Protel 对单片机电路板进行设计。

2. 能力目标

(1) 会用 Keil C51 软件对单片机程序进行调试；

(2) 会用 Protel 对单片机电路板进行设计；

(3) 会下载程序到单片机芯片；

(4) 会用 Proteus 软件进行单片机系统的软件与硬件综合仿真。

12.1　项 目 描 述

目前用于单片机开发的软件主要有三款，分别是 Protel、Proteus 和 Keil C51。其中，Protel 是电子线路 CAD 软件的一种，主要用于在电路设计，适用于 50 MHz 频率以下的电路设计，其主要功能就是画电路图，让电路图电子化。电子化的电路图可用于设计为印制电路板，也可用于所设计电路的仿真验证。Proteus 软件是功能强大的电路设计分析软件，它能代替真实的硬件，对电子线路进行仿真实验。Proteus 不仅具有其他 EDA 工具软件的仿真功能，还能仿真单片机及外围器件，它是目前最好的仿真单片机及外围器件的工具。Keil C51 是美国 Keil Software 公司出品的 51 系列兼容单片机 C 语言软件开发系统。与汇编相比，C 语言在功能、结构性、可读性、可维护性上有明显的优势，易学易用。这三种软件都在开发单片机产品中具有举足轻重的地位，Protel 软件的使用在单片机先行课电子线路 CAD 中已进行讲解，在此不再介绍，下面仅对 Proteus 和 Keil C51 的操作使用进行简单介绍。

12.2　项目目的与要求

本项目的目的就是掌握单片机开发软件 Protel、Proteus 和 Keil C51 的使用，会运用这些软件完成单片机的开发。

(1) 能运用 Protel 进行单片机电路板的设计；

(2) 会运用 Keil C51 编写单片机程序并进行软件的调试和仿真；

(3) 会使用 Proteus 对单片机系统进行硬件仿真模拟；

(4) 会把 Keil C51 编译生成的.Hex 文件烧录到单片机芯片。

12.3　项目支撑知识链接

12.3.1　Keil C51 仿真软件

1. Keil C51 简介

Keil 提供了一个集成开发环境 μVision，它包括 C 编译器、宏汇编、连接器、库管理和一个功能强大的仿真器，可以完成编辑、编译、连接、调试、仿真等整个开发流程。开发人员可用这个集成开发环境(IDE)本身或其他编辑器编辑 C 或汇编源文件，然后分别用 C51 及 A51 编译器编译生成目标文件(.obj)。目标文件可由 LIB51 创建生成库文件，也可以与其他库文件一起经 L51 连接定位生成绝对目标文件(.abs)。.abs 文件再由 OH51 转换成标准的 .hex 文件，以供调试器 dScope51 或 tScope51 进行源代码级调试，也可使用仿真器直接和目标板一起进行软硬件调试。调试好的 .hex 文件就可以直接写入程序存储器 EPROM 中供实际使用。

Keil μVision 的安装方法很简单，点击安装程序，选择好安装路径，按照安装步骤依次点击下一步，待安装完成后会在 Windows 桌面生成一个快捷图标，双击“开始”就可以打开软件。

2. Keil C51 的使用

Keil C51 软件安装

Keil C51 是 51 系列单片机的开发系统，利用它可以编辑、编译、汇编、连接 C 程序和汇编程序，从而可以生成供单片机直接使用的 .hex 文件，下面以 μVision2 版本为例简要介绍该软件的操作步骤。

【步骤 1】启动 μVision2 开发环境，从桌面直接双击快捷图标，出现如图 12-1 所示的开发界面，该界面包括文件工具栏、编译工具栏、工程窗口以及输出窗口等。

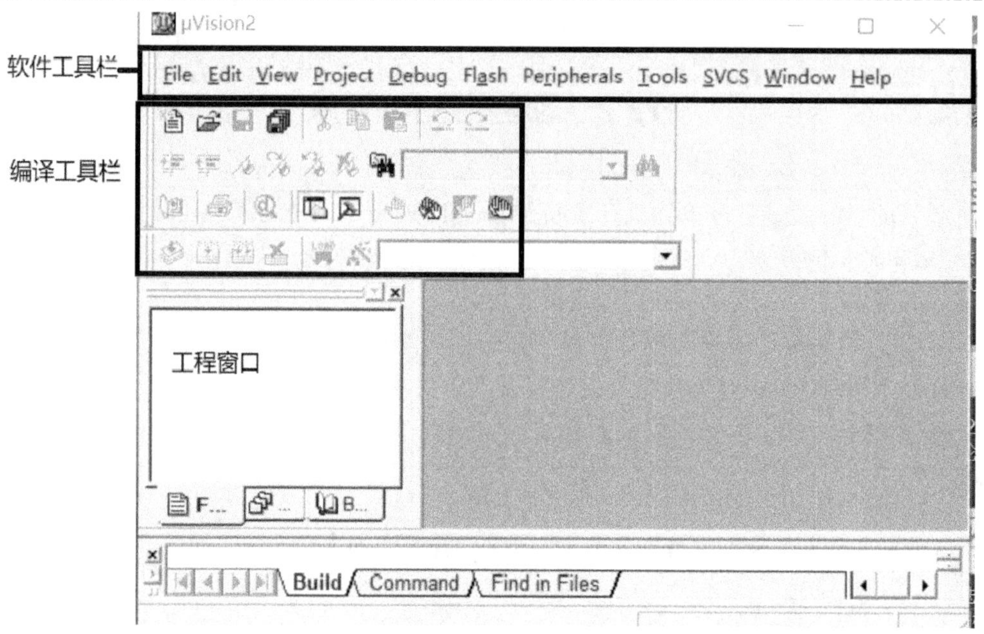

图 12-1　Keil 软件界面

【步骤 2】 新建一个工程，如图 12-2 所示，依次选择“Project”→“New Project”菜单，在弹出的保存窗口中选择工程文件的保存位置，填写文件名，如图 12-2 所示，单击“保存”按钮。

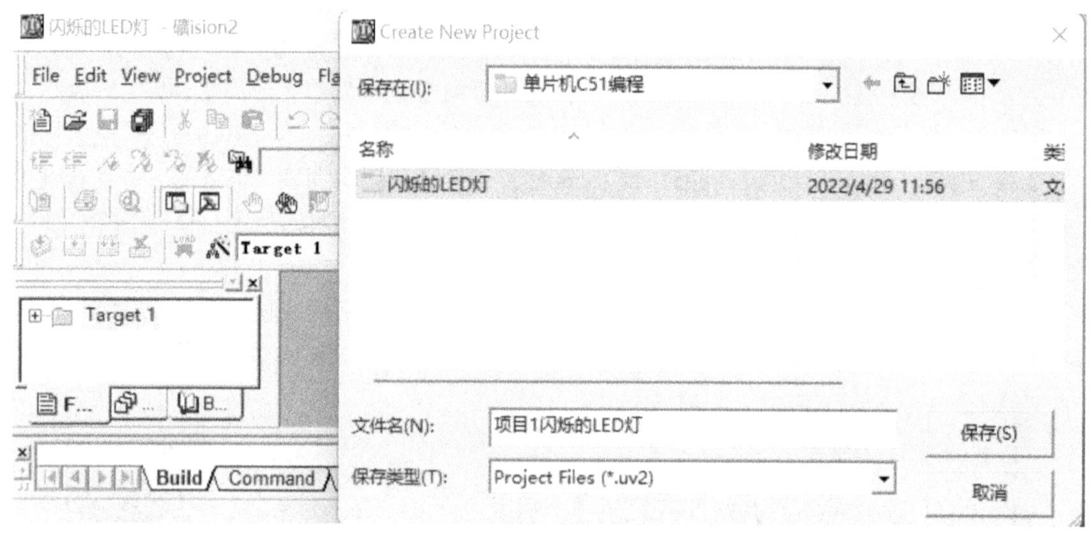

图 12-2　建立工程项目

【步骤 3】 在弹出的 CPU 选择对话框中选择“Atmel”项前面的“+”号展开该层，单击其中的单片机芯片型号(此处选 AT89C51)，如图 12-3 所示，然后单击“确定”按钮，出现如图 12-4 所示的复制标准 8051 启动代码选择窗口，单击“是(Y)”按钮，回到主界面，如图 12-5 所示。

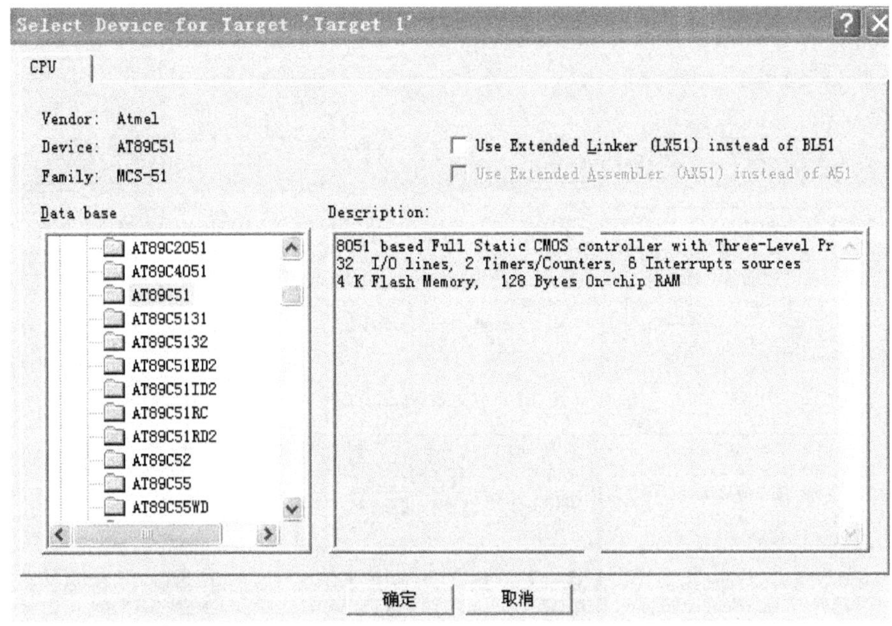

图 12-3　选择单片机芯片

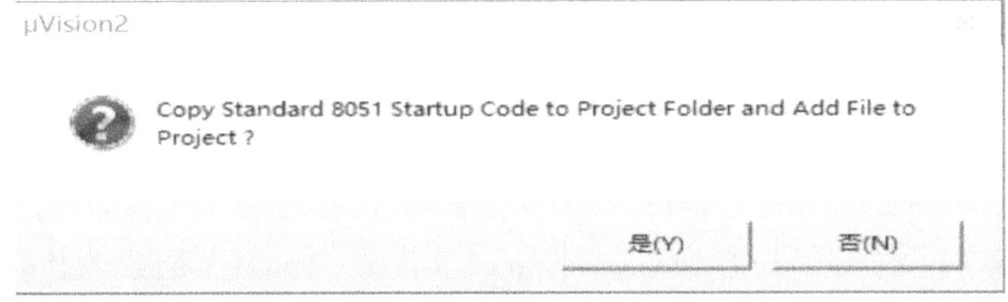

图 12-4　复制标准 8051 启动代码选择窗口

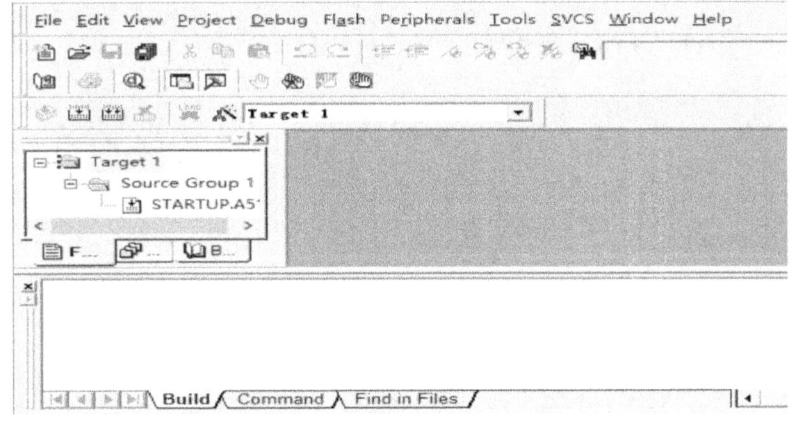

图 12-5　建立工程后的主界面

【步骤 4】 单击文件工具栏中的“File”→“New”菜单，在编辑区域出现一个 Text 的文本编辑窗口。在此窗口中输入源程序(我们选择输入的是 C 语言源程序)如图 12-6 所示。对该 C 语言源程序编辑完成后，单击文件工具栏中的保存文件按钮“Save as”，将源程序保存为“.c”形式的文件，如图 12-7 所示。

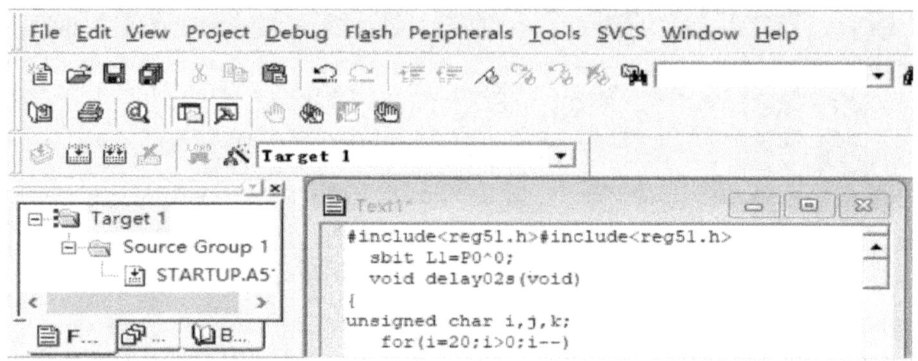

图 12-6　文本编辑窗口

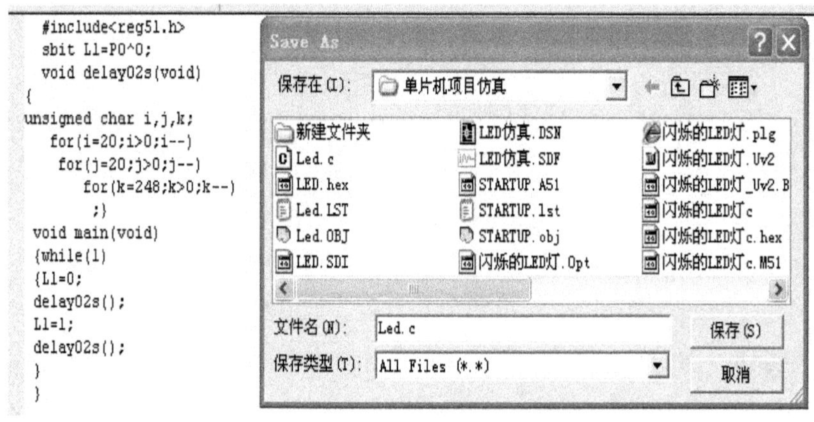

图 12-7　保存文件

【步骤 5】 在工程窗口的“Source Group 1”文件夹上单击鼠标右键，在弹出的快捷菜单中选择“Add Files to Group Source Group1”选项，如图 12-8 所示，在打开的对话框中选择文件，在“文件类型”下拉菜单中选择“C Source file(*.c)”，找到前面保存的文件“Led.c”源文件，并单击“Add”按钮，如图 12-9 所示。

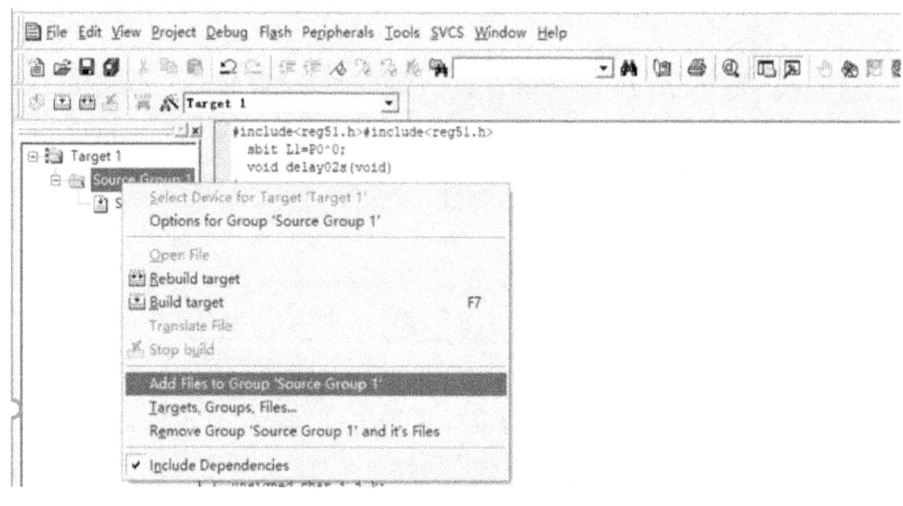

图 12-8　在工程中添加源文件

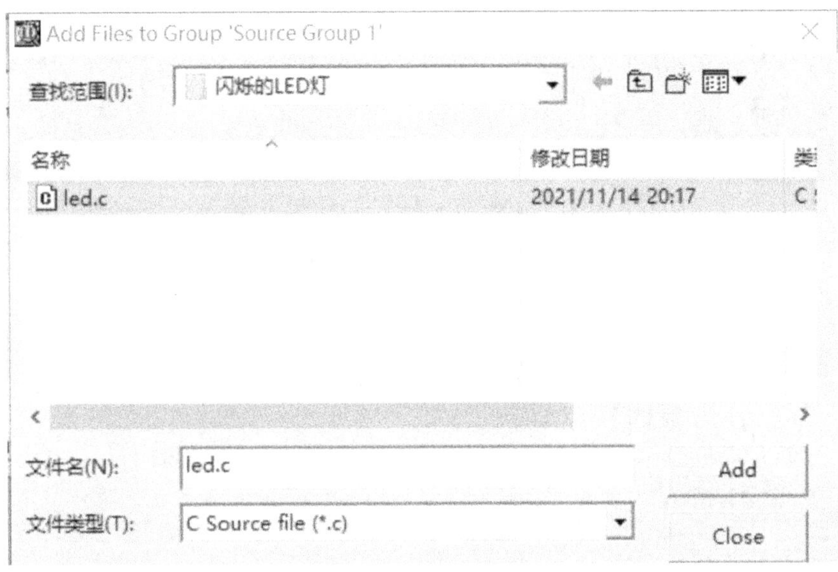

图 12-9　添加 C 源文件

【步骤 6】 选择“Project”→“Options for Target 'Target 1'”菜单，在弹出的对话框中打开“Output”选项卡，参照图 12-10 在“Great HEX File”选项前画“√”来设置输出选项，单击“确定”按钮。

【步骤 7】 单击编译工具栏的按钮，对汇编源文件进行编译、链接、运行，如图 12-11 所示。若运行不成功，则在输出窗口将看到错误信息提示，继续修改程序，直到完全正确；若运行成功，则会在保存工程的文件夹中生成“.hex”文件，如图 12-12 所示。

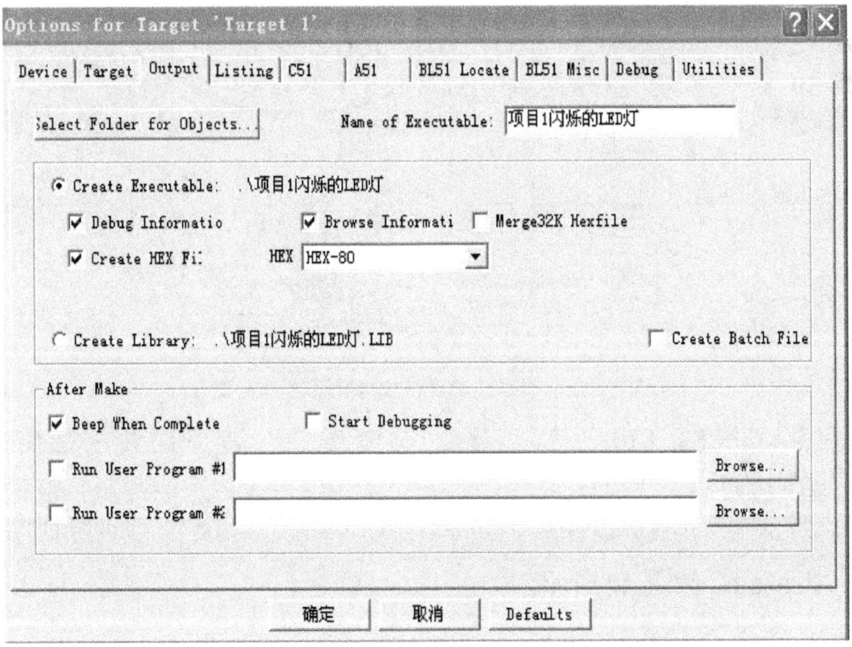

图 12-10　设置创建 LED.hex 文件的输出选项

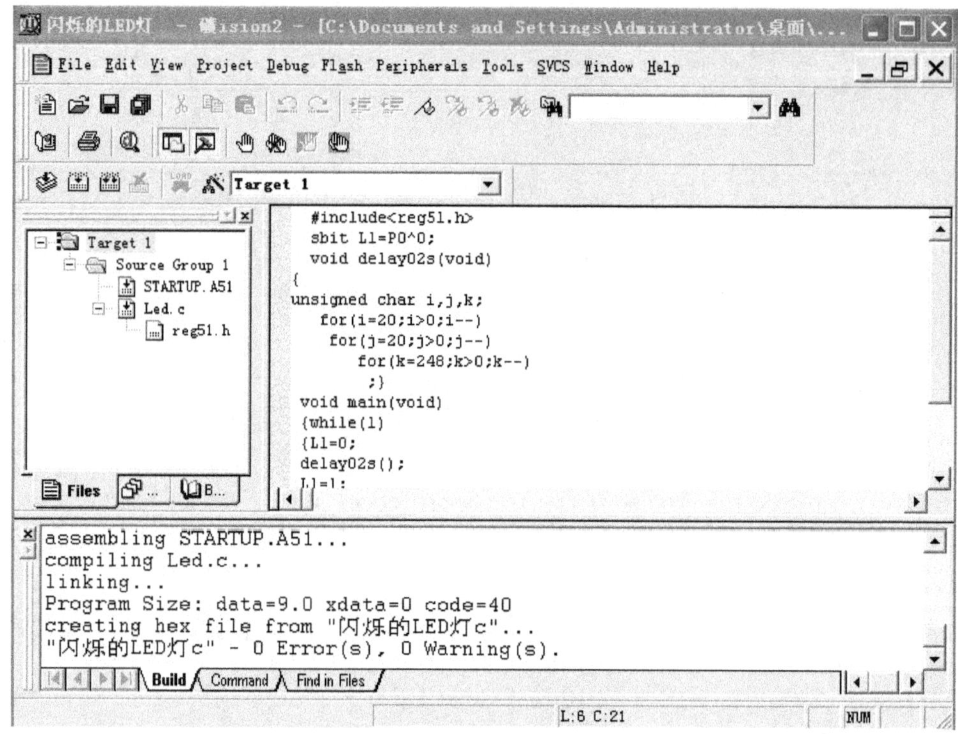

图 12-11　编辑成功的程序文件

图 12-12　编辑成功后生成可烧录的 .hex 文件

总结起来，使用 Keil C51 的基本步骤是：① 新建工程；② 新建文件；③ 编辑源程序；④ 添加源文件；⑤ 工程配置；⑥ 工程编译；⑦ 生成 .hex 文件。经过这几步就成功地生成了十六进制 .hex 目标文件，把此文件下载到单片机或者采用软件 Proteus 即可进行仿真。

12.3.2　Proteus 仿真软件使用

1. Proteus 简介

Proteus 软件是英国 Labcenter electronics 公司的 EDA 工具软件，可以仿真单片机及外围器件，其处理器模型支持 8051、HC11、PIC10/12/16/18/24/30/DsPIC33、AVR、ARM、8086 和 MSP430、Cortex 和 DSP 系列处理器，其他系列处理器模型还在持续增加中。在编译方面，它也支持 IAR、Keil 和 MPLAB 等多种编译器。

Proteus 软件的特点如下：

(1) 实现了单片机仿真和 Spice 电路仿真相结合。具有模拟电路仿真、数字电路仿真、单片机及其外围电路组成的系统的仿真、RS232 动态仿真、I2C 调试器、SPI 调试器、键盘和 LCD 系统仿真的功能；有各种虚拟仪器，如示波器、逻辑分析仪、信号发生器等。

(2) 提供了大量的元器件，涉及电阻、电容、二极管、三极管、MOS 管、变压器、继电器、各种放大器、各种激励源、各种微控制器、各种门电路和各种终端；同时也提供了虚拟测试仪器，比如电流表、电压表、示波器、逻辑分析仪、信号发生器、定时/计数器等。

(3) 支持主流单片机系统的仿真。目前支持的单片机类型有 68000 系列、8051 系列、AVR 系列、PIC12 系列、PIC16 系列、PIC18 系列、Z80 系列、HC11 系列以及各种外围芯片。

(4) 提供软件调试功能。在硬件仿真系统中具有全速、单步、设置断点等调试功能，同时可以观察各个变量、寄存器等的当前状态，因此在该软件仿真系统中也具有这些功能；同时支持第三方的软件编译和调试环境，如 Keil C51 μVision 等软件。

(5) 具有强大的原理图绘制功能。启动 Proteus 后将出现 ISIS 的设计窗口，包括：标题栏、主菜单、标准工具栏、绘图工具栏、状态栏、对象选择按钮、预览对象方位控制按钮、仿真进程控制按钮(最下面一行)、预览窗口、对象选择器窗口、图形编辑窗口。

(6) Proteus VSM 虚拟系统模型组合了混合模式的 SPICE 电路仿真、动态器件和微控制器模型，实现了完整的基于微控制器设计的协同仿真，真正使得在物理模型出来之前对这类设计的开发和测试成为现实。

2. Proteus 系统仿真软件操作

Proteus 的工作界面是一种标准的 Windows 界面，包括：标题栏、主菜单、工具箱、工具栏、对象选择器按钮、对象控制按钮、仿真进程控制按钮、编辑窗口等。

Proteus 仿真软件安装

1) 编辑窗口

在编辑窗口内主要完成电路设计图的绘制和编辑，如图 12-13 所示。为了方便作图，在编辑窗口内设置有点状栅格，点与点之间的间距由当前捕捉的设置决定。捕捉的尺度可以由 View 菜单的 Snap 命令设置，或者直接使用快捷键 F4、F3、F2 和 Ctrl+F1。

在绘制原理图过程中，调整编辑窗口所示的区域是经常用到的操作，调整编辑窗口所显示的区域可以通过对视图的移动和缩放来实现，常用有以下三种方法：

(1) 选择 View Pan 菜单项，然后将光标移到指定位置，再单击鼠标；

(2) 单击预览窗口中想要显示的位置，这将使编辑窗口显示以单击处为中心的内容；

(3) 用鼠标指向编辑窗口并按缩放键或者操作鼠标的滚动轮键，则会以鼠标指针位置为中心对视图进行缩放，并重新显示。

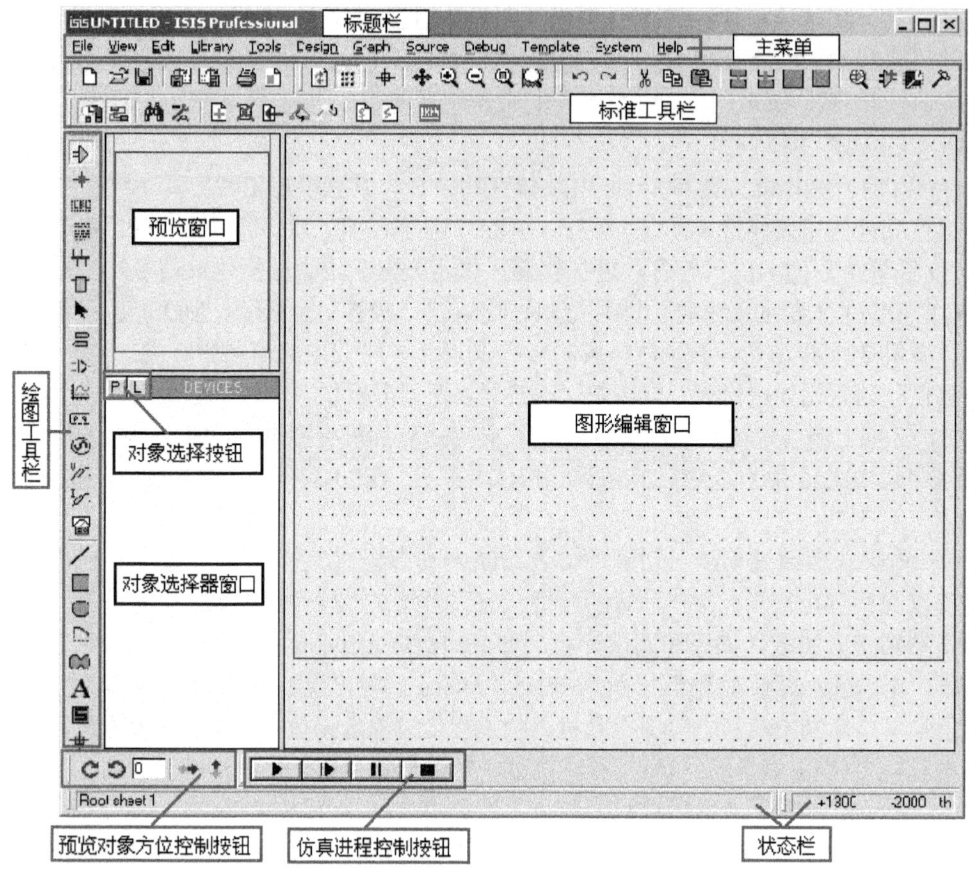

图 12-13　Proteus 工作界面

2) 预览窗口

预览窗口可以显示编辑窗口中的全部原理图，也可显示从对象选择器中选中的对象。当预览窗口显示全部原理图时，在预览窗口中有两个框，蓝框表示当前页的边界，绿框表示当前编辑窗口显示的区域。在预览窗口上单击“Proteus ISIS”，将以单击位置为中心刷新编辑窗口。当从对象选择器中选择对象时，预览窗口将显示选中的对象，此时若在编辑窗口单击鼠标，预览窗口内的对象将被放置到编辑窗口。

3) 对象选择器

在程序设计中经常用到对象这一概念。所谓对象，是指将状态和行为合成到一起的软件构造，用来描述真实世界的一个物理或概念性的实体。在 Proteus ISIS 中，元器件、终端、引脚、图像符号、标注、图表、虚拟仪器和发生器等都被赋予了物理属性和操作方法，它们都是软件对象。

在工具箱中系统集成了大量的与绘制电路图有关的对象，选择相应的工具箱图标按钮，系统将提供不同的操作功能。在对象选择器中系统根据选择不同的工具箱图标按钮来决定当前状态显示的内容。

Proteus 提供了大量的元器件，通过使用对象选择器按钮 P，可以从元器件库中提取需要的元器件，并将其置入对象选择器中，供今后绘图时选用。下面以 C51 单片机 P0 口驱动一个 LED 灯为例简要介绍该软件的操作步骤。

【步骤 1】 打开 Proteus ISIS，显示如图 12-13 所示的界面，除了常见的菜单栏和工具栏外，还包括预览窗口、对象选择器窗口、图形编辑窗口、预览对象方位控制按钮以及仿真进程控制按钮等。

【步骤 2】 单击对象选择器窗口上方的 P 按钮，弹出设备选择对话框，在对话框中的“Keywords”里面输入我们要检索的元器件的关键词，比如我们要选择项目中使用的单片机 AT89C51，就可以直接输入。输入以后，我们就能够在中间的“Results”结果栏里面看到我们搜索的元器件的结果。在对话框的右侧，我们还能够看到我们选择的元器件的仿真模型、引脚以及 PCB 参数。然后单击“OK”按钮，如图 12-14 所示。再回到开发主界面，鼠标移入图形编辑窗口中会变成笔状，选择合适位置并双击鼠标，芯片就出现了。

这里有一点需要注意，可能有时候我们选择的元器件并没有仿真模型，对话框将在仿真模型和引脚一栏中显示“No Simulator Model”(无仿真模型)，那么我们就不能对该元器件进行仿真了。

搜索到所需的元器件以后，我们可以双击元器件名来将相应的元器件加入我们的文档中，接着我们还可以用相同的方法来搜索并加入其他的元器件。当我们已经将所需的元器件全部加入文档中时，就可以点击“OK”按钮来完成元器件的添加。

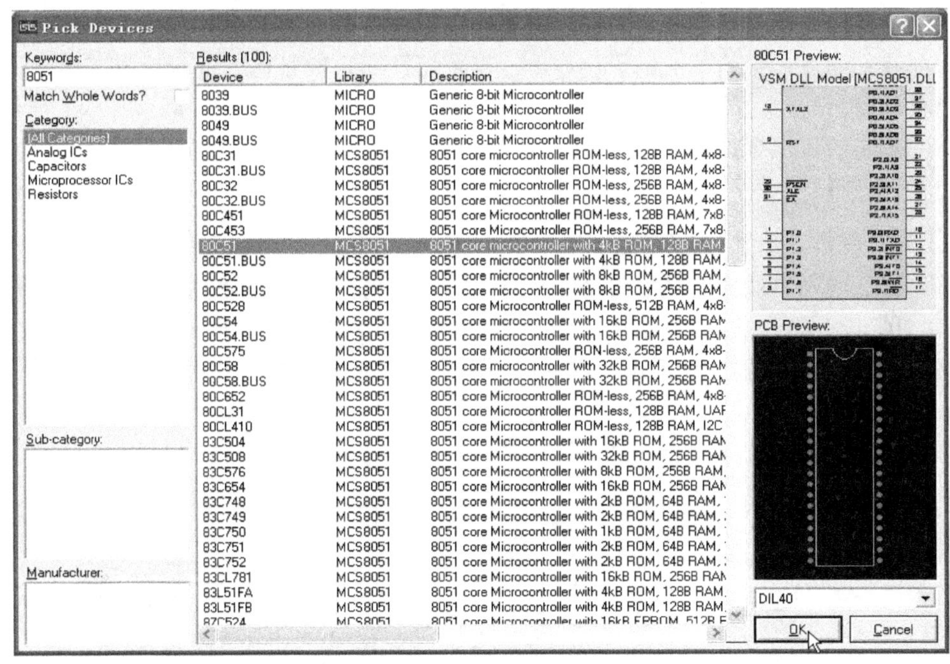

图 12-14　选区元器件

【步骤 3】 参照添加芯片的方法添加发光二极管和电阻，器件添加完成后，再进行导线绘制连接，具体过程读者可以参阅 Proteus 软件使用等方面的书籍和资料，导线连接后可以得到该项目的硬件系统图(如图 12-15 所示)，至此系统硬件电路连接已经结束。

注意：在选用多个电阻时，当阻值和型号相同，可利用复制功能作图。将鼠标移到该电阻处，在工具栏中单击复制按钮，按下鼠标左键拖动，将对象复制到新的位置。

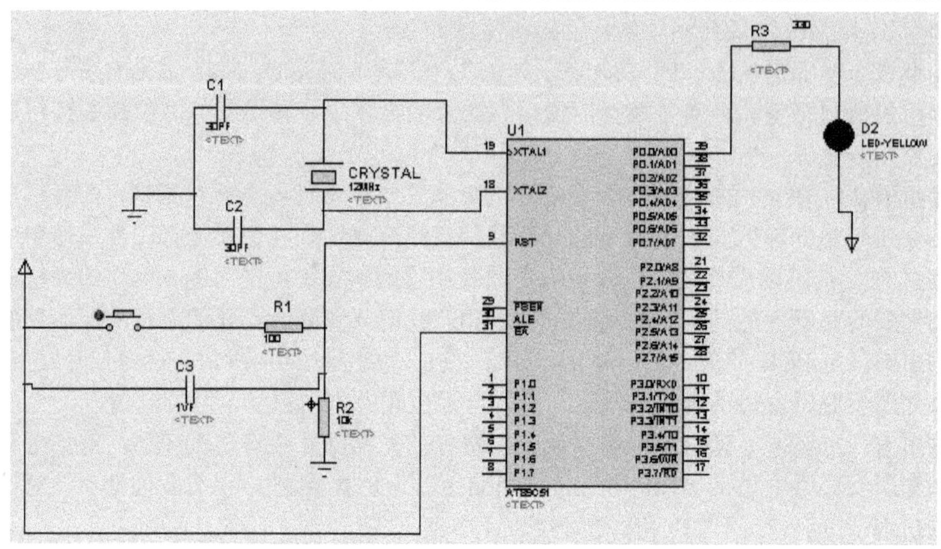

图 12-15　Proteus 下的硬件系统图

12.4　项目实施(Proteus 和 Keil C 的联合仿真)

下面我们通过一个简单的例子讲述单片机系统开发中如何利用 Proteus 和 Keil C 来进行联合仿真的。

从左到右的流水灯设计：要求接在 P0 口的 8 个 LED 灯，让灯从左到右循环依次点亮，产生走马灯效果。

1．硬件设计

首先我们选用单片机的型号为 AT89C51，然后我们决定通过单片机的 P0 口来设计 8 个 LED 灯，因为选用的 P0.0～P0.7，这八个引脚分别接 D1～D7 的 8 个 LED 灯，在设计时 P0 口需要接上拉电阻，然后设计单片机小系统，包括电源电路和时钟晶振电路等，其电路图如图 12-16 所示。

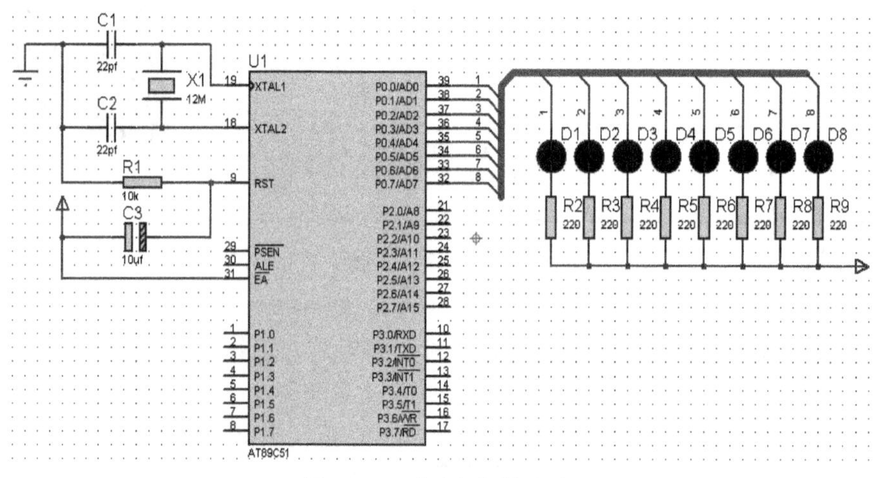

图 12-16　流水灯硬件电路

2. 软件设计

由硬件电路可知，要实现 P0 口的 8 个 LED 灯从左到右循环点亮，哪个灯亮哪个引脚必须是低电平，要让灯熄灭该引脚必须送高电平，另外，灯灭和灯亮多久需要用延时来实现，这里需要编写一个延时子程序。因为循环点亮 P0 口的 8 个 LED 灯，这里我们借用 C51 提供的 crol_(P0,1)这个左移函数来实现。其编程思路如图 12-17 所示。

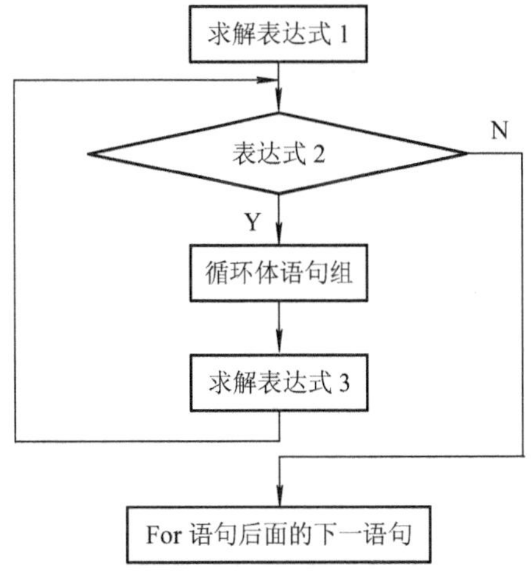

图 12-17　编程思路

C51 源程序如下：

```
#include<reg51.h>
#include<intrins.h>
#define uchar unsigned char
#define uint unsigned int
//延时
void DelayMS(uint x)
{
    uchar i;
    while(x--)
    {
        for(i=0;i<120;i++);
    }
}
//主程序
void main()
{
    P0=0xfe;
    while(1)
    {
        P0=_crol_(P0,1);        // P0 的值向左循环移动
        DelayMS(150);
    }
}
```

3. Proteus 和 Keil C 的联合仿真调试

【步骤 1】 在图 12-16 所示 Proteus 绘制的电路硬件图中，把鼠标拖到单片机芯片 AT89C51 内，单击鼠标右键后出现一个文件菜单“Add/Remove source files”(如图 12-18 所示)，然后在里面选中“Add/Remove source files”选项并单击鼠标，就会出现一个新的对话框，在新对话框中点击“New”后，就弹出如图 12-19 的界面，在该界面找到“从左到右的流水灯.hex”文件，点击打开后就把该文件加载到 AT89C51 内部，至此我们已经成功

完成添加。

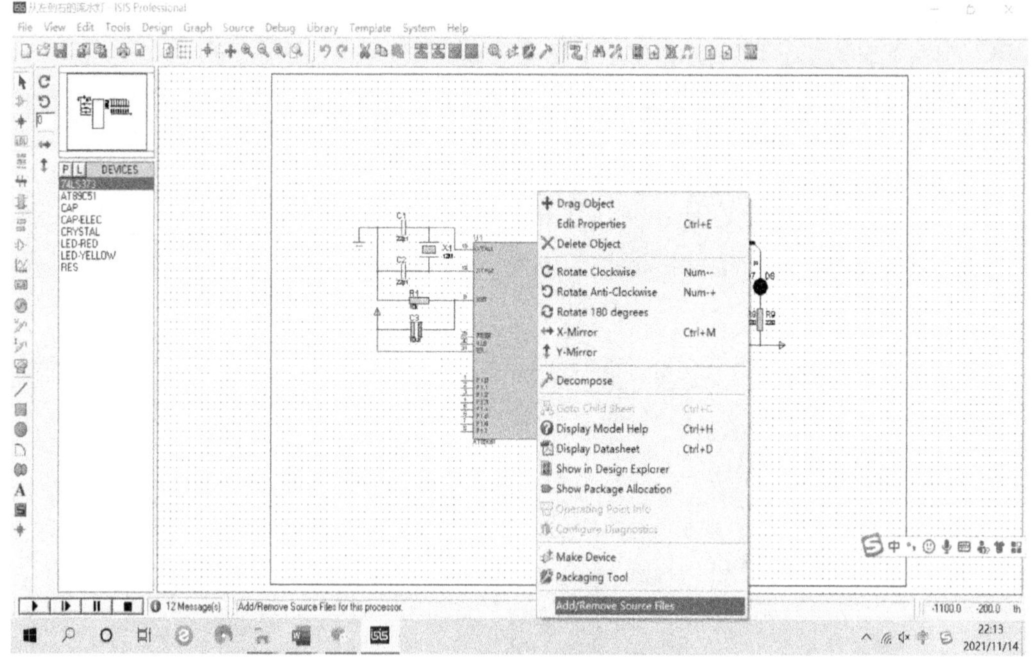

图 12-18　Proteus 流水灯硬件电路

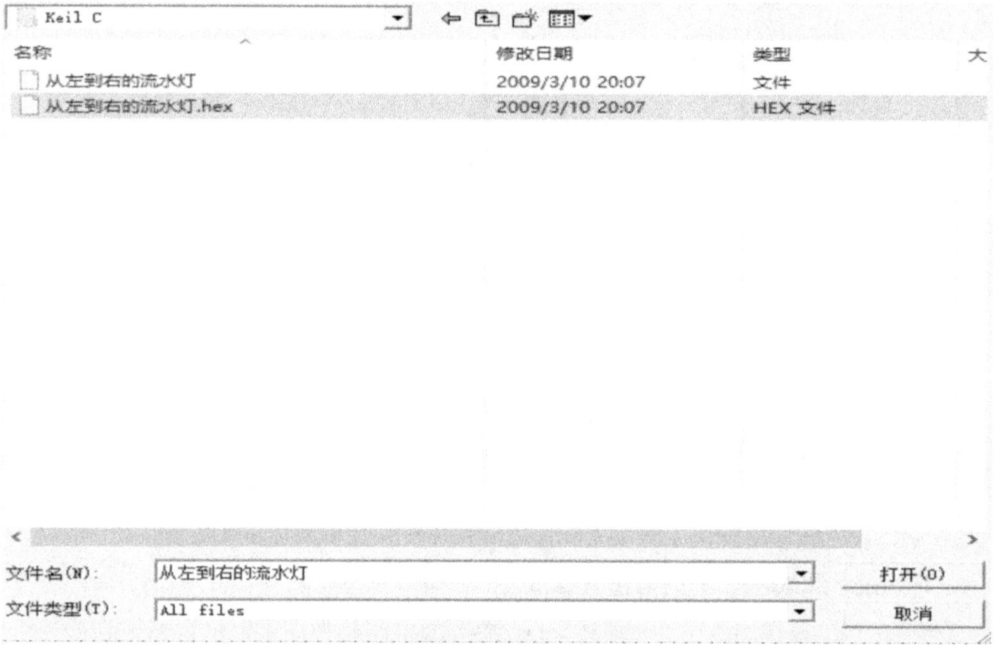

图 12-19　添加从左到右的流水灯.hex

【步骤 2】 加载“从左到右的流水灯.hex”文件成功后，点击下面仿真控制按钮的第一个“三角形”箭头(play)，就能运行从左到右来回循环点亮的流水灯了，此时可以看到 LED 开始从左到右以一定的时间间隔循环闪烁，效果十分好，如图 12-20 所示。

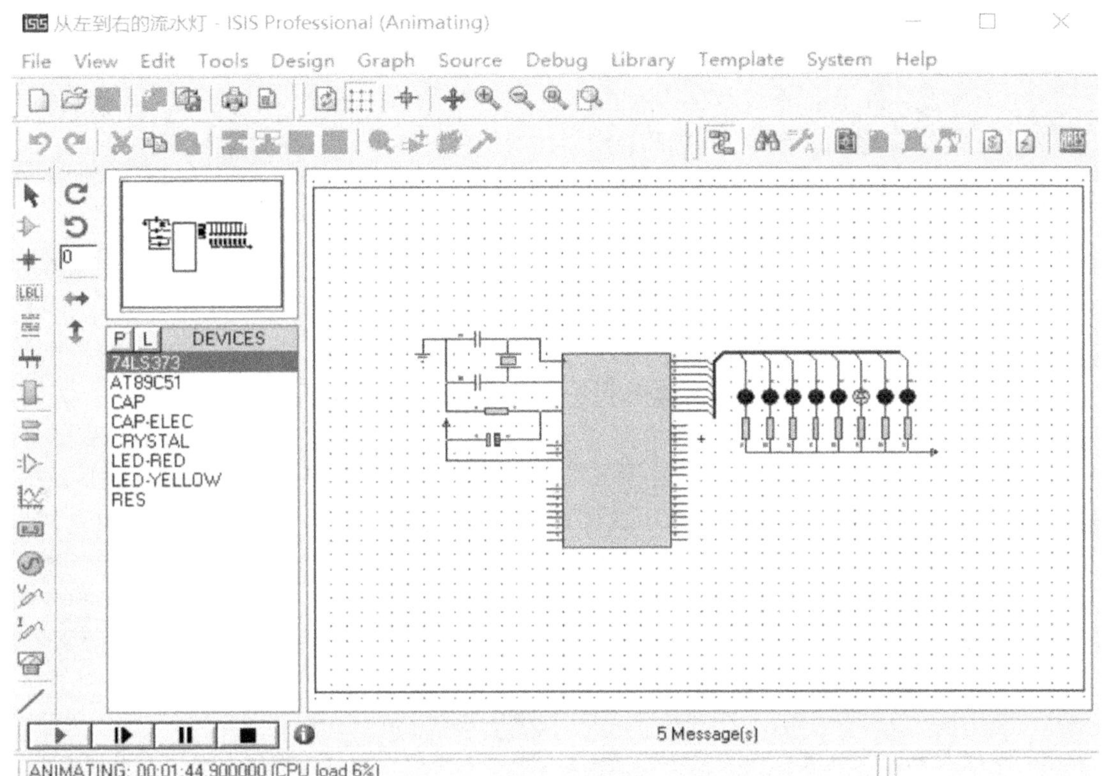

图 12-20　Proteus 流水灯的循环闪烁效果图

项 目 小 结

单片机是一门综合性学科，需要模拟电子技术、数字电子技术、电子线路 CAD 及计算机的一些基础知识，同时，单片机又是一门实践性很强的专业技术，使用的设备较多。对于初学者来说，没有进行理论学习、软件仿真、硬件仿真、程序固化、产品制作的全过程就很难入门。本项目向单片机开发学习人员讲述了 Proteus 和 Keil C51 两种单片机仿真软件的使用。

在单片机系统开发中，Proteus 和 Keil C51 两种软件的功能侧重点不同。

Keil C51 提供了一个集成开发环境 μVision，它包括 C 编译器、宏汇编、连接器、库管理和一个功能强大的仿真器，可以完成编辑、编译、连接、调试、仿真等整个开发流程。开发人员可用 IDE 本身或其他编辑器编辑 C 或汇编源文件，然后分别由 C51 及 A51 编译器编译生成目标文件(.obj)。目标文件可由 LIB51 创建生成库文件，也可以与库文件一起经 L51 连接定位生成绝对目标文件(.abs)。绝对目标文件由 OH51 转换成标准的 hex 文件，以供调试器 dScope51 或 tScope51 使用进行源代码级调试，也可由仿真器使用直接对目标板进行调试，也可以直接写入程序存储器 EPROM 中。因此 Keil C51 是美国 Keil Software 公司出品的 51 系列兼容单片机 C 语言软件开发系统，与汇编相比，C 语言在功能上、结构性、可读性、可维护性上有明显的优势，因而易学易用。Keil C51 软件提供丰富的库函数和功能强大的集成开发调试工具，并且具有全 Windows 界面。

Proteus 软件是功能强大的电路设计分析软件，能代替真实的硬件，用软件对电子线路进行仿真实验。Proteus 不仅具有其他 EDA 工具软件的仿真功能，还能仿真单片机及外围器件，它是目前最好的仿真单片机及外围器件的工具。Proteus 软件的特点如下：

(1) 实现了单片机仿真和 Spice 电路仿真相结合；

(2) 提供了大量的元器件；

(3) 支持主流单片机系统的仿真；

(4) 提供软件调试功能；

(5) 具有强大的原理图绘制功能；

(6) 实现 Proteus VSM 虚拟系统模型组合了混合模式的 SPICE 电路仿真。

另外，项目中还详细介绍了 Proteus 和 Keil C51 两种软件的使用方法和步骤，以及两种软件结合在一起对单片机应用系统的开发过程。从软件在 Keil C51 的编写、调试到最后生成“.hex”文件，到在 Proteus 中设计绘制电路图，再把 Keil C51 生成“.hex”文件，然后将其下载到 Proteus，完成仿真调试。初学者要熟练掌握 Proteus 和 Keil C51 两种软件的使用是需要一个过程的，因此要求读者经常练习这两种软件的使用，对开发单片机有一个很好的帮助。

项目拓展技能与练习

【拓展技能训练】

参照书中的举例，设计一个 8 只 LED 左右来回点亮的流水灯，说明：程序利用循环移位函数_crol_和_cror_形成来回滚动的效果。

要求：在 Keil C51 中软件仿真编译，在 Proteus 中仿真其效果。

拓展技能资料

【项目练习】

(1) Keil C51 有何优点？简要叙述其编译程序的过程。

(2) Proteus 在硬件仿真中有哪些优点？

项目练习答案

附录 A　ASCII 码表

位 654 → ↓ 3210	000	001	010	011	100	101	110	111
0000	NUT	DLE	(space)	0	@	P	、	p
0001	SOH	DCI	!	1	A	Q	a	q
0010	STX	DC2	”	2	B	R	b	r
0011	ETX	DC3	#	3	C	X	c	s
0100	EOT	DC4	$	4	D	T	d	t
0101	ENQ	NAK	%	5	E	U	e	u
0110	ACK	SYN	&	6	F	V	f	v
0111	BEL	TB	,	7	G	W	g	w
1000	BS	CAN	(	8	H	X	h	x
1001	HT	EM	)	9	I	Y	i	y
1010	LF	SUB	*	:	J	Z	j	z
1011	VT	ESC	+	;	K	[	k	{
1100	FF	FS	,	<	L	/	l	|
1101	CR	GS	-	=	M	]	m	}
1110	SO	RS	.	>	N	^	n	~
1111	SI	US	/	?	O	—	o	DEL

附录 B　C51 常用库函数

C-51 软件包的库包含标准的应用程序，每个函数都在相应的头文件(.h)中有原型声明。如果使用库函数，则必须在源程序中用预编译指令定义与该函数相关的头文件(包含了该函数的原型声明)。例如：#include，如果省掉头文件，则编译器就找不到标准的 C 参数类型，不能保证函数的正确执行。

1. CTYPE.H：字符函数

在 CTYPE.H 头文件中包含下列一些库函数：

函数名：isalpha。

原型：extern bit isalpha(char)

功能：isalpha 检查传入的字符是否在“A”～“Z”和“a”～“z”之间，如果为真则返回值为 1，否则为 0。

函数名：isalnum。

原型：extern bit isalnum(char)

功能：isalnum 检查字符是否位于“A”～“Z”“a”～“z”或“0”～“9”之间，为真则返回值是 1，否则为 0。

函数名：iscntrl。

原型：extern bit iscntrl(char)

功能：iscntrl 检查字符是否位于 0x00～0x1F 之间或 0x7F，为真则返回值是 1，否则为 0。

函数名：isdigit。

原型：extern bit isdigit(char)

功能：isdigit 检查字符是否在“0”～“9”之间，为真则返回值是 1，否则为 0。

函数名：isgraph。

原型：extern bit isgraph(char)

功能：isgraph 检查变量是否为可打印字符，可打印字符的值域为 0x21～0x7E。若为可打印，则返回值为 1，否则为 0。

函数名：isprint。

原型：extern bit isprint(char)

功能：除与 isgraph 相同外，还接收空格字符(0x20)。

函数名：ispunct。

原型：extern bit ispunct(char)

功能：ispunct 检查字符是否为标点或空格。如果该字符是个空格或 32 个标点和格式字符之一(假定使用 ASCII 字符集中的 128 个标准字符)，则返回 1，否则返回 0。

函数名：islower。

原型：extern bit islower(char)

功能：islower 检查字符变量是否位于“a”～“z”之间，为真则返回值是 1，否则为 0。

函数名：isupper。

原型：extern bit isupper(char)

功能：isupper 检查字符变量是否位于“A”～“Z”之间，为真则返回值是 1，否则为 0。

函数名：isspace。

原型：extern bit isspace(char)

功能：isspace 检查字符变量是否为下列之一——空格、制表符、回车、换行、垂直制表符和送纸，为真则返回值是 1，否则为 0。

函数名：isxdigit。

原型：extern bit isxdigit(char)

功能：isxdigit 检查字符变量是否位于“0”～“9”“A”～“F”或“a”～“f”之间，为真则返回值是 1，否则为 0。

函数名：toascii。

原型：toascii(c)((c)&0x7F)

功能：该宏将任何整型值缩小到有效的 ASCII 范围内，它将变量和 0x7F 相与，从而去掉低 7 位以上所有数位。

函数名：toint。

原型：extern char toint(char)

功能：toint 将 ASCII 字符转换为十六进制，返回值 0～9 由 ASCII 字符“0”～“9”得到，10～15 由 ASCII 字符“a”～“f”(与大小写无关)得到。

函数名：tolower。

原型：extern char tolower(char)

功能：tolower 将字符转换为小写形式，如果字符变量不在“A”～“Z”之间，则不作转换，返回该字符。

函数名：_tolower。

原型：_tolower(c);(c-'A'+'a')

功能：该宏将 0x20 参量值逐位相或。

函数名：toupper。

原型：extern char toupper(char)

功能：toupper 将字符转换为大写形式，如果字符变量不在“a”～“z”之间，则不作转换，返回该字符。

函数名：_toupper。

原型：_toupper(c);((c)-'a'+'A')

功能：_toupper 宏将 c 与 0xDF 逐位相与。

2．STDIO.H：一般 I/O 函数

C51 编译器包含字符 I/O 函数，它们通过处理器的串行接口操作，为支持其他 I/O 机制，只需修改 getkey 和 putchar 函数，其他所有 I/O 支持函数依赖这两个模块，不需要改动。在使用 51 单片机串行口之前，必须将它们初始化。例如，以 2400 baud/s，12 MHz 初始化串口：SCON=0x52;，TMOD=0x20;，TR1=1;，TH1=0Xf3;，其他工作模式和波特率等细节问题可以从 51 用户手册中得到。

函数名：_getkey。

原型：extern char _getkey()

功能：_getkey 从 80C51 串口读入一个字符，然后等待字符输入，这个函数是改变整个输入端口机制应作修改的唯一一个函数。

函数名：_getchar。

原型：extern char _getchar()

功能：_getchar 使用_getkey 从串口读入字符，除了将读入的字符马上传给 putchar 函数以作响应外，其余与_getkey 相同。

函数名：gets。

原型：extern char *gets(char *s，int n)

功能：该函数通过 getchar 从控制台设备读入一个字符并送入由“s”指向的数据组。考虑到 ANSI 标准的建议，限制每次调用时能读入的最大字符数，函数提供了一个字符计数器“n”，在所有情况下，当检测到换行符时，放弃字符输入。

函数名：ungetchar。

原型：extern char ungetchar(char)

功能：ungetchar 将输入字符推回输入缓冲区，因此下次 gets 或 getchar 可用该字符。ungetchar 成功时返回“char”，失败时返回 EOF，不可能用 ungetchar 处理多个字符。

函数名：_ungetchar。

原型：extern char _ungetchar(char)

功能：_ungetchar 将传入字符送回输入缓冲区并将其值返回给调用者，下次使用 getkey 时可获得该字符，写回多个字符是不可能的。

函数名：putchar。

原型：extern putchar(char)

功能：putchar 通过 80C51 串口输出“char”，和函数 getkey 一样，putchar 是改变整个输出机制所需修改的唯一一个函数。

函数名：printf。

原型：extern int printf(const char*，…)

功能：printf 以一定格式通过 80C51 串口输出数值和串，返回值为实际输出的字符数，参量可以是指针、字符或数值，第一个参量是格式串指针。注意：允许作为 printf 参量的总字节数由 C51 库限制，因为 80C51 结构上存储空间有限，因此在 SMALL 和 COMPACT 模式下，最大可传递 15 个字节的参数(即 5 个指针，或 1 个指针和 3 个长字节)，在 LARGE 模式下，至多可传递 40 个字节的参数。

函数名：sprintf。

原型：extern int sprintf(char *s，const char*，…)

功能：sprintf 与 printf 相似，但输出不显示在控制台上，而是通过一个指针 s，送入可寻址的缓冲区。注：sprintf 允许输出的参量总字节数与 printf 完全相同。

函数名：puts。

原型：extern int puts(const char*，…)

功能：puts 将串“s”和换行符写入控制台设备，错误时返回 EOF，否则返回一非负数。

函数名：scanf。

原型：extern int scanf(const char*，…)

功能：scanf 在格式串的控制下，利用 getcha 函数由控制台读入数据，每遇到一个值(符号格式串规定)，就将它按顺序赋给每个参量，注意每个参量必须都是指针。scanf 返回它所发现并转换的输入项数。若遇到错误，则返回 EOF。

函数名：sscanf。

原型：extern int sscanf(const *s,const char*，…)

功能：sscanf与scanf方式相似，sscanf的输入是字符变量，而scanf的输入是控制台。对单片机来说，scanf的输入一般指串口输入。

注：sscanf参量允许的总字节数由C51库限制，这是因为51单片机处理器结构内存的限制，在SMALL和COMPACT模式下最大允许15字节(即至多5个指针，或2个指针、2个长整型和1个字符型)的参数，在LARGE模式下最大允许传送40个字节的参数。

3. STRING.H：串函数

串函数通常将指针串作为输入值。一个串就包括2个或多个字符。串结以空字符表示。在函数memcmp、memcpy、memchr、memccpy、memmove和memset中，串长度由调用者明确规定，使这些函数可工作在任何模式下。

函数名：memchr。

原型：extern void *memchr(void *s1，char val，int len)

功能：memchr顺序搜索s1中的len个字符找出字符val，成功时返回s1中指向val的指针，失败时返回NULL。

函数名：memcmp。

原型：extern char memcmp(void *s1，void *s2，int len)

功能：memcmp逐个比较串s1和s2的前len个字符。相等时返回0，如果串s1大于或小于s2，则相应返回一个正数或负数。

函数名：memcpy。

原型：extern void *memcpy(void *dest，void *src，int len)

功能：memcpy由src所指内存中拷贝len个字符到dest中，返回指向dest中的最后一个字符的指针。如果src和dest发生交叠，则结果是不可预测的。

函数名：memccpy。

原型：extern void *memccpy(void *dest，void *src，char val，int len)

功能：memccpy拷贝src中len个字符到dest中，如果实际拷贝了len个字符则返回NULL。拷贝过程在拷贝完字符val后停止，此时返回指向dest中下一个元素的指针。

函数名：memmove。

原型：extern void *memmove(void *dest，void *src，int len)

功能：memmove的工作方式与memcpy相同，但拷贝区可以交叠。

函数名：memset。

原型：extern void *memset(void *s，char val，int len)

功能：memset 将 val 值填充指针 s 中的 len 个单元。

函数名：strcat。
原型：extern char *strcat(char *s1，char *s2)
功能：strcat 将串 s2 拷贝到串 s1 结尾。它假定 s1 定义的地址区足以接收两个串。返回指针指向 s1 串的第一字符。

函数名：strncat。
原型：extern char *strncat(char *s1，char *s2，int n)
功能：strncat 拷贝串 s2 中 n 个字符到串 s1 结尾。如果 s2 比 n 短，则只拷贝 s2。

函数名：strcmp。
原型：extern char strcmp(char *s1，char *s2)
功能：strcmp 比较串 s1 和 s2，如果相等则返回 0，如果 s1s2 则返回一个正数。

函数名：strncmp。
原型：extern char strncmp(char *s1，char *s2，int n)
功能：strncmp 比较串 s1 和 s2 中前 n 个字符，返回值与 strncmp 相同。

函数名：strcpy。
原型：extern char *strcpy(char *s1，char *s2)
功能：strcpy 将串 s2 包括结束符拷贝到 s1，返回指向 s1 的第一个字符的指针。

函数名：strncpy。
原型：extern char *strncpy(char *s1，char *s2，int n)
功能：strncpy 与 strcpy 相似，但只拷贝 n 个字符。如果 s2 长度小于 n，则 s1 串以“0”补齐到长度 n。

函数名：strlen。
原型：extern int strlen(char *s1)
功能：strlen 返回串 s1 的字符个数(包括结束字符)。

函数名：strchr，strpos。
原型：extern char *strchr(char *s1，char c)
　　　extern int strpos(char *s1，char c)
功能：strchr 搜索 s1 串中第一个出现的“c”字符，如果成功，则返回指向该字符的指针，搜索也包括结束符。搜索一个空字符返回指向空字符的指针，而不是空指针。strpos 与 strchr 相似，但它返回字符在串中的位置或-1，s1 串的第一个字符位置是 0。

函数名：strrchr，strrpos。

原型：extern char *strrchr(char *s1，char c)

　　extern int strrpos(char *s1，char c)

功能：strrchr 搜索 s1 串中最后一个出现的“c”字符，如果成功，则返回指向该字符的指针，否则返回 NULL。对 s1 搜索，也返回指向字符的指针，而不是空指针。strrpos 与 strrchr 相似，但它返回字符在串中的位置或-1。

函数名：strspn，strcspn，strpbrk，strrpbrk。

原型：extern int strspn(char *s1，char *set)

　　extern int strcspn(char *s1，char *set)

　　extern char *strpbrk(char *s1，char *set)

　　extern char *strrpbrk(char *s1，char *set)

功能：strspn 搜索 s1 串中第一个不包含在 set 中的字符，返回值是 s1 中包含在 set 里字符的个数。如果 s1 中所有字符都包含在 set 里，则返回 s1 的长度(包括结束符)。如果 s1 是空串，则返回 0。strcspn 与 strspn 类似，但它搜索的是 s1 串中的第一个包含在 set 里的字符。strpbrk 与 strspn 很相似，但它返回指向搜索到字符的指针，而不是个数，如果未找到，则返回 NULL。strrpbrk 与 strpbrk 相似，但它返回 s1 中指向找到的 set 字集中最后一个字符的指针。

4．STDLIB.H：标准函数

函数名：atof。

原型：extern double atof(char *s1)

功能：atof 将 s1 串转换为浮点值并返回它。输入串必须包含与浮点值规定相符的数。C51 编译器对数据类型 float 和 double 等同对待。

函数名：atol。

原型：extern long atol(char *s1)

功能：atol 将 s1 串转换成一个长整型值并返回它。输入串必须包含与长整型值规定相符的数。

函数名：atoi。

原型：extern int atoi(char *s1)

功能：atoi 将 s1 串转换为整型数并返回它。输入串必须包含与整型数规定相符的数。

5．MATH.H：数学函数

函数名：abs，cabs，fabs，labs。

原型：extern int abs(int val)

　　extern char cabs(char val)

　　extern float fabs(float val)

　　extern long labs(long val)

功能：abs决定了变量val的绝对值，如果val为正，则不作改变直接返回；如果为负，则返回相反数。这四个函数除了变量和返回值的数据不一样外，它们功能相同。

函数名：exp，log，log10。

原型：extern float exp(float x)

extern float log(float x)

extern float log10(float x)

功能：exp返回以e为底x的幂，log返回x的自然数(e=2.718 282)，log10返回x以10为底的数。

函数名：sqrt。

原型：extern float sqrt(float x)

功能：sqrt返回x的平方根。

函数名：rand，srand。

原型：extern int rand(void)

extern void srand(int n)

功能：rand返回一个0～32 767之间的伪随机数。srand用来将随机数发生器初始化成一个已知(或期望)值，对rand的相继调用将产生相同序列的随机数。

函数名：cos，sin，tan。

原型：extern float cos(float x)

extern float sin(float x)

extern float tan(float x)

功能：cos返回x的余弦值，sin返回x的正弦值，tan返回x的正切值，所有函数变量范围为−π/2～+π/2，变量必须在±65 535之间，否则会产生一个NaN错误。

函数名：acos，asin，atan，atan2。

原型：extern float acos(float x)

extern float asin(float x)

extern float atan(float x)

extern float atan2(float y，float x)

功能：acos返回x的反余弦值，asin返回x的反正弦值，atan返回x的反正切值，它们的值域为−π/2～+π/2。atan2返回x/y的反正切，其值域为−π～+π。

函数名：cosh，sinh，tanh。

原型：extern float cosh(float x)

extern float sinh(float x)

extern float tanh(float x)

功能：cosh 返回 x 的双曲余弦值，sinh 返回 x 的双曲正弦值，tanh 返回 x 的双曲正切值。

函数名：fpsave，fprestore。

原型：extern void fpsave(struct FPBUF *p)

extern void fprestore (struct FPBUF *p)

功能：fpsave 保存浮点子程序的状态，fprestore 将浮点子程序的状态恢复为其原始状态。当用中断程序执行浮点运算时这两个函数是有用的。

6. ABSACC.H：绝对地址访问

函数名：CBYTE，DBYTE，PBYTE，XBYTE。

原型：#define CBYTE((unsigned char *)0x50000L)

#define DBYTE((unsigned char *)0x40000L)

#define PBYTE((unsigned char *)0x30000L)

#define XBYTE((unsigned char *)0x20000L)

功能：上述宏定义用来对 80C51 地址空间作绝对地址访问，因此可以进行字节寻址。CBYTE 寻址 CODE 区，DBYTE 寻址 DATA 区，PBYTE 寻址 XDATA 区(通过 MOVX @R0 命令)，XBYTE 寻址 XDATA 区(通过 MOVX @DPTR 命令)。

函数名：CWORD，DWORD，PWORD，XWORD。

原型：#define CWORD((unsigned int *)0x50000L)

#define DWORD((unsigned int *)0x40000L)

#define PWORD((unsigned int *)0x30000L)

#define XWORD((unsigned int *)0x20000L)

功能：这些宏与上面相似，只是它们指定的类型为 unsigned int。通过灵活的数据类型，所有地址空间都可以访问。

7. INTRINS.H：内部函数

函数名：_crol_，_irol_，_lrol_。

原型：unsigned char _crol_(unsigned char val,unsigned char n)

unsigned int _irol_(unsigned int val,unsigned char n)

unsigned int _lrol_(unsigned int val,unsigned char n)

功能：_crol_，_irol_，_lrol_以位形式将 val 左移 n 位，该函数与 80C51“RLA”指令相关。

函数名：_cror_，_iror_，_lror_。

原型：unsigned char _cror_(unsigned char val，unsigned char n)

unsigned int _iror_(unsigned int val，unsigned char n)

unsigned int _lror_(unsigned int val，unsigned char n)

功能：_cror_，_iror_，_lror_以位形式将 val 右移 n 位，该函数与 80C51“RRA”指令

相关。上面几个函数不同于参数类型。

函数名：_nop_。

原型：void _nop_(void)

功能：_nop_产生一个 NOP 指令，该函数可用作 C 程序的时间比较。C51 编译器在_nop_函数工作期间不产生函数调用，即在程序中直接执行 NOP 指令。

函数名：_testbit_。

原型：bit _testbit_(bit x)

功能：_testbit_产生一个 JBC 指令，该函数测试一个位，当置位时返回 1，否则返回 0。如果该位置为 1，则将该位复位为 0。80C51 的 JBC 指令即用作此目的。_testbit_只能用于可直接寻址的位，在表达式中使用是不允许的。

8．SETJMP.H：全程跳转

SETJMP.H 中的函数用作正常的系列数调用和函数结束，它允许从深层函数调用中直接返回。

函数名：setjmp。

原型：int setjmp(jmp_buf env)

功能：setjmp 将状态信息存入 env 供函数 longjmp 使用。当直接调用 setjmp 时返回值是 0，当由 longjmp 调用时返回非零值，setjmp 只能在语句 IF 或 SWITCH 中调用一次。

函数名：longjmp。

原型：longjmp(jmp_buf env，int val)

功能：longjmp 恢复调用 setjmp 时存在 env 中的状态。程序继续执行，似乎函数 setjmp 已被执行过。由 setjmp 返回的值是在函数 longjmp 中传送的值 val，由 setjmp 调用的函数中的所有自动变量和未用易失性定义的变量的值都要改变。

9．REGxxx.H：访问 SFR 和 SFR-BIT 地址

文件 REG51.H、REG52.H 和 REG552.H 允许访问 51 系列的 SFR 和 SFR-bit 的地址，这些文件都包含#include 指令，并定义了所需的所有 SFR 名以寻址 80C51 系列的外围电路地址。对于 51 系列中其他器件，用户可用文件编辑器容易地产生一个“.h”文件。

下面的例子表明了对 80C51 PORT0 和 PORT1 的访问：

```
#include
main() {
if(p0==0x10) p1=0x50;
}
```

附录 C　51 单片机汇编语言指令集

<table>
<tr><th>序号</th><th>指令分类</th><th>指　令</th><th>机器码字节</th><th>字节数</th><th>机器周期</th><th>使用频率</th></tr>
<tr><td colspan="7">数据传送指令 29 条(包括一般传送指令 16 条、特殊传送指令 13 条)</td></tr>
<tr><td>1</td><td>16 位传送</td><td>MOV DPTR, #data16</td><td>90H
dataH
dataL</td><td>3</td><td>2</td><td>* *</td></tr>
<tr><td>2</td><td rowspan="4">以 A 为目的操作数</td><td>MOV A, #data</td><td>74H
Data</td><td>2</td><td>1</td><td>* * *</td></tr>
<tr><td>3</td><td>MOV A, direct</td><td>E5H
Direct</td><td>2</td><td>1</td><td>* * *</td></tr>
<tr><td>4</td><td>MOV A, Rn</td><td>E8H～(EFH)</td><td>1</td><td>1</td><td>* * *</td></tr>
<tr><td>5</td><td>MOV A, @Ri</td><td>E6～(E7H)</td><td>1</td><td>1</td><td>* * *</td></tr>
<tr><td>6</td><td rowspan="3">以 Rn 为目的操作数</td><td>MOV Rn，#data</td><td>78H～(7FH)
data</td><td>2</td><td>1</td><td>* * *</td></tr>
<tr><td>7</td><td>MOV Rn，A</td><td>F8H～(FFH)</td><td>1</td><td>1</td><td>* * *</td></tr>
<tr><td>8</td><td>MOV Rn，direct</td><td>A8H～(AFH)
direct</td><td>2</td><td>2</td><td>* * *</td></tr>
<tr><td>9</td><td rowspan="5">以 direct 为目的操作数</td><td>MOV direct，#data</td><td>75H
direct
data</td><td>3</td><td>2</td><td>* *</td></tr>
<tr><td>10</td><td>MOV direct，A</td><td>F5H
direct</td><td>2</td><td>1</td><td>* * *</td></tr>
<tr><td>11</td><td>MOV direct，Rn</td><td>88H～(8FH)
direct</td><td>2</td><td>2</td><td>* *</td></tr>
<tr><td>12</td><td>MOV direct，@Ri</td><td>86H～(87H)
direct</td><td>2</td><td>2</td><td>* *</td></tr>
<tr><td>13</td><td>MOV direct1，direct2</td><td>85H
direct2
Direct1</td><td>3</td><td>2</td><td>* *</td></tr>
</table>

续表一

序号	指令分类	指　令	机器码字节	字节数	机器周期	使用频率
14	以@Ri为目的	MOV @Ri，A	F6H～(F7H)	1	1	* * *
15		MOV @Ri，#data	76H～(77H) data	2	1	*
16		MOV @Ri，direct	A6H～(A7H) direct	2	2	*
17	ROM查表	MOVC A，@A+DPTR	93H	1	2	* *
18		MOVC A，@A+PC	83H	1	2	* *
19	读片外ROM	MOVX A，@DPTR	E0H	1	2	* *
20		MOVX A，@Ri	E2H～(E3H)	1	2	*
21	写片外ROM	MOVX @DPTR，A	F0H	1	2	* *
22		MOVX @Ri，A	F2H～(F3H)	1	2	*
23	堆栈操作	PUSH direct	C0H direct	2	2	* * *
24		POP direct	D0H direct	2	2	* * *
25	字节交换指令	XCH A，Rn	C8H～CFH	1	1	* * *
26		XCH A，direct	C5H direct	2	1	* *
27		XCH A，@Ri	C6H～C7H	1	1	* *
28	半字节交换	XCHD A，@Ri	D6H～D7H	1	1	* *
29	自交换	SWAP A	C4H	1	1	* * *
算数运算指令(24条)						
30	不带进位加	ADD A，#data	24H data	2	1	* * *
31		ADD A，direct	25H direct	2	1	* *
32		ADD A，Rn	28H～2FH	1	1	* * *
33		ADD A，@Ri	26H～27H	1	1	*
34	带进位加	ADDC A，#data	34H data	2	1	* *
35		ADDC A，direct	35H direct	2	1	* *
36		ADDC A，Rn	38H～3FH	1	1	* * *
37		ADDC A，@Ri	36H～37H	1	1	* *

续表二

序号	指令分类	指　令	机器码字节	字节数	机器周期	使用频率
38	加 1 指令	INC A	04H	1	1	* *
39		INC direct	05H direct	2	1	* *
40		INC Rn	08H～0FH	1	1	* * *
41		INC Ri	06H～07H	1	1	* *
42		INC DPTR	A3H	1	2	* *
43	十进制调整	DA　A	D4H	1	1	* *
44	带借位减	SUBB A，#data	94H data	2	1	* * *
45		SUBB A，direct	95H direct	2	1	* *
46		SUBB A，Rn	98H～9FH	1	1	* *
47		SUBB A，@Ri	96H～97H	1	1	* *
48	减 1 指令	DEC A	14H	1	1	* *
49		DEC direct	15H direct	2	1	* *
50		DEC Rn	18H～1FH	1	1	* * *
51		DEC @Ri	16H～17H	1	1	* *
52	乘法	MUL AB	A4H	1	4	* *
53	除法	DIV AB	84H	1	4	* *
逻辑运算指令(18 条)						
54	逻辑与(6 个)	ANL A，#data	54H data	2	1	* * *
55		ANL A，direct	55H direct	2	1	* *
56		ANL A，Rn	58H～(5FH)	1	1	* *
57		ANL A，@Ri	56H～(57H)	1	1	* *
58		ANL direct #data	53H direct data	3	2	* *
59		ANL direct, A	52h direct	2	1	* *

续表三

序号	指令分类	指　令	机器码字节	字节数	机器周期	使用频率
60	逻辑或(6 个)	ORL A, #data	44H data	2	1	* * *
61		ORL A, direct	45H direct	2	1	* *
62		ORL A, Rn	48H～(4FH)	1	1	* *
63		ORL A, @Ri	46H～(47H)	1	1	* *
64		ORL direct, #data	43H direct data	3	2	* *
65		ORL direct, A	42H direct	2	1	* *
66	逻辑异或(6 个)	XOR A, #data	64H data	2	1	* * *
67		XOR A, direct	65H direct	2	1	* *
68		XOR A, Rn	68H～(6FH)	1	1	* *
69		XOR A, @Ri	66H～(67H)	1	1	* *
70		XOR direct, #data	63H direct data	3	2	* *
71		XOR direct, A	62H direct	2	1	* *
循环移位指令(4 条)						
72	循环控制指令	RR　A	03H	1	1	* *
73		RRC　A	13H	1	1	* * *
74		RL　A	23H	1	1	* *
75		RLC　A	33H	1	1	* *
累加器的清 0 与取反指令(2 条)						
76	清 0 与取反指令	CLR　A	E4H	1	1	* *
77		CPL　A	F4H	1	1	* * *

续表四

序号	指令分类	指　令	机器码字节	字节数	机器周期	使用频率
控制转移指令(17 条)						
78	无条件转移	LJMP addr16 长转移	02H addr15～addr8 addr7～addr0	3	2	* * *
79		AJMP addr11 绝对转移	a10a9a80　0001 addr7～addr0	2	2	* *
80		SJMP　rel 短转移	80H rel	2	2	* *
81		JMP @A+DPTR	73H	1	2	* *
82	比较不等转移	CJNE A, #data，rel	B4H data rel	3	2	* *
83		CJNE A, direct, rel	B5H direct rel	3	2	*
84		CJNE Rn, #data, rel	B8H～(BFH) Data rel	3	2	*
85		CJNE @Ri, #data, rel	B6H～(B7H) data rel	3	2	*
86	累加器判 0 转移	JZ rel	60H rel	2	2	* * *
87		JNZ rel	70H rel	2	2	* *
88	减 1 不为 0 转移	DJNZ direct，rel	D5H direct rel	3	2	* *
89		DJNZ Rn, rel	D8H～(DFH) rel	2	2	* * *

续表五

序号	指令分类		指 令	机器码字节	字节数	机器周期	使用频率
90	子程序调用		LCALL addr16	12H addr15～addr8 addr7～addr0	3	2	* * *
91			ACALL addr11	a10a9a81 0001 addr7～addr0	2	2	* *
92			RET	22H	1	2	* * *
93	中断返回		RETI	32H	1	2	* * *
94	空操作		NOP	00H	1	1	* *
位操作指令(17条)							
95	位传送		MOV bit，C	92H bit	2	2	* * *
96			MOV C, bit	A2H bit	2	1	* *
97	位设置	清0	CLR C	C3H	1	1	* *
98			CLR bit	C2H bit	2	1	* *
99		置位	SETB C	D3H	1	1	* *
100			SETB bit	DFH bit	2	1	* * *
101	位逻辑	位与	ANL C, bit	82H bit	2	2	* *
102			ANC C, /bit	B0H bit	2	2	* *
103		位或	ORL C, bit	72H bit	2	2	* *
104			ORL C, /bit	A0H bit	2	2	* *
105		位取反	CPL C	B3H	1	1	* *
106			CPL bit	B2H bit	2	1	* *

续表六

序号	指令分类		指　令	机器码字节	字节数	机器周期	使用频率
107	位条件转移	判 CY 转移	JC　rel	40H rel	2	2	* *
108			JNC　rel	50H rel	2	2	* *
109		判 bit 转移	JB　bit, rel	20H bit rel	3	2	* * *
110			JBC bit, rel	10H bit rel	3	2	* *
111			JNB　bit, rel	30H bit rel	3	2	* *

MCS-51 指令系统所用的符号和含义如下：

addr11　　11 位地址

addr16　　16 位地址

bit　　位地址

rel　　相对偏移量，为 8 位有符号数(补码形式)

direct　　直接地址单元

#data　　立即数

Rn　　工作寄存器 R0-R7

A　　累加器

Ri　　i=0，1，R0 或 R1

X　　片内 RAM 中的直接地址或寄存器

@　　表示间址寄存器的符号表示直接地址 X 中的内容；在间接寻址方式中，表示间址寄存器地址 X 指出的地址单元中的内容

→　　数据传送方向

∧　　逻辑与

∨　　逻辑或

⊕　　逻辑异或

√　　对标志产生影响

×　　不影响标志

参 考 文 献

[1] 秦志强. C51 单片机应用与 C 语言程序设计. 北京：电子工业出版社，2007.
[2] 田亚娟. 单片机原理及应用. 大连：大连理工大学出版社，2008.
[3] 李全利. 单片机原理及应用技术. 北京：高等教育出版社，2009.
[4] 丁明亮. 51 单片机应用设计与仿真：基于 Keil C 与 Proteus. 北京：北京航空航天大学出版社，2009.
[5] 周润景. 基于 Proteus 的电路及单片机设计与仿真. 北京：北京航空航天大学出版社，2010.
[6] 张晓乡. 89C51 单片机实用教程. 北京：北京航空航天大学出版社，2010.
[7] 丁明亮，唐前辉. 51 单片机应用设计与仿真. 北京：北京航空航天大学出版社，2010.
[8] 张齐. 单片机应用系统设计技术：基于 C51 的 Proteus 仿真. 北京：北京航空航天大学出版社，2009.
[9] 杨志帮. 单片机原理及应用. 北京：北京航空航天大学出版社，2013.
[10] 彭伟. 单片机 C 语言程序设计实训 100 例. 北京：北京航空航天大学出版社，2010.
[11] 杨局义. 单片机课程设计指导. 北京：清华大学出版社，2011.
[12] 张才华. 单片机原理及应用. 北京：航空工业出版社，2011.
[13] 徐广振. 单片机技术应用项目化教程：C 语言版. 北京：电子工业出版社，2019.
[14] 徐萍. 单片机项目教程：C 语言版. 北京：机械工业出版社，2019.
[15] 王静霞. 单片机应用技术：C 语言版. 北京：电子工业出版社，2020.